推荐系统

产品与算法解析

王超◎著

人民邮电出版社
北京

图书在版编目（CIP）数据

推荐系统 ：产品与算法解析 / 王超著. -- 北京 ：
人民邮电出版社，2024.4
ISBN 978-7-115-63543-3

Ⅰ. ①推… Ⅱ. ①王… Ⅲ. ①计算机算法 Ⅳ.
①TP301.6

中国国家版本馆CIP数据核字(2024)第013793号

内容提要

本书以媒介变迁为整体脉络，通过几类推荐产品的发展趋势来探讨推荐产品创新的核心驱动力，以及由具体产品特性引发的技术变革。

全书内容分为5部分。第一部分从宏观视角探讨推荐产品从0到1进行创新的产品思路和技术思路；第二部分介绍革新传统纸质媒介的新闻推荐和资讯推荐，包括关键算法设计和产品设计；第三部分介绍构建线上社交网络的社交和社区推荐，以及如何通过协同过滤算法模拟社交网络；第四部分从产品、生态和算法设计的角度，介绍革新传统影视行业的视频推荐；第五部分以阿里推荐产品及其新兴的竞争产品为例，介绍革新传统货架电商的商品推荐。

◆ 著　　　王 超
责任编辑　杨海玲
责任印制　王 郁 胡 南

◆ 人民邮电出版社出版发行　　北京市丰台区成寿寺路11号
邮编　100164　　电子邮件　315@ptpress.com.cn
网址　https://www.ptpress.com.cn
北京捷迅佳彩印刷有限公司印刷

◆ 开本：800×1000　1/16
印张：18.5　　　　2024年4月第1版
字数：371千字　　　2024年10月北京第5次印刷

定价：79.80元

读者服务热线：(010)81055410　印装质量热线：(010)81055316
反盗版热线：(010)81055315
广告经营许可证：京东市监广登字20170147号

对本书的赞誉

（以点评人的姓氏拼音为序排列）

推荐系统是机器学习技术应用最为广泛的场景之一。本书结合推荐技术的产品特点深入探讨了推荐系统的不同范式和技术创新方法，建议结合机器学习算法一起阅读和思考。

陈天奇　卡内基梅隆大学机器学习系、计算机科学系助理教授

王超作为推荐系统领域的"老将"，在他以往的工作中有着丰富的实战经验，这也让这本书与推荐系统领域的很多书籍有着很大的区别。本书富含在实际业务中总结的思考，不仅包含较新的算法，也包含大量提升产品核心指标的思路。这一点非常重要，也是很多技术人容易忽略的。本书将关键的推荐技术围绕产品中重要的业务问题来组织，非常值得从事推荐相关工作的技术人员阅读。

陈雨强　第四范式联合创始人

搜索、广告与推荐，三引擎主网互联。
术层面上道显现，洞见藏在书里边。

围绕推荐此书编，溯源领域三十年。
秩序迭代坍塌演，遍地开花耀今天。

洪涛　前百度高级科学家

本书超越了人们通常只对推荐系统技术层面的思考，更进一步触及其背后的"道"，也就是已经在互联网商业领域广泛影响消费者生活的运算逻辑的规律性本质，并预测其发展

趋势。算法、模型、数据和产品，都不过是对这个“道”的某种注释。作者更希望带领大家关注的，是这项于己孜孜以求、于人日享其用的技术如何在新一轮的产业升级浪潮中取得产品创新；是每一个精进此术的从业者如何在日新月异的业务挑战中不断拓宽技术视野。相信每个细心阅读、认真思考本书的读者，都会收获一份对推荐系统恍若初见的感觉。

蒋凡 中国计算机学会大数据专家委员会执行委员
《智能增长》作者、《推荐系统》译者

本书并不是一味地枯燥罗列各种推荐算法，而是站在推荐产品经理的视角，结合内容供给、用户冷启和增长、分发效率、传播场景、内容载体等多个维度来引出作者对各种推荐算法的深刻理解，娓娓道来，深入浅出，强烈推荐！

李双龙 百度首席架构师

在《计算广告》一书的写作过程中，我跟王超的合作非常密切且愉快。时隔多日，看到他收获这本关于推荐系统的书稿时，深深为他不断前行且乐于分享的热情所打动。

本书的独特之处是，从产品的视角展开介绍推荐系统的林林总总，让初窥门径者能够顺利地跟随作者的导引了解整个领域的方方面面。在推荐技术渐成互联网显学的今天，本书从产品视角的梳理对从业者的引领和指导意义是不言而喻的。

所有对互联网背后的个性化引擎的工作原理感兴趣的朋友，都应该读一读此书。

刘鹏 CartX 联合创始人，《计算广告》作者

从人找信息到从信息找人，是传播生态变革和互联网产品发展的方向，推荐就是这场变革的主引擎。该书在内容上颇具特色，以信息供需变革为主线，以主要产品类型为坐标，以常见的推荐场景与策略为焦点，使用户之“本”、产品之“用”、机制之“道”、算法之“术”得到有机融合。全书深入浅出，专业性和实用性兼备。无论是用户侧产品的开发者，还是商业化及增长、内容生态的从业者，或是对推荐感兴趣的学生，本书都值得一读。

马澈 中国传媒大学广告学院副教授

本书基于作者多年的从业经验，从产品的视角出发，阐述推荐问题的定义和相关的前沿技术，并结合实际应用案例，帮助读者更好地理解和应用推荐技术，从而掌握推荐之道。无论是相关领域的从业人员，还是高校学生，都可以从本书中获益。

马少平 清华大学计算机科学与技术系教授

学术界通常认为搜索和推荐是信息检索这枚“硬币”的一体两面，而工业界中则将搜

索和推荐看成并列的两项核心技术。如果说搜索引擎只有几家大公司独领风骚的话，推荐系统则遍地开花，广泛存在于各大互联网公司的各类业务中，并发挥着重要作用。掌握了推荐技术，可以说基本把握了互联网技术的精髓所在。本书作者不仅具有丰富的业界经验，也有成功的写作出版经验，其和刘鹏合著的《计算广告》一书便是领域中的经典之作。相信这本书能再次让大家满意！

王斌　小米集团人工智能实验室主任、自然语言处理首席科学家

爱因斯坦曾说过："所有困难的问题，答案都在更高层次。"本书就是对这一理念的践行。对于如何做好"推荐"这件事，作者并没有单从技术本身求解答案，还从信息分发的本质带你溯本求源，找到真正的破局之道。强烈推荐大家入手这本书，提高我们认知推荐系统的思维层次。

王大川　DataFun 创办人

王超是计算广告和在线内容推荐领域的专家，不仅有专业知识积累，更有过往多年的工作实践。最近几年，推荐产品已经被证明是用户获取内容的高效形式，因此被各互联网公司广泛采用。本书可以为读者提供内容推荐的基础知识和实践经验，值得一读。

王昊　智联招聘 CTO，前 bilibili 副总裁兼技术委员会主席

这本书可以说是推荐系统行业内技术结合产品的一次全面总结和全新尝试。这本书不仅向读者介绍了推荐系统技术的前沿进展，更传递了作者对不同推荐产品的个性化思考，是不可多得的一本好书。

王喆　字节跳动技术经理，《深度学习推荐系统》作者

本书从新颖的视角深入解析了推荐系统所解决的问题和发展趋势。不同于常见的以技术模块剖析推荐系统的写作风格，作者从产品视角入手，探讨了如何理解推荐系统的产品技术发展规律，以及如何应对各种机遇中的用户需求变化。

本书提出的以供给侧变革启动供需持续增长的创新洞见，跳出了对推荐系统进行静态优化的圈子，对于存量竞争中的突破给出了新的思路。对推荐系统细节的讲述，采用了以常见的几个产品方向（信息推荐、社交和社区推荐、视频推荐和电商推荐）的组织方式，结合全局思考和深度探索，分领域分析了用户需求特点、生态环境，以及如何通过技术手段满足用户需求，优化推荐产品。

相关的从业者，不管是想要理解推荐系统背后的技术发展，还是希望理解如何将这些技术应用到实际产品中或者只是对推荐系统感兴趣，这本书都能提供深入的指导和启示。

项碧波　汽车之家 CTO

本书不仅深入浅出地探讨了以深度学习和强化学习等技术为核心的推荐系统解决方案设计，以及现代推荐系统的产品理论基础，还通过分析典型的信息推荐、社区推荐、视频推荐和电商推荐等实际案例，展现了这些理论是如何在实际业务中发挥作用的。作者对技术、产品和商业策略的全面理解及对这个领域的长期热爱，使得本书成为从初学者到专业人士的宝贵学习资料。对于希望在用户增长、推荐系统及相关领域有深入了解和提升的读者，本书提供了丰富的见解和实用的指导。无论你是工程师、产品经理还是商业分析师，都会在这本书中找到灵感并获得指导。

严强　前快手高级副总裁，前阿里巴巴高级算法专家

讲解推荐系统技术的书籍有很多，这些书籍大多以推荐算法为主线，缺乏对推荐产品发展内在逻辑的剖析，无法让读者做到知其然并知其所以然。

一款好的推荐产品并不应当仅优化推荐算法，还需要在产品 UI、业务领域知识和优质的数据积累等环节多下功夫，才能获得产品上的成功。因此，当王超将他对推荐系统技术的理解系统性地整理成本书后，我眼前一亮：书中不仅介绍了近年来关键的推荐技术进展，也在产品层面对不少问题提出了他的思考。我觉得这本书今后会成为推荐行业从业者的必读书。

作为王超多年的朋友，我衷心为这本书的出版感到高兴！

张栋　前谷歌研究员

作为重要的人工智能（AI）应用领域，推荐系统的外在产品表现形式和内在核心技术体系一直处于动态发展中。最近两年出现了不少关于推荐系统的技术书籍，但是缺乏从更高视角审视推荐产品生态发展进程的作品，这本书填补了这一空白。

这本书的作者具备开阔的视野，能从多维度观察推荐系统并有很多真知灼见。这本书不仅讲述了推荐系统过去几十年来的产品发展脉络及其内在发展逻辑，同时也将背后相关的关键技术原理穿插其中。我本人在阅读这本书的过程中获益良多，诚挚向大家推荐这本佳作。

张俊林　新浪微博新技术研发负责人

这本书从产品和技术的双重视角讲解了推荐系统，是一本丰富而有趣的书。

张雷　小红书技术副总裁

不同于市面上的书籍主要按技术模块来组织，本书视角新颖，是按产品中的实际问题来组织的，读起来颇为有趣。书中还包含了一部分相对前沿的学术方法在推荐领域的实践探讨，是一本对初学者和有一定经验的从业者都具有参考价值的书。

张伟楠　上海交通大学计算机科学与工程系副教授

过去的十多年时间，伴随着移动互联网的普及，推荐系统成为了人们日常娱乐、资讯等消费的主要载体。但是它在利用用户碎片化时间的同时，也过度消耗了用户的注意力，使得真正深度的、持续的、专注的思考变得越来越稀缺，这是严肃的从业者都在反思的重要话题。读一读本书，你会有所收获。

朱小强　汇量科技首席人工智能官

前言

一提到推荐系统，很多人首先想到的是一个复杂的技术系统，目前市面上关于推荐产品的书籍大多围绕于此。然而，各种拟合数据的复杂模型更多只是围绕“术”的层面，推荐产品真正的创新并不发轫于此，而是要在“道”的层面上对推荐产品的发展规律有深刻洞见，例如，在媒介变革等新机遇出现时能更准确地把握住用户需求。

因此，有别于从技术视角出发的书籍，本书主要从产品视角出发，来探讨推荐问题的定义和相关前沿技术。虽然这样组织可能看起来没有按技术方式组织炫酷，但须知创新在很多时候并非用蛮劲，而是在知晓推荐之“道”后的放松，用劲容易，放松才难。下面是贯穿全书的核心观点以及全书的内容结构。

- *未来定会出现新产品*。推荐系统自 1992 年诞生至今，已悄然走过了三十余载，尽管如今很多成熟产品给人大势已定的印象，但深入观察，秩序建立和坍塌的力量一直无所不在。所以，正如反者道之动的道理，我相信在这个看似红海实则充满机遇的市场中，未来定会有新产品崛起。写这本书的目的也在于，希望能在推荐系统这一波浪潮中留下一点思考的痕迹，以在下个时代到来时给后人提供一些借鉴和参考。
- *容易被忽略的供需增长*。与许多人将推荐系统视为供需匹配的纯技术问题不同，推荐产品大多是在洞察到用户需求的变化后，先从供给侧突破，再借助供需增长的手段来赢得先发优势，而且，越是重大的变革，越是会从更本质的媒介创新环节发起。因此本书会在第一部分阐述供需增长中关键的产品认知和技术手段，以期帮助新产品规避常见陷阱，并助力现有产品实现更好的增长。
- *差异化创新的重要性*。回想起自己刚做推荐产品时的苦恼，大概莫过于总想凭借自己对推荐技术的理解来与对手硬碰硬，却意识不到在对手强大的时候硬碰硬并不会有好的效果，只有顺势而为并找到差异化创新的方法，才能在不与对手正面交锋的情况下找到新的增长机会。

所以，为了帮读者更好地理解差异化创新的重要性，本书从第二部分起就没有按照技术模块组织，而是围绕推荐所引发的产业变革中 4 个主要的产品方向——信息推荐、社交和社区推荐、视频推荐，以及电商推荐进行编排。这样的组织方式旨在本立而道生，先理解各领域用户需求和生态的特点，再探讨如何创新出算法技术来服务好产品。每部分具体的内容组织思路，会在该部分的开篇详细展开。

本书的读者对象

推荐产品如今已经广泛存在于各互联网产品中，下面几类读者都可以从本书中获益。

- 互联网公司的产品、技术和运营人员。虽然关于推荐系统的技术书籍众多，但其中很少有将产品和技术充分结合起来讨论推荐产品全貌的，所以本书面向的主要读者就是互联网行业的从业者。希望他们通过阅读本书，可以理解推荐产品优化的思路、推荐算法的设计初衷及日常运营时的重点方向，避免“只见树木，不见森林”。
- 商业产品的从业者。随着用户和商业（以下简称“用商”）产品之间井水不犯河水的边界被打破，对从事传统广告业务、计算广告业务的从业者来说，理解用户产品的设计思路与方法对服务好广告主和媒体也有帮助。所以，本书也可以看作对《计算广告》一书的补充，从用户产品和商业产品两个视角互相印证。
- 自媒体行业的从业者。虽然创作好内容是根本，但理解每个推荐产品如何分发内容并激励创作者，无疑对创作者选择创作平台和创作方向会有帮助。
- 创业者和企业决策者。书中探讨了推荐产品应如何从供给侧和需求侧发起创新并推动增长，同时也阐述了各产品方向的关键特性，因此，对于经常面临从 0 到 1 打造产品的决策者来说，这些内容能起到一定的辅助决策作用。
- 对推荐系统感兴趣的学生。推荐是激发用户需求、加速供需匹配的不二之法，所以对推荐人才的需求会一直存在。虽然市面上不乏技术书籍，但结合产品的较少，所以对推荐感兴趣的学生可以通过阅读本书获得实践与理论相结合的学习体验。
- 对推荐感兴趣的用户。随着移动互联网的普及，几乎每个用户每天都在日常生活中频繁使用推荐产品，阅读本书可以更明智地选择符合自己需求的产品，并避免过度沉迷在产品中虚度时间。

最后，我想感谢人民邮电出版社的杨海玲老师和贾静老师，以及我的爱人于佳，没有她们的支持，我很难完成本书。同时，也感谢百度对我的培养，并衷心祝愿老东家发展得越来越好。此外，考虑到作者水平有限，且没有永远正确的理论，如果读者对本书有一些建议，欢迎通过邮箱与我联系。我的邮箱是 wachaong@gmail.com。

资源与支持

本书由异步社区出品，社区（https://www.epubit.com/）为您提供相关资源和后续服务。

配套资源

本书提供思维导图。

要获得以上配套资源，您可以扫描下方二维码，根据指引领取。

您也可以在异步社区本书页面中点击 配套资源 ，跳转到下载界面，按提示进行操作即可。注意：为保证购书读者的权益，该操作会给出相关提示，要求输入提取码进行验证。

提交勘误

作者和编辑尽最大努力来确保书中内容的准确性，但难免会存在疏漏。欢迎您将发现的问题反馈给我们，帮助我们提升图书的质量。

当您发现错误时，请登录异步社区，按书名搜索，进入本书页面，点击“发表勘误”，输入勘误信息，点击“提交勘误”按钮即可（见下图）。本书的作者和编辑会对您提交的勘误进行审核，确认并接受后，您将获赠异步社区的 100 积分。积分可用于在异步社区兑换优惠券、样书或奖品。

图书勘误　　发表勘误

页码：1　页内位置（行数）：1　勘误印次：1

图书类型：纸书　电子书

添加勘误图片（最多可上传4张图片）

提交勘误

全部勘误　我的勘误

与我们联系

我们的联系邮箱是 contact@epubit.com.cn。

如果您对本书有任何疑问或建议，请您发邮件给我们，并请在邮件标题中注明本书书名，以便我们更高效地做出反馈。

如果您有兴趣出版图书、录制教学视频，或者参与图书技术审校等工作，可以发邮件给本书的责任编辑（yanghailing@ptpress.com.cn）。

如果您来自学校、培训机构或企业，想批量购买本书或异步社区出版的其他图书，也可以发邮件给我们。

如果您在网上发现有针对异步社区出品图书的各种形式的盗版行为，包括对图书全部或部分内容的非授权传播，请您将怀疑有侵权行为的链接通过邮件发给我们。您的这一举动是对作者权益的保护，也是我们持续为您提供有价值的内容的动力之源。

关于异步社区和异步图书

“异步社区”（www.epubit.com）是由人民邮电出版社创办的 IT 专业图书社区。异步社区于 2015 年 8 月上线运营，致力于优质学习内容的出版和分享，为读者提供优质学习内容，为作译者提供优质出版服务，实现作者与读者在线交流互动，实现传统出版与数字出版的融合发展。

“异步图书”是由异步社区编辑团队策划出版的精品 IT 专业图书的品牌，依托于人民邮电出版社 30 余年的计算机图书出版积累和专业编辑团队，相关图书在封面上印有异步图书的 LOGO。异步图书的出版领域包括软件开发、大数据、AI、测试、前端、网络技术等。

目录

第一部分　推荐产品的破局之道

第二部分 信息推荐

第三部分 社交和社区推荐

第四部分 视频推荐

第五部分 电商推荐

第一部分

推荐产品的破局之道

在大多数人的印象中，推荐技术主要关心的是在内容供给和用户需求不变时，如何将二者更好地匹配起来，以扩大当下的产品规模。但是，真正的挑战是如何优化供给侧和需求侧的持续增长。因此本书第一部分将从宏观角度探讨关于增长和创新的方法论，帮助读者真正找到推荐产品的破局之道。

（1）供给侧变革（第 1 章、第 2 章）。在新媒介变革到来时，供给侧创新的能力关系到能否抓住创新推荐产品的机会。第 1 章将从产品视角出发，探讨如何通过媒介创新、创作工具创新和生态机制创新来变革供给侧。第 2 章将从技术视角出发，探讨在大模型时代内容理解和生成技术的变革对推荐产品的影响。

（2）需求侧增长（第 3 章至第 5 章）。第 3 章将从产品视角出发，探讨对用户增长和网络效应的正确认知和善用手段。第 4 章和第 5 章将从技术视角出发，探讨如何通过技术手段来优化新用户的体验。

（3）对 A/B 测试的理解（第 6 章）。如今很多推荐产品都在强调以 A/B 测试为主导的数据运营体系，但 A/B 测试并不是万能的。如果缺乏对留存等长期目标的重视以及对产品创新本质的理解，在过度依赖 A/B 测试时就容易出现问题，第 6 章中将系统地阐述如何认识并防范这类风险。

第1章

产品创新引领的供给侧变革

通常在谈及内容生态时，我们首先会想到生态运营，例如邀请优秀作者并提供足够的分润。然而，为了打造一个有生命力的内容生态，实际上还需要考虑更多深层次的问题，特别是在内容媒介层面、创作工具层面和生态机制层面上的创新，如图1-1所示。事实上，这些在日常繁杂工作中容易被忽视的环节往往才是打造内容生态的关键所在。本章将围绕这3个层面的创新展开，希望可以帮助读者对供给侧创新的问题建立更系统的认知。

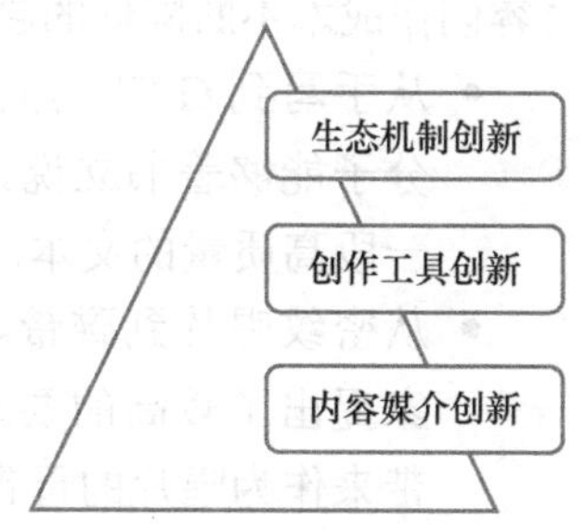

图1-1　供给侧创新的3个层面

1.1　媒介创新比内容更重要

正如传播学权威Marshall Mcluhan在《理解媒介：论人的延伸》（*Understanding Media: The Extensions of Man*）一书中所述，人们常常过于关注内容本身，而忽略了媒介在传播内容中的重要性。事实上，媒介即讯息，在媒介约定的范式下对内容进行理解和创作，其根本特性不在于内容，而在于媒介。回顾推荐产品的发展历程，其诸多变革也是在产品经理洞察到这一点后从媒介层面发起的，例如从图文到短视频、从短视频到微视频等。因此，本节将基于我对媒介变迁趋势的几点理解，来推演推荐系统未来的发展方向，并讨论从业者在这一趋势中应承担的社会责任。

1.1.1　媒介变迁的趋势展望

与自然界中的物种演化相似，如果将各种媒介视为彼此竞争的生命体，那么媒介的变迁历程可以看作高竞争力媒介逐步取代低竞争力媒介的过程。按照我的理解，鉴于创作者的诉求，大部分媒介希望通过更少的创作投入来赢得更多的社会注意力。换言之，媒介竞争力可以表述为公式（1.1）：

$$媒介竞争力 = 社会注意力 / 创作成本 \tag{1.1}$$

其中，社会注意力是媒介所吸引的用户关注度，可以通过时长、互动次数等指标来衡量；创作成本是创作和传播该媒介内容所需的成本，可以通过时间、金钱等资源来衡量。这就意味着，为了提升竞争力，媒介会在增加内容信息密度、提高传播效率和降低创作成本这3个维度上进行持续创新。本节将从这3个维度出发梳理媒介变迁的脉络。

1．创作成本的不断降低

科技发展使内容创作变得非常便捷曾经只是一种预测，然而，随着GPT等大模型技术的出现，未来其实已经悄然到来。接下来，我们就通过回顾几次经典的媒介变迁，来印证内容创作成本不断降低的趋势。

- 从手写到GPT。虽然印刷术的发明使文字得以被大规模地记录，但只有少数知识分子能够著书立说。如今有了GPT这样的大语言模型之后，人人都可以快速生成一段高质量的文本。
- 从密纹唱片到磁带。密纹唱片在录制过程中不能对原始录音做修改，所以对演奏家提出了较高的要求。为了降低创作成本，唱片公司陆续转向使用容易编辑的磁带来作为唱片的母带。
- 从大型照相机到手机。从1839年Louis Daguerre发明的第一台可携式木箱照相机，到便携式的单反相机，再到如今的手机，摄影的创作门槛和成本在持续降低。此外，2022年Midjourney这样的图像生成产品不断涌现，用户甚至可以摒弃手机直接创作出照片。

回顾上述内容创作历程的变迁，不禁让人感慨。在机械时代，摄影等复制技术的出现造就了“世物皆同”的感觉，虽然这引领了现代艺术的诞生，但同时也让古典艺术随之消亡。如今，我们已步入更为真假难辨的AI时代，未来艺术和创作的精神内核是什么？又会以怎样的形式呈现呢？

2．内容信息密度的不断提高

内容越变越短，这并不难理解，但是如果反过来问，为什么之前的媒介内容会这么长，可能很多人就不清楚了。因此，我们就先从这个角度出发来讨论几种典型的长时长媒介，以帮助理解媒介即讯息的关键所在。

- 粗纹唱片与流行音乐时长。早期唱片的原料是易碎而脆弱的粗纹虫胶，一张12英寸的粗纹唱片单面只能录制5分钟，这就迫使创作者将20分钟以上的古典音乐压缩到5分钟以内。出乎意料地，因为这种信息密度更高的音乐形式更易于传唱，所以催生出了如今人们所熟悉的流行音乐，即使后来虫胶唱片被单面录音时长可达25分钟的密纹唱片所取代，音乐时长的黄金标准也无法再回到20分钟以上了。

- 城市化和电影时长。电影起源于20世纪初城市化发展的高速期，那个年代的露天电影院大多比较偏远，所以若是想吸引用户，电影就必须是一种高信息密度且时长较长的内容形式。只有这样，才能让花费了开车时间成本和电影票成本的用户感到物有所值。

不难看出，早先媒介的内容之所以较长，和当时的社会背景、技术条件息息相关，并随着人们习惯的固化逐渐演变成了金科玉律。因此，回到媒介希望赢得用户注意力的本质上来说，媒介不仅可以被创新，而且创新媒介的效果往往比创新内容更为根本。这里抛砖引玉，列举几种常见的媒介创新思路。

- 做加法的媒介融合。从远古时期起，视觉就是人们接收信息的主要方式之一，因此相对于需要复杂编解码的文字来说，视频的理解成本更低。但是，这并不代表视频媒介具有最高的信息密度，例如抖音的内核不是视频，而是更能表达情绪的音乐。只不过抖音将音乐和视频进行了巧妙的结合，这才获得了“1+1>2”的神奇效果。
- 做减法的快节奏内容。移动互联网时代内容的载体是手机，而手又难以闲下来，因此就有了激发用户在碎片时间使用产品的可能性。要在这种场景下抢夺用户的注意力，需要做的是减法，以找到一种既不太消耗精力和时间又能保证高信息密度的媒介。于是，微视频和短文章等更快节奏的媒介应运而生，并让抖音等抓住机遇的产品成为如今非常流行的推荐产品。
- 全新的媒介载体。Apple Vision Pro是一种将数字内容和物理空间无缝融合、更加身临其境的具备强交互能力的全新载体。在这种超越传统二维屏幕界面的载体中，未来有可能涌现出很多更能吸引人们注意力的全新媒介。

3．传播效率的不断提升

早在机械复制时代，内容就已经可以被制成信号向公众传播，如今，随着社交网络、推荐产品等新内容分发渠道的出现，内容传播的效率被进一步提高，像火箭发射失败这样远在天边的事件，可以瞬间传播至全球各地。接下来再举几个经典的媒介变迁案例，以印证传播效率不断提升的趋势。

- 从报纸到广播。20世纪初，报纸是主要的信息来源。然而，随着广播的出现，人们发现其不仅可以更快地传播信息，传输成本也相对较低，于是使得广播逐渐取代报纸，成为当时主要的信息传播媒介。
- 从磁带到CD机。虽然磁带解决了内容创作时的编辑问题，但内容在传播过程中依赖比较复杂的磁带复制机，传播成本较高。因此，1984年索尼推出的便携式CD播放器D-50，因采用数字信号录音且不易磨损而得到了更广泛的应用。
- 对CD到数字音乐。利用人耳对高频信号不敏感的特性，基于频域最优编码的MP3格式于1995年出现，将音乐文件的大小压缩到原来的十分之一左右。之后，类似门户网站解构报纸的历程，基于P2P的盗版音乐和音乐流媒体产品崛起，很快瓦解了由唱片公司所把控的、基于音像店的传统发行渠道。

1.1.2 推荐产品的演化方向

尽管在日常工作中，人们更强调数据驱动所带来的匹配效率提升，但放到更长远的时间尺度看，历史上每一次推荐产品的里程碑事件都与媒介变迁带来的供给侧变革紧密相关。因此，本节将以媒介变迁为线索来回顾推荐产品的发展历程，并给出对推荐系统未来演变趋势的几点看法。

1. 大的变革总是会从媒介侧发起

回顾历史，每当有新内容媒介出现时，谁能更早洞察到媒介变迁的趋势，谁就更有可能成为推荐产品的新巨头。以下3个例子说明了从媒介侧创新的力量。

- 抖音。当其他产品还在资讯和短视频领域激战正酣时，字节跳动先看到了将音乐与微视频融合的巨大潜力（注：本书中将类似抖音的超短视频称为微视频，以区别于传统类似YouTube的短视频，但在不同产品中的名称可能不同），并在竞争对手还未理解这一新媒介时，通过抖音迅速赢得了市场。
- YouTube。在2005年YouTube创立以前，电视是人们获取视频内容的主流媒介。随着YouTube创新出在线短视频这一新媒介，结合更能抢夺用户时长的视频推荐算法，从传统电视媒体手中赢得了不少用户及相应的电视广告份额。
- 雅虎。雅虎开始流行的原因并非是它提供了对各网站进行索引的页面，而是它创新地将报纸迁移到了门户网站上，这使雅虎成为人们网上冲浪的必经之地，并从大量报纸媒介中赢得了用户和广告份额。

虽然从媒介侧发起变革的能量巨大，但大多数人身处其中，往往会对这种宏观趋势反应迟缓，不能在第一时间想象并预判出媒介变革后的产品发展趋势。在这种情况下，后知后觉的跟随性产品在应对媒介的变革趋势时往往会走入如下两种常见误区。

- 认为不会波及自己。在媒介更迭的关键时刻，总会有产品经理认为新媒介并不会对他们形成威胁，因此宁愿在原有媒介下守住已有优势，也不愿意在新媒介上有过度投入。然而媒介即讯息，由于新媒介的出现通常会重新定义内容，因此旧媒介下沉淀的内容优势会消失。例如，尽管许多人认为新闻会一直以文字的形式呈现，但当抖音等产品用微视频将新闻重做一遍后，很多用户也开始习惯通过视频的方式来获取新闻。
- 押宝于供需匹配算法。有很多以推荐算法见长的产品，希望在逐步补上新媒介下的生态短板后，通过算法来实现翻盘。这一思路没有问题，但是如果竞品生态已经形成了强者愈强的马太效应，那么在产品很难吸引优质创作者的情况下，仅凭借推荐算法的高匹配效率通常无法形成决定性的突破。同时，在缺乏产品优势的情况下，产品自认有算法优势可能只是一种错觉，因为算法并非无源之水，在看不到新的业务需求时，很难孵化出真正有洞察力的算法。

综上所述，如果能够预见新媒介有望成为主流，更明智的策略应是立即在新媒介的探索中投入一定的资源，以抓住可能出现的新机遇。需要注意的是，从媒介视角出发来创新产品，通常需要从零开始，需要产品经理能对本书第一部分所讨论的供需增长有全面、深入的理解，而不仅仅是熟悉供需匹配的推荐算法的优化。

2．新媒介下会演化出新的推荐范式

当一种新媒介出现时，鉴于它可能会带来全新的用户行为模式和需求，现有的对旧媒介优化良好的算法通常并不适用。因此，对抓住了新媒介机会的新产品来说，没必要过于担心自己在现有推荐算法上暂时落后，而是应设计新的推荐算法来适应新的媒介环境。这里列举几个从新媒介中孵化出新推荐策略的例子。

- 邮件媒介下的协同过滤。推荐系统起源于1992年Xerox PARC中心的研究人员对邮件做个性化过滤的需求。不难想象，基于邮件的办公场景相对于其他推荐场景更需要协同，所以在这个场景下，人们提出了基于用户的协同过滤（user-based collaborative filtering，UserCF）算法。
- 电商媒介下的时序推荐。随着1997年亚马逊上市，推荐系统开始在电商场景普及。鉴于货架电商场景中，用户在购物决策时通常有较强的短期意图，因此1998年亚马逊提出了基于物品的协同过滤（item-based collaborative filtering，ItemCF）算法，以强化对用户近期行为的利用。
- 电影媒介下的评分预测。早年选择电影需要邮寄DVD，是一种非常重决策的行为，所以奈飞（Netflix）采用了评分预测来推荐电影。在2006年奈飞举办的一场百万美元的Netflix Prize竞赛中，基于矩阵分解（matrix factorization，MF）的评分预测算法被首次提出，并影响了未来诸多排序模型的设计。
- 资讯媒介下的点击率（click-through rate，CTR）预估。随着移动互联网时代的到来，内容推荐开始独立地产品化。当主要依赖于用户点击反馈的资讯推荐产品开始兴起后，起源于广告的基于深度学习的点击率预估技术被应用到其中，并取代了早期的排序模型技术。
- 短视频媒介下的时长预估。YouTube早期的用户群体中有很大一部分来自传统电视媒介，因此，如何从电视媒介市场中更有效地抢夺用户消费时长，就成了YouTube策略优化的重心，例如建模单篇内容的期望观看时长和基于强化学习（reinforcement learning，RL）来优化长期时长等方法，就是在这一背景下应运而生的。
- 微视频媒介下的多目标排序。在信息密度更高的微视频兴起后，由于沉浸式场景中不需要点击，且对于很多内容用户能完整看完，因此传统点击率和时长预估不再像之前那样奏效，基于互动的多目标排序逐渐兴起，成为新一代排序的主流实现。

虽然上述案例过于简化而有所片面，但从中可以看出，每种媒介下的推荐算法和其产品特性是息息相关的。因此，从业者们在紧跟业界前沿的新技术外，还要更加理解产品和业务，这样才有可能给推荐算法真正带来务实有效的变革。

3. 推荐产品演化方向的探讨

结合1.1.1节对媒介变迁趋势的分析和本节以媒介变迁为主线对推荐算法演化方向的探讨，可以看出，为了更好地满足用户在新媒介环境中的需求，推荐产品在未来将会越来越重要。那么，推荐产品将会向哪些方向发展呢？

（1）*向刺激用户感官的方向不断升级。*虽然这看起来有些悲观，但许多推荐产品为了持续抢占用户在闲暇时的注意力，可能会推荐更能强烈刺激用户感官的内容。具体拆解来看，形成这种趋势的原因主要包括以下两点。

- 不可逆的刺激强化过程。从生物进化的角度看，因为新陈代谢的负担对生物体的复杂性起到了制约作用，所以在人们寻求愉悦奖励的过程中会倾向于更低的能量消耗，简称“懒”。同时，由上瘾的生理学机制所决定，对刺激的强化通常是一个不可逆的过程，即当用户适应了当前的刺激强度并产生耐受性后，为了维持多巴胺分泌的水平，会去寻求更易获得且更高强度的刺激。因此，取代一个令人上瘾产品的，有可能是一个即时奖励频率和程度更高的产品。
- 内容创作工具的话语权掌握。与过去推荐产品只能顺应媒介变迁的趋势不同，随着如今内容创作工具的话语权越来越大，以及大模型等内容生成技术的加持，推荐产品实际上已经获得了主动创造媒介的能力。因此，尽管当前许多产品已经具备足够强的成瘾机制，但未来具有更高信息密度的媒介还是会随时出现，并进一步催生出更能刺激用户的内容。例如，Apple Vision Pro这种能实时跟踪用户眼动和注意力的载体，使推荐算法更容易吸引人们的注意力，而科幻电影中所描述的脑机接口，说不定也已经在实现的路上了。

（2）*向帮助用户创造更大社会价值的方向发展。*当对用户的感官刺激强化达到极限时，从马斯洛的需求层次理论看，尚存在一种乐观的可能，即当人们对轻浮的“奶头乐”内容感到厌倦时，会期待产品可以满足他们更高阶的需求。具体到推荐产品，主要体现在以下两点趋势上。

- 从消费内容的角度看，用户希望能获得在认知和审美需求上的满足，并在社区中拥有一定的归属感。
- 从创作内容的角度看，用户希望所创作的内容能在推荐产品中得到人们的认同，以满足自我实现的需求。目前看，一些社区性产品如bilibili和小红书等已经逐渐显现出了这种趋势。

因此，推荐系统将走向何方，是娱乐至极，还是帮助用户创造更大的社会价值，很大程度上取决于推荐行业从业者的社会责任感。虽然从产品角度来看，不断刺激用户的感官可以在短期扩大产品规模，但从社会角度来看，能获得用户长久青睐的，必然不是那些滥用吸引用户注意力方式去发展自身的产品。因此，本书希望每一位推荐行业的从业者都能以打造一款让用户安心使用的产品为初心，做出真正优秀的产品。

1.2 把控上游的创作工具

在讨论了媒介的变迁趋势之后，还有必要介绍一下创作工具，因为虽然它没有媒介变迁重要，但创新的频次通常会更多。本节将先探讨创作工具的真正价值，再介绍它具体是如何优化内容创作过程的。

1.2.1 创作工具的战略价值

虽然高效的创作工具对创作者很重要，但为什么会成为各推荐产品竞相开辟的第二战场，用别家开发的创作工具不行吗？本节将深入探讨这个看似与推荐产品不太相关的环节，以理解创作工具成为推荐产品核心战略的关键所在。

1. 丰富内容供给

在 PC 时代，内容产品通常不太重视创作工具的打磨，这本身非常合理，主要原因在于以下两点。

- PC 生态的开放性。PC 时代的内容生态非常开放，当站长们基于 HTML 标准建设好网页内容后，各产品通过爬虫技术就可以直接爬取并解析内容，从而复用已有的内容生态。
- 文字创作的低成本。在当时，内容创作以文字为主，所以创作工具的差异化价值有限，除非写论文时需要用到 LaTeX，一般用 Word 也就基本满足工作需求了。

随着移动互联网时代视频创作需求的增加，上述两点不再成立，因此创作工具日益重要起来。

- 移动生态的封闭性。与 PC 时代的开放性相反，移动互联网时代的生态相对封闭。只要产品能够把控内容生产的源头，其他竞品就基本无法爬取你的内容。因此，如果能打造一个方便作者供给内容的工具，就能在一定程度上避免被竞品卡住脖子。
- 视频创作的高成本。相较于文字，视频内容的创作成本相当高，对工具的功能性和易用性有更高的要求，例如从 1.2.2 节中讨论的视频创作的具体环节中，将可以看出视频创作的复杂性。

近年来，随着 GPT 和 Midjourney 等人工智能生成内容（AI generated content，AIGC）

技术的出现，创作工具在技法层面上进一步解放了创作者的生产力，使他们能够更专注在创作的内核层面，提升内容供给的质量和效率。考虑到这一趋势的重要性，第2章将详细探讨这些技术的原理，以及它们带来的产业变革机遇。

2．影响人们创作和阅读的方式

若是思考得更深入一些，就会发现创作工具的影响并不局限于增加内容供给，而是参与到了内容风格与意识形态的塑造中。换句话说，就像小麦驯化了农耕文明一样，创作工具本质上也驯化了创作者。我们来回顾一下媒介和创作工具对人们思维方式的影响，以揭示推荐产品打磨创作工具的真正意义。

（1）媒介对人们思维方式的影响。按媒介决定论的观点，内容的表现形式也就是媒介本身，在很大程度上决定了人们的思维方式和对内容的编解码方式。下面是几个典型的例子。

- 语言时代。在柏拉图的《斐德若篇》（*Phaedrus*）中，苏格拉底曾对书面文字提出了质疑，他担心相比于鲜活有互动的口头语言来说，沉闷的文字不但会损害人们的记忆力，影响知识的内化和吸收，同时过于依赖书籍也会误导人们过于相信理论，而忽视实践经验的价值。
- 书籍时代。苏格拉底说得固然没错，纸上得来终觉浅，但书籍在激发和传播新思想上也起到了积极作用，例如，谷登堡在发明西方活字印刷术之后，整个欧洲文明的发展加快了，人们的思维方式更注重逻辑，人们也因习惯于阅读长篇作品而培养了深度思考所需的专注力。
- 视频时代。虽然视频有丰富直观的表达力，但人们因更习惯被动解码视频而正在逐步丧失主动思考的能力。例如，在书籍时代培养起来的专注阅读能力以及基于文字来编码思想的能力，已经在渐渐地消失。

（2）创作工具对人们思维方式的影响。即使是同样的媒介，在不同的创作工具下，也会体现迥异的创作风格。这里就以写作和创作视频为例，来说明不同创作工具对人们思维方式的影响。

- 尼采的打字机。打字机的发明使写作变得更为便捷，例如视力严重受损的尼采借助盲打技能，完成了著名作品《查拉图斯特拉如是说》（*Thus Spoke Zarathustra*）。事实上，打字机除了将尼采的思想跃然纸上，还使他的文风从繁复论证变成了简洁的电报式风格，在给朋友的回信中，尼采就这样写道："你说得对，写作工具的确参与了我们思想的塑造。"
- 视频剪辑工具的差异化。虽然同为创作视频，但各平台推出的工具为了服务好自家的创作者，对创作风格的塑造导向也各有不同。例如，抖音的剪映更强调对炫酷内容的模仿创作，在热门模板和AI特效上更为擅长；bilibili的必剪考虑到拍同款会弱化原创，在模板的使用上会相对抑制；而腾讯的秒剪为了服务好广大微信用户，在剪辑工具的易用性上更为重视。

综上，由于创作并非人类的本能，更多的是依赖后天的学习和塑造，因此即便现阶段的内容供给是充分的，为了守住自家用户的创作和阅读习惯，打造创作工具也成了产品必不可少的一环。假设 bilibili 作者都开始用剪映来创作，那么在拍同款等功能的影响下，他们的创作风格势必会朝着迎合抖音用户的方向靠拢，而这显然不是 bilibili 乐意看到的。1.2.2 节将具体介绍创作工具究竟是如何影响创作的，从中可以更清晰地看到产品打造创作工具的必要性。

1.2.2 策采编发的全链路重塑

内容的创作过程一般可以分为选题策划、素材采集、素材编辑、内容发行 4 个阶段，本节将探讨现代创作工具是如何重塑这些创作阶段的。从中可以感受到，基于数据反馈作为指引的思想不仅影响了需求侧的推荐策略，也同样影响了供给侧的创作环节。

1. 内容的选题策划

内容没有成为爆款，有时并不是因为没有写好，而是因为选题没有戳中用户的需求。考虑到掌握分发渠道的推荐产品拥有很多内容的流行度数据，因此与传统媒体依赖编辑的经验来策划内容不同，它们往往会更倾向于用数据来指引选题，以下就给出两种典型的方式。

- 热门话题榜单。对于什么样的内容用户爱看，创作者自己也有兴趣生产，只要浏览一下热门话题榜单便一目了然。对创作门槛不太高的微视频来说，当创作者找到感兴趣的话题，并看到同话题下创作好的视频，就足以启发他去创作一个类似的视频了。
- 个性化的拍同款。引导每一位用户都迎合热点进行创作，对平台来说显然不是最佳方式，是否有更高效的方式去激发用户的创作潜力呢？答案便是个性化推荐。只要学习创作者更有兴趣和能力去创作也是用户更爱看的内容，将这类内容的模板推荐给创作者，往往就能润物细无声地激励他去创作了。以图 1-2 为例，用户在点击页面右下角的音轨按钮后，就会进入“拍同款”的创作功能，所以抖音只需学习并强化用户对该按钮的点击行为，就能够捕捉并激发出用户的创作热情。

图 1-2 拍同款功能示意

2. 创作素材的采集

常规素材主要包括音乐、特效、文字、滤镜等。为了突出工具的差异化，各工具都在建设有产品特色的素材库和AI特效，以起到画龙点睛的作用。bilibili的必剪就在常规素材之外，强化了更体现平台特色的创作灵感和热梗素材。

与bilibili更注重单一素材不同，抖音为了降低用户的创作难度，更倾向于以集成多种素材的模板来提供素材。例如在用户拍同款的过程中，一键复制了原视频的所有素材，这样虽然牺牲了一定的内容原创性，但使普通用户的创作过程变得更为高效。

3．对采集的素材进行编辑

在GPT等突破性AIGC技术出现之前，通过深耕创新性来形成差异化并不能维持太久的优势，因此各家产品主要致力于做透易用性来便捷创作。毕竟，想在服务好现有生态的基础上吸引更多的创作者，创作工具的易用性是根本。下面是两个产品功能的简要示例。

（1）bilibili必剪。鉴于模板化的创作方式可能会抑制知识类内容的创新，bilibili没有过于强化基于模板的剪辑功能。同时，bilibili的内容时长较长，并且作者大多具备Premiere等专业剪辑软件的经验，因此在创作时长较长的视频时，对于作者来说使用模板也不是很方便。

由于bilibili更希望吸引那些依靠知识取胜的普通人，因此必剪在其产品首页更强调如虚拟形象、口播快剪和文字视频等知识类内容的剪辑功能，以期争取到非颜值类的作者，和抖音形成一定的差异化，如图1-3所示。

（2）抖音剪映。不同于bilibili更希望撬动泛知识作者，抖音更希望吸引年轻人和颜值类作者，因此剪映更强调AI特效和模板化的快捷创作，以使每个人都能够创作出炫酷有趣的内容。例如剪映已经出现了类似Midjourney的功能，如图1-4所示。

可以看出，这类功能只需要基于自然语言接口输入关键词即可完成编辑任务。随着AIGC技术的成熟，未来对创作过程的简化将会逐渐向AIGC倾斜，并减少对模板的依赖。不过，不同于早期产品仅凭简单的特效就可以所向披靡，随着人们对大模型的关注，想从这个环节突围并非易事。第2章

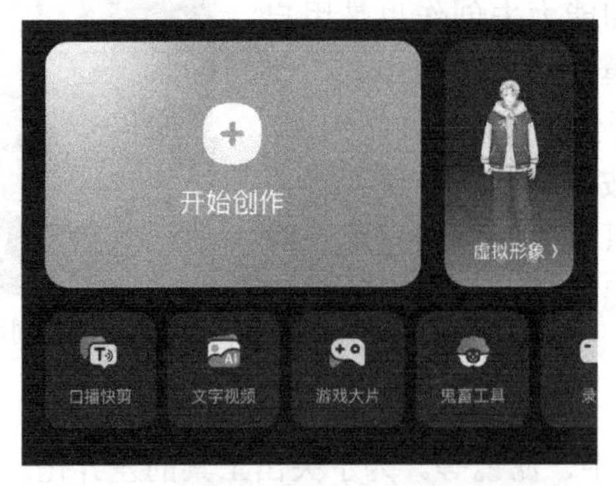

图1-3　更鼓励知识类内容的必剪界面

图1-4　剪映AI创作功能界面

将介绍大模型相关的技术，以供读者参考。

4. 通过渠道来发行内容

推荐产品打造创作工具的初衷是借助流量等手段来吸引创作者，并引导创作者将内容上传到推荐产品中。于是，推荐产品中大多会设计便捷的分享机制，以引导创作者在完成创作后顺手将内容分享到产品中。久而久之，当推荐产品借助创作工具聚拢了一批忠实的创作者后，就可以轻松化解以下风险。

- 用户需求的变化。有了数据驱动的创作工具后，推荐产品就可以灵活地“需求驱动供给”，通过调整创作工具的选题策划功能来调整当下的创作风向，例如调整拍同款的推荐策略，调整热门榜单的运营策略等。
- 供给方式的变化。在面对新的内容创作方式时，创作工具可以为产品争取足够的战略缓冲期。以 Midjourney 等 AIGC 产品为例，尽管它们引发了巨大的产业变革，但并没有完全取代剪映，在忠实的创作者依然选择剪映为主要创作工具时，剪映就有了逐步弥补技术短板的机会。

1.3 激励相容的生态机制创新

从产品的土壤中甄别有潜力的作者，并为他们提供丰饶的成长环境，这虽然乍一听起来如同养花一样简单，但知易行难的是，在多方参与者（包括用户、作者、平台）中兼顾每一方的诉求并不容易，例如，设计出一种激发所有人积极性的机制，并确保这种机制可以被所有人快速理解，这需要深思熟虑和巧妙设计。鉴于在广告拍卖机制中对这类问题的讨论较多，本节先从拍卖机制说起，再探讨推荐产品中生态机制设计的关键点。

1.3.1 从广告拍卖机制说起

广告中的拍卖机制由传统拍卖机制演变而来，其核心主要包括两部分，一部分是决定谁是最终竞拍获胜者的排序机制，另一部分是确定竞拍获胜者最终需要支付多少费用的计费机制。这看起来似乎很简单，但它不仅会影响广告主的投资回报率（return on investment，ROI）和平台的变现效率，还会影响用户的产品体验。因此，拍卖机制正是广告产品成败的关键因素。本节将介绍几种常见的拍卖机制，并为 1.3.2 节讨论推荐中的生态设计做铺垫。

（1）传统拍卖机制。在传统拍卖机制中，非常常见的是英式拍卖（English auction）和荷兰式拍卖（Dutch auction）。由于它们都属于公开拍卖，即竞价方需要公开自己的价格，因此并不适用于广告这种竞价方不愿意公开自己出价的场景。

- 英式拍卖（又称升价拍卖）。先由卖家给定较低的起始价，然后各买家公开竞价，直到最后拍卖品归出价最高者所有。一般来说，由于英式拍卖中容易出现“赢者诅咒”（winner's curse）的现象，即买家为了赢得竞拍而给出比真实价值更高的出价，因此常常被用于如古董、艺术品等比较稀缺的、不愁买家的拍卖品。

- 荷兰式拍卖（又称降价拍卖）。先由卖家给定较高的起始价，如果没人应价则降低价格，直到有买家应价为止。荷兰式拍卖起源于荷兰的鲜花交易市场，由于第一个应价的买家往往会买走大部分物品，因此这种拍卖方式往往会比较迅速地完成交易，更适合那些品质可能会变化的标的（如水果、鲜花等）。

（2）广义第二价格拍卖。考虑到广告主不愿公开出价，且平台对密封出价的方式有更强的控制权，所以密封拍卖很快就成了互联网广告场景主流的拍卖机制。其中，谷歌提出的广义第二价格拍卖（generalized second-price auction，GSP）使广告主只需支付低于他们出价的金额，可以减少广告主反复调价的成本，因此成了业界主流的拍卖机制。

具体说来，GSP机制有很多种形式，其中最常用的是加权广义第二价格拍卖。在这个模型中，对每个广告位i，其排序不仅会考虑广告主的出价bid_i，同时也会考虑广告主的点击率ctr_i，所以广告位i的排序公式为$\mathrm{bid}_i \times \mathrm{ctr}_i$。而当用户点击广告位$i$后，计费$c_i$则考虑了下一位广告主的出价$\mathrm{bid}_{i+1}$与点击率$\mathrm{ctr}_{i+1}$，以及当前广告主自己的点击率$\mathrm{ctr}_i$，具体计费为公式（1.2）：

$$c_i = \frac{\mathrm{bid}_{i+1} \times \mathrm{ctr}_{i+1}}{\mathrm{ctr}_i} + 0.01 \tag{1.2}$$

（3）VCG拍卖。VCG（Vickrey-Clarke-Groves）机制的命名来源于发明它的3位科学家的名字缩写。虽然它仍遵循“价高者得”的原则，但其特殊之处在于，参与者需要支付的价格取决于他的参与对其他人造成的“成本”，而非他自己的出价。这就使得参与者没有虚假出价的动机，因为这样只会影响他是否能赢得物品，而不会改变他所需支付的价格。

于是，在按照真实预期出价成为每个广告主的最优选择时，平台资源的分配更加有效，也因此实现了平台设计者的整体目标，而这就是所谓的激励相容（incentive-compatible）思想。它鼓励每个人在追求其个人利益的同时，也能实现集体利益的最大化。

（4）智能投放机制。对许多中小广告主来说，如果投放机制难以理解，或者投放过程过于复杂，那么即使该机制在理论上很完美，也很可能让他们望而却步。而考虑到活跃广告主的数量是衡量竞价市场收入的关键指标，旨在帮助中小客户降低投放成本的智能投放机制就成了广告产品如今的一个重要发展方向。

以2012年Facebook推出的oCPM（optimized CPM）机制为例，虽然平台仍按CPM来结算费用，但因为Facebook承担了包括转化率预估在内的多个因子的估计，所以广告主只需按转化价值来设定预期出价。同时，为了分摊转化率模型不准确的风险，oCPM还巧妙设计了一个两阶段的计费系统：在模型不准确的初期，广告主帮忙承担一些风险，在数据积累充分的后期则由平台承担更多的风险。这样就在强化了广告主对平台的信任后，大幅增加了Facebook平台中活跃的中小广告主的数量。

1.3.2 推荐中的生态机制设计

从 1.3.1 节中广告拍卖机制的发展脉络可以看出，一个机制是不是设计良好，其关键点主要体现在以下两方面。

- 激励相容性。类似于 VCG 机制，具备激励相容性的机制可以引导每个人在追求其个人利益的同时，促使他们劲儿往一处使，以实现集体利益的最大化。
- 解释和运营成本。类似于 oCPM 机制，便于理解和操作的机制能吸引更多新的中小参与者参与市场竞争，进而不断激发市场活力。

接下来，我们将从机制设计的这两个关键点出发，介绍推荐生态机制设计中的两个主要问题：一是如何设计更激励相容的分润机制，来激励现有市场中的优质作者；二是如何激励新作者参与到生态中，以扩大生态规模并激发其内在活力。

1．更激励相容的创作收益分配

激励相容的理念并不复杂，早在战国时期的墨家思想中就曾提出过类似的观点，即“义，利也”，意为真正的义需要兼顾大多数人的利益。具体到推荐生态的机制设计中，这种激励相容的思想体现在，平台需要更多地站在作者的角度来考虑问题，以成就他人才能成就自己为核心理念。只有这样，平台才有可能实现健康、长期的发展。下面从这个角度出发讨论如何在创作收益的分配上实现激励相容。

（1）对原创作者的保护机制。1.3.1 节介绍 VCG 机制时曾提到，参与者需要承担他们对他人造成的“成本”，这就是实现激励相容的关键。显然，站在这一视角看，抄袭、洗稿等搬运行为和激励相容的理念是背道而驰的，因为搬运作者在给原创作者造成很大收益损失的同时却无须付出任何成本。因此，推荐生态要想赢得作者的信任，其“生死线”就在于能否坚决打击搬运作者，下面是一些常见的举措。

- 更自动化的侵权监测。从作者角度来考虑，原创内容保护并不仅仅是提供维权通道，因为用户除了在时间和金钱上需要付出成本，仅凭自己找到全网侵权的内容也并非易事。因此需要平台提供更自动化的手段来帮助作者，例如基于内容指纹来对内容做判重，发现侵权内容后自动帮作者维权等。
- 鼓励人即内容的人格化内容。鼓励人格化内容，其实是一种巧妙地保护原创内容的机制，因为对这类创作者露脸的内容来说，用户是很容易鉴别出其是否是原创内容的。因此，对于这种更容易识别创作者身份的内容，辅以关注率目标优化和平台强化审核等手段，就不会让搬运内容得到太多的分发，于是搬运作者自然就失去了搬运动力。
- 对已发生搬运的补救措施。虽然更理想的方式是严禁搬运，但考虑到严厉封号可能导致搬运情况严重的平台的供给直接断掉，于是 YouTube 给出了另一种补救措施，它将原创作者视为委托人，将搬运作者视为代理人，然后在获得原创作者授权的情况下，将从搬运作者所获得的收入中转移一部分给原创作者。这样，平台、搬运作者和原创作者三方都能获得一定的收益。

（2）*更市场化的收益分配机制*。打击搬运作者后，问题就转向如何为优质作者合理分配收益的环节。不同于商业产品会通过市场化的拍卖机制来分配收益，由于早期的推荐产品中创作者并不强势，因此收益的分配会以平台更强势的公域分润为主。不过近年来随着人格化作者的崛起，更市场化的私域分润机制逐渐成熟起来。下面简单介绍公域收益分配和私域收益分配的特点。

- 平台强势的公域收益分配。在公域分配收益的模式下，所有收入先归平台所有，平台再根据其生态导向来设计具体的分配收益模式。模式设计得好就有利于实现平等和普惠，设计不当则有可能导致资源配置效率极低。例如，在流量分配较为强调点击率的情况下，如果收益也按点击率来分配，就很容易使“标题党”作者的收益比优质作者高，从而发生劣币驱逐良币的现象。
- 更市场化的私域收益分配。随着用户的注意力逐渐从平台向人格化作者转移，有了知名度的作者在与平台博弈中的地位开始提升，更市场化的私域变现机制逐渐涌现。根据收益来源是用户还是广告主，通常可以分为两种变现模式。第一种是由广告主买单，在内容中原生植入广告的软广方式体验比硬广好，且广告主更看重作者支持者与产品受众的契合度，因此广告主通常能给作者比平台分润更公允的市场定价。第二种是由用户买单，主要包括支持者打赏、电商带货等更偏支持者经济的方式，考虑到支持者有时比广告主还慷慨，作者为了吸引支持者的关注就会更有动力提升内容质量。

需要补充的一点是，无论是公域还是私域，决定内容质量的关键因素是作者的创作动机。通常来说，为了自我实现而创作的内容质量会优于图利而创作的内容。因此，产品需要设计一定的社区氛围，以满足作者自我实现的需求。关于更多细节，将在10.1节中讨论。

2．激发生态活性的E&E机制

创作收益分配机制的设计目的更多是稳住市场中现有的成熟作者，例如，支持者多的作者不仅更容易接到商单，也更容易获得公域流量。于是，为了避免生态中马太效应的加剧，并激发生态中长尾作者们的活力，推荐产品中还需要设计一种可以让新作者成长的机制，以起到类似于oCPM机制激活中小广告主的作用。

从技术视角来看，想让新作者有所成长，同时善用老作者，本质上属于探索与善用（exploit and explore，为E&E）机制的范畴。本节将围绕新作者的成长介绍大致的思路，有关E&E机制的详细阐述参见4.1节。

（1）*对新作者的探索机制*。从探索的角度看，平台要永远拥抱新入局者，从长期看这样才能找到更优质的作者。考虑到相对于内容来说，作者更稳定且数目较少，因此对新作者的探索常常会从运营侧发起。例如，对新作者定级，可以根据新作者不同的级别分配不同的探索流量以判断其潜力，如果其表现不错就加大扶持力度。

具体到探索流量的分配原则上，就是要将新作者的内容分发给适合的用户，而这就是著名的内容冷启动问题。冷启动的技术手段很多，大体上可以划分为如下两个方向。

- 赋予新作者准确的先验。考虑到在新作者历史行为稀少的情况下，实现分发准确会比老作者难很多，因此需要尽可能地将新作者的先验知识准确提供给策略，以辅助分发。例如通过 2.2 节中的内容理解技术在内容维度上理解内容，通过人工领域知识在作者维度上理解作者等。
- 反馈灵敏的学习系统。在有了探索流量带来的少量反馈信息后，基于第 5 章中介绍的元学习策略就可以快速理解新作者了，进而可以提升对新作者内容的分发效果。

不难看出，对新作者的探索，本质上与 oCPM 机制中收集转化数据的第一阶段非常类似。只要探索到了一定的正向反馈数据，设计良好的推荐策略通常不会太歧视新内容，于是优秀的新作者就逐步成长起来了。

（2）对老作者的善用机制。探索和善用并不是割裂的，很多时候是相辅相成的，也就是说，在平台总流量一定的情况下，想优化对新作者的探索势必要从善用的角度做出相应的举措。例如，为了吸引更多新作者入驻，在对老作者的善用机制中至少需要考虑以下两点。

- 探索流量的精细化分配。内容创作有其客观规律，即高价值内容的创作力通常是稀缺的，因此在流量有限的情况下，平台需要利用好探索流量。例如，将探索流量更多集中到优质作者的新内容和有待甄别的新作者上，对于已经评估过的普通作者可以适当减少探索流量的分配。
- 优质作者的示范性作用。对头部作者来说，平台一方面希望借助他们来满足用户的内容消费需求，另一方面也希望通过他们来吸引更多的作者入驻，因此平台可以设计一定的造星机制，以发挥其示范作用，这也是一种有效的善用机制。

第 2 章

技术创新引领的供给侧变革

尽管科幻小说中的机器人拥有高度的智能，但在相当长的一段时间里，现实中的机器往往只能较为机械地完成一些简单任务，直到 2023 年大模型产品的爆发，人们才开始意识到机器创作超越人类的可能性。实际上，大模型技术之所以能取得关键进展，就在于它的模型结构和训练范式都在努力模拟人脑，以类人的方式去理解世界，这样才创作出了越发逼真的作品。本章将探讨内容理解和生成技术的演进脉络，并展望今后技术发展和推荐产品的演进方向。

2.1 殊途的CV与NLP范式

若想让机器像人脑一样理解与创作，就必须做好内容理解与生成的技术。以文字和视频这两种推荐产品中常见的媒介为例，本节将介绍自然语言处理（natural language processing，NLP）和计算机视觉（computer vision，CV）这两大技术流派的发展脉络。在具体介绍前，先列举生活中常见的一些内容理解与生成任务。

以文字和视频媒介为例，内容理解任务主要包括文本理解、视频理解与多模态理解。文本理解是 NLP 领域中的基础任务，主要包括语义理解、情感分析和文本分类等，常常被用在资讯推荐等场景中产生基础特征。视频理解则是在 CV 领域中理解图像的基础上将视频看作由多帧图像组成的序列，来处理如视频跟踪、视频分类等任务。多模态理解需要同时处理文本、视频等不同模态，以完成以文本搜索视频等任务。

在内容理解的基础上更进一步，就是对内容的生成。在文本生成任务中，对 NLP 领域产生深远影响的是机器翻译任务，除机器翻译之外，还包括自动问答等单模态任务和图像描述这种看图说话的多模态任务。在视频生成任务中同样也有单模态和多模态两种形式，常见的单模态任务是视频风格转换任务，而多模态任务则是通过文本描述生成视频，近年来随着 Pika 等产品的推广逐渐为人们所熟知。

在大模型技术成为真正意义上的主流技术前，NLP 和 CV 领域在完成上述任务时所采用的技术范式大相径庭。本节先回溯 CV 和 NLP 领域的几个重要的发展阶段，只有理解了这些技术流派的演进历程，才能更好地理解大模型范式的优势。

2.1.1 从人工特征到CNN结构

在 CV 领域的发展历程中，如何更好地模拟人类大脑视觉皮层一直是贯穿其中的主题。接下来，我们从 CV 领域的诞生说起，简单介绍其在大模型时代到来之前的发展路径。

1．人工设计图像特征的时代

20 世纪末，GPU 这类硬件尚未普及，大模型算法还不具备实现的条件。因此，这一时期研究者们的工作重心在于如何通过人工设计各种精细的图像特征提取方法，以用于目标检测、图像分类等任务。下面是其中两个具有代表性的工作。

（1）SIFT 特征。人类要辨别一张图像中的动物是猫还是狗，往往会抓住猫或者狗的一些关键特征，这些特征往往与拍摄角度、动物在图像中的位置、动物的大小等因素无关。受这个思路的启发，1999 年的“Object Recognition from Local Scale-Invariant Features”论文中提出了尺度不变特征转换（scale-invariant feature transform，SIFT）算法，通过在空间尺度中寻找极值点，并提取其位置、尺度、旋转不变量，就可以比较精准地找到物体独特的关键点了。

SIFT 能够找到图像中不受移动、旋转、缩放等影响的关键点，因此能够对物体进行有效识别。除了物体识别、图像匹配等任务，我们用手机拍摄全景照片时，也可以通过 SIFT 识别手机旋转过程中各照片的关键点，并将它们进行匹配，从而拼接成完整的图像。

（2）HOG 特征。2005 年的“Histograms of Oriented Gradients for Human Detection”论文中提出了方向梯度直方图（histogram of oriented gradient，HOG）算法，通过创建图像中梯度方向分布的直方图，并使用特殊对比度归一化方式，能够提取对光照变化和阴影保持良好不变性的特征。对于行人检测等目标检测任务来说，HOG 能够有效地捕捉行人的轮廓和形状，只要图像中的行人大体保持直立姿势，不同的肢体动作对检测效果影响就不大。

除了 SIFT 和 HOG，这个时期还涌现出了很多依赖人工经验设计的特征提取算法，研究者不仅要掌握一定的数学知识，还要有通信和信号处理相关的很多经验，当然最终落地时还要具备一定的编程能力。但随着深度学习时代的到来，这些基于人工经验设计的特征提取算法已经逐渐被卷积神经网络（convolutional neural network，CNN）取代了，只有在一些计算资源受限的场景中才能看到它们的身影。

2．模拟大脑视觉的 CNN 时代

20世纪60年代，David Hubel 和 Torsten Wiesel 在研究时发现，人脑初级视觉皮层中包括两种不同类型的细胞：只对特定位置特定方向有强烈反应的简单细胞、对方向敏感但对位置不敏感的复杂细胞。这项研究也帮助二人获得了1981年的诺贝尔生理学或医学奖。20世纪80年代，日本科学家福岛邦彦将人类视觉系统的思想引入人工神经网络之中，提出了作为 CNN 雏形的新认知机（neocognitron）。简单来说，neocognitron 是一个7层的网络结构，如图2-1所示，具有以下几个主要特点。

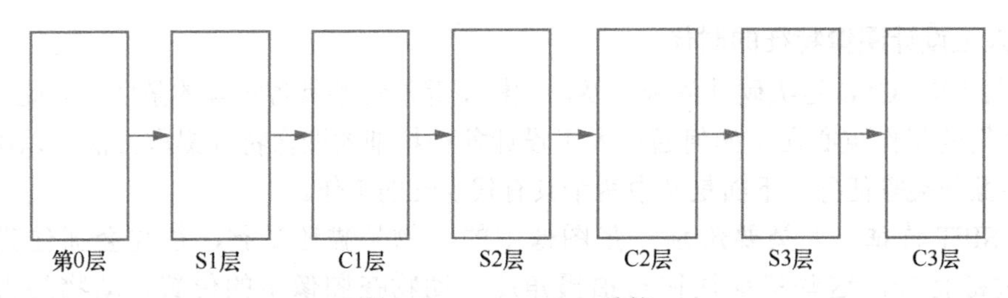

图2-1　neocognitron 结构

- 模拟视觉皮层。neocognitron 分别定义了 S 层和 C 层，分别对应人脑初级视觉皮层中的简单细胞和复杂细胞。其中，S 层负责提取如边缘、角点等局部特征，而 C 层负责对特征进行空间汇总，实现平移、缩放等操作时的不变性。
- 局部连接。如果使用一般的神经网络，一般是将图像打平成一维向量，再叠加全连接层，这样每一个隐层节点需要与所有输入节点进行交互。neocognitron 中的神经元只与其局部感受野中的上一层神经元相连接，即只关注原始图像的一小部分，这样可以减少网络参数，降低计算量。
- 权值共享。如果使用一般的神经网络，同一个隐层节点与不同输入节点间的权重是不同的。在 neocognitron 中，S 层的神经元被分成多个子集，每个子集共享权重，从而可以提取相同的特征。

neocognitron 采用无监督学习的训练方式，效率并不高，于是1998年“Gradient-Based Learning Applied to Document Recognition”论文中提出了模型结构与 neocognitron 差异不大的 LeNet-5，采用反向传播（back-propagation）来革新学习方法，使模型的性能得到了显著提升。随后，在2012年的 ImageNet 竞赛中，“ImageNet Classification with Deep Convolutional Neural Networks”论文中提出的 AlexNet 通过提升模型复杂度，采用 ReLU 激活函数和 Dropout 等策略，以性能超过第二名10.9%的压倒性优势赢得了比赛，这开始让 CNN 广受关注，并引发了一股深度学习的热潮。

在 AlexNet 之后，大部分的网络结构升级（如2014年 ImageNet 竞赛第一名，由谷歌提出的 GoogLeNet 等），都在不断增加模型的层数使得网络变得更深，但网络越深，往后的梯度就越容易消失，越容易出现模型性能退化的现象。于是在 2015 年，“Deep Residual Learning for Image Recognition”论文中提出了具有残差连接思想的残差网络（residual network，ResNet）。如图 2-2 所示，输入数据 $\boldsymbol{x}$ 需要经过两条通路，一条是正常的多层神经网络的通路 $F(\boldsymbol{x})$，另一条则是使用恒等映射（identity mapping）直接连接到输出的捷径（shortcut）$\boldsymbol{x}$，这就使 $F(\boldsymbol{x})$ 只需要学习输出值与原始值的残差，从而解决了模型性能退化的问题。

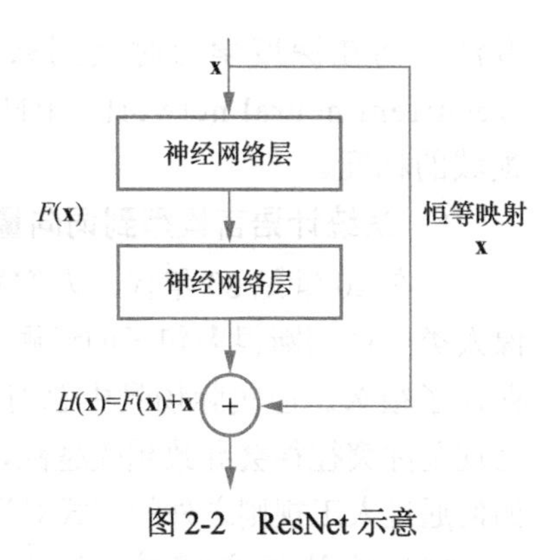

图 2-2 ResNet 示意

自 AlexNet 之后，CNN 已经逐渐成为图像理解的关键组件。下面，我们将以视频分类为例，来探讨在图像的空间信息上增加时间维度后如何对多帧图像间的时空关系进行建模，以深入理解视频内容。

- 启发式的帧融合方式。2014 年的“Large-Scale Video Classification with Convolutional Neural Networks”论文中基于经典的 CNN 进行建模，根据融合的先后顺序提出了单帧（single frame）、后融合（late fusion）、前融合（early fusion）及缓慢融合（slow fusion）4 种融合方式。
- 双流结构。这类方法从空间流（spatial stream）和时间流（temporal stream）两个角度进行建模，空间流是将单帧图像经过 CNN 进行图像分类，而时间流则是先对多帧图像提取光流（optical flow）特征，再经过 CNN 进行分类，最后将这两个分类预估值进行融合。
- 3D 卷积。这类方法不仅像传统 CNN 那样在高度和宽度上进行卷积，还在时间维度上进行卷积，可以直接从连续的帧序列中学习时空特征，代表性方法有 3D 卷积网络（3D convnet，C3D），双流膨胀 3D 卷积网络（two-stream inflated 3D convnet，I3D）等。
- Transformer。随着 2.2.2 节将介绍的 Transformer 时代的到来，使用 Transformer 对视频直接建模成了如今最通用的方法。例如 VideoBERT 会先通过 CV 领域模型产生图像帧对应的向量，然后将向量的聚类结果当作 NLP 领域的词输入 BERT 模型。

2.1.2 从专家系统到RNN结构

受启发于大脑视觉皮层中的结构，CV 领域开启了使用 CNN 来对人类视觉进行建模的时代。而 NLP 领域的发展则不同，这是因为语言是由词、短语、句子、段落、文章构成的，相对图像而言需要更为复杂和抽象的处理。因此，在相当长一段时间内，基于人类自身对语言定义的由语法、句法等构建的专家系统就成为 NLP 领域的主流方法。而在深度学习时代到来之后，考虑到语言本质上是文本序列，循环神经网络（recurrent neural network，RNN）这种为处理序列而设计的网络结构便逐渐成了NLP领域的标配。

1．从统计语言模型到词向量

早在20世纪80年代，人们发现通过人工总结出的一系列自然语言的语法规则，可以像人类一样判断很多句子的通顺程度。于是，以人工规则为主导的专家系统便修修补补地存在了很久。但实际场景中总有一些人工规则无法覆盖的情况，如同义词、语法纠错等，且规则冲突往往会导致越改越乱，形成恶性循环，当人们洞察到专家系统不可能落地之后，如何通过人工规则之外的方式对语言建模便成了研究的热点。

（1）统计语言模型。进入21世纪后，统计语言模型（statistical language model，SLM）一度非常流行。SLM用客观世界中已存在的大量语料来进行各种分布的统计，并从统计学角度对整个句子的概率分布进行估计，轻松打败了打磨数十年的基于规则的专家系统。具体来说，假设一句话有n个词$w_1,w_2,w_3,\cdots,w_n$，这句话的概率就可以表示为公式（2.1）：

$$P(w_1,w_2,w_3,\cdots,w_n)=P(w_1)P(w_2\mid w_1)P(w_3\mid w_1,w_2)\cdots P(w_n\mid w_1,w_2,\cdots,w_{n-1}) \tag{2.1}$$

其中，最后一项是条件概率$P(w_n\mid w_1,w_2,\cdots,w_{n-1})$，可以通过同时出现$w_1,w_2,\cdots,w_n$这$n$个词的统计次数除以同时出现$w_1,w_2,\cdots,w_{n-1}$这$n-1$个词的统计次数得到。可以想象，因为实际应用中训练语料有限，所以这种统计方式会面临统计稀疏性的问题。

于是，通过马尔可夫假设对联合概率进行简化的n-gram（n元语法）模型被提出，它假设第n个词的出现概率只与其前面n–1个词相关，从而缓解了稀疏性问题。然而，作为一个统计模型，n元语法模型没有泛化能力，例如“猫在卧室里走”和“狗在房间内跑”这两个句子虽然相似度比较高，但由于其中完全相同的词很少，因此n元语法模型便会得出两个句子极不相似的结论。

（2）词向量。为了让语言模型具有更好的泛化性，在2003年的“A Neural Probabilistic Language Model”论文中提出了神经网络语言模型（neural network language model，NNLM）。NNLM通过一个线性映射和一个非线性隐层连接，在给定前$n-1$个词的条件下，输出第n个词的条件概率。同时，NNLM还提出了一个“副产品”——词的分布式语义表示，即可以使用一个m维的向量来表示一个词，也称为词向量。接着，在10年之后的2013年，“Efficient Estimation of Word Representations in Vector Space”论文中对NNLM中词向量的概念进行了强化，并通过比NNLM更高效的方式进行训练，这就是著名的word2vec模型，训练方式主要包括以下两种，如图2-3所示。

- CBOW。连续词袋模型（continuous bag of words），使用周围的词来预测中间的词。这种方式与NNLM比较像，都是输入若干词来预测一个词，但NNLM是输入左侧的词预测当前词，而 CBOW 是输入左右两侧的词预测当前词。以“我明天去海南旅游”这个句子为例，NNLM 使用“我”“明天”“去”“海南”来预测“旅游”，CBOW 则使用“我”“明天”“海南”“旅游”来预测“去”。

- Skip-gram。跳字模型，与 CBOW 相反，Skip-gram 使用中间的词来预测周围的词。还是以“我明天去海南旅游”这个句子为例，使用“去”来预测“明天”和“海南”，就是窗口为 1 的 Skip-gram，而使用“去”来预测“我”“明天”“海南”“旅游”，就是窗口为 2 的 Skip-gram。

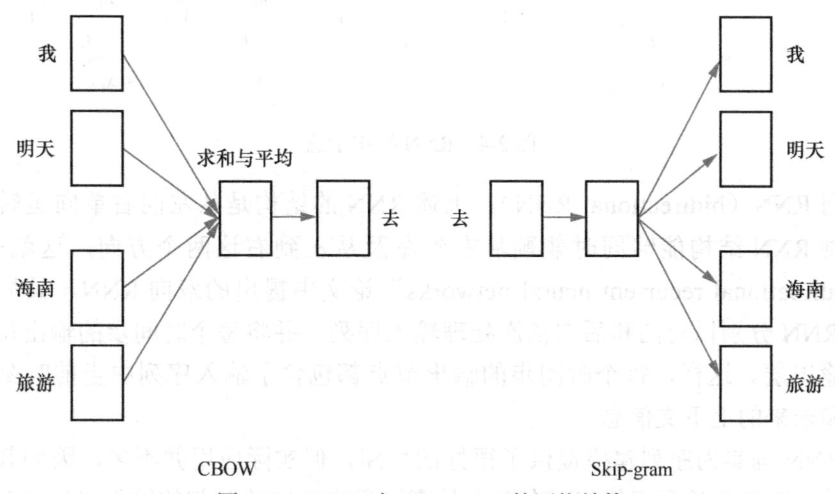

图 2-3 CBOW 与 Skip-gram 的网络结构

此外，word2vec 还可以通过以下两种方式进一步加速训练。

- 层次化 softmax（hierarchical softmax），即将原来扁平化的 V 个词建成一棵哈夫曼树，相当于将原本的一次 V 分类问题转换成 $\log_2 V$ 次二分类问题。
- 噪声对比估计（noise contrastive estimation，NCE），通过负采样（negative sampling）的方式，对每个正样本采样 k 个负样本，从而将原本的一次 V 分类问题转换成 $k+1$ 次二分类问题。

当然，word2vec 也存在不少问题。例如，CBOW 对多个词只是简单地取了平均，虽然计算快但难免粗糙；又如不论是 CBOW 还是 Skip-gram，都没有考虑位置信息，而在自然语言处理中，位置信息是比较重要的。

2．处理序列的 RNN 时代

早在 1982 年，物理学家 John Hopfield 为了解决组合优化问题，提出了 RNN 的雏形——霍普菲尔德网络（Hopfield network）。1990 年 Jeffrey Elman 通过引入反向传播，提出了大家熟知的 RNN。相比于 CNN 从人脑构造出发，RNN 在设计之初更多考虑的是为神经网络增加处理序列的能力，接下来简单介绍一下早期的经典 RNN。

- 标准 RNN（valina RNN）。其基本思想是按原始序列顺序从左向右依次处理，在 t 时刻的输入包括 t 时刻的输入状态 $\boldsymbol{x}_t$ 及 t–1 时刻隐层的状态 $\boldsymbol{h}_{t-1}$，其输出是 $\boldsymbol{o}_t$，如图 2-4 所示。也就是说，一个 RNN 在每个时刻都有自己的输出，并且会将当前时刻的隐层状态传递给下一时刻的隐层。

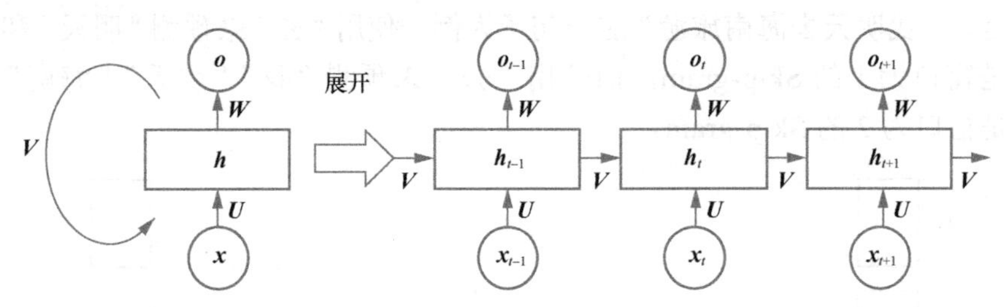

图 2-4　RNN 结构示意

- 双向 RNN（bidirectional RNN）。上述 RNN 的结构是从左向右单向运转的，还有一种 RNN 结构能够同时兼顾从右到左及从左到右这两个方向，这就是 1997 年"Bidirectional recurrent neural networks"论文中提出的双向 RNN。具体来说，双向 RNN 分别以前向和后向依次处理输入序列，并将每个时间步的输出拼接为最终的输出层。这样，每个时间步的输出节点都包含了输入序列中当前时刻完整的过去和未来的上下文信息。

经典 RNN 确实为序列建模提供了很好的思路，但实际应用并不多，因为其存在着梯度爆炸、梯度消失和长距离依赖（在前向处理过程中，起始时刻的输入对后续时刻的影响越来越小）问题。之后，长短期记忆（long short-term memory，LSTM）网络和门控循环单元（gated recurrent unit，GRU）缓解了梯度消失和长距离依赖的问题，这得以让 RNN 回归，并且凭借其出色的性能成了实践中常用的两大类 RNN 模型。LSTM 和 GRU 作为基础模块，和各类复杂网络结构相结合，一度成为业界序列建模的标配。

- LSTM。1997 年"Long Short-term Memory"论文中提出的 LSTM 引入了输入门（input gate）、输出门（output gate）和遗忘门（forget gate）3 个门，并新增了细胞状态（cell state），有效缓解了梯度消失和长距离依赖的问题。其中，引入的 3 个门将输入的信息经过 sigmoid 变换把取值范围变为 0 到 1 之间，起到门控的作用；而新增的细胞状态包含了之前所有状态的信息，其中一部分是通过遗忘门控制上一时刻细胞状态的遗忘程度，另一部分是通过输入门控制当前时刻输入的保留程度。
- GRU。2014 年"Learning Phrase Representations using RNN Encoder-Decoder for Statistical Machine Translation"论文中的 GRU 对 LSTM 进行了简化，从而能够在效果持平的情况下加快训练速度。具体来说，GRU 将 LSTM 中的 3 个门精简为更

新门（update gate）和重置门（reset gate）两个门，其中，重置门负责控制上一时刻隐层状态对当前状态的重要程度，而更新门则能够同时控制当前状态的保留程度和上一时刻状态的遗忘程度。

综上，从20世纪80年代到21世纪10年代，CV与NLP领域在各自的发展道路上井水不犯河水。虽说中间出现过一些将CNN引入NLP的尝试，但NLP的主流架构组件仍然是RNN。而CV的主流架构组件是CNN，只有当需要处理如视频这种序列形式的图像时才会考虑引入RNN。

2.2 走向融合的CV与NLP范式

虽然CV领域和NLP领域中所采用的技术范式看似隔行如隔山，但人脑对这二者的处理在直觉上存在着共性。先看一个NLP领域的例子，在"今天的天气常非好，我去足球场踢足了球"这个句子中，虽然有两个词的顺序错乱了，但人们在阅读时可能并不会注意到这一点，原因在于人脑并非像RNN那样严格按照句子中的词序来顺序处理，而是会自动利用上下文信息，预测并纠正错乱的词序，从而在整体上理解句子的意义。类似地，在CV领域也有这样的现象，如果一张人脸图中的关键特征能被准确刻画，那么即使其他部分只有寥寥几笔，人们也能准确识别出这张人脸图像描画的是谁，这也是因为大脑会结合周围像素来理解图像的整体内容。

由此可见，无论是在处理文字还是图像时，大脑都会先聚焦注意力，再根据上下文信息来预测并纠正语义，这和RNN与CNN的假设并不完全一致，而更接近于本节将要介绍的注意力机制（attention mechanism），即神经网络中的一种模仿人类注意力的技术。因此，基于注意力机制的Transformer模型应用到NLP和CV领域之后，逐渐促成了这两个领域在技术范式上殊途同归，并在NLP领域中演化出了令世人惊叹的大模型技术。本节将对相关技术及其会为推荐产业带来哪些变革进行介绍和展望。

2.2.1 从注意力机制到Transformer

"九层之台，起于累土"，如今看似和人脑有相通之处的大模型，便是以起源于机器翻译领域的Transformer模型为核心组件来构建的，而Transformer模型又是以注意力机制为基础来构建的。因此，本节从注意力机制的来龙去脉说起，为后面深入理解大模型的特性做铺垫。

1. 早期心理学领域中的注意力

注意力机制具有看不见又摸不着的特质，有关注意力机制的研究起源于心理学领域，并为后续其在机器学习领域的发展提供了灵感。以下就是注意力机制在心理学研究中所经历的主要发展阶段。

- 早期的注意力研究。研究者开始对注意力的概念进行定义和分类，例如 William James 在他的著作《心理学原理》（*The Principles of Psychology*）中就尝试描述了注意力的概念。
- 认知心理学阶段。随着认知心理学的兴起，人们开始使用更精细的实验方法来研究注意力，这些方法如视觉搜索任务和双耳分听实验。这些研究揭示了注意力中一些基本的特性，如注意力资源的有限性和选择性。
- 神经心理学阶段。随着脑成像技术的发展，研究者开始直接观测大脑在进行注意力任务时的活动模式。例如，科学家们发现前额叶皮层和后顶叶皮层在注意力控制中扮演了重要角色，这些区域在人们转换或维持注意力焦点时会变得活跃。

在上述发展阶段中，更为人们所熟知的主要是认知心理学阶段的几个实验，其中，著名的双耳分听实验是由 Colin Cherry 在 1953 年进行的。实验中分别给受试者的左耳、右耳输入不同的信息，要求他们更专注于其中一个声源，并大声复述所听到的信息（称为追随）。经过实验发现，受试者能够较容易追随出追随耳听到的信息，而对非追随耳，受试者只能判断男声或女声，却说不出听到的具体信息。这种现象被称为鸡尾酒会效应，即在嘈杂的酒会上，虽然有很多人在说话，但我们只能聚焦其中一个人说的话。

为了解释这种现象，在 1958 年，英国心理学家 Donald Broadbent 提出了注意过滤器模型，如图 2-5 所示。图中的感觉记忆只用于短暂地保存输入信息，然后过滤器根据刺激的物理特性（如音调、语速等）识别注意到的信息，并将其输入探测器对信息进行更高阶的加工，最后将加工后的信息存入记忆之中。

图 2-5　注意过滤器模型

在 1959 年，Neville Moray 也做了一个双耳分听实验。经过实验发现，如果在受试者的非追随耳中输入他的名字，有大概 1/3 的人能够听到，因此人的注意力并不只取决于信息的物理属性，还取决于语义。于是，1964 年 Anne Treisman 提出了图 2-6 所示的注意衰减模型，其允许非追随耳中听到的信息在经过衰减器后也能通过，但是接下来只处理强度超过字典单元中阈值的信号，从而使类似名字这样的低阈值信号在非追随耳中听到时也同样能引起人们的注意。

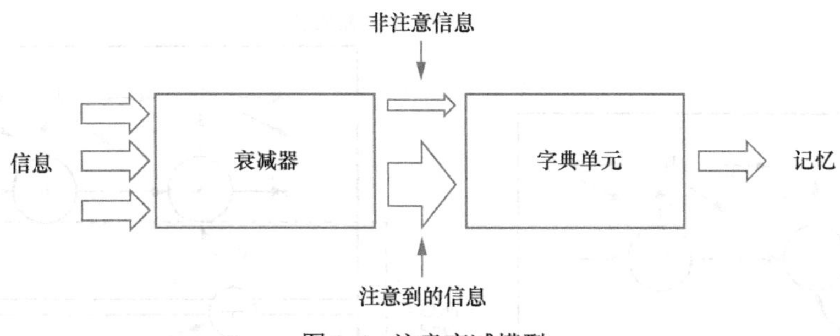

图 2-6 注意衰减模型

上述内容已经说明了实验对模型中注意力机制设计的影响，因此不再过多展开心理学中的其他注意力模型，如视觉搜索等。接下来，我们就正式介绍在机器学习模型中注意力机制的发展脉络。

2．让注意力机制爆红的 Transformer

机器学习领域的研究者们一直以来并没有将研究重心放在注意力机制上，直到其在 NLP 的机器翻译任务中成功落地。这里将首先介绍机器翻译的编码器-解码器（encoder-decoder）结构和注意力机制在其中的首次落地，然后介绍让注意力机制真正火遍全球的 Transformer 模型。

（1）机器翻译中的注意力机制。2014 年的"Learning Phrase Representations using RNN Encoder-Decoder for Statistical Machine Translation"论文中将机器翻译问题建模成一个由源序列到目标序列的生成问题，并提出了编码器-解码器框架。编码器-解码器的整体架构如图 2-7 所示，编码器负责将输入的不定长源序列 $\boldsymbol{x}_1,\boldsymbol{x}_2,\cdots,\boldsymbol{x}_T$ 编码成一个中间向量 $\boldsymbol{c}$，解码器负责将中间向量 $\boldsymbol{c}$ 解码成不定长的目标序列 $\boldsymbol{y}_1,\boldsymbol{y}_2,\cdots,\boldsymbol{y}_{T'}$。为了更好地建模不定长序列，图中的编码器和解码器所使用的都是 RNN。编码器-解码器的架构一经提出，便成为此后大多数机器翻译模型的标配。

在这个编码器-解码器框架中，编码器把输入信息压缩到一个固定长度的向量中，一定程度上造成了模型表达能力出现瓶颈。为了解决这一问题，在 2015 年的"Neural Machine Translation by Jointly Learning to Align and Translate"论文中首次将注意力机制引入了 NLP 领域。如图 2-8 所示，这篇论文在编码器和解码器中间增加了一层注意力机制。以从中文到英文的机器翻译问题为例，源序列"我来自中国"是 $\boldsymbol{x}=\boldsymbol{x}_1,\cdots,\boldsymbol{x}_T$，经过编码器输出得到 $\boldsymbol{h}=\boldsymbol{h}_1,\cdots,\boldsymbol{h}_T$，目标序列"I come from China"是 $\boldsymbol{y}=\boldsymbol{y}_1,\cdots,\boldsymbol{y}_{T'}$，中间的隐层状态是 $\boldsymbol{s}=\boldsymbol{s}_1,\cdots,\boldsymbol{s}_{T'}$。那么时间步 t 下的 $\boldsymbol{s}_t$ 就可以表示为 $f\left(\boldsymbol{s}_{t-1},\boldsymbol{y}_{t-1},\boldsymbol{c}_t\right)$，其中函数 f 可以是 RNN 等网络结构，$\boldsymbol{c}_t$ 通过公式（2.2）的注意力机制来计算以丰富第 $t-1$ 个词的表示，F 是一个相似度函数用于计算 $\boldsymbol{s}_{t-1}$ 和 $\boldsymbol{h}$ 的相似度。

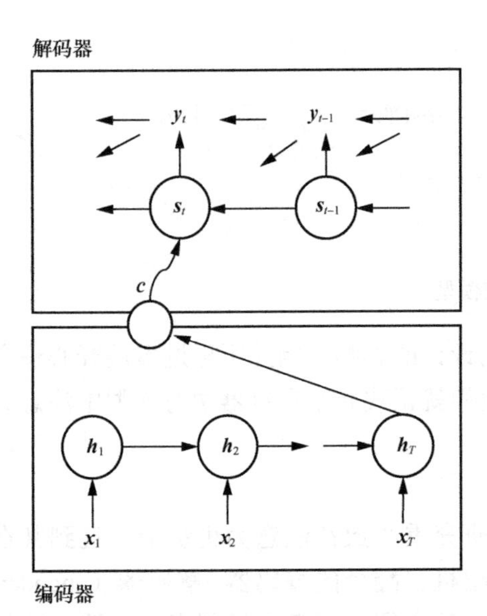

图 2-7　编码器–解码器的整体架构

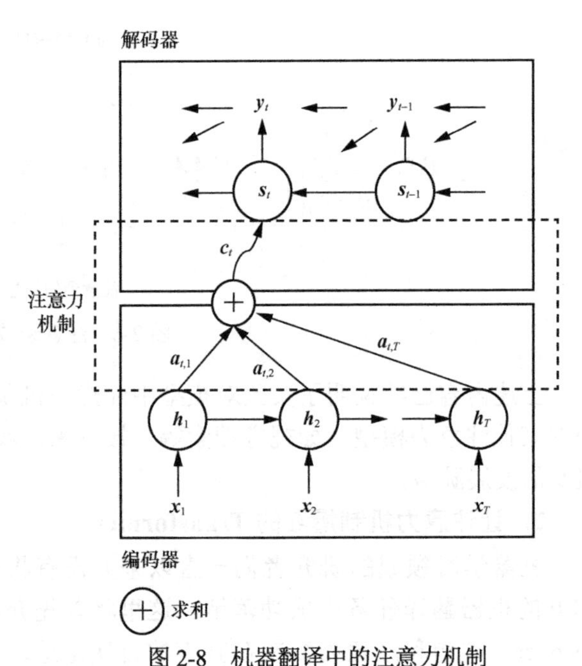

图 2-8　机器翻译中的注意力机制

$$\boldsymbol{e}_t = F\left(\boldsymbol{s}_{t-1}, \boldsymbol{h}\right)$$

$$\boldsymbol{a}_t = \text{softmax}\left(\boldsymbol{e}_t\right) \tag{2.2}$$

$$\boldsymbol{c}_t = \sum_{j=1}^{t} \boldsymbol{a}_{t,j} \boldsymbol{h}_j$$

其中，$\boldsymbol{e}_t$ 表示目标序列中上一个词 $\boldsymbol{s}_{t-1}$ 与源序列中所有词 $\boldsymbol{h}$ 经过函数 F 得到的相似度，$\boldsymbol{a}_t$ 是将这个相似度归一化后的注意力权重，然后使用 $\boldsymbol{a}_t$ 与源序列中所有词 $\boldsymbol{h}$ 加权求和就得到了 $\boldsymbol{c}_t$。具体而言，如果我们现在要翻译第二个词“come”，注意力机制就是将源序列中的“我”“来自”“中国”分别和上一个已翻译的词“I”计算归一化后的相似度，然后使用这些相似度对“我”“来自”“中国”进行加权求和得到 $\boldsymbol{c}_t$。

为了方便扩展，如今大部分工作中的注意力机制都采用查询 $\boldsymbol{Q}$（query）、键 $\boldsymbol{K}$（key）和值 $\boldsymbol{V}$（value）的描述方式。其中，$\boldsymbol{Q}$ 表示要查找的信息，$\boldsymbol{K}$ 表示索引词，即所有可以参考的信息，$\boldsymbol{V}$ 表示实际已知的信息，故注意力就是计算 $\boldsymbol{Q}$ 与 $\boldsymbol{K}$ 的相似度，并将其作用到 $\boldsymbol{V}$ 上。对应到机器翻译中，$\boldsymbol{Q}$ 是目标序列中的词，而 $\boldsymbol{K}$ 和 $\boldsymbol{V}$ 就是源序列中的词，因此可以将解码器得到的目标序列表示 $\boldsymbol{s}$ 替换为 $\boldsymbol{Q}$，将编码器得到的源序列表示 $\boldsymbol{h}$ 替换为 $\boldsymbol{K}$ 和 $\boldsymbol{V}$，并将公式（2.2）重写为公式（2.3）：

$$\boldsymbol{e} = \boldsymbol{Q}\boldsymbol{K}^{\top}$$

$$a = \mathrm{softmax}(e) \tag{2.3}$$

$$\mathrm{Attention}(Q,K,V) = aV$$

需要注意的是，Q 是对整个句子的编码，而在实际翻译时是不知道未来的，即在翻译第 t 个词时只知道已翻译的第 1 ～ $t-1$ 个词。因此，在机器翻译任务中，这里的 Q 往往是经过掩码处理的，即遮掩 t 时刻右边的词，从而实现自左向右的过程。而在非机器翻译这种生成式任务中，如文本分类等内容理解任务，就不需要这种掩码操作。

（2）只需要注意力的 Transformer。在上述论文提出后，各类机器翻译模型都在注意力机制的基础上对编码器和解码器的网络结构进行了不同的设计，例如引入更复杂的 RNN 或者 CNN 结构，或者将二者进行某种方式的结合等。

然而，2017 年谷歌的“Attention Is All You Need”论文横空出世，向世人明示了机器翻译可以不需要 CNN 和 RNN，只要基于注意力机制就够了，它是如何做到的呢？简单来说，这篇论文的基本思想就是将注意力作为基本组件，通过构建一个更高层次的注意力模型 Transformer，来让注意力对模型产生更大的影响。如图 2-9 所示，Transformer 模型同样也遵循编码器–解码器架构，但是对注意力机制进行了两点关键创新：一是自注意力（self-attention），不仅对源语言与目标语言计算注意力，还在源语言内部或者目标语言内部计算注意力（即 $Q=K=V$ ）；二是多头注意力（multi-head attention），通过引入多个子空间提升注意力的表达能力。

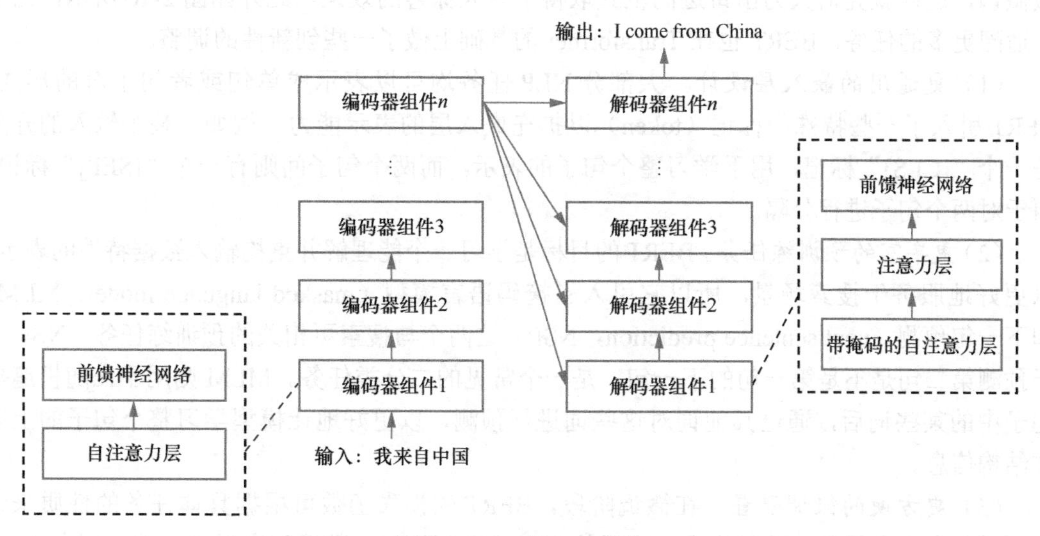

图 2-9　Transformer 架构

- 编码器。每个编码器组件都可以分解成自注意力层与前馈神经网络（feed forward network，FFN）两个子层。自注意力层帮助编码器组件在对源序列的每个词进行编码时，同时关注句子中的其他词。紧接着，自注意力层的输出会经过由两层神经网络组成的前馈神经网络层。

- 解码器。每个解码器组件的输入有两部分：编码器的输出和上一个解码器组件的输出。解码器组件中不仅有与编码器组件类似的前馈神经网络，还包括了两个注意力层：一是前面提到的带掩码的自注意力层，将右侧的词遮掩以实现自左向右的翻译；二是连接编码器与解码器的注意力层，用于刻画源序列和目标序列的注意力关系。

2.2.2　只需Transformer的内容理解

针对 2.1 节中介绍的如文本分类、图像分类等内容理解问题，在 Transformer 出现之前，CV 和 NLP 领域一般都会用自己擅长的 CNN 和 RNN 来解决，而在机器翻译领域横空出世的 Transformer，在包括 CV 和 NLP 的各个领域展现了超强的兼容性，并使其编码器结构逐渐成为各个领域中内容理解模型的标配。

1．BERT 引领的 NLP 预训练时代

谷歌在 2018 年发表了一篇题为“BERT：Pre-training of Deep Bidirectional Transformers for Language Understanding”的论文，文中提出在基于 Transformer 的编码器部分搭建了一个 12 层结构的大型模型后，先通过海量数据来对其进行预训练，再基于具体任务的数据来做微调，这样就凭借大力出奇迹的范式取得了令人惊喜的效果。此外如图 2-10 所示，为了能适配更多的任务，BERT 也在 Transformer 的基础上做了一些创新性的调整。

（1）*更通用的嵌入层设计*。大部分 NLP 任务均可以表示成单句或者句子对的形式，BERT 引入了一些特殊的标记（token）以扩充嵌入层的表示能力。例如，整个输入的开头是一个“[CLS]”标记，用于学习整个句子的表示。而两个句子间则有一个“[SEP]”标记，用于对两个句子进行分隔。

（2）*更丰富的预训练任务*。BERT 的目标是学习一个能理解并重构输入数据特性的表示，以更好地服务于搜索场景，所以它引入了掩码语言模型（masked language model，MLM）和下一句预测（next sentence prediction，NSP）这两个与搜索更相关的预训练任务。NSP 用于预测第二句是不是第一句的下一句，是一个常见的二分类任务。MLM 则用于在随机遮掩句子中的某些词后，通过其他词对这些词进行预测，以更好地让模型学习整个句子的上下文结构信息。

（3）*更方便的微调配置*。在微调阶段，BERT 的损失函数可根据具体任务的性质来设计。对文本分类任务，可以将表示句子的“[CLS]”标记对应的顶层向量经过若干层全连接，然后接一个二分类或者多分类的损失函数。对问答任务，可以预测答案的起始位置和终止位置，并使用这两个预测位置与真实位置计算损失。对序列标注任务，则可以预测每一个词的词性，然后计算与对应的真实词性相比的损失。

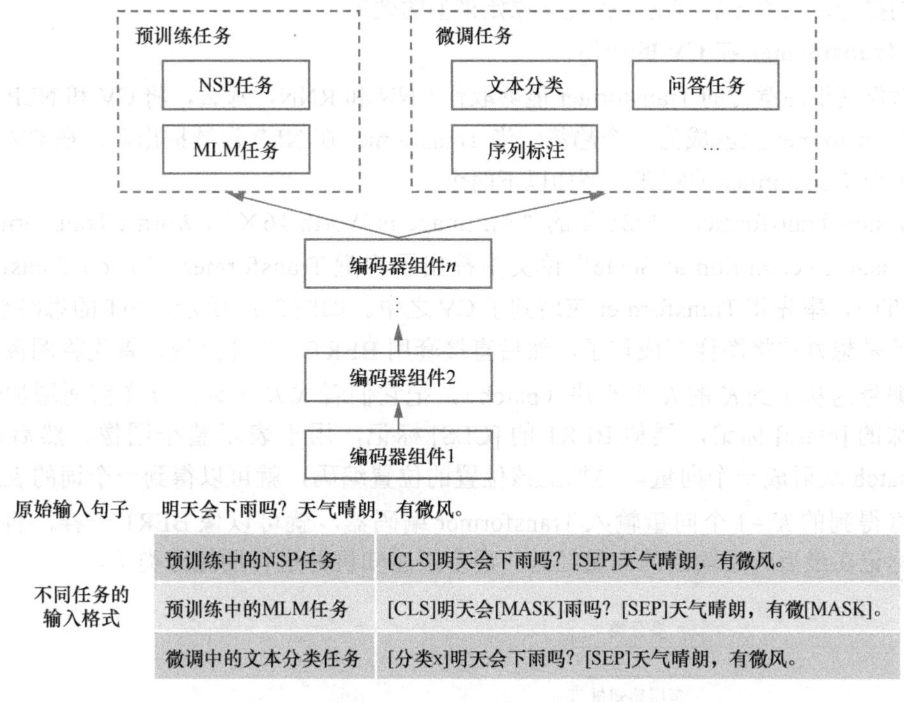

图 2-10　BERT 结构示意

有了如上几点改进的加持，BERT 在通用语言理解评估（general language understanding evaluation，GLUE）基准中打破了已有的 11 项 NLP 纪录，震惊了学术界和业界。基于第一版 BERT 模型，业界又出现了很多改进版本，总体来说主要包括以下两个方向。

- 更大的离线模型。更复杂的模型结构、更多的训练数据和更多样的预训练任务有助于模型取得更好的效果。例如，多任务深度神经网络（multi-task deep neural network，MT-DNN）将 BERT 原本用于微调的任务移到了预训练阶段，使模型进行监督学习的预训练；而鲁棒优化的 BERT 预训练方法（a robustly optimized BERT pretraining approach，RoBERTa）则更为简单直接，使用 10 倍于 BERT 的数据量进行预训练。
- 更小的在线模型。当预训练模型不断增大之后，在线推理的性能就会遇到瓶颈，因此在保证效果的基础上，减小参数量就成为一大优化方向。例如，轻量级 BERT（a lite BERT，ALBERT）使用矩阵分解及参数共享，蒸馏 BERT（DistillBERT）则采用了蒸馏思想。

虽然这两类方法的发展方向看似相反，实则相辅相成，因为对于模型压缩来讲，只有当原始的模型足够强大，压缩后的模型才有更高的“天花板”。与此同时，只有当压缩比得到更大的提升，人们才更有动力去优化原始模型的效果。

2．Transformer在CV的应用

既然仅基于注意力的Transformer能够取代CNN和RNN，那么，将CV和NLP的模型迁移到Transformer上就成为一个趋势。当Transformer在NLP领域提出后，在CV领域也出现了不少Transformer的实践，例如以下两个。

- Vision Transformer。2021年的“An Image is Worth 16×16 Words: Transformers for Image Recognition at Scale”论文中提出了视觉Transformer（Vision Transformer，ViT），率先将Transformer应用到了CV之中。如图2-11所示，ViT的思路很简单，就是想办法将图像变成句子，然后直接套用BERT。具体来说，首先将图像分割成编号为从1到K的K个小块（patch），把它们看成K个词，并在前面增加一个特殊的[class]标记，类似BERT的[CLS]标记，用于表示整个图像。然后将每个patch映射成一个向量，再加上该位置的位置编码，就可以得到一个词的表示。再将得到的$K+1$个向量输入Transformer编码器，就可以像BERT一样，将[class]标记在最后一层输出的向量经过一层多层感知机并进行图像分类了。

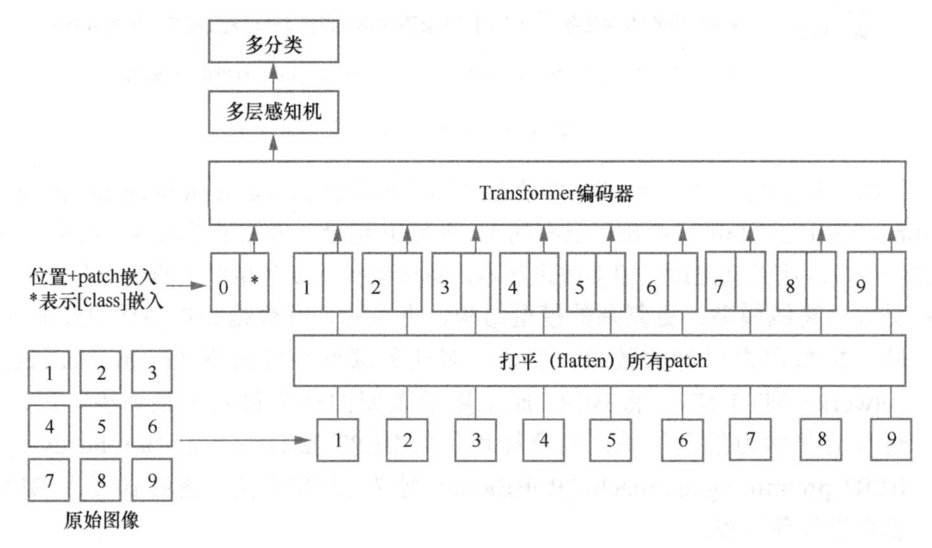

图2-11　ViT结构示意

- Swin Transformer。2021年，微软在“Swin Transformer: Hierarchical Vision Transformer using Shifted Windows”论文中借鉴CNN中的局部连接思想对ViT进行改进，提出了Swin Transformer模型。简单来说，该模型在底层输入的patch比ViT更多，而随着层数的增加，会对相邻的patch进行聚合。因此，越高的层看到的是面积越大的局部图像，从而实现和CNN类似的效果。此外，该模型还引入了滑动窗口，只对窗口内的patch计算注意力，相比ViT计算量更小。

由此可见，注意力机制堆叠而成的Transformer不仅适用于NLP领域，只要经过适当的设计，在CV领域也能取得显著的效果。因此，Transformer一举破除了NLP和CV领域多年来的界限，并让人们首次感觉到，未来应该会出现一个具备多模态能力的模型，到那时，可能离实现强人工智能更近了一步。

2.2.3 自回归、生成对抗和扩散范式下的内容生成

2022年8月，在美国科罗拉多州的艺术博览会上，由Midjourney生成的绘画作品《太空歌剧院》一举夺魁，使得AIGC技术开始为人们所熟知。同年12月，OpenAI又发布了知识面宽广的聊天机器人ChatGPT，更是提升了人们对AIGC领域的想象和期待。本节将从技术角度出发，介绍近年来在内容的智能创作领域比较常用的自回归、生成对抗网络和扩散模型这3大类范式。

1．凭经验连续创作的自回归范式

所谓自回归（auto-regressive）范式，就是基于序列中已观察到的词来预测下一个词，这也是人类创作的一类方法。2.1.2节介绍的SLM和RNN就沿袭了这个思路，而且2.2.1节中介绍的Transformer解码器也是按照自左向右的自回归来进行设计的。

（1）基于自回归的GPT。在Transformer问世后不久，OpenAI在2018年的“Improving Language Understanding by Generative Pre-Traning”论文中就发布了基于Transformer解码器的生成式预训练Transformer（generative pre-trained Transformer，GPT）模型。不过，与BERT采用自编码范式以更好地服务搜索任务不同，GPT的设计目标是优化生成式任务，因此采用的是自回归范式，从而在创作能力上具备了差异化优势。

随着2019年参数和训练语料更多的GPT-2发布，OpenAI逐渐发现，在阅读理解、机器翻译和开放式问答等任务上，GPT-2可以在完全不进行微调的情况下，使模型能力随参数量增加而增强。这就给人们带来了一个启发，如果参数规模继续扩大，是否有可能出现更令人惊喜的效果呢？事实上，令人惊喜的效果在2020年真的出现了。OpenAI在“Language Models are Few-Shot Learners”论文中提出了GPT-3模型，一方面它的参数量是GPT-2的116倍，达到了惊人的1750亿个；另一方面，GPT-3直接取消了微调阶段，转而提出了语境学习（in-context learning）这种更简洁的学习方式。

相对于微调来说，语境学习是一个比较新的概念，不同于微调需要先对每一个样例通过梯度下降来学习，语境学习不再对特定任务安排额外的训练步骤，而是将提供的任务说明、示例和提示（prompt）视为输入句子的前半部分，从而使模型考虑到语境信息后再按照正常语言模型的工作方式来生成句子的后半部分。

GPT-3中的语境学习方式主要有3种。第一种是Zero-Shot，只输入任务说明和提示；第二种是One-Shot，输入任务说明和提示之外会提供一个示例；第三种是Few-Shot，输入任务说明和提示之外会提供若干示例。此后语境学习衍生出了很多变体与应用，例如固定语言模型的提示微调（fixed-LM prompt tuning）、固定提示的语言模型微调（fixed-prompt LM tuning）等，这里不再赘述。

（2）引入强化学习的ChatGPT。在生成式模型尚未成熟的年代，对话类的文本生成主要依赖文本匹配的方法，例如先对用户提问的意图进行识别，再找到与此意图相关的答案模板（如问路或问天气的模板等），然后通过类似知识图谱和专家系统的方式，就可以对模板做填充后进行文本生成了。

然而近年来，随着ChatGPT的爆红，通过模型直接生成文本的做法彻底颠覆了人们的思路，毕竟，图像生成是由原始图像作为真值（ground truth）来指引的，但对于文本生成该如何定义正确答案呢？其实，解决思路非常直接，就是OpenAI在“Training Language Models to Follow Instructions with Human Feedback”论文中所提出的，从人类反馈中进行强化学习（reinforcement learning from human feedback，RLHF）。具体来说，这种RLHF方法主要包括以下3步。

- 监督微调。从示例数据集中采样示例后，让标注人员撰写相应的答案，再使用这些标注数据对预训练好的模型进行监督微调，以得到新的监督微调（supervised fine-tuning，SFT）策略。
- 奖励建模。使用SFT模型为每个给定的示例生成若干候选答案，再让标注人员对这些答案进行排序，然后利用标注数据训练一个奖励模型（reward model，RM），使其可以为给定的示例和候选答案提供评分。
- 强化学习。从环境中随机产生一些示例，然后让SFT模型生成答案，并将提示和答案一起输入RM以得到奖励，再通过如近端策略优化（proximal policy optimization，PPO）等强化学习算法来对SFT模型做进一步微调。

由此可见，通过人工先验的引入，ChatGPT比GPT-3更清楚人类想要什么样的回答，从而避免生成那些看似很通顺实则答非所问的答案。在ChatGPT之后，业界和学术界出现了非常多的后起之秀，例如谷歌的PaLM、Meta的LLaMA、Anthropic的Claude等。可以预见，随着更多有监督数据和新技术的引入，ChatGPT这类基于自回归的模型在文本生成任务上的表现会越来越好。

2．学习以假乱真的生成对抗范式

2014年“Generative Adversarial Nets”论文中提出了生成对抗网络（generative adversarial net，GAN），它通过生成器（generator）和判别器（discriminator）的相互博弈，理论上在拥有足够数据且模型学习能力强的条件下能够收敛至纳什均衡，因此在之后很长的一段时间里，GAN就一直是图像生成领域中的主流方法。例如换脸所采用的Deepfake技术，其中很多就是基于 GAN 来生成的。

（1）从 GAN 到 CGAN。论文中将生成器比喻为伪造者，将判别器比喻为警察。伪造者的目标是制造出能够以假乱真的钞票，而警察则试图用更先进的方法鉴别钞票的真伪。在整个相互博弈的过程中，两者都不断提升自己的技术水平。GAN 的核心损失函数如公式（2.4）所示，式中第一项是判别器对真实分布下的样本判断为真的概率，第二项是 1 减去判别器对生成器生成的样本判别为真的概率：

$$\min_G \max_D V(D,G) = \mathrm{E}_{x\sim p_{\mathrm{dt}}(x)}[\log \mathrm{D}(\boldsymbol{x})] + \mathrm{E}_{z\sim p_z(z)}[\log(1-D(G(\boldsymbol{z})))] \tag{2.4}$$

先来看第一项，判别器的目的就是识别真样本，因此期望越大越好。再看第二项，判别器期望能判别出生成器生成的结果为假，因此期望越大越好，而生成器想让判别器以为自己生成的结果为真，因此期望越小越好。也就是说对于整个损失，判别器期望越大越好，而生成器期望越小越好。

2014 年的“Conditional Generative Adversarial Nets”论文中为 GAN 引入了一个条件变量 $\boldsymbol{y}$，提出了条件生成对抗网络（conditional generative adversarial net，CGAN）。CGAN 的核心损失函数与原始的 GAN 几乎一样，区别是只需要将生成器改成条件概率 $G(\boldsymbol{z}\mid\boldsymbol{y})$，而判别器改成条件概率 $D(\boldsymbol{x}\mid\boldsymbol{y})$。这个条件 $\boldsymbol{y}$ 的出现提供了无限的想象空间，例如，可以将类别标签作为 $\boldsymbol{y}$，这样生成器就可以生成特定类别的图像。

（2）以假乱真的换脸。基于 GAN 技术擅长以假乱真的特性，在 GAN 技术成熟后，类“换脸”的应用就成为了产品的试金石，用户只需要上传一张人脸图像，便可以将视频中的主人公替换为图像中的人脸。从技术实现的角度具体来说，换脸技术主要采用以下 3 大类思路。

- 编码器-解码器方法。起初的 Deepfake 换脸模型采用的是包括一个编码器和两个解码器的编码器-解码器框架。编码器的输入是两个图像的配对，一个是源人脸图像及抠掉人脸的源图像，另一个是目标人脸图像及抠掉人脸的目标图像。第一个解码器称为源解码器，输出是试图还原的第一个配对；第二个解码器称为目标解码器，输出是试图还原的第二个配对。在实现换脸的时候，只需要将抠掉人脸的源图像及目标人脸图像作为输入，然后使用目标解码器就可以将目标人脸图像“贴”到源图像上。
- 图像风格转换方法。2017 年的“Fast Face-swap Using Convolutional Neural Networks”论文中将换脸的过程抽象成一种图像风格转换，假设把人物 A 的脸换成人物 B 的脸，那么人物 A 的姿态和表情就是原始图像，人物 B 就是风格图像。为了得到更逼真的人脸，作者还引入了与照明条件相关的光照损失和面部关键点提取及对齐等方法。
- GAN 方法。2018 年的“Towards Open-Set Identity Preserving Face Synthesis”论

文中将换脸的过程抽象为一个GAN的过程。假设把人物A的脸换成人物B的脸，那么生成器的输入是两张图，一张是有表情和姿态的人物A的脸，另一张是人物B的脸，而判别器不仅需要像常规的GAN一样判断生成的图像是否真实，还需要判断其是否能保持人物B的身份不变。

不难看出，GAN的学习方式是希望以假乱真，虽然从技术上看思路有趣，但也很容易产生法律风险，特别对“换脸”问题来说，如果处理不好，就会出现严重的社会问题。因此，本节仅对这类应用涉及的技术原理做简要介绍，望各位读者能对法律与道德常存敬畏之心。

3．从轮廓到细节的扩散范式

自提出后GAN一直是图像生成领域常用的方法，虽然在不少场景中的效果不错，但还是存在一些明显的缺点。

- 训练不稳定。由于GAN需要同时训练生成器和判别器，常常会出现判别器收敛但生成器尚未收敛的情况，因此容易生成非常随机且清晰度较低的图像。
- 想象力不足。生成器的目标是尽可能地模仿真实的数据分布以欺骗判别器，而判别器大多又是以真实世界中的图像为真值所构建的，因此生成器往往很难生成富有想象力的图像。

在2023年，随着Midjourney等AI绘画软件的广泛使用，一类被称为扩散模型（diffusion model）的技术逐渐进入人们的视野。简单地说，扩散模型的工作方式类似人类画家的创作过程：先从脑海中一个模糊的灵感开始，构思出画面的大致轮廓后再对其逐步细化，直到创作出一幅完整的画作。因此，扩散模型的图像生成方式不仅容易理解，而且创作效果也肉眼可见地优于GAN模型。这里首先介绍开源的扩散模型Stable Diffusion，并以一致性模型（consistency model）和LoRA（low-rank adaptation）为例来介绍扩散模型的优化方法。

（1）Stable Diffusion。2021年“High-Resolution Image Synthesis with Latent Diffusion Models”论文中提出了隐扩散模型（latent diffusion model），这也是Stability AI公司发布的Stable Diffusion的核心模型。如图2-12所示，Stable Diffusion主要包括如下3个模块。

- 条件编码器。与CGAN的设计类似，首先由用户输入给定的条件，然后通过条件编码器将其编码为一个向量$\boldsymbol{v}_{cond}$。通常，这个条件是一段文本，而条件编码器采用BERT或CLIP（contrastive language-image pre-training）等预训练模型。
- 自编码器。包括编码器和解码器两部分，编码器将输入的图像编码为一个隐向量$\boldsymbol{v}_{img}$，解码器则将扩散模型产生的隐向量$\boldsymbol{v}'_{img}$解码为一张新的图像。
- 扩散模型。主要包括前向扩散（forward diffusion）与逆向扩散（reverse diffusion）

两个过程。在前向扩散阶段，自编码器的编码器输出的 $\boldsymbol{v}_{img}$ 串行地添加 k 次噪声，得到向量 $\boldsymbol{z}$ 。而在逆向扩散阶段，使用 U-Net 结构在条件编码 $\boldsymbol{v}_{cond}$ 的"指导"（对二者计算交叉注意力）下，对 $\boldsymbol{z}$ 串行地去除 k 次噪声得到隐向量 $\boldsymbol{v}'_{img}$ 。

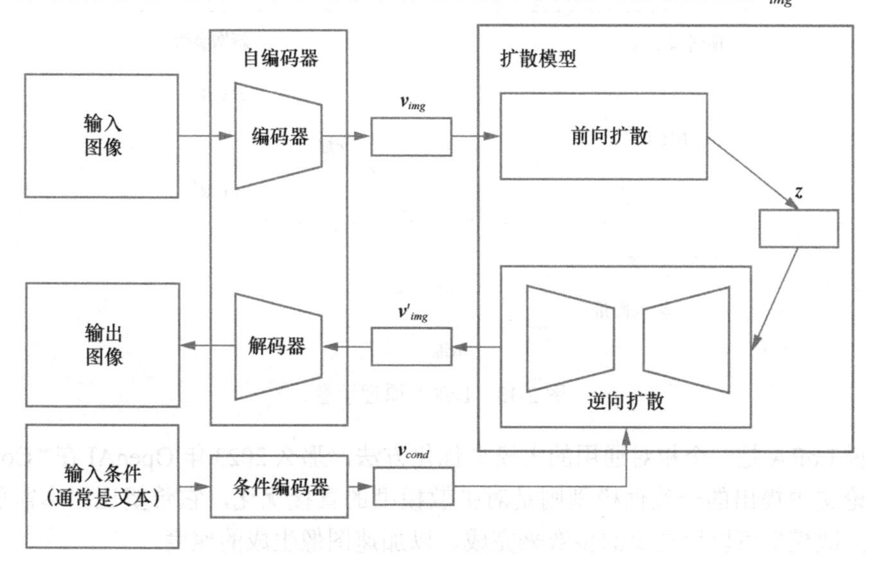

图 2-12 Stable Diffusion 基本结构

Stable Diffusion 的训练流程是，先将输入条件通过条件编码器得到 $\boldsymbol{v}_{cond}$ ，将输入图像通过自编码器的编码器得到 $\boldsymbol{v}_{img}$ ，再将二者通过扩散模型的前向扩散和逆向扩散过程得到 $\boldsymbol{v}'_{img}$ ，最后通过自编码器的解码器得到输出图像。考虑到模型在生成图像时会多次添加和去除噪声，因此对同一个输入条件，每次生成的结果会有所不同，这就是模型随机性的来源。此外，如果输入的只有条件，那么只需去掉自编码器的编码器部分，将 $\boldsymbol{v}_{img}$ 改成随机向量就可以了。

（2）扩散模型的优化。在大语言模型中，GPT-3 这样的模型动辄拥有千亿级的参数，所以如果想仅凭少量样本就在微调阶段直接更新这些参数，显然不太现实。于是，微软在 2021 年"LoRA: Low-Rank Adaptation of Large Language Models"论文中提出了一种被称为 LoRA 的方法，用于加速大语言模型微调阶段的优化。

如图 2-13 所示，LoRA 采用矩阵分解的思想，除预训练参数 $\boldsymbol{W} \in \mathbf{R}^{d \times k}$ 之外，新增了一个通过 $\boldsymbol{A} \in \mathbf{R}^{d \times r}$ 和 $\boldsymbol{B} \in \mathbf{R}^{r \times k}$ 两个矩阵相乘来计算的旁路，并使用 $\boldsymbol{W} + \boldsymbol{AB}$ 来更新 $\boldsymbol{W}$ 。不难看出，由于引入的 r 远比 $\min(d, k)$ 小，因此降低微调阶段更新的参数量就能有效提升微调阶段的速度和效果。进而，当人们将源自 NLP 领域的 LoRA 和 Stable Diffusion 结合后，就实现了通过少量图像来微调模型的效果。

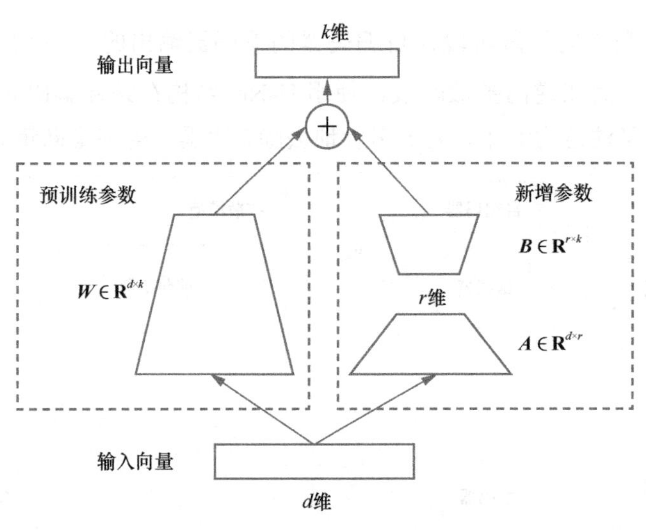

图 2-13 LoRA 原理示意

如果说 LoRA 是一个相对通用的大模型优化方法，那么 2023 年 OpenAI 在“Consistency Models”论文中提出的一致性模型则是对扩散模型的直接优化，它希望让原本需要进行多次迭代的扩散模型可以用更少的步数来完成，以加速图像生成的速度。

如图 2-14 所示，在扩散模型的前向扩散过程中，0 时刻的原始图像是 $\boldsymbol{x}_0$，最终 T 时刻加满噪声的图像是 $\boldsymbol{x}_T$，所以扩散模型的逆向扩散过程就是将 $\boldsymbol{x}_T$ 一步步去噪，直到变回 0 时刻的图像 $\boldsymbol{x}_0$。一致性模型基于的假设在于，它希望不论从哪个时刻 t 出发，都存在一个映射 f_θ，能够将这个时刻的图像 $\boldsymbol{x}_t$ 直接映射成原始图像 $\boldsymbol{x}_0$，也就是说，需要满足如下两个条件：首先，对于任意两个时刻 t_1 与 t_2，都有 $f_\theta(\boldsymbol{x}_{t_1},t_1)=f_\theta(\boldsymbol{x}_{t_2},t_2)$；其次，对于初始点 $\boldsymbol{x}_0$，有 $f_\theta(\boldsymbol{x}_0,0)=\boldsymbol{x}_0$。

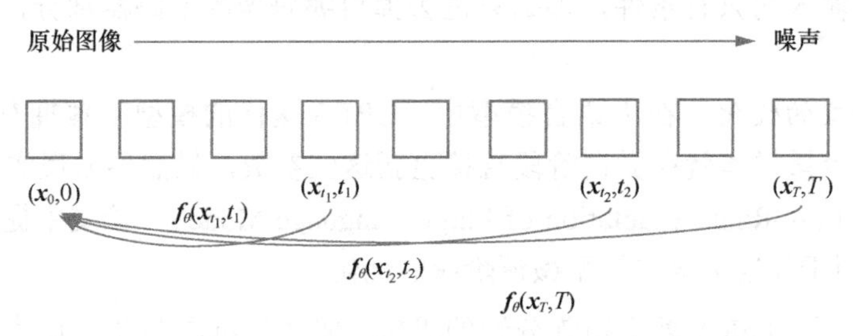

图 2-14 一致性模型

通过定义特殊的 f_θ 形式，一致性模型就找到了同时满足上述两个条件的方法，于是可以更快地完成扩散模型的逆向扩散过程。同时，它为了灵活兼顾扩散模型的生成效率和质量，设计了基于现有扩散模型做蒸馏及从头随机初始化学习参数 θ 这两种方式。虽然目前一致性模型生成的图像并不惊艳，但由于它能够在单步计算中完成任务，因此对时延要求比较严苛的场景会具有一定的吸引力。

综上，在扩散模型方兴未艾之际，已经出现了很多加速优化扩散模型的方法，所以未来随着更多优化算法的提出，相信以扩散模型为代表的图像生成技术还会在效果与效率上有所提升，并在更多实时场景中得到更广泛的应用。此外，考虑到如今很多视觉模型的模型结构如 U-Net 等容量还不够大，相信在大模型范式的推动下，未来 CV 和 NLP 领域的技术还将进一步走向融合。

2.2.4 大模型时代的推荐产业变革

在过去数十年里，由于内容和服务主要由人类手工创作和供给，因此内容技术对推荐产品的价值更多地体现在优化供需匹配的环节，例如在理解内容背后的语义后给出更准确的用户理解和推荐策略。然而，随着兼具理解和创作能力的大模型的涌现，AIGC 技术开始具备了对各行各业供给侧进行破坏性变革的能力，以及激发用户新需求的能力。本节将从产品角度出发，展望 AIGC 技术在推荐领域的应用趋势，而关于大模型技术对现有推荐系统技术框架的优化将在 5.3.1 节展开介绍。

1. 革新创作效率的创作工具

AIGC 技术在智能创作领域（如内容撰写和图像生成中）已经展示了其巨大潜力，它能够大幅降低内容的创作成本。不过，除了这一明确的价值，更引人关注的问题是，AIGC 技术到底是与人协同创作，还是终将会替代人类去创作呢？为了讨论这一点，我们先回顾一下在大模型技术成熟之前，历史上曾经出现过的应用 AIGC 技术的一些先例。

- 新闻。美联社在 2013 年与 Automated Insights 公司达成合作，是最早将新闻生产的部分工作交给 AI 完成的机构之一。之后很多公司纷纷跟进，使用 AI 来对新闻稿件进行辅助创作。但是通过 AI 较难生成有深度的新闻稿件，因此一般只在如体育、财经等快讯场景中有所应用。
- 视频。在 2015 年上映的电影《速度与激情 7》中，片方为了让已逝去的 Paul Walker 在荧幕上“复活”，花费了高昂的成本。随着技术的进步，如今只需简单录一些视频，就可以让更逼真的数字人代替主播和视频作者，生成令很多用户难以分辨真假的视频内容。
- 音乐。2023 年 5 月，视频网站上出现了一位“AI 孙燕姿”，能够生成许多经典歌曲的孙燕姿版翻唱，很快就获得了大量关注。
- 照片。2023 年 7 月，一款名为妙鸭相机的产品基于前文介绍的扩散模型，用少量照片就可以生成与本人相仿的照片。由于这款产品具备了一定的实际效用，例如生成证件照，因此一时间让人们认为它将取代线下照相馆，成为未来写真照的主流。

- 电影。2023 年 7 月，一款由 AI 生成的电影预告片《创世纪》（*Trailer: Genesis*）在社交媒体上引起了轰动，因为这个具有专业级视觉效果的视频仅花费了作者 7 小时和 125 美元。

在上述示例中，虽然有些应用因技术尚未成熟而逐渐消失，但也有很多技术如语音合成和直播数字人等，不仅大幅提升了创作者的效率，同时也在感知层面上逐渐缩小了与人类的差距，所以正在得到越来越多的应用。于是，这一趋势开始让很多人认为，随着技术的创新，AI 终将从辅助人类创作转变为替代人类创作。

然而从我个人视角来判断，虽然 AIGC 可以使创作变得更加高效，但是如果以 AI 为主体来进行创作，恐怕并不能使人们产生真正的共情。毕竟，内容的价值在很大程度上取决于它与人类情感的连接，而这并非是技术能完全决定的。例如，纵使 AI 孙燕姿唱得比孙燕姿本人更动听，但我相信人们终究还是会更喜欢孙燕姿本人的演唱，这也正是 Walter Benjamin 在《机械复制时代的艺术》（*The Art in the Age of Mechanical Reproduction*）一书中所强调的艺术的原真性。

不过问题的关键在于，即便在人们知晓某一作品是由 AI 创作后就立刻使它失去流行的可能性，随着 AIGC 技术逐渐掌握人类情感的表达方式，又有多少人能轻易分辨出内容的真伪呢？所以，AIGC 技术在大众领域的传播可能已经呈现出不可阻挡的趋势，它并不会轻易受到我所在意的艺术原真性的影响。

2．革新服务效率的企业赋能工具

除了改善个人生活，AIGC 技术还会对很多传统企业的服务效率产生比较大的影响。下面以广告行业和服务行业为例，来介绍 AIGC 技术如何通过革新服务效率来赋能企业。

（1）对广告行业的革新。由于 ChatGPT 这类基于提示词生成文本的应用天然适用于广告创意文案的生成，因此在传统广告营销场景，很容易变革人们手工撰写文案的方式，例如在 2020 年获得了 GPT-3 的内测资格后，Jasper 公司使用 GPT-3 为客户创作广告文案、标语等内容。此外，随着 AIGC 技术在用户产品侧的突破，未来广告行业还可能会面临更加彻底的变革，例如当搜索引擎只提供一两条精准回复的内容时，广告为了吸引用户的注意力，就必须设法以更原生的方式融入自然内容中。

不过正如广告史上知名的文案撰稿人之一——Claude Hopkins 所说，“成功的推销员很少是能言善辩的，他们几乎没有演说的魅力可言，有的只是对消费者和产品的了解以及朴实无华的品性和一颗真诚的心。广告文案亦是如此。”所以就我个人理解，若想应用类 GPT 的技术生成真正能赢得人们信任的广告文案，还是要深耕于产品所在的行业。

（2）变革服务效率的革新。随着 ChatGPT 等内容生成产品推出按调用量付费的模式，只要单次调用 API 的收益能超过其成本，就势必会让这类技术快速大规模地铺开。因此，在智能客服、智能问诊、数字人等机构化的服务行业中，尽管 AIGC 技术还做不到在全流程上取代人工，例如数字人还不足以完成口红试色等任务，但在规则性较强的局部环节势必会替代人，整体以人机协同的方式来提供服务。

不过，对许多已经开始围绕ChatGPT进行二次开发的小公司来说，可能需要尽早考虑在AIGC类技术趋同的背景下，如何围绕业务来构建自身的差异化优势。而且，考虑到创新的一大特点在于，不被人注意时才更可能成功，所以在人人都关注大模型的时代，只有找到他人不选择走的路，才能通过避免同质化竞争获得长远发展。

3. 创造用户新需求的聊天机器人

如果将信息获取渠道的竞争力简单地定义为“内容价值 × 媒介吸引力 / 交互成本”，那么搜索、推荐和聊天机器人各自的竞争力可以简化地总结为表2-1。

表2-1 常见渠道的竞争力对比

渠道	内容价值	媒介吸引力	交互成本
搜索	高，精准需求满足	中，以文字和图片为主	高，手动输入
推荐	中，更多满足泛化需求	高，视频是信息更容易被理解和接受的媒介	低，刷新手机即可
聊天机器人	高，对精准需求的信息整合	中，以文字和图片为主	低，说话是人习惯性的需求表达方式

可以看出，如果聊天机器人能够在内容价值维度持续占有优势的同时一方面通过多模态技术来提升媒介吸引力，另一方面设法降低与用户交互的成本，那么面临挑战的将不仅是搜索，还会包括推荐。接下来，我们将从如下几个维度来简要探讨聊天机器人的优势。

- 自然高效的交流方式。移动互联网时代，产品功能不断堆砌的结果是一个过于复杂的触屏交互，使用户很难轻松找到所需。相比之下，聊天作为人类主要的交流方式，不仅自然高效，而且对大多数人几乎没有学习成本，例如电影《她》（*Her*）中的场景就展示了一个可能的未来。人与机器之间完全通过语音对话来进行交流，从而让人在潜意识中和拟人化的机器间建立起一种更深层次的情感连接。这种连接一旦建立，用户可能就不愿再回到传统的交互方式了。
- 统一接口的易集成性。所有的聊天机器人都遵循统一的自然语言接口，这就使产品具有强大的易集成性。首先，可以在聊天机器人中集成插件来增强其能力，从而为其提供更多的可能性，例如GPT-4中人们可以轻松组合各种插件，实现解读PDF文档、对网页和视频做摘要、预订酒店和机票等功能。其次，其他产品中也可以轻松集成聊天机器人，从而为其带来新的附加价值，这将促进类ChatGPT的产品快速融入更多的场景和载体中。
- 开放接口带来的品类拓宽。为了持续突破增长瓶颈，产品需要在各领域中不断扩充供给以满足更多用户需求。虽然如今的推荐算法已经可以实现这一点，但从人机交互的角度看，触屏交互下通过增加入口来扩充品类覆盖的方式，可能会因为呈现方式的混乱使产品失去清晰的用户认知。相比之下，在开放式的聊天交互模式下，因为交互接口始终不会变，就是聊天，所以使内容品类的拓宽变得更加自然。

综上3类产品突破，我个人更期望能够激发用户新需求的产品可以成功，这是因为，不同于为企业和创作者赋能的产品更多定位于在存量博弈市场中提升人效，聊天机器人这类激发用户新需求的产品更有可能开辟新的市场，而只有这样，才能真正为每一个用户的生活提供更多的增量价值。

第3章

从产品视角看需求侧增长

老话说酒香不怕巷子深，但其实酒香也怕巷子深。本章将先从精细化数据运营的增长黑客视角来介绍用户增长的主要环节，再切换到网络效应的视角深入讨论真正让推荐产品得以健康增长的关键。希望通过本章的讲解，读者能够对用户增长的产品方法论有一个更加系统的认识，并为后续阅读第4章和第5章中所介绍的技术增长手段做一个铺垫。

3.1 从AARRR模型看用户增长

早在2010年，Sean Ellis就意识到传统营销人员的技能体系并不适用于初创产品的用户增长，反倒是基于数据分析驱动的方法更为高效，于是，他提出了如今被广泛采纳的增长黑客的概念。起初，得益于各种新兴的黑科技，增长黑客确实会有奇效，但随着套路的逐渐失效，在对留存优化的权责变得模糊不清、增长团队更多依赖高成本策略来获客的情况下，人们开始质疑增长黑客的概念。本节以增长黑客中常见的AARRR模型为例，来解析并破解推荐产品中关于增长黑客的迷思。

图3-1中左侧展示了AARRR模型，它主要包括5个环节：获取用户（acquisition）、激活用户（activation）、提高留存（retention）、增加收入（revenue）和自传播（referral）。不难看出，这更多是为产品团队提供一个系统化的数据分析方法，以帮助他们确定在哪个环节投入资源会获得更大的增长收益。如今，随着人们越发认识到留存的重要性，AARRR模型也有所调整，变

图3-1　AARRR模型示意

成了图3-1中右侧所示的RARRA模型，即强调产品在获客之前需要先确保产品的用户体验和留存。接下来，本节将对AARRR模型中的关键细节做一个介绍。

3.1.1　获客渠道的选择

实现用户增长的第一步就是通过各种免费或付费的渠道来引导用户安装产品。一般考虑到不同产品在不同渠道的表现不同，需要摸清各渠道的差异，并选择合适的投放渠道。本节将介绍在选择获客渠道时需要考虑的几个关键点。

1．重视被低估的战略性渠道

在公开透明的市场竞争中，由于相似产品的获客成本具有趋同性，因此产品需要保持对价值被低估的战略性渠道的敏锐洞察力，才能比竞争对手更快地找到价格合理且质和量俱佳的战略性渠道。下面就给出战略性渠道的两个例子。

- Facebook广告。早期很多跨境电商的崛起与他们大量从Facebook购买流量有很大关系，但如今随着Facebook广告的价格被抬高了很多，这一战略性渠道的优势已不再明显。
- 预装渠道。早期手机预装产品成本较低时，很多产品依赖手机预装来快速增长。如今，随着预装成本的上升和用户对预装产品的抵触情绪增强，预装渠道的价值也已经不如以往。

从上述例子不难看出，战略性渠道通常可遇不可求，所以在激烈的市场竞争中，渠道的质量通常会体现在该渠道的流量价格上。

2．重视真正健康的品牌渠道

虽说找准能降低用户获取成本的效果渠道很重要，但要让产品能够长期稳定发展，甚至在无须大力推广的情况下仍能实现增长，建立用户对品牌的认知和信任就显得非常关键。例如，近年来华为、特斯拉等公司的成功，就证明了品牌渠道的作用。

具体来说，品牌渠道的手段多种多样，例如借助明星的影响力来吸引支持者，培养产品上的明星创作者来建立用户对产品的心智，策划重大的品牌宣传活动等，这里不再具体展开。总体来说，正如同品牌广告和效果广告中的品效难以合一，与更注重短期效益的效果渠道相比，虽然品牌渠道带来的用户增长从短期看不明朗，但往往长期看是真正迅猛又健康的。

3．重视自增长的自传播渠道

虽然自传播本来是AARRR模型中单独的一个环节，但由于做好产品的关键仍在于做好自身，因此本书就将其并入获客环节来讨论。具体来说，以Adam Penenberg提出的病毒传播模型为例，自传播可以表示为公式（3.1）：

$$Custs(t) = Custs(0) \times \frac{K^{(t/ct+1)} - 1}{K - 1} \tag{3.1}$$

其中，$Custs(0)$ 表示初始用户数，$Custs(t)$ 表示 t 时间后的总用户数，ct 表示每一轮感染所花费的时间，K 是病毒系数，其计算方式为每个用户能感染的朋友数。

不难看出，如果 $K>1$，那么产品的用户群就会不断增加，且当用户是通过口碑等免费渠道自发地加入时，客户获取成本（customer acquisition cost，CAC）也会随之下降；而当 $K<1$ 时，自传播的作用就会开始逐渐减弱，同时产品的用户群也会逐步停止增长，以下列举一些能提高 K 的常见策略。

- 强化产品的分享机制。以 Gmail 为例，其在 2004 年愚人节宣布直接提供 1 GB 容量的邮箱，考虑到当时雅虎和微软只提供很少的邮箱容量，Gmail 的这个创新很有价值。然而，Gmail 通过限定每个人 10 个名额的方式制造了稀缺感，用户纷纷向好友索取邀请码，从而快速强化了产品的传播。
- 对产品进行创意推广。以 2014 年的冰桶挑战赛为例，其背后的连接方式就是通过一个人点名另外 3 个人接招的方式来实现裂变，从 IT 领袖、体育明星、影视明星乃至政要都积极参与其中，很快就形成了风靡全球的话题。

通过对自传播渠道的介绍不难发现，在自传播渠道设计巧妙的情况下，它确实会带来非线性增长。然而，在人人都渴望拥有自传播渠道的情况下，许多传播套路已经为人们所熟知，并逐渐产生了“抗体”。因此，若真想做好自传播，还是应沉心静气来打磨好产品，通过口碑来引导用户为产品做推广。

4．警惕粗放运营的低效渠道

《三体》中是这样描述黑暗森林的：“宇宙就是一座黑暗森林，每个文明都是带枪的猎人，像幽灵般潜行于林间，轻轻拨开挡路的树枝，竭力不让脚步发出一点儿声音，连呼吸都必须小心翼翼……他必须小心，因为林中到处都有与他一样潜行的猎人。如果他发现了别的生命，能做的只有一件事：开枪消灭之。”

事实上，产品推广也类似黑暗森林，在这里，你并不知道谁是你真正的竞争对手，通过大张旗鼓地烧钱来获客很有可能会惊醒沉睡中的巨头，将自己置身于危险之中。所以，遵循 2.2.3 节中创新的扩散规律，在产品还未突破增长临界点的时候，先静悄悄地蛰伏发展往往是一种不错的选择。以快手为例，正因为在产品早期没有引起巨头的过多关注，才得以安全存活并发展壮大。

此外，不当的获客渠道当然还包括在产品矩阵之间的各种导流，这种急功近利的做法不仅会因拔苗助长而让产品过早出现瓶颈，更会在文化层面造成心浮气躁的现象，从而使人们很难沉下心来打造产品。在粗放运营时代早已过去的当下，如果还看到某个产品主要依靠导流获客，基本就可以断定它的潜力了。

3.1.2　激活的定义和误区

从字面意思上理解，对用户增长不太熟悉的人可能会误以为打开产品就是激活，从而将激活阶段的优化带入一个误区：通过粗暴地打扰用户来迫使用户打开产品（如小红点提示和弹窗通知等），以完成激活阶段的目标。显然，这种做法是短视的，以新闻弹窗为例，尽管它确实会增加产品的打开次数，但一方面，它会使用户认为该产品仅仅是新闻产品，从而导致非新闻内容的推荐变得困难，另一方面，也容易忽视产品需要优化的核心价值点，从而在产品没有给用户留下深刻的第一印象后，为3.1.3节中将介绍的留存优化留下陷阱。

因此，在AARRR等增长黑客模型中，激活阶段的关键就在于对它的定义并不是打开产品时，而是用户首次感受到产品核心价值的那一刻，即通常所说的顿悟时刻（Aha moment）。考虑到不同产品中的用户需求各异，顿悟时刻的定义也是五花八门，下面就列举几种典型的激活定义供读者参考，以加深对顿悟时刻的理解。

- 工具类产品。工具类产品的关键在于尽可能地降低使用门槛，以帮助用户快速上手，以视频创作工具为例，它的顿悟时刻可以被定义为用户成功完成了第一个视频的剪辑。同时，除了激活成功与否，这类产品还需要关注用户完成激活所花费的时间，如果时间过长，就需要对关键的交互路径进行详细的分析和优化。
- 游戏类产品。游戏产品的本质是让用户开心放松，因此，能否让用户尽快体会游戏的有趣之处就是激活定义的关键。以《王者荣耀》这类对战游戏为例，它的顿悟时刻可以被定义为用户首次获得了胜利。可想而知，如果不在游戏初期降低难度，就很难在这种高门槛的产品里完成用户的激活。
- 内容类产品。内容类产品希望用户在消费内容时能够尽可能长时间地获得满足，以形成用户对产品的黏性，因此，它的顿悟时刻就可以被定义为用户消费内容的时长是否超过了某个阈值。当然，如果产品更关注互动，也可以把互动作为激活的标准，例如在视频号中，将对好友点赞过的内容也进行点赞来作为激活的标准。
- 社交类产品。对社交类产品来说，能否成功添加上好友是用户满意的关键，因此顿悟时刻就可以被定义为用户是否在给定时间内添加了一定数量的好友，例如Facebook早年采用的就是在7天内匹配上10个好友的标准。

综合各种不同的激活定义可以看出，只有细致入微地从用户视角来感受，才有可能找到那个能让用户眼前一亮的顿悟时刻，并在给用户留下深刻的第一印象后，降低后续留存优化阶段的难度。因此，考虑到激活阶段的优化对新用户的吸引和留存至关重要，那些简单地将打开产品动作误认为激活的产品，都应当重新审视并优化产品在激活阶段的表现。

3.1.3 从留存曲线看产品优化

想象有一个蓄水池，每时每刻都有水不断涌入和流出，那么当流出的水量持续超过流入的水量时，无论池子里现在有多少水，最终都会干涸。同样，如果将用户比作池子里的水，那么当留存问题（用户流失速度超过了拉新速度）没有解决好时，再多的用户也迟早会散失干净。因此，在产品竞争日趋激烈、同质化现象严重的情况下，留存的优化是否超越了产品的生死线，就成了产品能否得以存活的根本。

1. 留存曲线的幂律性质

在介绍留存曲线的幂律性质前，我们先来理解一下日活跃用户（daily active user，DAU）的物理含义。简单来说，DAU可拆解为当天新增用户和之前留存用户的总和，进一步拆分之前留存的用户，就可以得到公式（3.2）：

$$\mathrm{DAU}(n)=A\big(1+R(1)+R(2)+\cdots+R(n-1)\big)=A\times\mathrm{LT} \tag{3.2}$$

其中，A表示每日新增的用户数，$R(i)$表示日新增用户在第i天后仍然活跃的用户比例，而用户生命周期（life time，LT）则表示留存曲线下的面积$1+\sum_{i=1}^{n-1}R(i)$，即用户会在产品中平均活跃多少天。

（1）*遗忘曲线与留存曲线。*从公式（3.2）可以看出，在流量来源稳定的情况下，DAU主要和产品的LT正相关，因此在做增长实验时，首先需要关注的就是LT指标的变化。然而，因为LT的物理含义是留存曲线下的面积，所以如果想准确统计LT的变化，通常需要观测很久的数据。那么，有没有一种方法可以快速估计出LT的变化及它对产品DAU的影响呢？

事实上，留存率的变化是有规律可循的，早在1885年，艾宾浩斯在测试记忆的留存时就发现，当不同复杂度的记忆材料混在一起时，遗忘曲线会呈现出幂律分布的特点。类似地，如果把激活用户看作初次的记忆训练，把增强用户黏性的留存策略看作对记忆的定期巩固，那么产品的留存与艾宾浩斯的遗忘实验非常相似。于是，在许多产品的留存曲线也呈现出类似遗忘曲线的幂律分布特点的情况下，在知晓了产品前N日的留存情况后，就可以利用插值法来拟合整条留存曲线并计算LT了。

（2）*留存曲线的其他类型。*当然，并非所有留存曲线都呈现幂律分布的特点，通过观测留存曲线的形状，我们可以更直观地感受业务中的问题和特点。整体上，如图3-2所示，产品的留存曲线可分为3类。

- 幂律分布趋平型。大部分产品的留存曲线属于这种类型，即可以通过幂律分布拟合的产品类型，这说明使用过产品的用户中有一部分人对产品逐渐遗忘，而另一部分人发现了产品的价值并成功留存。
- 指数分布衰减型。如果产品没有找准核心的价值定位，价值和功能单一，那么它的留存曲线就会像单一记忆材料下的遗忘曲线一样，随着时间的推移呈快速衰减的趋势。显然，对于这类产品，如果还没有到获客的阶段，投入的成本只是在打水漂。

- 微笑型。通常情况下，这种曲线反映了在产品初期使用后用户会流失一部分，但后续又逐渐回流的情况，例如，用户逐渐适应或发现了产品的价值，产品突然爆发增长等。显然，这就是所有产品都追求的留存曲线，因为它代表产品具有较高的长期价值。

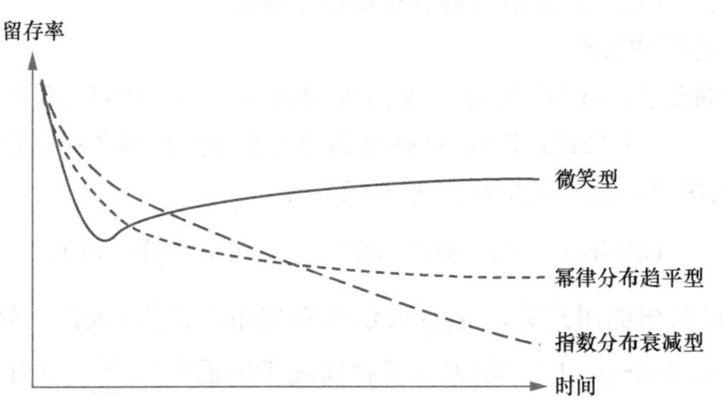

图3-2　常见的留存曲线类型

2．留存曲线的分段优化

考虑到幂律分布的特点，一般在用户生命周期越早期的时候优化，就越容易带来显著的留存提升。这里定性地将幂律分布的留存曲线切分成图3-3中所示的4段，并从推荐策略视角逐段给出提升留存的方法的定性介绍。

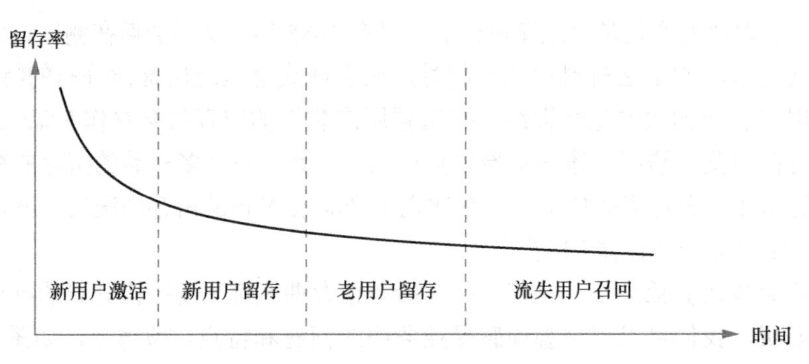

图3-3　幂律分布的留存曲线

- 优化新用户激活。很多用户在早期离开是因为没有看到产品的价值，所以在此时需要优化产品的顿悟时刻，以确保用户在初次使用产品时就能清晰地感知产品的价值，以加深用户对产品的初始记忆，并安全度过这个时期。
- 优化新用户留存。从推荐策略的角度看，新用户留存优化的挑战主要在于如何通过权衡探索与善用来影响留存，以及如何在少量样本的场景下灵敏地学习，关于这两个技术环节，将会在第 4 章和第 5 章中详细介绍。

- 优化老用户留存。从推荐策略的角度看，老用户留存优化的挑战其实就是关于如何在长期留存收益和短期局部收益间取得平衡，以及如何针对产品的特性来设计策略。考虑到本书大部分章节都在讨论相关的话题，这里就不再详细展开了。
- 流失用户召回。流失用户的挽回通常比较难，一般需要借助外力，例如基于 3.2 节中将要介绍的网络效应，设计一款产品价值随用户规模增长能不断提升的产品，通常会更容易激发用户回流的可能性。

综上，虽然在 AARRR 模型中留存阶段的优化是至关重要的环节，但这套方法论更多的是提供了一种数据分析的框架，并没有为留存阶段的优化给出一个普遍适用且有效的银弹策略。因此，对于推荐产品中留存优化的问题，我们还是要回归到本书在大部分章节中所讨论的结合业务特性来做好推荐产品的本质上来。

3.1.4 产品的商业化变现

所谓商业化变现，核心就是让用户贡献收入价值，把留存用户转化为有商业价值的用户。在探讨这个环节的考量之前，先介绍评估用户变现价值的常见指标。

- 每用户平均收入（average revenue per user，ARPU）。ARPU 表示用户每天给平台带来的平均收入，可想而知，不同类型的产品收入构成会不一样，一般来说，游戏和电商类产品的平台收入较高，通过广告来做流量变现的产品收入较低。
- 生命周期价值（life time value，LTV）。LTV 表示用户在全生命周期内所产生的经济价值，它是一个重要的营收指标，可以简化表示为 $\mathrm{LTV} = \mathrm{LT} \times \mathrm{ARPU}$。不难看出，一般用户侧产品优化的是 LT，而商业侧产品优化的则是 ARPU。

假设一款新产品的用户来自渠道投放，其单用户的获客成本为 20 元，那么很明显，产品需要每个用户带来的价值能够超过 20 元，即 LTV 要高于 CAC，才有实现盈利的可能。不过，即使将 LTV 优化至高于 CAC 的水平也并不安全，因为只要 LTV/CAC 的比值比竞品低，就会面临被竞品抬高 CAC 后压垮的风险。事实上，大多数行业在初期 CAC 并不高，只是随着市场竞争中营销费用的层层加码才使 CAC 攀升到让小玩家难以进场的水平。

因此，从用户增长的视角看，产品迭代就是一个为了让产品长期生存而不断优化 LTV 和 CAC 的长期过程。另外需要注意，短期的 LTV 和 CAC 更多反映的只是产品的现状，从长远看，产品还是需要尽早积累更具长期价值的平台资产，例如 B 端的创作者生态和 C 端的社交关系等，因为如果具备了这些长期优势，即使竞争对手在短期留存指标上赶超，产品依然能依靠生态和网络效应的优势来稳住用户，否则，过去为增长所投入的成本都有可能付诸东流。

3.2 从网络效应视角看用户增长

早在1908年，AT&T的总裁Theodore Vail就在电话网络中注意到了网络效应的现象，他在向股东提交的年度报告中写道："如果没有连接的话，电话就是这个世界上最没用的东西，连玩具或科学仪器都比不上。电话的价值取决于它和其他电话的连接及连接数的增加。"果不其然，易守难攻的网络效应使AT&T直到今天依然是北美地区领先的电话公司。

从AT&T的案例中不难看出，网络效应一方面具有较强的进攻性，可以通过越来越低的获客成本来做轻资产运营，另一方面也具有极强的防御性，在使用人数突破临界点后形成易守难攻的产品护城河。因此，打造兼具增长进攻性和防御性的网络效应就成了所有产品梦寐以求的发展目标。本节我们将讨论如何打造一款具有网络效应的推荐产品。

3.2.1 从网络效应看推荐产品演进

如果想在推荐产品中实现类似于电话网络中的网络效应，就需要保证产品为每个用户提供的价值能随用户数的增加而大幅提升。考虑到在推荐产品的场景中，每个用户从网络中获取的价值可以被定性地表述为$V_{\text{user}} = k \times f(n) / n$，其中$k$表示连接价值，$n$表示用户数，$f(n)$表示网络中的连接数，不难看出，提高$V_{\text{user}}$的关键就是要提升网络的密度$f(n)/n$，即将用户编织成一张紧密连接的网。接下来，本节将对3类不同网络拓扑下的推荐产品进行回顾，从中可以看出，推荐产品的发展趋势实际上正是在朝着不断增强网络效应的方向演进。

1．总线型拓扑下的广播分发

总线型拓扑通常用于描述传统媒介，例如经典以太网、电视、早期门户、报纸和广播等。如图3-4所示，对这类内容由发送端通过总线广播给所有用户的媒介，美国无线电与电视广播的先驱David Sarnoff就曾提出过著名的萨诺夫定律（Sarnoff's Law）。他认为，传统媒介的产品总价值与网络中的用户规模n呈线性增长的关系，如表3-1所示的。

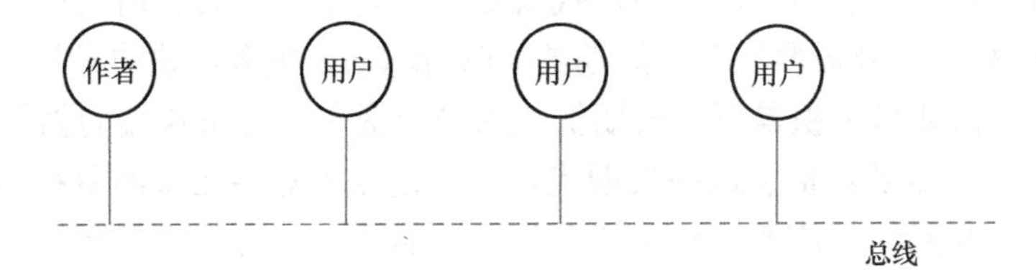

图3-4 总线型拓扑

表 3-1 总线型拓扑的网络价值

拓扑类型	网络价值	单个用户获得的价值
总线型拓扑	$V_{\text{total}} = k \times n$	$V_{\text{user}} = k$

从表 3-1 中可以看出，由于单个用户从这类系统中获得的价值恒定为k，不会因用户数的增加而增加，因此这类产品其实并不存在网络效应。于是，为了提升产品对用户的价值，就只能设法提升内容的质量k。然而，由于每个人的偏好不同，且保持领先的内容创作水平非常困难，产品很难形成垄断优势，而这也解释了在电视、报纸等传统媒介中很难有一款产品独大的原因。

2．网状拓扑下的社交分发

20 世纪 80 年代，在施乐公司开发以太网协议的梅特卡夫认为，对图 3-5 所示的点对点连接的网络来说，其价值增长的速度应该比广播网络中的萨诺夫定律快，因为在任意两个节点都可以连接的情况下，网络中的连接数会大大增加。

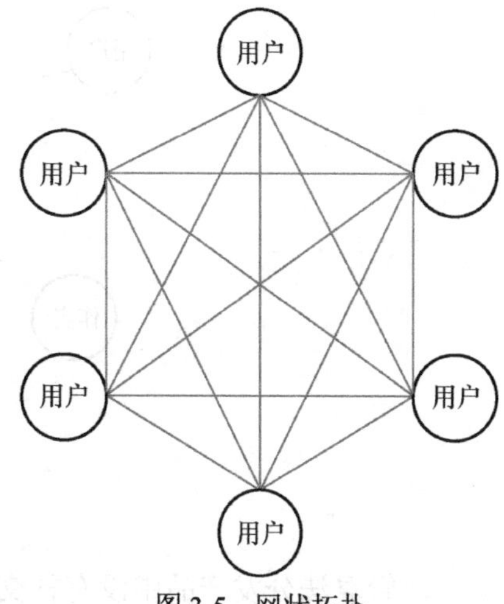

图 3-5 网状拓扑

于是，梅特卡夫针对这类网状拓扑，提出了著名的梅特卡夫定律（Metcalfe’s Law），他将类以太网的网络价值表示为表 3-2 中第二行的公式。

表 3-2 网状拓扑的网络价值

节点连接特点	网络价值	单个用户获得的价值
梅特卡夫定律	$V_{\text{total}} = k \times \frac{n(n-1)}{2}$	$V_{\text{user}} = k \times \frac{n-1}{2}$
节点度数遵从幂律分布	$V_{\text{total}} = k \times n^{\alpha}$	$V_{\text{user}} = k \times n^{\alpha-1}$

不过，如果将梅特卡夫定律用于描述社交分发产品如 Twitter 和微博等，则会显得过于理想化，因为它假设每一对用户之间都有可能自发建立连接，从而迅速增加产品中的连接数。事实上，随着人们对复杂网络理解的逐步加深，会发现用户节点的连接数通常遵循幂律分布，例如，少数明星会拥有大量连接，而大多数人拥有的连接数则不多，因此，基于幂律假设，社交网络的网络价值被修正为表 3-2 中第三行的公式，其中α的取值范围为 1 ～ 2，网络中的马太效应越强，连接越稀疏，则α的取值越小，网络价值也越小。

3．强星形拓扑下的算法分发

算法驱动的推荐产品采用如图 3-6 所示的强星形拓扑，在这种拓扑结构下，内容分发的决策权高度汇聚于复杂的算法节点，用户和作者都只与该节点进行通信。不难想象，作为路由节点的推荐算法能否高效地运转直接决定了整个产品中信息的交换效率。

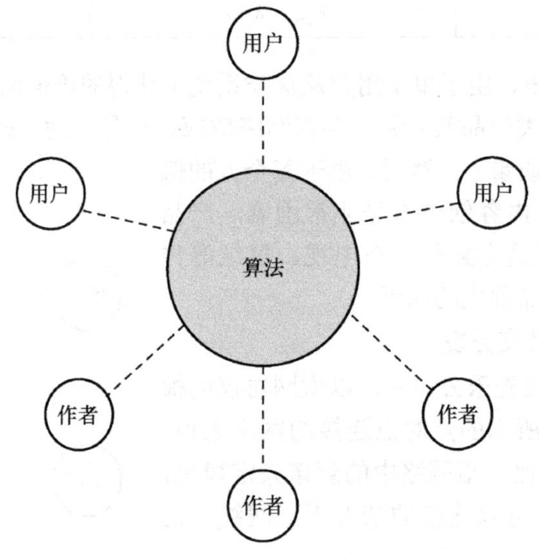

图 3-6　强星形拓扑

尽管算法分发产品中没有社交分发产品那么明显的网络效应，但通常人们会认为，算法分发产品中也存在一类特殊的网络效应，即数据网络效应：随着用户数的增加，可用于算法训练的数据增多，在使得算法效果变好的情况下，就可以让每个用户获得的价值也随之增加。不过，考虑到新用户的增加并不一定会为已有用户的推荐带来很大的增益，一般会认为新用户增加的价值呈现边际效用递减的特点，而递减的程度则要取决于算法设计的优劣。

如表 3-3 所示，对那些更多依赖用户自身历史行为做推荐而很少受其他用户行为影响的算法产品来说，通常可以认为它的实际表现更接近于总线型拓扑下的传统媒体，即随着用户数的增加，用户获得的价值很快会达到上限，因此，这类产品的网络价值通常会表示为对数分布的形式。而对那些更倾向于建立用户和作者连接关系的算法产品来说，通常可以认为它的体验可以逼近甚至好于社交分发产品，即随着用户数的增加，用户获得的价值会持续增加，因此，通常可以认为这类产品的网络价值遵从幂律分布的形式。

表 3-3　强星形拓扑的网络价值

算法产品	网络价值	单个用户获得的价值
按幂律分布边际效用递减	$V_{\text{total}} = k \times n^{\alpha}$	$V_{\text{user}} = k \times n^{\alpha-1}$
按对数分布边际效用递减	$V_{\text{total}} = k \times n\log(n)$	$V_{\text{user}} = k \times \log(n)$

综合 3 种网络拓扑下的价值公式可以看出，推荐产品的演进过程本质上就是网络效应在不断增强的过程，因此，未来谁能在产品中构建出更加紧密稳定的连接关系，谁就能在网络效应的助力下获得更长久的竞争优势。此外，不同于人们习惯性地认为社交产品一定具有更强的网络效应，以连接用户为理念的算法分发产品其实比强马太效应的社交产品具有更高的网络价值，也就是说，网络效应并不仅仅由产品类型决定，更多还是取决于产品的设计理念和实现的精细程度。

3.2.2 供需匹配的破局策略

虽然具备网络效应的产品在突破临界点后能形成很强的增长“护城河”，但在产品还未突破临界点、价值尚未充分体现时，产品的防御力是非常弱的，因此破局的挑战会比较大。本节将探讨在运营一款希望在日后能具备网络效应的新产品时，应如何在市场上完成破局。

1. 善用枢纽节点，从小的利基市场做起

在《从 0 到 1：开启商业与未来的秘密》（*Zero to One: Notes on Startups, or How to Build the Future*）一书中，Peter Thiel 这样写道，“成功的公司会先在一个小的利基市场里获得主导地位，再扩展到相近市场”。类似地，在《跨越鸿沟》（*Crossing the Chasm*）一书中，Geoffrey Moore 也推崇这种方法，同时他还将其形象地比喻为保龄球策略，如图 3-7 所示，只要能有效击中关键的领头瓶，那么利用它的势能，就有可能把相邻的球瓶陆续撞倒。

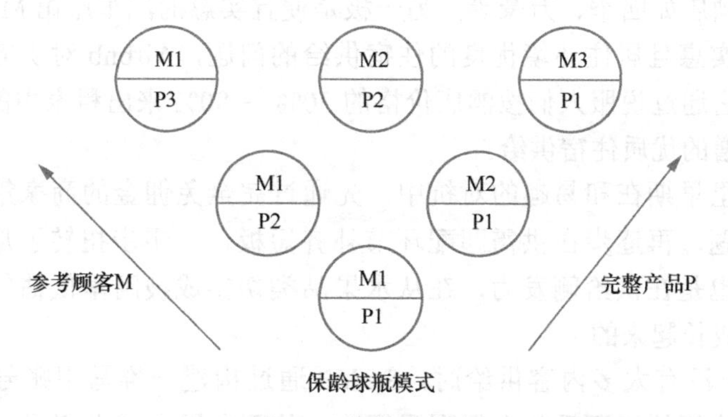

图 3-7 保龄球策略

从网络效应的角度来解释，为什么这种方式可以有效地完成破局呢？原因就在于，由于真实世界的网络中存在幂律分布的特性，因此，就像保龄球中的领头瓶一样，会存在一些少数的枢纽节点具备关键的影响力。那么，如果产品能找准并获得这些枢纽节点所在的利基市场，之后就可以借助枢纽节点的影响力来完成对相近细分市场的突破了。接下来，分享两个善用枢纽节点特性来突破市场的案例。

- Facebook。起初，Facebook仅仅是一款供哈佛大学学生评选校园里哪位女性更具吸引力的产品，在完善了社交功能后，才开始向外扩张。由于哈佛大学是全球知名的学府，许多学生都以与哈佛大学的学生建立联系为荣，因此，这些哈佛大学学生就成了上文中的枢纽节点。试想，如果Facebook是从其他普通大学开始发展，或者只是随机打广告找1000个种子用户，那么即使是功能相同的产品，也很可能早就失败了。
- Yelp。Yelp是美国知名的生活消费指南网站，在初期它选择了美国西海岸更开放的旧金山来作为产品切入市场的第一个“球瓶”，直到在旧金山做得风生水起后，才开始向其他城市扩张。与Yelp类似，包括从旧金山起步的Uber和WhatsApp，以及从上海起步的大众点评网等，它们在选择首个运营城市时，也都采用了类保龄球策略。

2．双边网络市场中，先攻克更难的供给侧

在具有双边网络效应的推荐产品的破局初期，常常会面临先有鸡还是先有蛋的选择问题，即应该将重心多放在需求侧的用户体验上，还是多放在供给侧的模式创新上。尽管在供给侧做创新并非易事，但从历史经验来看，一旦在供给侧实现突破，就会带来更大的回报。因此，对于寻求较大突破的产品来说，深入挖掘供给侧的机会通常具有更大的潜力。接下来，分享几个在供给模式上做创新的例子以供参考。

- Airbnb。在Airbnb出现之前大多数人的住宿选择呈现出两极分化，一极是价格昂贵的高端酒店如四季、万豪等，另一极是便宜实惠的汽车旅馆Motel。针对市场上缺乏价格实惠且居住环境优良的住宿供给的问题，Airbnb对供应侧进行了破坏性的创新，它通过说服人们按酒店价格的30%～80%来出租家中的房间，大规模地释放了新增的优质住宿供给。
- 阿里。阿里早期在和易趣的对抗中，先通过完全免佣金的商家策略解决了供给侧匮乏的问题，再逐步在供需匹配环节补齐短板，一步步扭转了形势。类似地，拼多多起初也是在供给侧发力，在从水果品类切换成被阿里低估的白牌商品后，才开始快速成长起来的。
- Reddit。在没有太多内容供给时，Reddit通过构建一堆马甲账号来发布问题的方式，使供给侧的问题看起来得到了解决，从而向用户需求侧展示了Reddit产品的价值，并逐步实现了需求侧的增长。
- Bumble。对交友平台而言，显然女性用户更加稀缺，因此Bumble就选择从女性视角切入，凭借配对成功后只有女性可以开启对话这个核心差异点，极大地提升了女性用户的体验，从而快速赢得了大批女性用户的欢迎。显然，男性用户也会随之被吸引过来，所以如今，Bumble已迅速成长为美国第二大约会软件。

3.2.3　理解网络效应时的常见误区

网络效应之所以吸引人，其中一个原因便是被广为神化的临界点理论。如图 3-8 所示，临界点理论认为，只要网络的价值会随用户数的增长呈非线性增长，那么在网络的用户数跨过某个临界点之后，随着用户从网络中获得的价值不断增加，产品就会不断吸引更多用户加入。因此，谁能率先突破临界点，谁就更有可能在竞争中生存下来甚至垄断市场，例如，新浪微博和微信就是在获得先发优势后封锁了赛道。

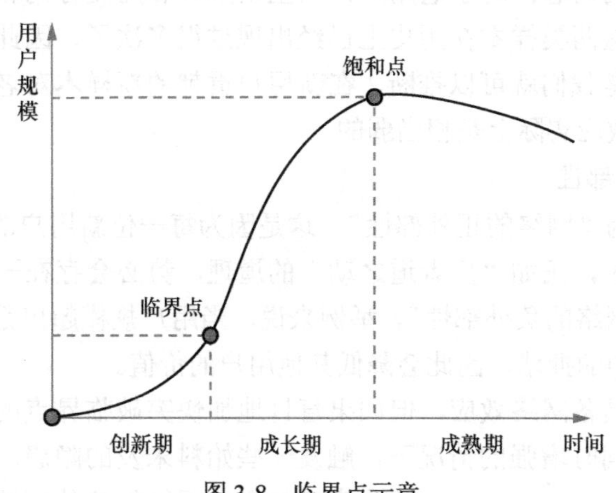

图 3-8　临界点示意

不难想象，由于临界点理论过于激进，许多产品误以为只需烧钱就能到达临界点，且到达临界点后就可以高枕无忧。于是，借助资本的力量来催熟产品的模式就屡见不鲜了。事实上，这种急于求成的过程中隐藏着许多误区，本节将介绍常见的误区和应对思路。

1．产品是否真的有强网络效应

网络效应描述的是用户从网络中获得的价值会随用户数增加而增加的特性，因此，如果一个产品不具备强网络效应，那么在其初始阶段价值较低的情况下，想达到用户规模的临界点就需要很长的时间，而如果产品试图通过烧钱来加速这一过程，就可能适得其反，在获客成本增加和用户质量下降的情况下加速产品的衰败。因此在大力推动增长之前，首先需要确认的是，你的产品真的具有强网络效应吗？以下就列举网络效应的常见误区。

（1）规模效应与网络效应。与网络效应作用在需求端不同，规模效应作用在供给端，指的是通过变革供给效率和扩大供给规模来摊薄固定成本。例如，特斯拉一再降价的底气就来自它领先的汽车制造技术给产品带来的强定价优势。

在推荐产品中，有很多产品就是仅具备规模效应而不具备网络效应的。例如，对总线型拓扑的传统媒体产品来说，由于它们服务于单个用户的边际成本会随用户规模的扩大而降低，因此这类产品具有较强的规模效应，不过 3.2.1 节曾讨论过，由于用户获得的价值并不会随用户数的增加而增加，因此，这类产品是不具备网络效应的。

（2）羸弱的数据网络效应。数据网络效应的特性是随着用户增多和训练样本的增多，算法模型的效果越变越好，进而让每个用户获得的价值也会随用户数的增加而增加。不过，熟悉算法的读者可能会有这样的疑问，在训练样本已经很多的情况下，再增加训练样本真的会让模型的效果有质变吗？

这里就以一个网络效应很弱的算法产品为例来说明。假设有一款这样的产品，对于新用户，它主要推荐热门内容；对于老用户，它主要推荐和历史行为相关的内容。那么从数据的角度来看，由于这两类样本在历史上已经出现过很多次了，因此对模型效果的改善并没有太大的增益，于是我们就可以推断，在新用户贡献的新样本对老用户没有明显的助力时，这类产品的网络效应实际上是相当弱的。

2．忽视网络负外部性

网络效应也被称为“网络的正外部性”，这是因为每一位新用户的加入都会为其他用户带来正向的价值。不过，正如“反者道之动”的道理，势必会存在一股反向的力量去平衡网络效应，这就是“网络的负外部性”。举例来说，当用户规模超出系统容量时，由于新用户的加入会加剧系统中的拥堵，因此会降低其他用户的价值。

因此，尽管产品具备网络效应，但如果盲目地加快突破临界点的速度，就会在网络的正外部性和负外部性同时增强的情况下，触发一些始料未及的隐患。而如果没有处理好这些隐患，就会在网络的负外部性压制住网络效应的情况下，使产品过早地到达增长的饱和点，从而限制了更大的发展空间。接下来，这里就举一个推荐产品中网络负外部性不断被强化的例子。

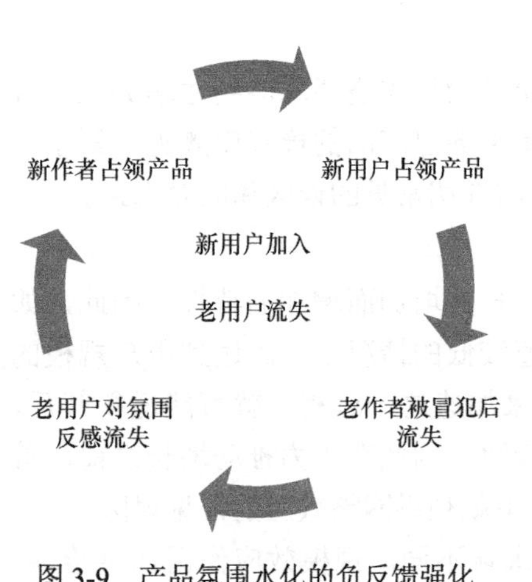

图 3-9 产品氛围水化的负反馈强化

如图 3-9 所示，假设在推荐产品快速扩张时，引入了一些与产品氛围不相符的新用户，且产品在策略和设计上未能做好优雅的隔离，那么，这些新用户的评论就有可能冒犯老作者，并导致他们离开。接着，随着老作者流失及新作者生产的内容令老用户反感，老用户也会逐渐流失。于是，当新用户和新作者逐渐占领产品，产品就会在新用户加入与老用户流失的共同作用下，陷入增长停滞的状态。

3．急功近利的结网过程

除了网络的负外部性，由于很多产品在构建网络效应时过于急切，希望将产品中的各方尽快编织到一张紧密连接的网中，因此结网过程本身也存在不少急功近利的误区。以促成用户和作者关注关系的建立过程为例，考虑到关注率通常会比较低，一些产品在急于求成的情况下就容易过度干预，例如，在用户每次打开产品时引导用户自动关注一些他们不感兴趣的作者，进而在用户使用产品时又强迫用户阅读这些作者的内容等。显然，这种方式非但不能实现网络效应，反而会加剧网络的负外部性，逼迫用户更早离开产品。

那么，应如何正确地构建网络效应呢？简单来说，就是“弱者道之用”，产品需要更温和地激发用户之间真正的关注需求，逐步形成供需匹配的正反馈。例如，可以先通过强化关注率目标的策略，将那些更能吸引关注度的作者逐步加大力度地推荐给用户，进而，在用户的关注需求真正被激发之后，再激励更多有关注潜力的新作者加入。当然，这种方式从节奏上可能会慢很多，但它比强行凑对的方式会健康很多，只是更需要耐心罢了。更具体地，关于如何培育具有强网络效应的社区型产品，本书在10.1节中将呈现更具体的思考，感兴趣的读者可以进一步了解。

第4章

E&E 视角下的新用户推荐

人若想一生无憾，除了做好眼前的事情，还要乐观尝试新事物以对抗风险，推荐产品同样适用于这一理念。毫不夸张地说，如何在探索用户未知兴趣与善用用户已知兴趣之间寻找平衡，正是推荐系统面临的本质挑战。本章将以新用户推荐这个用户增长中关键的场景为例，介绍探索与善用（exploit and explore，E&E）视角下优化用户增长问题的经典技术思路。

4.1 单状态假设下的Bandit策略

在推荐系统早期，E&E 问题常常被简化定义为多臂老虎机（multi-armed bandit，MAB）问题，即将用户环境看作单状态的，用于优化非序贯决策（sequential decision）场景下推荐的个性化及内容质量的评估等一系列问题。本节先介绍 MAB 问题的定义和解决这类问题的策略（通常简称 Bandit 策略），再来探讨这些策略在推荐系统中的具体实践方式。

4.1.1 MAB问题的定义与评价

MAB 问题的名称源于一个直观的场景，当用户面对图 4-1 所示的多臂老虎机时，考虑到不同臂的期望奖励不同，用户需要决策是继续善用目前期望奖励最高的臂，还是探索可能有更高奖励的其他臂，以在有限的尝试中获得更大的奖励。

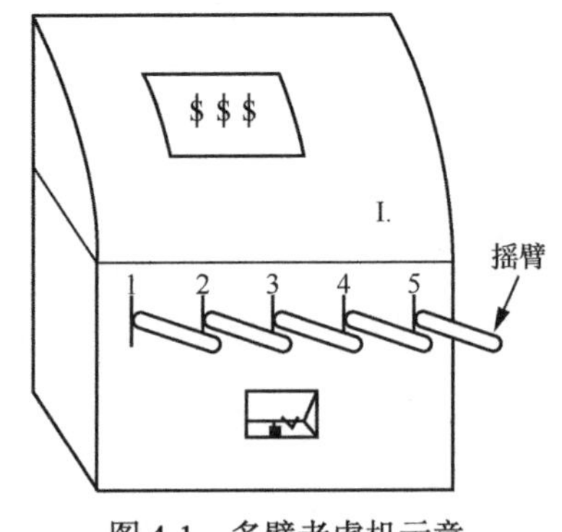

图 4-1　多臂老虎机示意

尽管初看起来 MAB 问题像是起源于游戏场景，但事实上，对 MAB 问题的研究更多源自医学领域，例如 William Thompson 在研究新药时为了尽量减少对病人的潜在伤害，于 1933 年发明了至今仍被广泛应用的汤普森采样，John Gittin 在 20 世纪 70 年代优化新药研发成本的项目中，提出了优化几何级数贴现回报的基廷斯指数等。本节我们就对 MAB 问题的分类和适用场景及解决 MAB 问题的 Bandit 策略的评价方法做一个简要介绍。

1. MAB 问题的分类

由于 MAB 问题的起源较早，且在各种问题和场景中被研究了很久，因此就有了很多适用于不同场景的变体问题。在具体介绍求解 MAB 问题的方法前，先按 MAB 问题的复杂度高低，从低到高举几个例子供读者参考。

- 随机 IID MAB。随机 IID MAB 是经典的 MAB 问题，环境被限制为针对每个动作产生特定于该动作的一个稳态同分布的奖励，并且独立于先前的动作选择和奖励，即服从独立同分布的假设。
- 非稳态 MAB。对现实世界中的大多数应用来说，独立同分布假设过于严格，因为真实数据往往存在一定波动，例如新闻推荐场景中资源的点击率就服从非稳态分布，针对这类问题一般会应用非稳态 MAB。
- 上下文 MAB。对于探索空间过大的问题，工程上比较常用的思路是将此空间参数化后在低维空间中做探索，这样的 MAB 问题就称为上下文 MAB。注意，这里的参数化空间可以理解为状态，但是不会发生强化学习问题中的状态转移。
- 对抗 MAB。各臂的奖励期望会随轮数变化，有时甚至不存在稳定的奖励期望，例如以某种方式动态调整臂的奖励，以让你选中的臂的奖励逐渐变少。显然，除了反作弊场景，推荐系统里的用户并不会故意对抗推荐系统来迷惑它，所以这里不对这种变体做过多讨论。

2. MAB 问题的适用场景

MAB 问题与强化学习都属于不断与环境交互后收集反馈的试错学习（trial and error learning），对缺乏足够监督标注信息的任务会更加友好。然而，考虑到实现一个健壮的强化学习方案的挑战并不小，MAB 问题作为强化学习的起源和简化版本，在实际业务中仍被广泛应用在线上。那么究竟哪些场景适合用 MAB 问题，哪些适合用强化学习呢？这里我们就结合二者的差异来做一个简要概括。

（1）*单状态的环境设定*。如图 4-2 所示，MAB 问题本质上属于强化学习中简化的单状态问题，所谓单状态是指动作不影响后续状态，奖励只和动作有关。显然，对那些动作会影响后续奖励和状态的问题来说，MAB 问题并不适用，此时需要利用更复杂的强化学习策略来做序贯决策。

（2）*足够稠密的即时奖励*。传统 MAB 问题会假设有相对稠密的即时奖励，即扳动臂之后老虎机一定会给出一个奖励，因此在即时奖励稀疏的场景套用 MAB 问题就容易出现收敛较慢的现象，此时一般需要结合问题特性来设计更为高效的探索手段，或者采用更复杂的强化学习方法。

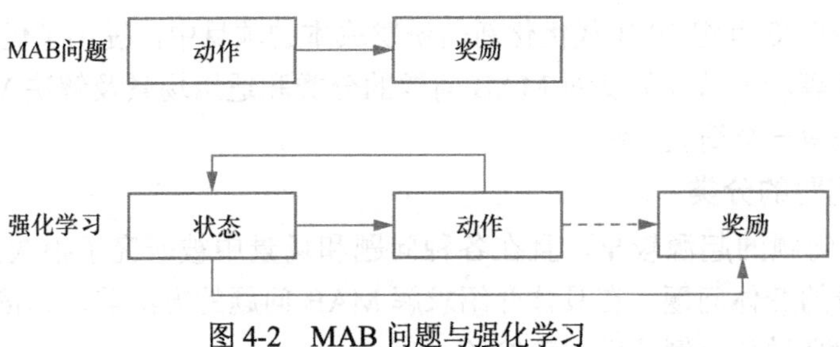

图 4-2　MAB 问题与强化学习

（3）相对较小的问题空间。传统 MAB 问题更适用于相对较小的问题空间。对状态和动作空间较为庞大的场景，由于传统 MAB 问题下的 Bandit 策略并没有与深度学习等前沿技术相结合，因此针对这类场景，结合深度学习技术的强化学习方法通常会更具有优势。

3．Bandit 策略的评价方法

介绍了 MAB 问题的分类和适用场景后，我们再来了解如何评价一个 Bandit 策略的优劣。如果一开始就知道哪个臂可以获得更大的奖励，那么我们肯定会选择那个臂，但算法并不能预知答案，所以 Bandit 策略的优化目标通常被定义为最小化累积遗憾的期望，即始终选择最佳臂所能获得的期望奖励与采用某策略所获得的总奖励之间的差值，具体如公式（4.1）：

$$Regret = \mathrm{E}\left[\sum_{t=1}^{T} r_{t,a_t^*}\right] - \mathrm{E}\left[\sum_{t=1}^{T} r_{t,a_t}\right] \tag{4.1}$$

其中，T 表示探索执行的轮数，a_t^* 表示第 t 轮最佳臂，而 r_{t,a_t} 表示第 t 轮策略实际选择臂 a_t 获取的奖励。

从公式（4.1）中不难看出，对 Bandit 策略的评价主要有两点。首先，考虑到剩余时间量的多少对决策的影响往往会超过策略本身，将策略的游戏轮数固定为 T 以消除时间因素带来的偏差，例如，某人的预期寿命仅剩一个月与还有三十年，其决策模式当然会有显著的区别。其次，为了确保评估的稳定性，选择奖励期望的最大化而不是单次奖励最大化作为评价标准，这样，评价结果就能更加稳定，不会因偶发的好运或坏运而引起波动。

4.1.2　主流Bandit策略介绍

为了在尽量少的展示次数下理解用户并赢得用户的青睐，MAB 问题自然就成了新用户推荐场景中重要的技术问题。下面我们先具体介绍几类经典的 Bandit 策略，再来介绍在推荐系统中应用 Bandit 策略时的注意事项。

1．启发式的 ε 贪婪策略

在 1998 年出版的《强化学习》（*Reinforcement Learning: An Introduction*）一书中，作者 Richard Sutton 给出了解决 MAB 问题的最简单的 ε 贪婪策略，如公式（4.2）所示，将比例

为ε的流量拿出来对未知动作做随机探索，比例$1-\varepsilon$的流量拿出来对目前已知的动作做善用。

$$\pi(a)=\begin{cases}1-\varepsilon+\dfrac{\varepsilon}{|A|}, a=\underset{a}{\operatorname{argmax}} Q(a) \\ \dfrac{\varepsilon}{|A|}, \quad a \neq \underset{a}{\operatorname{argmax}} Q(a)\end{cases} \tag{4.2}$$

由于通过ε来控制探索和善用的比例，因此ε贪婪策略具备较好的可解释性，之后为了加速其收敛，衍生出了称为ε减少策略的变体策略：先采用较大的ε值来进行探索，再随着实验的进行逐步减小ε，以持续提升善用的比例。不难看出，这是一种类比人类学习模式的策略，其为在童年时期尽量多探索，随着年龄的增长逐渐专注于喜好的事物，开始享受善用的时光。

虽然ε贪婪策略看起来非常朴素，但如果将其应用于识别内容的优质性和普遍性，它就变成了一种简单且有效的选择。例如雅虎新闻早期通过ε贪婪策略来评估新闻的流行度，在取得了不错的效果后，为7.2.1节中将要介绍的更复杂的Bandit策略奠定了基础。从中也可看出，Bandit策略成功的关键其实并不在于算法收敛效率的高低，而在于能否结合自身的业务特点在合适的场景中加以灵活应用。

2. 最小化累积遗憾的UCB1算法

虽然启发式策略容易实现，调参后也能达到不错的性能，但整体上并没有实现特别高的收敛效率，毕竟，ε贪婪策略不仅以固定的概率进行探索，而且对探索动作的选择是完全随机的。因此，自Herbert Robbins证明了累积遗憾的下界以对数速率增长后，学者们就一直在尝试构建出累积遗憾的上界也以对数速率增长的策略。2002年，Peter Auer在论文"Finite-time Analysis of the Multiarmed Bandit Problem"中就提出了一个符合上述性质的策略，简称上界置信区间（upper confidence bound，UCB1）算法。

顾名思义，在面对不确定性时，UCB1会基于奖励的上界置信区间来乐观地做选择，前K轮中UCB1会先对每个臂各选择一次来进行初始化，在后续的第t轮会基于$\bar{x}_i+\sqrt{2\frac{\ln t}{n_i}}$来选择臂$i$，其中$n_i$表示臂$i$在第$t$轮之前被执行的次数，$\bar{x}_i$表示善用的平均奖励，$\sqrt{2\frac{\ln t}{n_i}}$表示探索的奖励上界置信区间。不难发现，UCB1将探索和善用统一到了同一公式中，在轮数变多时会逐步从倾向乐观探索转向为倾向稳健善用。

当然，UCB1也并非没有缺点，在Auer证明的累积遗憾期望的上界公式（4.3）中，细心的读者会发现，虽然其期望上界的数量级为$O(\ln T)$，但公式中的常数项并不小，这意味着虽然UCB1的收敛效率相对于ε贪婪策略有了很大的改善，但在实际场景中，想收敛得足够快也不是一件容易的事。

$$\left(8\sum_{i:\mu_i<\mu^*}\frac{\ln T}{\Delta_i}\right)+\left(1+\frac{\pi^2}{3}\right)\left(\sum_{i=1}^{K}\Delta_i\right) \tag{4.3}$$

其中，$\Delta_i = x^* - x_i$表示选择最佳臂和臂i奖励的差值。

因此自UCB1之后，就出现了很多希望对其做改进的思路，但总体来说，提升幅度都不大，毕竟在最小化累积遗憾的前提下，只有乐观地探索每一种可能，才是规避最坏情况下“黑天鹅”事件的更优方式。因此，在新用户推荐这种轮数远小于臂数量的场景中，直接套用UCB1的表现通常并不理想，还需要设法通过产品手段来配合，以缩小待探索空间。

3．基于概率匹配的汤普森采样

UCB1策略在参数变化不大时选择的臂基本是确定的，这就使其决策相对缺乏随机性，在探索用户的兴趣时，会让用户多次看到同样的内容。于是一类称为概率匹配的策略被提出，以用于增加E&E过程的随机性，总体来说，这类策略可以表示为公式（4.4），其中策略π选择动作a的概率$\pi(a \mid h_t)$等于动作a是最优动作（动作a的价值$Q(a)$最大）的概率。

$$\pi(a \mid h_t) = p\left[Q(a) > Q(a'), \forall a' \neq a \mid h_t\right] \tag{4.4}$$

虽然概率匹配往往不能保证足够的收敛性，但在很多场景下都表现得比较稳健，这里就以汤普森采样策略为例来介绍。假设选择某个臂后探索成功的次数记作α，失败的次数记作β，那么臂i奖励概率的先验分布就可以用$Beta(\alpha_i, \beta_i)$表示。之后在每一轮迭代中，汤普森采样都会先从各臂的后验分布中采样，并选择采样概率值最大的那个臂k来作为当前轮的动作，然后在动作执行结束后，根据臂k是否得到了奖励将本轮臂k的后验分布更新为$Beta(\alpha_k + 1, \beta_k)$或者$Beta(\alpha_k, \beta_k + 1)$。

结合*Beta*分布的概率密度函数来看，就会发现汤普森采样的含义很直观，在采样较少时，分布曲线会呈分布很宽的凸形，说明此时仍然无法确定臂的好坏，采样策略仍倾向于探索，而当候选臂被探索得足够多时，采样值就会收敛到臂的平均奖励$\alpha / (\alpha + \beta)$附近，于是，后验成功概率高的臂就会逐渐倾向于被汤普森采样选中。

除了实现简单，汤普森采样相对UCB1策略来说还具有以下几点优势。首先，采样是随机过程，即便在参数一样的情况下采样的值也很可能不一样，这就解决了UCB1策略中反复扳动同一个臂的问题。其次，采样可以把复杂的微积分问题转化为容易处理的概率问题，之后在实际应用中做区间估计、点估计等处理也都很方便，因此在业界中应用起来会更为直观。

4．将Bandit策略应用于推荐系统

虽然将Bandit策略应用在对普遍适用内容的质量判别上可以轻松取得不错的效果，例如雅虎就曾应用ε贪婪策略判断新闻内容的质量，但在如今的推荐系统中，一方面内容候选的数量级动辄千万甚至亿，另一方面用户的需求越来越个性化，所以如果想直接将

Bandit 策略应用在个性化推荐场景中，关键就在于能否结合以下几点因素来对 Bandit 策略加以变通。

- 减小探索空间。随着用户生成内容（user-generated content，UGC）生态的崛起，待探索的内容不仅数量庞杂而且质量良莠不齐。因此如果还希望采用类似ε贪婪策略的简单策略，就需要设法筛选出少量具有代表性的优质内容，或者将探索的粒度由文章这种细粒度改为类目、优质作者这种较粗的粒度，以减小探索空间并降低问题难度。
- 采用上下文 MAB 的假设。在个性化需求较强的推荐场景中，考虑到推荐效果的好坏不仅取决于 K 个臂的内容质量差异，还取决于用户的个性化信息，此时采用 4.1.1 节提到的上下文 MAB 问题会更契合这类问题的场景，例如，采用将上下文参数特征化到低维空间来做探索的 LinUCB 方法。
- 提升善用系统的探索性。探索和善用并不是对立的，而是共生的，因此，设法提高善用系统的探索性能才是解决问题的关键。例如，借鉴奥卡姆剃刀原理的思想来约束善用系统的复杂性并同时优化多种业务目标，往往就可以缓解系统中过拟合历史样本所导致的缺乏探索性的问题。

4.2 MDP假设下的模型RL方法

如果将推荐系统视为一位棋手，将用户留存视为棋局的输赢，那么正如 AlphaGo 会通盘决策下一步棋一样，推荐系统也不应仅关注单次展示的得失，而是要从让用户留存的全局视角出发取舍下一条待推荐的内容。本节就从 AlphaGo 的发展脉络说起，来介绍一类通过仿真用户环境来提高样本利用效率的基于模型的强化学习（model-based RL，以下统称模型 RL）方法，以探讨其在新用户推荐场景落地时的优势和挑战。

4.2.1 从通盘决策的AlphaGo说起

2016 年 3 月，AlphaGo 以 4：1 的比分击败了当时的围棋冠军李世石，使得其背后模型 RL 一举成名。通常来说，人们对计算机击败人类选手不会大惊小怪，但这次 AlphaGo 的取胜确实有其标志性的意义。

- 并非暴力穷举。围棋的问题空间非常庞大，假设下棋的步数是d，每一步的落子选择有b种，那么围棋大约包含$b^d (b \approx 250, d \approx 150)$种可能的落子序列。显然，这个复杂度并不是目前计算机靠暴力所能穷举的，因此 AlphaGo 的胜利就意味着，它背后的强化学习并不是一种纯粹靠算力取胜的模型。
- 放眼全局取舍。和只能下国际象棋的深蓝程序不同，AlphaGo 采用了权衡探索与善用的强化学习方法，所以它才可以不看重一子一目的得失，每一步都放眼全局去决策和取舍，显然，这对那些需要优化长期目标的问题来说具备很强的吸引力。

接下来，本节就通过介绍AlphaGo是如何从一个依赖人类专家棋谱的围棋程序，进化到一个无须借助人类棋谱的更通用的下棋程序，来理解模型RL流派的演进方向和关键所在。

1．传统MCTS的算法流程

在AlphaGo之前，优秀的围棋程序几乎都是基于2006年提出的蒙特卡洛树搜索（Monte Carlo tree search，MCTS）方法来实现的，而AlphaGo也是针对MCTS的改进。MCTS的思想很简单，就是通过蒙特卡洛采样来不断地模拟每一种走法并统计胜率。更具体地，我们可以将它每一次的采样环节粗略拆分为推演、复盘和真正落子3个阶段。

（1）推演。从E&E的视角我们可以将围棋的局面分为3类，第一类是完全没评估过的；第二类是部分评估过，但是后续局面还没完全评估过；第三类则是完全评估过的。从探索的角度出发，一种最简单的走子策略称为Rollout，就是随机选择下一步来快速走子，而从善用的角度出发，需要评估每一种走法的胜率，哪种走法从历史上看胜率更大，就选择哪个。

为了兼顾探索和善用，MCTS使用的是一种常用的UCB变体——UCT（upper confidence bound applied to trees）算法，具体如公式（4.5），$Q(s_t)$记录当前节点s_t赢的次数，$N(s_t)$记录s_t的访问次数，$N(s_t,a_t)$则记录s_t下动作a_t的访问次数。

$$\mathrm{UCT}(s_t,a_t)=\frac{Q(s_t)}{N(s_t)}+c\sqrt{\frac{\ln(N(S_t))}{1+N(s_t,a_t)}} \tag{4.5}$$

不难看出，如果存在子节点还没被全部访问过，则UCT倾向于随机地选一个未被访问过的子节点来进行探索，而随着访问次数的增加，模型会开始倾向选择那些历史上胜率高的走法。

（2）复盘。推演结束后，MCTS会根据推演到一盘棋结束时的终局是赢还是输来更新自己的知识。具体来说，就是从推演棋局时产生的树形结构中底层的叶节点出发，沿着刚刚推演的路径反向往回走，沿途一步步地更新各个父节点的统计信息，如$N(s_t)$和$N(s_t,a_t)$等。

（3）真正落子。不难看出，推演和复盘阶段和人类下棋的思考过程是很像的，只是人类做不到太多步数的推演和足够精细的复盘，但MCTS经过上述精准的推演和复盘阶段进行局面的模拟后，可以说对当前局面已经洞若观火了，只需选取模拟时最优的决策路径来落子。

2．基于MCTS的专家迭代法

虽然MCTS的效果很好，但由于围棋场景的复杂度很高，因此显式构建采样到终局的搜索树会因代价太大而难以落地。AlphaGo考虑到这一点后，创新地将MCTS和深度学习相结合，更高效地实现了较好的效果。

具体来说，AlphaGo的做法属于模型RL中一类被称为专家迭代法的分支，它先通过规划算法计算出更优的专家指导动作，再用其来指引学员策略的迭代。如图4-3所示，AlphaGo中专家是MCTS，学员是策略网络p和价值网络v，MCTS在指导二者学习的同时，也让它们来辅助剪枝MCTS庞大的计算空间。因此，在有了二者的辅助后，AlphaGo中推演、复盘和真正落子这3个环节就与传统MCTS方法有了一定的差异。

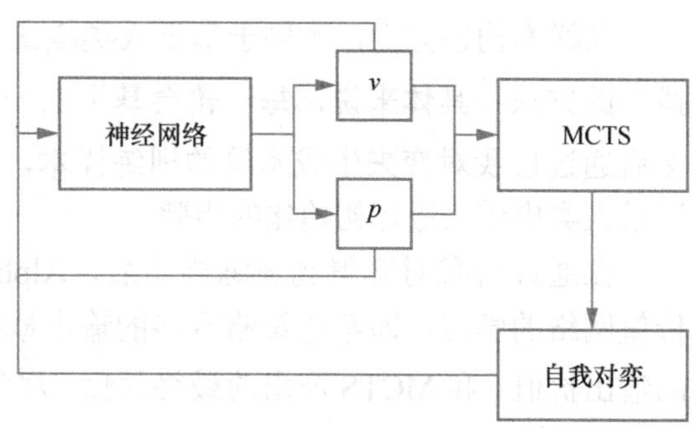

图4-3 AlphaGo结构

（1）推演。为了更好地兼顾探索和善用，AlphaGo基于价值网络和策略网络对前述的UCT算法公式做了修正，以MuZero为例，更新后如公式（4.6）：

$$a_t = \underset{a}{\mathrm{argmax}}\left[Q(s_t,a) + P(s_t,a)\cdot\frac{\sqrt{N(s_t)}}{1+N(s_t,a)}\left(c_1 + \log\frac{N(s_t)+c_2+1}{c_2}\right)\right] \tag{4.6}$$

其中，Q网络是价值网络，$Q(s_t,a)$预估的是在当前状态s_t下执行动作a_t的胜率，P网络是策略网络，$P(s_t,a)$预估的是当前状态s_t下执行动作a_t的概率。从公式中不难看出，把纯统计的善用项替换为估值网络后，可以很好地增强MCTS对访问较少局面的评估能力，同时在探索项里加入策略网络因子后，可以实现更高效的探索。

（2）复盘。每次真正落子前AlphaGo会先进行约1600次的推演来模拟落子，在推演结束后再将推演结果反向更新到根节点上以复盘更新。具体来说，AlphaGo会根据当前状态s_t下选择动作a_t的胜率期望来指导估值网络$Q(s_t,a_t)$的学习，即使用完整序列的平均动作价值来进行复盘，如公式（4.7）所示：

$$Q(s_t,a_t) = \frac{1}{N(s_t,a_t)}\sum_{i=1}^{n}1(s_t,a_t,i)V(s_L^i) \tag{4.7}$$

其中，$1(s_t,a_t,i)$表示第i次推演时是否走到了a_t，$V(s_L^i)$表示第i次推演最终的输赢。

（3）真正落子。当推演和复盘完成，AlphaGo就直接基于节点被访问的次数来真正落子了，具体如公式（4.8）：

$$\pi(a\,|\,s) = \frac{N(s,a)^{1/\tau}}{\sum_b N(s,b)^{1/\tau}} \tag{4.8}$$

其中，温度τ用于控制落子时的探索程度，例如对于前50步，τ设置为1，后面的τ值则逐渐衰减。

3．自我对弈的 AlphaZero

在样本构造方面，不同于基于人类棋谱初始化的 AlphaGo，AlphaZero 采用了“左右互搏”的方法。具体来说，每一轮会基于上一轮对弈的参数 θ_{i-1} 来生成搜索策略 $\pi_t = \alpha_{\theta_{i-1}}(s_t)$，然后通过自我对弈来生成本轮的训练样本，并将其用于本轮参数 θ_i 的更新，这样就省去了通过人类棋谱来进行初始化的步骤。

在通过自我对弈得到训练样本后，AlphaZero 会让 MCTS 作为专家来指导策略网络和价值网络的学习，即希望策略网络的输出概率 p 和 MCTS 产出策略 π 尽量接近，价值网络的输出价值 v 和 MCTS 产出的最终胜负 z 尽量接近。具体来说，损失函数 L 如公式（4.9）：

$$L = (z-v)^2 - \pi^{\top}\log(p) + c\,|\theta|^2 \tag{4.9}$$

其中，第一部分是均方误差损失函数，用于缩小价值网络预测的胜负结果和真实结果间的差异，第二部分是交叉熵损失函数，用于缩小策略网络的输出策略和 MCTS 间的差异，而第三部分是参数的正则项，用于避免过拟合。

4．学习环境模型的 MuZero

MuZero 不仅希望学习价值网络和策略网络，也希望学习环境信息，从而降低对真实环境的依赖。因此，MuZero 构造了一个马尔可夫决策过程（Markov decision process，MDP）模型，并令其中的规划与在真实环境中尽量一致，以使模型逼近真实环境。如图 4-4 所示，以 t 时刻下 $k=1$ 步为例，过去的观测数据 $(o_1,\cdots,o_t)$ 经过表示网络 h 编码后得到状态 $s_t^0 = h_\theta(o_1,\cdots,o_t)$，接下来需要经过如下 3 个主要网络。

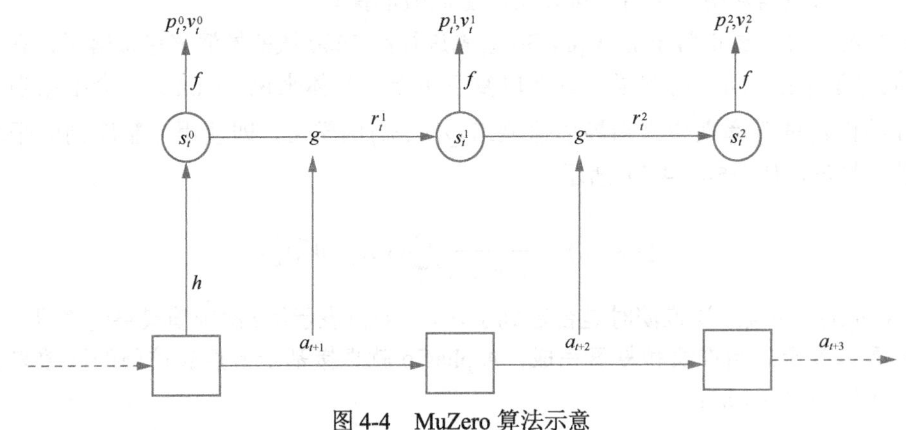

图 4-4　MuZero 算法示意

- 策略网络 p。输入状态 s_t^0，经过该网络得到当前步的策略估计 p_t^0。
- 价值网络 v。输入状态 s_t^0，经过该网络得到当前步的价值估计 v_t^0。
- 环境网络 g。先根据策略 p_t^0 选择具体的动作 a_{t+1}，然后输入状态 s_t^0 和动作 a_{t+1}，经

过环境网络 g 的预测后，生成下一步的隐藏状态 s_t^1 和环境的即时奖励 r_t^1 。

为了使仿真模型可以学到等价的真实环境，MuZero 将训练目标定义为在虚拟未来轨迹 $a_{t+1},\cdots,a_{t+k}$ 的每一步上，都尽可能地使策略 p 、价值 v 及奖励 r 的预测与真实环境中的实际值相近，损失函数如公式（4.10）：

$$l_t(\theta)=\sum_{k=0}^{K} l^r(u_{t+k},r_t^k)+l^v(z_{t+k},v_t^k)+l^p(\pi_{t+k},p_t^k)+c\|\theta\|^2 \tag{4.10}$$

其中，$l^v(z_{t+k},v_t^k)$ 是前 $k+1$ 步的折现奖励 $\sum_{\tau=0}^{k}\gamma^\tau r_{t+1+\tau}$ 加上 $k+1$ 步的价值估计 $\gamma^{k+1}v^l$ 后，与现价值估计 v_t^k 之间的损失，$l^p(\pi_{t+k},p_t^k)$ 是 MCTS 的访问统计信息 π_{t+k} 与策略估计分布 p_t^k 之间的损失，$l^r(u_{t+k},r_t^k)$ 是轨迹观测奖励 u_{t+k} 与环境预估奖励 r_t^k 之间的损失。

通过上述学习方式，MuZero 就具备了推演未来局势的仿真环境，从而无须与真实环境交互，只需在已有轨迹上推演，就可以生成虚拟未来轨迹的新样本。于是，MuZero 中的样本构造就被解耦成了两组异步通信的任务，一组是定期从学习者处获取最新模型的行动者，它们基于 MCTS 与真实环境或仿真环境交互来生成轨迹，另一组则是根据这些轨迹样本来进行模型训练的学习者。

4.2.2 从模型RL视角看新用户推荐

在新用户场景，由于展示次数有限，如何权衡探索和善用的问题就被骤然放大，因此用户常常会看到，很多产品要么过度利用短期兴趣，要么粗暴地基于低俗内容来探索。事实上，这种贪婪考虑一子一目得失的推荐方式并非推荐系统本身的问题，而是策略仅考虑单次展示收益而没有放眼长期去优化所导致的。本节我们类比 4.2.1 节介绍的 AlphaGo，将用户视为围棋中的棋局环境（environment），将推荐策略视为围棋中的棋手智能体（agent），来讨论将强化学习应用在新用户场景的可能性。

1. 强化学习方法的优势

尽管强化学习和 Bandit 策略都希望在探索和善用之间找到平衡，但强化学习作为一种更现代的 E&E 策略，相较于 MAB 问题下的 Bandit 策略具有以下两点明显的优势。

- 更擅长序贯决策（sequential decision）。MAB 问题假设环境中只有一个状态，因此 Bandit 策略更擅长解决单步决策问题，例如在雅虎的新闻中对普遍适用的优质内容的探索。与 MAB 问题不同，强化学习基于 MDP 的假设来理解任务，可利用环境状态进行更有针对性的探索，因此更擅长处理序贯决策问题，例如下棋和偏个性化的内容探索等。
- 更擅长处理延迟的长期奖励（long term reward）。Bandit 策略由于缺乏状态，因此无法充分利用序列中的历史信息。强化学习则由于具有状态，可以处理动作与奖励之间的延迟，因此在处理具有长期奖励的问题时表现会更好，例如产品到次日才知道用户是否留存，围棋到终局才知道是输还是赢等。

因此，如果能在序贯性较强的推荐场景中有效实践强化学习方法，无疑可以更好地优化用户的长期体验和留存。以围棋来类比，为用户推荐更多具有长期价值的多样化内容，就好比在开局时先布局占据几个关键的角，以为后手构建更稳定的基础；为用户推荐反馈更灵敏的内容，就好比在局势不利时果断弃子争先，以在全局占据更大的主动权。不难理解，虽然这种策略不一定每步看起来都完美，但通常能大幅提升赢棋的概率。

2．模型RL与新用户推荐

根据对真实环境的依赖程度不同，强化学习可分为免模型RL（model-free RL）和模型RL（model-based RL）这两种流派，其中免模型RL方法发展于机器学习领域，算法需要从与真实环境交互的经验中学习，更适合样本丰富的场景。而模型RL方法发展于最优控制领域，算法需要先仿真出虚拟环境并借助其来学习，更适合环境易于建模且样本稀缺的场景，例如4.2.1节介绍的AlphaGo系列算法就是其中的代表。

对新用户留存优化的问题来说，由于缺乏真实样本会使免模型RL这一流派很难奏效，因此人们就希望尝试对真实交互依赖较少的模型RL方法，即先学习一个仿真用户环境的虚拟模型，以用于在和用户实际交互前改善策略。然而不同于围棋中的环境是棋盘且状态转移和奖励都是明确给定的规则，推荐产品中的环境是用户且系统无法观测到用户内心的隐藏状态，属于更难建模的部分可观测MDP（partially observable MDP，POMDP）问题。

因此，尽管新用户样本较少，拥有仿真环境的优势不言而喻，但如果对用户的理解和建模不够深入，就会在仿真出现偏差的情况下弄巧成拙，例如，尽管推荐策略在仿真环境中表现良好，但在真实环境中无法达成预期效果。接下来，4.2.3节就将介绍一些模型RL方法中尚不成熟的实践思路，希望能给予读者一些启发，以便在技术成熟时加以应用。

4.2.3 基于模型RL的实践思路

模型RL在很多领域都已经有了较为广泛的应用，例如，在自动驾驶这种与真实环境交互成本较高的领域和游戏这种对环境建模相对容易的领域。相较于这些领域来说，由于推荐领域中和用户交互并没有太高的社会风险，同时对环境的建模也并不容易，因此人们对模型RL方法在推荐中落地并没有足够的研究热情。

然而静下心来看，由于推荐算法的核心是E&E，且强化学习又为E&E问题提供了系统化的优雅抽象，因此尽管当前的技术水平还不成熟，但人们还是可以对该领域的发展保持一定的关注。考虑到4.2.2节介绍的模型RL适合样本稀缺的场景，且新用户推荐就属于这类场景，本节我们就来讨论在新用户推荐场景中实践模型RL方法的思路和优缺点。

1．类MuZero的决策时规划

4.2.1节介绍的围棋中MuZero模型的核心主要包括两点，其一是对智能体所交互的环境做仿真，其二是基于MCTS对仿真环境进行决策时规划（decision-time planning）。下面就按这两点来类比介绍如何用类 MuZero 的方式做推荐。

类 MuZero 的方式需要模型学习 3 个部分，首先是输入用户状态并输出推荐策略的策略网络 p，其次是输入用户状态并输出用户预估长期收益的价值网络 v，最后是输入用户当前状态和推荐内容并输出下一步用户状态和用户反馈的环境网络 g。

当学习出上述模型之后，如图 4-5 所示，推荐就变成了一个类 MuZero 的决策时规划。首先，根据用户的当前状态 s 和策略网络 p 采样出第一篇推荐内容 a。接着，将内容 a 和状态 s 输入环境网络，得到预估的当次收益 r 和下一个用户状态估计 s'。以此推演 N 步后，将决策路径下预估的短期收益 r 和长期收益 v 做累加，最终选择总收益最高的决策路径进行推荐。

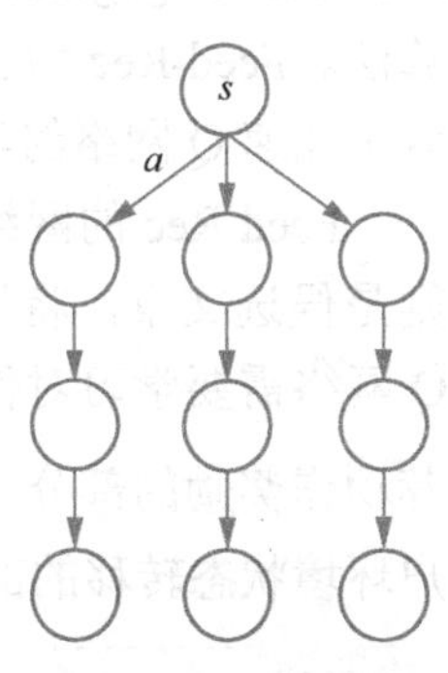

图 4-5 基于决策时规划的推荐流程示意

不难看出，决策时规划是一种在线与仿真模型进行显式交互，并基于此来规划出给定状态下策略的方式。可以想象，假设仿真环境建模得足够准确，那么决策时规划的优势就是显而易见的，因为它会更聚焦于当前状态下的推理，所以对一些很久才出现的边缘场景，会比事先预估的方式更准确。举一个例子，电影《复仇者联盟》（*The Avengers*）中奇异博士在虚拟环境中规划了 1400 多万种决策路径后，最终找到了战胜灭霸的那条路径，这就是决策时规划方法在优化长尾场景时一个形象的例子。

2. 类 Dyna 的背景规划

决策时规划的风险在于，如果学习出来的模型不能准确地仿真环境，就会导致该方法虽然在模型中表现良好，但在真实环境中表现不佳。考虑到这一问题，强化学习泰斗 Richard Sutton 就提出了一类名为 Dyna 的算法，它通过背景规划（background planning）生成的虚拟样本来对真实样本进行数据增广，以在约束住模型与真实环境的偏差的情况下，有效加速学习的过程。

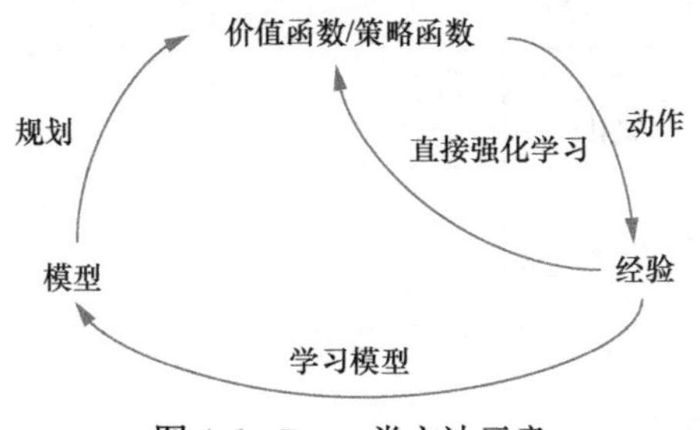

图 4-6 Dyna 类方法示意

Dyna 方法的整体流程可抽象为图 4-6。从图中可以看出，右边小圈部分表示基于与真实环境交互的样本来学习价值函数或策略函数，对应传统免模型方法。整体大圈部分表示先通过真实样本来学习仿真环境的模型，再通过模型规划产生的虚拟样本来改进价值函数或策略函数，这样就可以通过有效结合规划与真实样本，提升传统强化学习任务的学习效率。

以改进价值网络的 Dyna-Q 为例，它就是在 Q 学习的基础上增加了两个关于模型的步骤。首先是模型学习，在真实环境中执行动作 A 后，基于真实样本更新价值函数 $Q(S,A)$ 的同时也学习出环境模型 $Model(S,A)$；然后是模型应用，在和模型多次交互生成 n 条虚拟样本后，基于数据增广来加速 $Q(S,A)$ 的收敛。

2019 年一篇关于优化用户长期收益的论文“Reinforcement Learning to Optimize Long-term User Engagement in Recommender Systems”中就借鉴 Dyna-Q 的思想，提出了 Feed-Rec 算法。Feed-Rec 为了优化用户参与度，设计了一个用于建模用户长期收益的 Q 网络，同时为了加速 Q 网络的收敛，在模型的训练过程中引入了一个仿真用户环境的 S 网络。

Feed-Rec 的网络结构如图 4-7 所示，用户状态通过行为序列和属性特征来表示，动作则是候选文章，将这二者经过一个神经网络就可以得到状态 – 动作表示。在此基础之上，Q 网络需要学习对价值的预估，而 S 网络需要同时学习两个任务，一是估计用户环境对推荐动作奖励的部分，包括每个时刻用户行为的预估反馈 $\hat{f}_t$ 和预估停留时长 $\hat{d}_t$，二是估计用户环境状态转移的部分，包括用户是否会离开平台的 $\hat{l}_t$ 及下次访问时间 $\hat{v}_r$ 的预估。

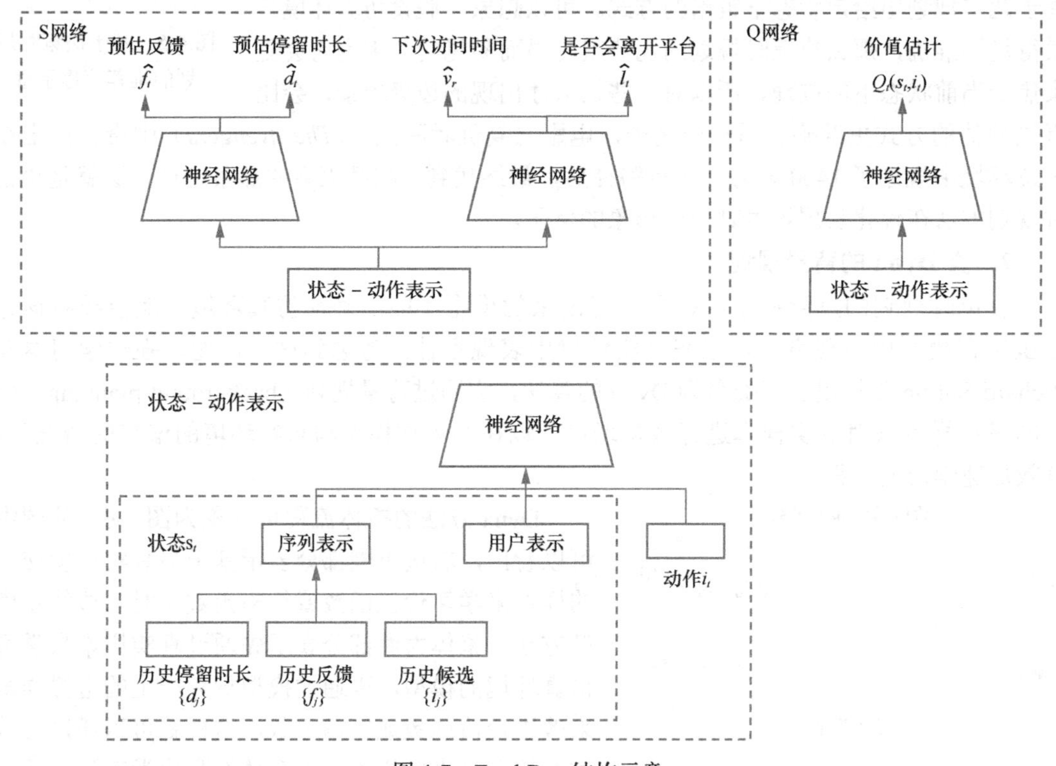

图 4-7　Feed-Rec 结构示意

介绍完网络结构，下面给出 Feed-Rec 算法流程的步骤，从中可以看出其关键在于，有了仿真用户环境的 S 网络后，会在训练 Q 网络时用到采样用户 u 与 S 网络交互的虚拟样本，从而加速 Q 网络的学习。

- 步骤 1：从真实经历中采样一个批次 (s_t,i_t,r_t,s_{t+1})，对用户环境模型 S 网络进行预训练。
- 步骤 2：循环执行如下步骤 3 ～ 6，直到最大执行次数 T。
- 步骤 3：从真实样本中采样一个批次 (s_t,i_t,r_t,s_{t+1}) 并存入缓冲区。
- 步骤 4：数据增广。从缓冲区中采样用户 u，基于 ε 贪婪策略与模型交互，将产生的虚拟样本也存入缓冲区，循环执行直到用户的下一步状态为退出产品。
- 步骤 5：更新 Q 网络。从缓冲区中采样一个批次，更新价值函数 $Q(S, A)$，循环至收敛。
- 步骤 6：更新 S 网络。从缓冲区中采样一个批次，更新用户环境模型，循环至收敛。

除了上述两类方法，模型 RL 方法还存在很多前沿的思路，这里就不一一列举了，因为关于能否准确仿真用户环境，目前尚未得出足够置信的业界结论。因此，在本书后续的 13.3 节中会针对拥有一定样本量的老用户场景，介绍免模型 RL 这种更成熟且可落地的强化学习流派。总之，还是希望对用户长期体验更友好的强化学习方法能早日取得更多突破和进展。

第5章

元学习视角下的新用户推荐

与传统对数据有强烈需求的机器学习算法不同，人类相对机器的一大优势就在于不需要大量的训练语料来学习新技能，例如，经过几次实践，人们就能够掌握开车的驾驶技巧，并灵活应对各种未见过的场景。因此，在努力提高新用户推荐这种少样本场景的学习效率时，受到人类学习模式启发的元学习（meta learning）方法便开始逐渐发挥出重要作用。

在 2018 年 OpenAI 研究人员的博客文章“Meta-Learning: Learning to Learn Fast”中，将众多元学习方法分为快速自适应参数（类比人通过灵活调整认知来适应新环境）、比较归纳（类比人通过对比相似经验来举一反三）和仿生记忆机制（类比人通过检索记忆来快速学习）3 类。虽然它们如今并非都广泛应用于业界，但确实是不少产品在积极尝试的方向，因此本章就以这 3 类方法为例，来介绍元学习视角下的新用户推荐问题。需要说明的是，这些方法对新内容推荐问题通常是适用的。

5.1 快速自适应参数的范式

现在常用的如自适应梯度（adaptive gradient，AdaGrad）等优化算法强调对历史梯度的利用，然而“天下没有免费的午餐”，在少样本场景下，由于梯度的方向和大小并不稳定，这些优化算法更容易出现对样本噪声敏感的过拟合问题。因此，受启发于人类会通过快速调整自身的认知来适应新问题，基于自适应参数的范式就希望从调整模型的参数入手，以使模型通过少量样本能更快地学习。例如，下文要介绍的 MAML 方法就是这样一种能使模型参数收敛更快的方法，其在 CV 和 NLP 等领域中都有比较广泛的应用。

5.1.1 模型无关的MAML方法

模型无关的元学习（model-agnostic meta-learning，MAML）是元学习领域的经典算法之一，其核心思想是寻找一个通用的模型初始化参数，并使其对不同任务的最优解都具有高度的敏感性，从而让模型在接收到少量样本时也能快速适应新任务，并达到较好的性能。举例来说，我有一位朋友选择住在六道口的原因在于，这里不管去西北旺、望京还是中关村上班，都有地铁可以直达，也就是说，六道口就是一个适合他所有上班任务的通用初始化参数，可以助其快速适应各种新任务。

1. C-way K-shot 问题

在介绍 MAML 前，我们先熟悉一下元学习在监督学习领域中的常见设定，即被称为 C-way K-shot 的少样本学习问题。类比于《碟中谍》中的 Tom Cruise 在精通各种任务后才会对新任务处变不惊，少样本学习的核心思想就是在训练任务时也仅提供有限的样本，通过让模型像进行测试一样进行训练，来逼迫模型提高对样本的利用效率。

具体来说，与传统监督学习方法只学习一个任务下的大量样本不同，少样本学习的目的是在任务粒度学习，而不是在样本粒度学习，因此它会采样大量的元任务来进行训练。如图 5-1 所示，C-way K-shot 问题为了约束模型的泛化性，不仅在训练所用的支撑集之外提供用以验证模型效果的查询集，也强制每个元任务在训练时仅采样随机 C 个类别下的 $C \times K$ 个样本，显然 K 值越小，模型就越难以通过死记硬背的方式来取得好效果。

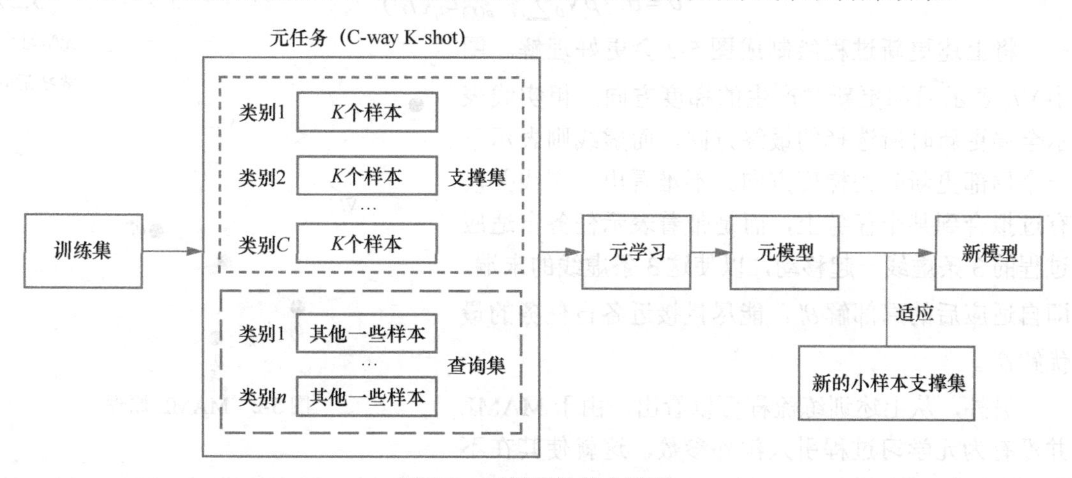

图 5-1 元学习的基本原理

不难发现，虽然还没有讨论到具体的模型，但 C-way K-shot 的更新范式就已经抓住了问题的本质，即让模型把精力聚焦到任务的关键共性上。这就好比，如果一个人只做成过一件事，那么他有可能会把成功归结到某个非对应因素上，但如果他做成过很多不同的事，他总结的关键因素就相对准确可靠。

2. MAML 的训练流程

简而言之，MAML 的训练是一个不断进行内循环和外循环迭代的范式。内循环对特定任务进行训练，用支撑集下的少量样本对参数做局部自适应，外循环对所有任务进行训练，用各任务的查询集对通用初始化参数做全局更新。通过不断重复这个双重循环，模型收敛后的全局参数就可用于对新任务进行初始化。

具体来说，在参数的局部自适应环节，MAML 会对采样出来的每一个元任务 T_i 在其支撑集上计算梯度，并基于元学习给出的初始参数 θ 进行快速自适应，从而得到适用于当前任务的局部参数 θ_i'，如公式（5.1）所示。如上文提及的博客文章所述，仅做一步的局部更新就会有较好的效果，当然在实际使用中也可以尝试多步的更新。

$$\theta_i' = \theta - \alpha \nabla_\theta L_{T_i}(f_\theta) \tag{5.1}$$

在参数的全局更新环节，MAML 会按分布 $p(T)$ 来采样任务，然后把所有任务 T_i 在查询集上的测试损失相加，再基于梯度下降来法求解全局参数。不难看出，不同于预训练是为了直接找到一个让所有任务损失和最小的参数 θ，MAML 会更看重学习后的后期潜力，即找一个让所有任务在经过快速自适应后能达到各自最高水平 θ_i' 的参数 θ，如公式（5.2）所示。

$$\theta = \theta - \beta \nabla_\theta \sum\nolimits_{T_i \sim p(T)} L_{T_i}(f_{\theta_i'}) \tag{5.2}$$

将上述更新过程绘制成图 5-2 会更好理解。图中 ∇L_i 表示局部更新时产生的梯度方向，粗实线表示全局更新时所选择的最终方向，而虚线则表示下一个局部更新时的梯度方向。不难看出，实线并没有过拟合到某个任务上，而是带着表示任务自适应过程的 3 条虚线一起移动，以使这 3 条虚线的末端，即自适应后的局部解 θ_i'，能尽量接近各自任务的最优解 θ_i^*。

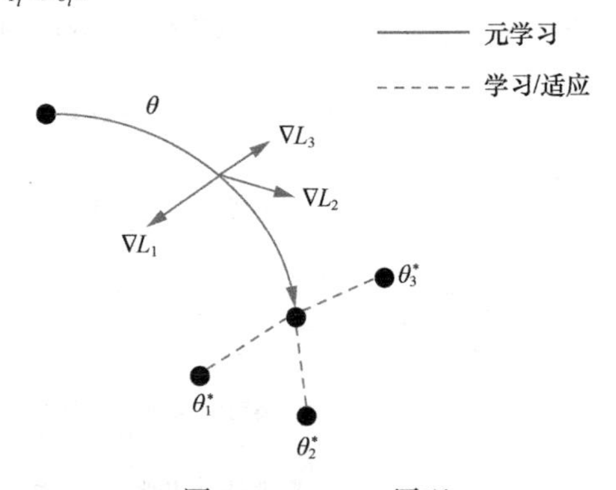

图 5-2　MAML 原理

另外，从上述训练流程可以看出，由于 MAML 并没有为元学习过程引入额外参数，这就使其在不需要关注模型具体形式的情况下，可以无缝嵌入各种基于梯度下降的模型。因此，鉴于冷启动问题在推荐系统中的重要性及 MAML 实现的便利性，这类方法在推荐系统中得到了广泛的应用，5.1.2 节将介绍一些具体的实践案例。

5.1.2　MAML方法的推荐实践

从元学习视角出发，可以将推荐系统看作一系列独立的元任务，每个元任务都为特定的用户和内容提供服务，所以，通过元学习方法可以使系统更快地学习新用户，这样就能够有效提升新用户的留存。本节将以 MAML 为例，探讨自适应参数的范式在用户冷启动场景中的具体实践。

1. 调整上层神经网络参数

对数据饥渴的排序模型常受到用户冷启动问题的困扰，无法为新用户提供有效的推荐，在“MeLU: Meta-Learned User Preference Estimator for Cold-Start Recommendation”论文中，作者便将排序模型中对每个用户 u 的推荐视为一个元任务，在训练得到最优的初始化参数 θ 后，再基于用户 u 的少量样本来将其快速自适应到 θ_u。由于 MeLU 基本遵循 MAML 的框架，这里仅简述关键细节。

（1）元任务的参数设定。由于 MAML 仅需要基于少量样本就能对参数做快速自适应，因此一般来说，待学习的参数量还是应该尽可能地精简以便于学习。然而，考虑到业界排序模型的参数空间动辄在百亿级以上，该如何设计可快速学习的元任务呢？如图 5-3 所示，为了减少待学习的参数量，MeLU 将排序模型的参数空间拆分成了底层嵌入 θ_1 和上层全连接网络 θ_2 两部分，其中 θ_1 参数空间较大偏记忆，θ_2 参数空间较小偏泛化，因此其选择只对 θ_2 使用 MAML 的方式进行更新。

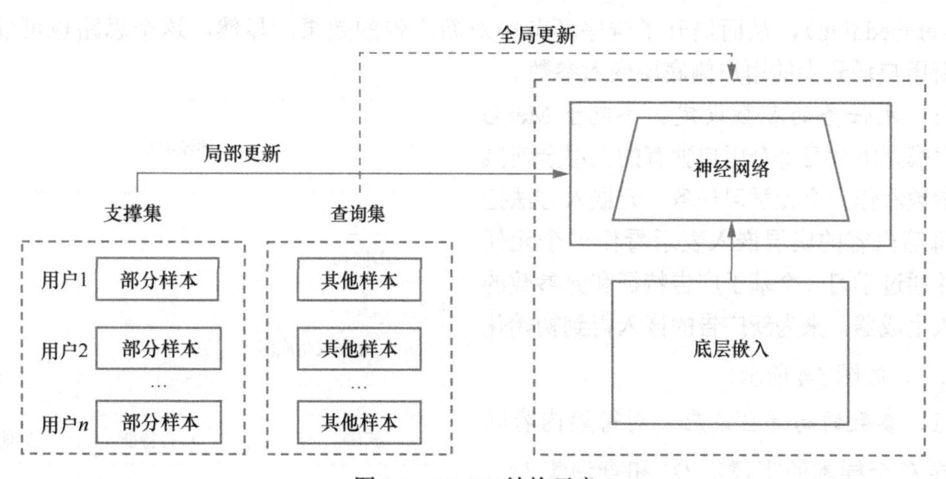

图 5-3 MeLU 结构示意

（2）参数的局部自适应。在训练阶段，对第 i 个用户使用全局的 θ_2 来初始化 θ_2^i 之后，使用用户个体的支撑集来对 θ_2^i 做局部更新，注意这里只更新 θ_2^i 部分的参数来捕捉用户和物品间的交互变化，以迫使模型在用户和物品底层嵌入不变的条件下，提升 θ_2^i 对少样本场景下的学习敏感度。在应用阶段，对于新来的用户只需要采样其少量的交互数据来作为支撑集，再进行一次或少量次数的局部更新后，就可以得到一个该用户独有的 θ_2^i 模型了，如公式（5.3）所示。

$$\theta_2^i \leftarrow \theta_2^i - \alpha \nabla_{\theta_2^i} L_i'(f_{\theta_1,\theta_2^i}) \tag{5.3}$$

（3）参数的全局更新。和MAML原始流程一样，在采样B个用户的支撑集和查询集后，使用局部更新得到的θ_2^i来计算这B个用户在查询集上的损失，并对包括底层嵌入θ_1和上层全连接网络θ_2的这两部分都进行全局更新，如公式（5.4）所示。

$$\theta_1 \leftarrow \theta_1 - \beta \sum_{i \in B} \nabla_{\theta_1} L_i'(f_{\theta_1, \theta_2^i}) \tag{5.4}$$

$$\theta_2 \leftarrow \theta_2 - \beta \sum_{i \in B} \nabla_{\theta_2} L_i'(f_{\theta_1, \theta_2^i})$$

综上，MeLU基于MAML找到了对用户排序任务变化更敏感的参数，当某条样本能够更好地捕捉内容和用户交互的偏好时，即使是参数的微小改动也能产生较大的梯度更新，从而加速模型的收敛，让排序模型可以更快适应只有少量交互的新用户。

2．调整底层嵌入参数

在新用户场景中，用户侧的参数不仅包括MeLU能调整的上层神经网络参数，还包括底层嵌入参数。在2019年的“Warm Up Cold-start Advertisements: Improving CTR Predictions via Learning to Learn ID Embeddings”论文中，作者便基于MAML来为新广告生成元嵌入（meta-embedding），从而提升了排序环节中对新广告的效果。显然，这个思路也可以用于调整新用户场景中的用户侧底层嵌入参数。

（1）元任务的参数设定。不同于MeLU把排序模型中学习每个用户独有的上层全连接网络参数看作一个元学习任务，元嵌入方法把学习每篇内容的底层嵌入表示看作一个元任务，并通过学习一个基于广告特征和元参数的元嵌入生成器，来为新广告的嵌入得到初始化表示$\phi_{[i^*]}^{\text{init}}$，如图5-4所示。

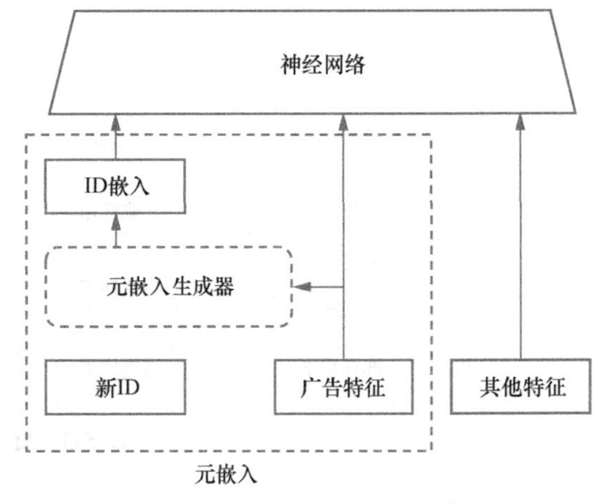

图5-4　元嵌入结构示意

（2）参数的局部自适应。对每篇内容随机采样K个样本的支撑集$D_{[i]}^a$和查询集$D_{[i]}^b$，在支撑集$D_{[i]}^a$上计算损失l_a后，更新任务内的局部参数，如公式（5.5）所示。

$$\phi_{[i]}' = \phi_{[i]}^{\text{init}} - \eta_1 \frac{\partial l_a\left(\phi_{[i]}^{\text{init}}\right)}{\partial \phi_{[i]}^{\text{init}}} \tag{5.5}$$

（3）参数的全局更新。在查询集$D_{[i]}^b$上测试并计算损失$l_b(\phi_{[i]}')$，并把所有采样任务的损失相加得到$l = \sum_{n=1}^{N} l_{\text{meta},i}$，其中$l_{\text{meta},i} = \alpha l_a(\phi_{[i]}^{\text{init}}) + (1-\alpha) l_b(\phi_{[i]}')$。注意，这里不仅考虑了查询集上的损失，还在一定程度上兼顾了支撑集上的损失，其目的就是那些已经有一定样本积累的内容也能学习到较好的结果。计算出累计损失后，基于梯度下降来将其最小化，就得到了更新后的元参数 w，如公式（5.6）所示。

$$w \leftarrow w - \eta_2 \sum_{i \in \{i_1, \cdots, i_n\}} \frac{\partial l_{\text{meta},i}}{\partial w} \tag{5.6}$$

5.2 基于比较归纳的范式

人类之所以能从很少的样本中学习，很重要的一个原因是人类可以快速对相似任务进行比较和归纳，例如小朋友只要在书中看过一次猴子的图画，就能在动物园的各种动物中辨别出猴子。在元学习领域就有一类借鉴人类这种学习能力的方法，例如，度量学习（metric learning）在 1994 年时被应用于签名验证任务，而随着自监督学习（self-supervised learning）在近年来的兴起，对比学习（contrastive learning）也开始成为热门的研究方向。本节将介绍这类方法的特性和原理，以及在推荐领域的具体实践案例。

5.2.1 从度量学习到对比学习

按我个人理解，近年来备受关注的对比学习范式实际上就是度量学习的一种演化，二者的想法一脉相承，都是通过比较样本的相似性来进行学习。不同之处在于，度量学习更多属于监督学习，目的是学习适合某个监督任务的相似度度量，而对比学习则更多属于自监督学习，强调从无标注数据中学习相对普遍适用的数据表征。本节将介绍这两种方法的理论基础，在 5.2.2 节中提供推荐系统中的实际应用案例。

1．度量学习

监督学习中，传统的神经网络分类器需要大量的优化参数，因此如果将其用于少样本的元学习任务，就会有过拟合的风险。相比之下，基于实例的学习（instance-based learning）并不需要参数，例如，k 近邻就将测试样本的类别设为 k 个邻居中出现次数最多的类别，这样反而能在少样本场景中获得不错的性能。考虑到这一点，人们就希望构建一个参数少得不易过拟合的模型，并通过端到端的方式来学习适用于特定任务的距离度量，也就是说，在给定任务的距离度量下，相似的样本会更靠近，不相似的样本会更远离。

在度量学习中，孪生神经网络（siamese neural network）是一种非常常用的模型，其最早于 1994 年被杨立昆等人应用于验证支票签名和预留签名是否一致的二分类任务，此后 Geoffrey Hinton 等人将其应用在人脸验证的二分类场景，同样取得了很好的效果。之后，人们将孪生神经网络推广到人脸识别的多分类场景，其表现比直接训练多分类的神经网络模型更好。

如图5-5所示，孪生神经网络的结构很简单，在训练时，孪生神经网络会先通过组合成对样本的方式来将样本编码到同一个高维空间，再通过度量其距离来判断它们的类别是否相同。在预测时，孪生神经网络则会借助最近邻的思想，将测试样本和支撑集中的所有样本两两比较，再将预测相似度最高的样本类别设为测试样本的类别，这样就通过二分类模型完成了多分类的任务。

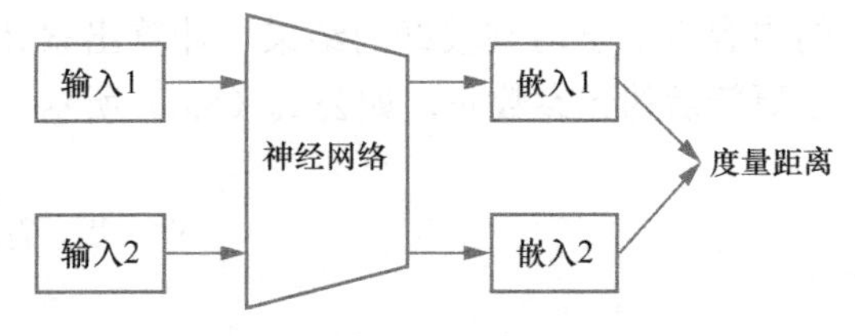

图5-5　孪生神经网络的实现方式

熟悉DSSM模型的读者不难发现，孪生神经网络的结构和DSSM等双塔模型非常类似，只不过DSSM学习的是检索词和候选文档间的相关性，而孪生神经网络学习的是两个候选文档间的相似性。事实上，也正因为孪生神经网络比较的是两个较为同质的候选文档，所以其提取特征的结构通常会被设计成共享的形式，而这正是其得名的由来。

总体来说，孪生神经网络的关键就在于将多分类问题简化成二分类问题后，模型无须记忆每个分类的具体细节，而只需学习区分各分类间的关键差异，因此大幅降低了问题的复杂度和训练所需的样本数，从而可以更好地适应少样本场景的新分类任务。此外，相较于传统的多分类模型在训练完成后无法灵活加入新的分类，孪生神经网络仅需将新任务样本加入支撑集即可判别，因此在实际应用于多分类任务时更为灵活。

2．对比学习

尽管图像领域拥有ImageNet这样的庞大数据集，但其标注规模依然受限，这就使依赖于样本的有监督模型很难持续提升其效果。考虑到NLP领域中BERT等基于自监督范式学习的模型展现出了强大的潜力，图像领域为了也能利用大量无标注数据，提出了对比学习这种源自于度量学习的自监督方法。在本节中，我们就来介绍对比学习中的几个主要环节。

（1）*基于InfoNCE的损失函数*。对比学习主要通过鼓励正样本靠近且负样本远离的方式来进行自监督训练，从公式（5.7）所示的对比学习中常用的信息噪声对比估计（info noise contrastive estimation，InfoNCE）损失函数就可以看出，其分子部分会鼓励正样本在单位超球面上的距离尽量靠近，分母部分则会鼓励任意两对负样本都尽量远离，以避免因优化分子时将所有样本距离拉得非常近而导致模型坍塌的问题。同时，公式中的温度参数τ也可用来调节模型对负样本难易程度的敏感度，其取值越小，模型就越关注于解决那些更难以区分的负样本。

$$L_q = -\log \frac{\exp(\boldsymbol{q} \cdot \boldsymbol{k}_+ / \tau)}{\sum_{i=0}^{k} \exp(\boldsymbol{q} \cdot \boldsymbol{k}_i / \tau)} \tag{5.7}$$

（2）*正样本设计*。如何确保自监督学习能对下游任务友好呢？精心设计正样本和负样本的标注方式非常关键。不同于度量学习中可根据两个检索词的标注类别是否相同来生成标注，自监督学习的训练样本仅包括一个检索词，所以通常需要先通过样本增强的方式将其变换成两个检索词，再设计合理的前置任务来定义标注，即何为正样本，何为负样本。在图像领域中常见的做法是，进行裁剪、旋转、翻转等随机变换，然后将变换后的两个样本看作同一类样本，另外，也可以通过遮挡、加噪声等方式来增强样本的多样性，从而进一步提高自监督模型的健壮性。

（3）负样本设计。虽然对比学习也有仅用正样本的做法，但为了得到更稳健的表示结果，通常还是要提升负样本的数量和质量。考虑到扩增数量的手段不仅容易，也能在一定程度上自动找到难负样本，相对于提升负样本质量的思路来说，应用会更为广泛，这里我们就以"A Simple Framework for Contrastive Learning of Visual Representations"论文中提出的 SimCLR 和"Momentum Contrast for Unsupervised Visual Representation Learning"一文中提出的 MoCo（momentum contrast）模型为例来介绍。

首先介绍基于批次内负采样的 SimCLR 模型，由于从概率上看随机采样的两个样本不太可能相似，因此 SimCLR 就把批次中除对角线外的其他样本都视为负样本。不难发现，由于这种采样方式下负样本的数量为$(N^2-N)/2$，其中N是批次的大小，因此调大N之后就能够扩增负样本，使用起来非常灵活，但是考虑到通常显存的大小会限制批次大小，这种方式在显存容量较小的机器上容易遇到瓶颈。

不同于 SimCLR 在批次内进行负采样，MoCo 提出了一种在全局范围内负采样的思路，如图 5-6 所示，维护了一个称为记忆银行（memory bank）的全局负样本队列，然后在需要负样本时直接从队列中获取，这样就可以更为灵活地获取负样本。此外，考虑到如果在具体实现时直接存储样本表示的话，会因为编码器的版本不一致带来更新不稳定的问题，于是 MoCo 采用了动量更新，通过为队列中样本提供一个更稳定和更一致的表征，提升训练时的稳定性。

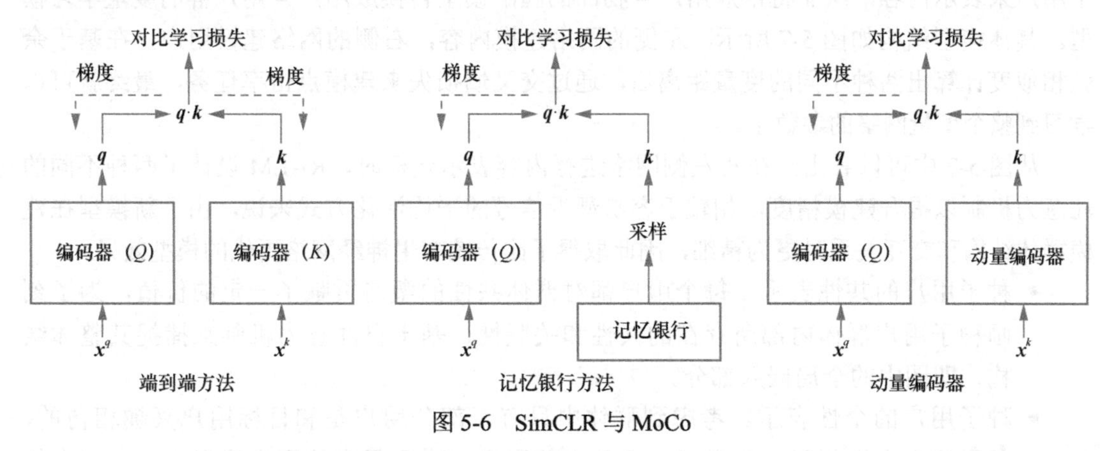

图 5-6 SimCLR 与 MoCo

除提升负样本数量外，在实际应用中当然也可以结合对业务的理解，加入业务更需要能区分开的难负样本（hard-negative sample）。以图像领域为例，同一图片中的不相关区域可看作一种比随机负样本难区分的难负样本，而根据模型的判别情况来挖掘负样本或者采用生成对抗网络来生成负样本，都会让任务变得更为困难。此外，调整损失函数中的参数也可以让模型把精力聚焦到难负样本上。

综上介绍不难看出，对比学习是一种容易理解和落地的方法，不过由于其更多应用在图像领域，因此如何在推荐领域作出最佳实践，仍然是一个开放问题，例如，如何设计推荐中正样本和负样本的自标注方法、如何设计上下游任务的配合方式等都需要结合具体的场景来考虑。接下来，我们就对文献中的公开实践给出一些典型的案例介绍。

5.2.2 比较归纳方法的推荐实践

5.2.1 节介绍了度量学习和对比学习的相关理论，因为这两种方法与人类做比较和归纳的模式类似，且效果不错，所以被广泛应用在需要做比较的场景。接下来，本节将分别对度量学习和对比学习给出一个实践案例，以帮助读者深入理解此类方法，并在自己的业务场景中灵活运用。

1．基于度量学习的实践

虽然度量学习起初被应用于笔迹鉴别等图像任务上，但它灵敏适应新任务的特性很适合推广到推荐场景中的少样本问题上。在 2019 年的“Real-time Attention Based Look-alike Model for Recommender System”论文中将基于度量学习的相似人群扩充模型和注意力机制相结合，在排序环节应用度量学习的 RALM（real-time attention based look-alike model）。

总体来说，不同于传统思路中基于语义信号来表示内容，RALM 的核心思想是基于种子用户来表示内容，从而将常规用户 – 物品的匹配模型转换成用户 – 用户群的度量学习模型。具体模型结构如图 5-7 所示，左侧的网络建模内容，右侧的网络建模用户，在基于余弦相似度计算出两种不同的度量距离后，通过交叉熵损失来建模点击率任务，最终就可以学习到整个度量网络的参数了。

从图 5-7 中可以看出，在对左侧网络进行内容表示建模时，RALM 设计了两种不同的注意力机制以提升建模精度，相较于容易湮没信号的平均池化方式来说，由于新模型在建模群体结构和交互关系时更为精细，因此取得了比传统孪生神经网络更优的模型效果。

- 种子用户的共性表示。每个用户都对群体共性的塑造贡献了一定的价值，为了刻画种子用户群体内部所存在的共性和关联性，基于自注意力机制来捕捉其整体结构，即图中的全局嵌入部分。
- 种子用户的个性表示。考虑到群体中只有一部分用户是和目标用户兴趣相仿的，基于注意力机制就可以学习一个和当前用户关联更紧密的用户群表达，即图中的局部嵌入部分。

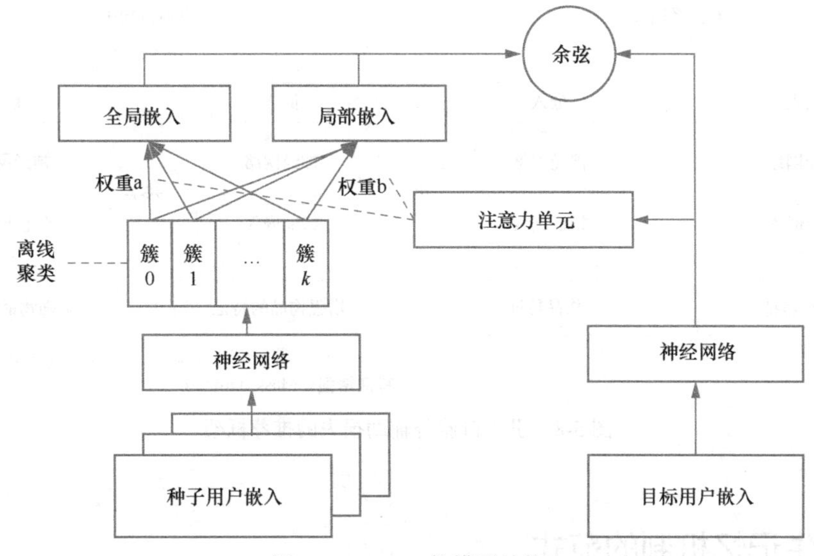

图 5-7 RALM 的模型结构

2. 基于对比学习的实践

在图像领域，想提升样本集规模需要付出高昂的标注成本，因此自监督学习被提出以解决标注语料受限的问题。与之相比，由于推荐产品中有大量用户帮忙做标注，因此这是否意味着推荐不需要自监督学习了呢？其实，推荐产品中的大部分标注集中在头部场景，所以谷歌在 2021 年的“Self-supervised Learning for Large-scale Item Recommendations”论文中，基于自监督学习来优化长尾内容的推荐。需要说明的是，虽然文中只针对物品侧进行了增强，但这种思路同样可以应用到用户侧。

在正样本的标注环节，文中沿用了图像中的思路，即让图 5-8 右侧的双塔学习物品的对比情况，将同一物品进行两次随机增强后的物品对看作自监督学习中的正样本，将不同物品增强后的物品对看作负样本。其中，首先采用的方法是 Dropout，它通过随机丢弃特征类中的部分取值来构建出同一物品的两个不同视图。其次，考虑到在 Dropout 中模型很容易推测出被丢弃的特征，因此文中补充了一种称为 Mask 的新方法，它通过将几个互信息较大的特征同时丢弃来解决正样本过于简单的问题。

在设计好正样本的标注方法后，文中在对比学习的结构处并没有做过多改动，依然沿用了经典的 SimCLR 模型。不过，考虑到仅有一个下游任务，文中没有选择常见的预训练微调范式，而是将上下游任务放到一起来联合优化。如图 5-8 所示，模型整体上通过参数硬共享的方式来学习物品侧参数，其中左侧的双塔是学习用户和物品交互的主任务，右侧的双塔是学习物品对比情况的辅助任务，按文中给出的结论来看，在引入自监督学习的辅助任务后，显著提升了对低频内容的推荐效果。

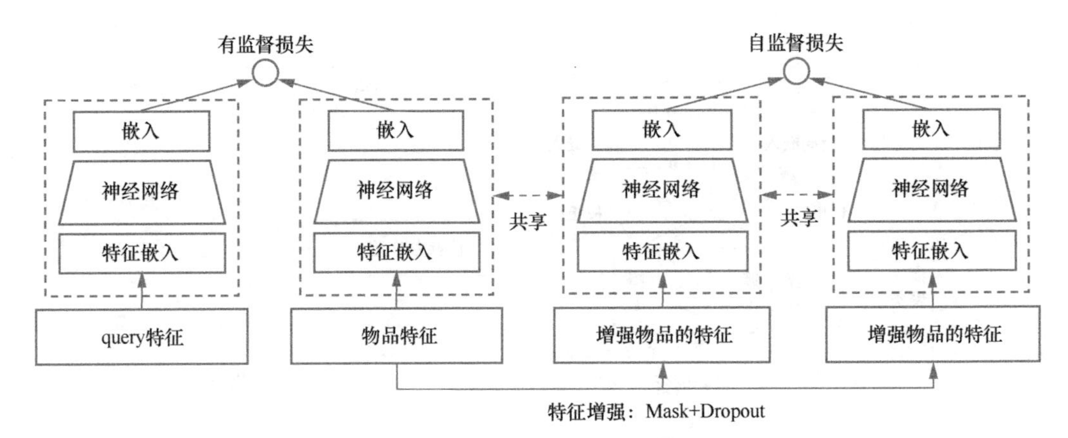

图 5-8 引入自监督辅助损失的推荐框架

5.3 仿生记忆机制的范式

人类之所以能从很少的样本中进行学习，除了对相似任务进行比较和归纳的能力，还有一种很重要的能力是对关键经验的有效记忆和查阅。正如俗话所说，好记性不如烂笔头，人类会将未来要用到的经验提前记录下来，在遇到对应的问题时凭借记忆的辅助来解决问题。本节将介绍一类借鉴上述思想，通过仿生人类记忆机制来加速新任务学习的方法。

5.3.1 从神经图灵机到大模型

5.1 节介绍的 MAML 方法希望先学习一个对不同任务的最优解都高度敏感的初始化参数，再在新任务的少量样本上进行进一步学习，这就使其更适应具有一定样本量的新任务。和 MAML 不同，由于记忆增强神经网络（memory-augmented neural network，MANN）可以从记忆中快速读取与任务相关的细粒度信息，因此如果在仅见过一次样本时就能将任务的关键完美编码到记忆中，那么对样本更稀疏的场景来说，MANN 类方法通常具有更好的学习效果。本节将探讨这类借鉴人类记忆机制来设计的元学习方法。

1．可编程的神经图灵机

在介绍具体元学习方法前，先以神经图灵机（neural Turing machine，NTM）为例，简要介绍 MANN 这类模型。如图 5-9 所示，NTM 由一个可编程的神经网络控制器和一个通过注意力机制来读写的存储矩阵所组成。基于这两个关键组件，NTM 的工作主要包括读操作、写操作和寻址操作这 3 个部分，下面分别对其细节做一个简要介绍。

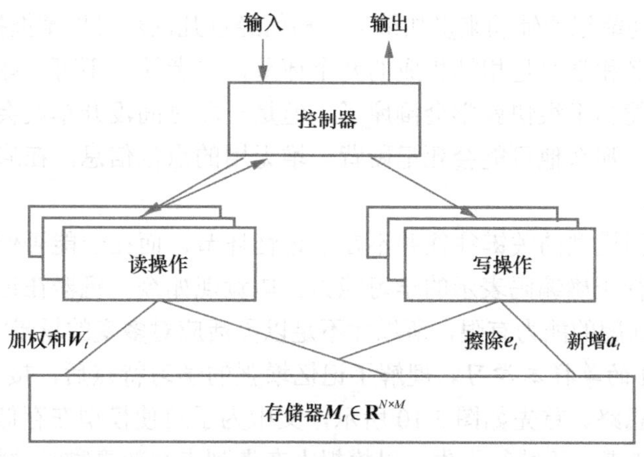

图 5-9 神经图灵机示意

- 读操作。不同于传统图灵机只离散地读取某一个位置的条目，为了使读操作可微，NTM 会为每一个外存地址分配一个归一化的读权重 $\boldsymbol{w}_t$，所以最终每次读磁头的读取会利用到整个外存信息。假设 N 代表地址数，M 代表地址的向量维度，$\boldsymbol{M}_t$ 代表时刻 t 的 $N \times M$ 的外存矩阵，那么读到的内容 $\boldsymbol{r}_t$ 就如公式（5.8）所示。

$$\boldsymbol{r}_t \leftarrow \sum_i \boldsymbol{w}_t(i)\boldsymbol{M}_t(i) \tag{5.8}$$

- 写操作。受 LSTM 启发，NTM 也将写操作分为模拟遗忘门的擦除和模拟写入门的更新两个阶段，以提升存储器的写效率和数据精度。与读操作类似，遗忘门和写入门这两个向量也都是可微可学习的，这就让 NTM 具备了更强的记忆和推理能力，其具体更新如公式（5.9），其中 $\boldsymbol{e}_t$ 表示遗忘门，$\boldsymbol{a}_t$ 表示写入门。

$$\boldsymbol{M}_t(i) = \boldsymbol{M}_{t-1}\left[1 - \boldsymbol{w}_t(i)\boldsymbol{e}_t\right] + \boldsymbol{w}_t(i)\boldsymbol{a}_t \tag{5.9}$$

- 寻址操作。NTM 使用内容寻址和位置寻址两种方式。所谓内容寻址，就是将控制器输入与存储器中的内容进行相似度比较后，返回最相似内容的地址，比较适合用来查找相似任务的场景。而位置寻址则相对简单，即根据存储器中的物理位置进行顺序访问，比较适合需要按顺序检索信息的场景。

2．基于 MANN 的元学习方法

作为一种兼具可编程性和记忆能力的仿生模型，记忆增强模型的特点很契合想借鉴记忆机制的元学习流派，所以本节就以“Meta-Learning with Memory-Augmented Neural Networks”一文中基于 MANN 的元学习方法为例，介绍单样本学习这类更难的元学习问题。

（1）温故而知新的记忆增强。人在接触新的学习任务时，如果未能及时理解，那么先将关键经验总结在笔记中，再不时地查阅并更新笔记，就不失为一种很好的学习手段。以倒车入库为例，人们在第一次学习时大多不能很快掌握要领，这时就可以先把关键经验记录下来，日后再借助笔记的辅助来多加练习，相信经过几次就可以掌握技巧了。

不难看出，记忆和学习是相辅相成的两个环节，二者缺一不可。如果一个人仅具备学习能力，那么他可能当下很快就学会倒库了，但是一段时间没开车就会遗忘。而如果一个人仅具备记忆能力，那么他可能会死记硬背一堆无用的点位信息，在遇到不一样的停车场景时还是不会倒库。

因此，记忆增强模型的关键往往并不在于记忆环节，而在于能否像人一样，具备将问题中的关键经验进行正确编码表示的学习能力。毕竟现如今，机器在记忆力方面肯定不比人差，只是其编码问题的能力有限，所以才不足以灵活应对多变的场景。

（2）基于NTM的单样本学习。理解了记忆增强的学习特点后，接下来将介绍把NTM用于元学习的具体思路。首先如图5-10所示，文中为了迫使模型在存储器中保留样本的关键信息，就会将标签滞后于特征提供，以模拟人在遇到未知新事物时的状态。例如，在t时刻，$\boldsymbol{x}_t$原本所对应的标签是y_t，那么输入模型的则是$t-1$时刻的标签y_{t-1}，错位了一个时间步。此外，为了避免样本位置固定而泄露信息，文中也会在每个训练回合（episode）间将样本打乱，以避免控制器参数绕过对外存的依赖，直接学习到样本和类别的绑定关系。

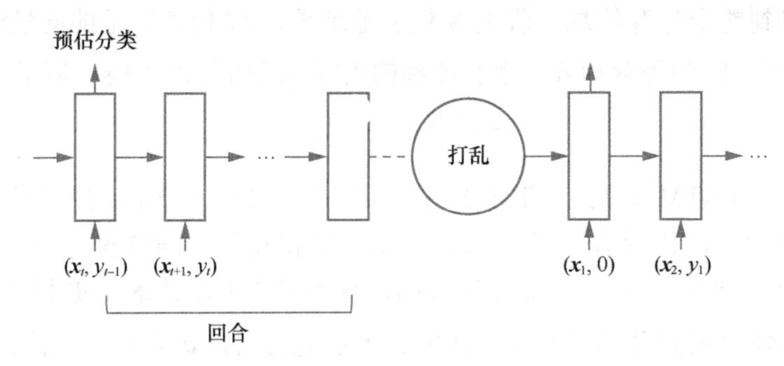

图5-10　MANN的错位配对与打乱步骤

在给出样本的错位配对关系后，如图5-11所示，由于模型在第一次得到关键特征$\boldsymbol{x}_t$时并不知道其标签，因此会把$\boldsymbol{x}_t$的关键特征先编码再传递给下个时刻的模型，并在$t+1$时刻获取到标签y_t之后，将$\boldsymbol{x}_t$编码后的特征和y_t绑定并写入外存中。不难看出，这个将单样本信息编码后写入外存的过程就对应着NTM中的写操作，而能否提高模型学习效率的关键，就在于能否学习出一个更好的编码策略来。

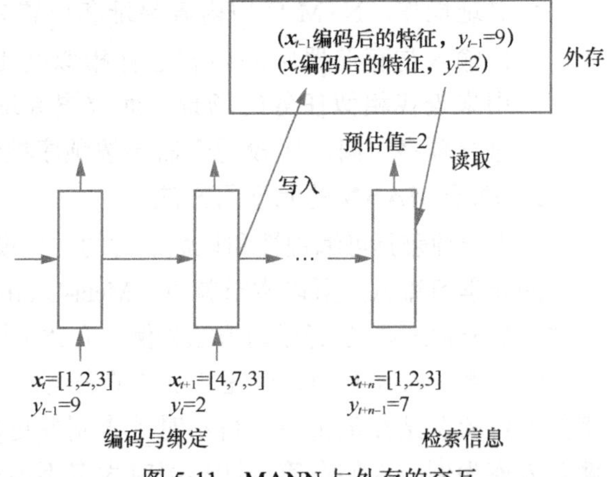

图5-11　MANN与外存的交互

外存中有了知识的编码信息后，当模型再次观察到同一类别的样本时就可以通过检索来预测了。如果预测的结果不理想，模型就会基于反向传播的误差来更新网络权重 θ，以在改善预测结果的同时逐渐改进出一个更优的外存读写策略来。例如，小孩在学习分辨动物时，会逐渐学会应该优先辨别哪些特征，才能使用尽量少的样本分辨出动物来。

综上，MANN 基于外存的快速读写来模拟人类的工作记忆，基于控制器权重的缓慢更新来模拟人类的长期记忆，使模型对单样本学习问题的处理能力有了显著提升。不过，由于此类模型复杂度较高，且对人类记忆机制的理解仍较为简化，因此目前并没有太多的应用。

3. 元学习与大模型

OpenAI 在“Language Models are Few-Shot Learners”论文中提出的 GPT-3 模型，虽然能够在极少样本的情况下执行新任务，但并未采用本章中对元任务参数通过反向传播来更新的方式，而是将自然语言给出的新任务描述和部分示例作为输入的上下文，直接依靠语言模型的生成能力来预测答案。这就引出了一个有趣的问题，即大模型作为一种比神经图灵机更接近于人脑本质的模型结构，能否用于优化推荐系统中的元学习任务，或者元学习任务中对外存进行读写的方法对大模型是否也有借鉴意义。

（1）基于大模型的少样本学习。如果将用户的行为序列看作一种语言模型，也基于 Transformer 架构下的大模型范式来学习，那么是否可以借鉴 GPT-3 擅长少样本学习的思想，构建出一类推荐场景下基于大模型范式的少样本学习方法呢？仔细一想不难发现，在探索这一可能性时，需要考虑如下两个关键问题。

- 用户行为序列是否具备语言模型的性质。虽然基于注意力机制的 Transformer 对 NLP 和推荐都适用，但若在推荐应用中简单套用 NLP 方法往往效果不佳，其背后的原因就在于，用户行为序列并不一定具备强语言模型性质，例如在 NLP 中，单词出现的先后顺序可能会极大地改变句子的语义，但在推荐中，无论给用户推荐物品 ABC 还是推荐物品 CBA，往往区别不大。
- 推荐候选的 token（词元）粒度选取。即使推荐中的行为序列具备一定的语言模型性质，但推荐场景中的 token 是物品，其不仅在数量级上比 NLP 领域中标记的空间大得多，且推荐中的 token 非常不稳定，不仅旧物品容易过期，还常常会出现新物品。所以，能否找到可以对标 NLP 领域中词（word）或者子词（subword）粒度的 token 非常关键。

事实上，在这两个关键问题所产生的风险较小的场景，这类思路是具备一定可行性的，且能通过预训练帮助监督语料较少的下游任务。在 16.1.3 节中，我们将介绍推荐系统中与 NLP 同源的序列建模方法，即将用户的历史行为序列视作一个句子，并通过预测句子中的下一个词来做出相应的推荐。另外，如谷歌在 2023 年“Recommender Systems With Generative Retrival”一文中所讨论的，将内容通过 VAE 模型量化为稳定的语义 ID 后，再基于 Transformer 训练来做生成式检索，也是一种可行思路。

（2）借鉴记忆增强模型的大模型。虽然现代大模型技术凭借规模庞大的模型参数和精细的注意力机制，实现了对人脑更深层次的模拟，但考虑到目前GPT等模型在长期记忆能力方面仍存在一定的局限，能否借鉴记忆增强模型的思想，通过将部分信息显式设计到灵活可读写的外存中，来进一步提升大模型的“脑容量”，并增强其灵活的元学习能力呢？

事实上，这一方向的探索已在逐渐展开，例如开源框架LangChain就增加了一个用于存储历史对话信息和外部信息的模块，以使相关信息能在模型需要时被加载到上下文中，从而为更复杂的场景提供背景信息。虽然，目前在这类实现方式中外存并不像在记忆增强模型中那样可以被灵活地读写更新，但我们相信随着大模型技术的发展，未来它将在更多任务中展现出良好的适应性和灵活性。

5.3.2　仿生记忆方法的推荐实践

虽然5.3.1节提到，基于大模型的少样本学习具有一定的潜力，但由于目前相关的实践还很少，因此本节将以MANN的元学习方法为例，介绍在用户冷启动场景中的应用。在“MAMO: Memory-Augmented Meta-Optimization for Cold-start Recommendation”论文中，MAMO方法通过在外存中动态读写更细粒度的用户权重和梯度，快速为每个用户生成更个性化的参数初始值，从而在样本稀缺的用户冷启动场景中取得了较好的表现。

具体来说，MAMO的训练流程如图5-12所示，整体仍遵循MAML的框架，每次迭代可分为参数的局部自适应和参数的全局更新这两个环节。不过，考虑到用户冷启动场景中有部分参数跨用户任务的差异较大，因此MAMO将参数拆分为两部分，一部分对所有用户通用，仍采用MAML的范式来更新，另一部分更具个性化，采用NTM的读写机制来更新。

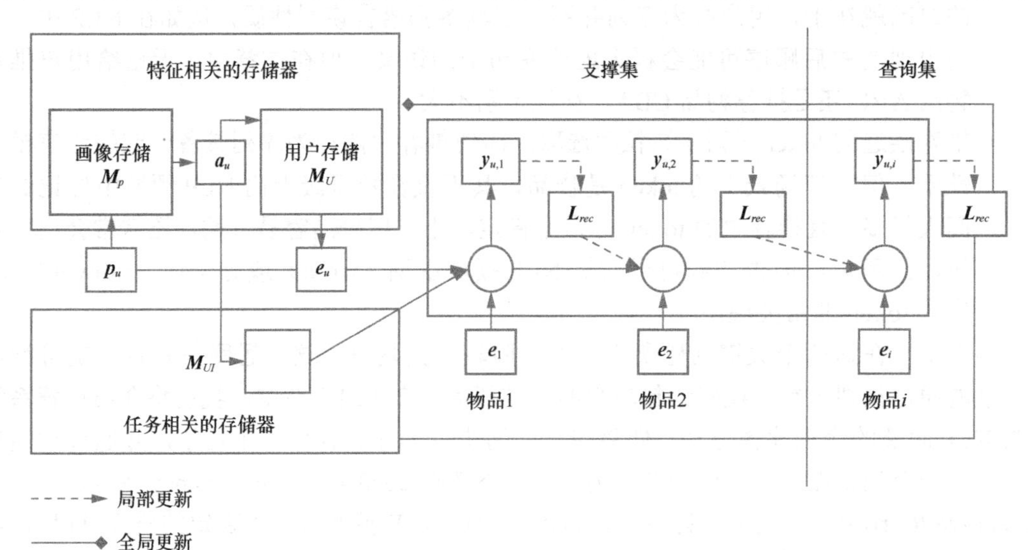

图5-12　MAMO训练流程示意

下面是对 MAMO 训练流程中关键细节的介绍。

（1）*参数的局部自适应*。首先，MAMO 使用全局更新得到的参数 $\phi=\{\phi_u,\phi_i,\phi_r\}$ 来初始化各用户的局部参数 $\{\theta_u,\theta_i,\theta_r\}$。其中，生成内容表示的参数 θ_i 和建模上层交互的参数 θ_r 会直接被复制，而生成用户表示的参数 θ_u 则采用一步更新的快速自适应，即 $\theta_u \leftarrow \phi_u - \tau b_u$。需要注意的是，这里的梯度 b_u 并非传统通过反向传播得出，而是从存储有用户梯度的外存 $\boldsymbol{M}_U$ 中直接读取的，因此也被称为快速梯度。

其次，不同于大多数预测模型中全连接网络的参数是所有用户共享，MAMO 为每个用户设计了一套独有的网络参数以提升个性化能力，如公式（5.10）所示。不难发现，$\boldsymbol{M}_{u,I}$ 也是从存储有用户权重的外存 $\boldsymbol{M}_{U,I}$ 中直接检索出来的。

$$\boldsymbol{M}_{u,I}=\boldsymbol{a}_u^{\top}\cdot\boldsymbol{M}_{U,I} \tag{5.10}$$

在从外存中检索出快速权重和快速梯度等参数后，就到了基于支撑集来对用户局部参数做自适应更新的环节，此时，MAMO 已经得到了预测 $\hat{y}_{u,i}=f_{\theta_r}(\boldsymbol{M}_{u,I}\cdot[\boldsymbol{e}_u,\boldsymbol{e}_i])$ 所需的全部参数：用户表示 $\boldsymbol{e}_u=f_{\theta_u}(\boldsymbol{p}_u)$、内容表示 $\boldsymbol{e}_i=f_{\theta_i}(\boldsymbol{p}_i)$，以及全连接层的参数 $\boldsymbol{M}_{u,I}$ 和 θ_r，于是，基于反向传播就可以更新这里涉及的每一个参数了。

（2）*参数的全局更新*。在更新完各用户的局部参数后，MAMO 会将所有用户在查询集上的测试损失相加，并基于梯度下降来求解最终的全局参数 $\phi=\{\phi_u,\phi_i,\phi_r\}$，以用于下一次迭代时局部参数的初始化，由于这部分和 MAML 的范式一致，这里不再赘述。不过除了更新全局参数 ϕ，MAMO 还需要对外存 $\{\boldsymbol{M}_U,\boldsymbol{M}_P,\boldsymbol{M}_{U,I}\}$ 进行更新，这里以 $\boldsymbol{M}_{U,I}$ 为例给出更新公式（5.11）：

$$\boldsymbol{M}_{U,I}=\gamma\cdot(\boldsymbol{a}_u\otimes\boldsymbol{M}_{u,I})+(1-\beta)\boldsymbol{M}_{U,I} \tag{5.11}$$

其中，γ 是用来控制写入程度的超参，$\boldsymbol{a}_u$ 是基于注意力机制所产生的地址权重向量，这两个因子会用来控制将什么样的新信息以多大程度写入外存中。类似地，β 是控制遗忘程度的超参，用来平衡旧信息的遗忘比例，以避免遗忘已有经验，同时减少写入时的冲突。

第 6 章

A/B 测试是增长的银弹吗

在互联网进入存量博弈时代后，许多产品的形态逐渐趋同，考虑到对产品的直觉和灵感不会一直存在，更偏实证主义的 A/B 测试就逐渐成了迭代产品的金科玉律，被广泛应用在各类决策过程中。诚然 A/B 测试有很多优点，但也有很多产品在各个环节中惰性地依赖 A/B 测试。考虑到在推荐产品从 0 到 1 的过程中创新更重要，所以本章重点讨论少有人提及的，在将 A/B 测试应用于推荐产品增长时的几类关键问题。

6.1 A/B测试的原理和优势

早在 2000 年左右，谷歌等强调数据驱动的公司就已经广泛应用 A/B 测试。2010 年，谷歌在论文“Overlapping Experiment Infrastructure: More, Better, Faster Experimentation”（本章简称“论文”）中给出了一个利用分层机制来保证实验流量高可用的经典方案，考虑到后续大部分 A/B 测试平台是基于这篇论文来建设的，本节将基于这篇论文及实践中的一些经验，简述 A/B 测试的原理和优势。

6.1.1 A/B测试的原理

A/B 测试起源于医学中的双盲实验：在受试者不知情的前提下，将他们随机分成两组，分别接受安慰剂和试验药物的治疗，通过比较两组受试者的康复情况来评估药物的疗效。不难看出，这是一种在实验中控制单一变量的决策方法，虽然可信度高，但由于只能进行少量的实验，因此可扩展性有限。那么，在需要快速迭代的互联网业务中，该如何基于 A/B 测试来优化产品呢？

1．A/B 测试的分层正交机制

A/B 测试的分层正交设计是一种源自统计学的经典实验设计方法，旨在用尽量少的用户流量来研究更多实验变量对业务效果的影响。如图 6-1 所示，其核心思想就在于分层和正交这两点。

（1）分层。在实验设计中，首先需要将所有实验变量分成若干独立的变量子集，每个子集对应一个实验层，进而在每个实验层中为该层变量分配多组实验。以推荐系统为例，我们可以将所有与界面设计相关的实验放在图中的层 1，然后将与算法相关的实验分解成多个相对独立的层，如召回实验放在层 2、排序实验放在层 3 等。由于现在一个大型产品中往往有很多独立的产品线，为了更好地隔离流量，通常除了横向层的设计，还会引入图 6-1 中"独占流量实验区域"的纵向域设计，即优先将流量纵向划分到独立的域中，再进行横向分层打散，以更精细地切分流量而避免相互干扰。

（2）正交。正交设计的目的是，尽量避免变量之间的交互作用，以更清晰地理解每个变量对结果的影响。具体到分层实验中，就是要在每个用户流量串行经过多层实验的处理时，通过随机打散的方式将其分配到每一层的实验中，以避免不同层实验之间的相互干扰。如图 6-1 所示，假设层 2 的实验 5 和实验 6 有相同大小的流量，那么对于某个命中实验 2 的用户而言，他同时命中实验 5 的概率 p_1 和命中实验 6 的概率 p_2 是一样的。

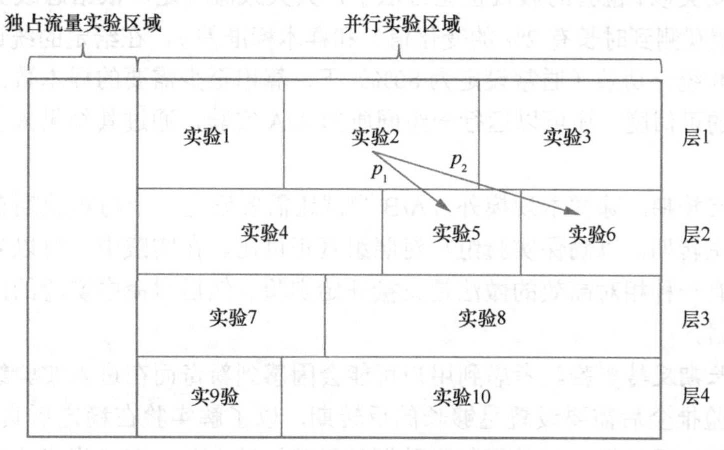

图 6-1　并行实验的分层正交机制

尽管分层正交的实现看起来可能很复杂，但其实用一个随机性很强的哈希函数就能完成，论文中给出了 4 种常用的哈希方法，如公式（6.1）～公式（6.4）所示。

方法 1：按用户 ID 哈希。

$$\text{user\_id\_mods} = f(\text{user\_id}, \text{layer})\%1000 \tag{6.1}$$

方法 2：按 Cookie 哈希。

$$\text{cookies\_mods} = f(\text{cookies}, \text{layer})\%1000 \tag{6.2}$$

方法 3：按 Cookie 日期哈希。

$$\text{cookie\_day\_mods} = f(\text{cookie\_day}, \text{layer})\%1000 \tag{6.3}$$

方法4：直接随机。

$$\text{random} = f(\text{random}) \tag{6.4}$$

其中，按用户ID哈希和按Cookie哈希适用于运营用户的场景，按Cookie日期哈希适用于需要考虑节假日影响的场景，而直接随机则适用于运营流量的场景。此外，为了处理哈希冲突的问题，论文中会按照固定的优先级顺序（用户ID、Cookie、Cookie日期和随机）来分配流量，以确保流量分配的一致性。

2．A/B测试的可靠性保证

当然，A/B测试自身的可靠性非常重要。如果没有良好的可靠性保证，误将波动看作正向推全，就会导致实验结果的虚假繁荣，从而产生比“拍脑袋”决策更糟糕的后果。在谷歌的论文及实践中，一般有以下6种方法可以提高实验的可靠性。

（1）*基于假设检验的统计置信度*。当单个实验的流量较少时，可能导致统计结果不可信，这时就需要类似t检验的假设检验方法了，其大致流程是，依据想改变的敏感度的期望值θ（如期望观测到时长有2%的变化值）和样本标准差s，在给定的统计置信度（通常设定为95%）和统计功效（通常设定为80%）下，算出至少需要的样本数。同时，为了进一步增加实验的可信度，还可以运行一组同质的A/A实验，通过其结果来了解实验的随机噪声水平。

（2）*设置空转期*。除样本规模外，A/B测试还需要设定一个与实验期有相同流量但尚未开启实验的空转期，以确保实验组与对照组真正可比。在实践中，可以先空转若干天再开始实验。还有一种相对高效的做法是直接开始实验，然后对命中实验的用户回溯之前若干天的空转数据。

（3）*设置长期反转实验*。考虑到用户可能会因感到新奇而在进入实验组后表现得更活跃，所以在实验推全后需要设置足够长的反转期，以了解实验在稳定后真实的长期效果。当发现有些场景下反转期实验效果与实验期效果差异较大并且有逐步劣化的趋势时，如果无法进行有效归因，那么比较稳妥的方式就是将对应的推全回滚，避免对用户体验造成负面影响。

（4）*只观测生效条件下的影响*。有些实验仅在特定请求条件下才会被触发，例如某种人群或某种场景下。考虑到确定触发条件需要在线计算，常用的做法是在对照组中也记录下可触发的流量，然后仅对比实验组中被触发流量和对照组中可被触发的流量之间的差异。通过仅关注有效条件下的实验效果，可以避免有效流量较小导致的观测稀释问题。

（5）*实验收益来源的归因与拆解*。实验推全前，应该对收益来源仔细归因以避免错判，例如某实验全局时长上涨3%，但策略生效的A场景时长只上涨了1%，此时就需要分析清楚收益来源，因为很可能是实验设置有问题，例如代码问题对未生效场景造成了影响，才看似产生了收益。

（6）重视消融实验。如果实验变量较多，通常还需要采用消融实验来定位收益来源，例如一个有 5 处改动的实验能带来 2.7% 的时长收益，但推全需要新增 100 台机器，而在对这些改动消融后，发现其中的 2 处改动能带来 2.1% 的时长收益，并且推全只需 14 台机器，那么这 2 处更具性价比的改动就是此次实验收益的主要来源，更适合推全。

为了说明反转实验的必要性，下面举一个形象的例子。如图 6-2 所示，收益逐渐上升的虚线代表的是优化长期收益的健康实验，例如推荐了一些高质量且个性化的内容，收益先上升再下降的实线代表的是优化短期收益的短视实验，例如推荐低俗的内容。显然，如果 A/B 测试只观测了较短时间且没有设置反转实验，就很容易得出急功近利的短视实验更好的错误结论。

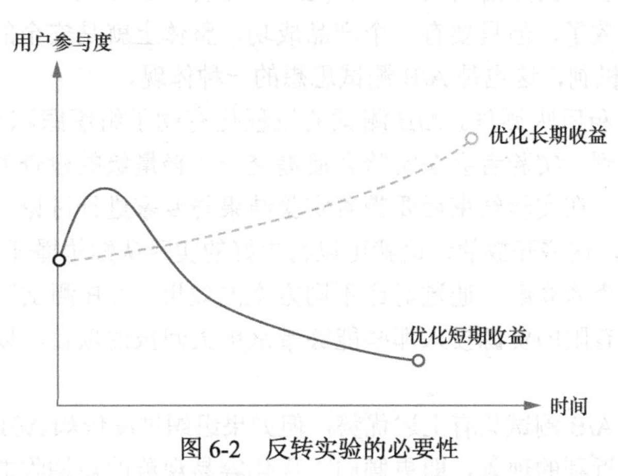

图 6-2　反转实验的必要性

6.1.2　A/B测试的优势

张小龙曾说：“产品就像一个生物，有它自然的进化之道。最重要的，是制定好产品的内在基因的竞争策略，让竞争策略在进化中自行演化为具体的表现形态”。从这番话中不难看出，在产品激烈竞争的环境中，谁拥有更快的迭代速度，谁就具有更强的生存优势，因此，作为一种能帮助产品快速迭代和进化的工具，基于分层正交机制的 A/B 测试很快就流行了起来。

1．高效率的产品演化机制

在设定好可量化的优化目标后，当成百上千组 A/B 测试同时运转起来时，人们就无须依靠直觉或个人偏好来做决策了。A/B 测试通过让实验数据说话来确保决策过程的客观和公正：哪组实验的效果更好就推全哪组。

显然，这种方法不仅可以帮决策者快速找到更优方案，减少他们在产品细节处所耗费的精力，同时也增强了一线人员的话语权，从而在决策机制上降低了对经验主义的依赖。需要注意的是，论文中并没有提到产品中应选取哪些优化指标，但实际上这个问题非常重要，如果选错了，那么产品演化的结果可能会越来越糟糕。6.2.1 节将详细讨论这一问题。

2．组织管理上的风险把控

A/B 测试不仅能提升产品演化的效率，而且是一种有效的组织和项目管理工具。A/B 测试在决策时至少具备两个候选方案，类似于不要把所有的鸡蛋放进一个篮子里，起到了分散风险的作用。具体来说，A/B 测试对组织和项目管理的影响主要体现在以下 3 点。

（1）鼓励实验性思维。通过大量试错来验证不同的想法，A/B 测试有助于组织发现新的改进机会和潜在风险。例如落实到项目管理上，习惯 A/B 测试的公司会推出多款竞争产品，即使其他产品失败了，但只要有一个产品成功，整体上就是安全的。当然，也有公司在团队层面采用赛马机制，这也是 A/B 测试思想的一种体现。

（2）提高透明度和团队协作。A/B 测试的流程化有助于组织跟踪和管理项目的进展，例如谷歌在论文中提到，实验者会在实验之前提交一个轻量级的检查列表，包括实验的各种假设和实验指标等，在实验结束后要带着实验结果与专家进行讨论，以决定实验结果是否要发布。久而久之，这些开放的讨论就可以将更好的实践认知传播开来。

（3）优化组织的资源分配。通过对比不同方案的效果，A/B 测试可以帮助组织更有效地分配资源，例如将有限的资源投入那些能够带来更大回报的项目，以降低产品整体的决策风险。

辩证地看，虽然 A/B 测试具有上述优势，但如果组织过度依赖 A/B 测试，被 A/B 测试驯化，就会产生急功近利的现象，即更倾向于优化容易观测的短期收益，而忽略较难观测的长期收益，6.2.2 节和 6.2.3 节将详细介绍这些问题。

6.2　滥用A/B测试时的增长困境

虽然基于 A/B 测试的数据运营体系有其价值，但通常并不能带着产品引领创新的新方向，换言之，虽然 A/B 测试可以帮助产品在当前的山峰上越爬越高，但通常并不能用来发现一座新的山峰。本节将讨论如果盲目依赖 A/B 测试，会在哪些增长问题上遇到瓶颈，从而错失弥足珍贵的创新机会。

6.2.1　难以优化留存等长期目标

现有的 A/B 测试框架只能观测相对短期的数据表现，因此如果没有对产品信念的坚持，就很难等到长期结论开花结果的那一天。例如，在纸媒时代常常存在一个规律：杂志在改版后的头几个月往往骂声一片，但几个月后新版就会使发行量显著上升。接下来，本节将探讨在基于 A/B 测试选取优化目标时，为何要优化留存这种长期目标，以及优化时该注意哪些常见的陷阱。

1．死于安乐的短期目标优化

资源诅咒（resource curse）是一个经济学概念，它描述了一种现象：很多资源丰富的国家和地区非但没能实现经济繁荣，反而出现了腐败和寻租活动盛行、内战频繁等现象。其实，同样的逻辑也适用于推荐产品，在产品鼎盛时期往往并不重视产品的生死留存，而是倾向优化更能变现的指标，但这样在过度地竭泽而渔后，就会使产品出现生死留存的问题。以下是 3 个优化目标设计不当的例子。

（1）*优化用户画像的准确率*。在深度学习还未盛行的时代，脱胎于展示广告的人群定向一度非常流行，那么构建精准的用户画像是不是一个好的优化目标呢？显然不是。首先用户画像是否准确和业务好不好没太大关系，其次用户画像根本就没有作为评估标准的真值，例如问一个用户有没有学习的需求，一般人会说有，但真正推荐的话并不会有多少人感兴趣。

（2）*优化分发量*。分发量当然是一个可实现的优化目标，但在准确维度上存在明显的问题。首先，分发量指标本身需要去除无效分发的水分，例如观看时长很短也算分发的话，那么“标题党”的内容显然会增多。其次，分发量的增多并不意味着用户一定会满意。所以分发量并不是一个容易和留存真正挂钩的代理指标。

（3）*优化人均时长*。类似地，优化人均时长其实也存在问题。首先，如果只观测短期数据的话，分发物理时长较长的内容（如电影）肯定可以提升该指标，但显然长期来看并不一定对产品有益。其次，人均指标更容易优化那些容易提升指标的重度用户，并在不知不觉中驱赶体验已经不好的新用户。久而久之，产品 DAU 等真正核心的指标就会下降，即使所有策略的实验收益看起来都不错。

2．生于忧患的留存优化

说到底，正如同人类所有行为的源头不过“求存”两字，为了避免优化短期目标时“死于安乐”的资源诅咒现象，推荐系统也只有“生于忧患”，坚定地以关乎产品生死的用户留存和作者留存为优化目标，才能不被各类虚假繁荣的错误目标所控制。更具体地，若想基于 A/B 测试来优化留存，至少需要重视以下 4 点。

（1）*更重视流失用户的反馈*。第二次世界大战中有一个著名的幸存者偏差问题，当时 Abraham Wald 教授发现盟军返航的飞机中，机翼的弹孔最多，发动机的弹孔最少，于是提出了一个看似与直觉相悖的建议，即加强发动机的防护。提出这个建议的原因在于，机翼被频繁击中后能安全返航，说明机翼并非导致飞机坠毁的关键部位，相反，那些弹孔较少的发动机才是中弹后生还概率大大降低的原因。

不难理解，推荐产品中的重度用户就好比空战中幸存的飞机，如果在A/B测试中过于关注由他们主导的总时长等指标，就会因忽略轻度用户和流失用户的反馈而落入幸存者偏差的误区。事实上，由于用户在流失时不会给出任何反馈，因此在A/B测试的指标设计上需要格外关注留存率相关的细分指标。

类似策略迭代中的问题，幸存者偏差同样也存在于产品侧，不少产品经理在迭代功能时也习惯从自身体验出发，提出一些对流失用户并不重要的改进，这是缺乏同理心和产品认知的表现。正如乔布斯所说，虚心若愚，产品经理需要保持对用户的同理心，并虚心向用户请教，这样才能真正对产品的痛点保持敏感。

（2）将推荐功能产品化。早期很多产品对推荐系统的定位都属于锦上添花，例如雅虎就在首页预留了一个推荐模块，并借助首页流量为其导流。这么做虽然能迅速提升推荐模块的流量，但并不足以真正优化推荐系统，毕竟不放手，孩子是不会主动长大的。如果真有好的机会就应将推荐系统独立地产品化，这样才能通过用户反馈的留存信号找到其核心价值，从而真正实现健康发展。

（3）不要错把代理指标当成优化目标。对推荐产品来说，虽然本质的目标是要优化留存，但由于留存较难直接建模，且其缓慢变化的过程又与A/B测试快速迭代的特性有所冲突，因此人们往往会把留存目标转换成一个可以直接求解的代理指标来优化。问题就在于，转换的过程中有时会本末倒置，错把代理指标的优化当作衡量产出的标准。

其实，与其费劲将单一代理指标优化到极致，不如使大多数代理指标的效果都足够好，这就是很多系统的生存之道。推荐产品中留存的优化也类似，只要找到多个正向的代理指标，并面向留存进行有效的多目标融合，通常就能取得不错的效果。14.2节将系统介绍这类方法的技术实现。

此外，如果产品能找到直接优化留存的办法，自然更好。受启发于每一步都放眼终局去做取舍的AlphaGo，推荐系统中目前也有不少采用强化学习方法来优化留存的前沿探索，4.2节和13.3节会介绍相关的主流技术实现。

（4）完善A/B测试中留存的观测方式。即使找到了优化留存的方案，但由于留存提升本质上是一个缓慢微弱的过程，因此想要在更擅长观测短期变化的A/B测试框架下观测到显著的留存变化，就对A/B测试的流程提出了更高的要求。这里给出3类观测留存时的典型问题和对应的可能解决办法，我们相信结合具体产品的特性还会有更优的观测方法。

- 留存变化缓慢。不同于分发量等指标的变化更为显著，留存往往在观测时长较短时很难有变化，因此可以通过增加观测周期、扩大小流量占比等方式来提升实验结果的显著性，以便能更置信地观测到留存变化。
- 对作者侧留存的忽视。在按用户来分流的平台中只能观测用户留存变化，若想优化作者侧留存，就需要精心设计按内容和作者维度来分流的实验机制。

- 对传播途径的切断。分流会直接切断内容传播所依赖的关系链，所以如果是实验传播性质比较强的策略，需要设计在小流量中能保留传播关系链的实验机制，否则很难观测到推全后的真正影响。

6.2.2 难以反向优化出新市场

所谓“反者道之动，弱者道之用”，当事物发展到极限时，通常会出现反向的趋势，而那些看似柔弱的新事物，如果我们能理解并适应这一趋势，更好地运用“道”的力量，就有可能使它们成长为平衡原有事物的另一极。在本节中，我们就来介绍实践上述道家思想的反制型创新，并讨论为何在A/B测试驱动的运营体系中，人们容易错失反制型创新机会。

1．与巨头博弈时的反制型创新

在推荐产品的创新方法中，反制型创新正是对“反者道之动”思想很好的实践，其核心理念在于，如果你的新产品正与市场巨头竞争，并且认识到正面对抗没有胜算，就应设法从市场巨头的核心优势的反面去发现机会。一旦找到这样的机会，就坚决地对其进行反向的优化，从而确保竞争者在担心遏制你会削弱自己的情况下，不轻易对你采取行动。为了加深对这一方法的理解，这里给出几个反制型创新的案例。

（1）把视频变短的抖音。通常来说，优化时长可以增加用户黏性并提升留存指标，所以在YouTube的经典论文“Deep Neural Networks for YouTube Recommendations”中提出了优化单次展示下观测时长的问题后，很多产品都照着去做，于是出现了推荐视频越来越长的趋势，YouTube也并不例外。

在这个背景下，内容时长不到15秒的抖音横空出世，其不仅凭借快节奏的内容快速流行，还让当时其他以长视频为主的视频产品很难对其进行遏制，因为一旦这么做就会瓦解自己在长视频作者侧积累多年的生态优势，成本高昂。这也是之后bilibili和YouTube等产品对类抖音产品比较谨慎的原因之一，不是不会，而是成本太高。

（2）把单价变低的拼多多。类似于内容型产品优化单次展示时长的做法，电商产品优化单次展示下的变现价值也是一种很常见的做法，例如阿里巴巴就通过一系列技术创新和产品升级，逐渐将交易效率优化到极致。然而，在阿里巴巴高交易效率的优势背后，也隐藏着对低购买力用户不友好的风险，于是拼多多采用了反制型创新的做法，不仅通过超低单价的商品来吸引低购买力的用户，还在自己体量相对较小的情况下发起了补贴大战。

显然，拼多多这样的做法让阿里巴巴非常难受。阿里巴巴如果也选择降低客单价，不仅有可能失去这些年努力争取到的高端用户和商家，还会因规模更大而要在相同的补贴力度下付出更高的成本。所以阿里巴巴无法真正发力去遏制拼多多，只能无奈地看着拼多多逐渐涨到了如今的体量。

（3）以阅后即焚为特色的Snapchat。Facebook于2012年上市，同年10月用户数突破10亿关口，成为全球社交产品的王者。面对Facebook的碾压，一款名为Snapchat的产品却在2011年6月上线后，不仅轻松活了下来，还在2017年在纽交所顺利上市。究其背后原因，就在于Snapchat采用了与Facebook完全相反的产品设计策略。

众所周知，Facebook是一款让人们依赖它来分享自己生活的产品，虽然这没什么短板，但Snapchat敏锐地洞察到，这种努力让自己看起来更完美的分享方式并不适合只是想随意交流的年轻人。于是，Snapchat创新地推出了“阅后即焚”的设计，可以在发布内容后自动销毁，解放了年轻人的天性，并因此赢得了他们的青睐。

2．被A/B测试低估的反制型创新

为何很多习惯于数据驱动的产品，无法实现反制型创新这样看似明显的突破呢？原因就在于，通过数据驱动方法来评估新产品的价值时，很容易得出此类创新的收益有限的结论，甚至推断出负向的错误结论。本节将以市场调研和A/B测试为例，介绍反制型创新常常被低估的原因。

（1）市场调研中的样本选择偏差。如果没有对创新的深刻认识，就无法对全新事物进行有效的调研。正如汽车大王Henry Ford所言：“如果我当年去问顾客他们想要什么，他们肯定会告诉我‘一匹更快的马’。”同样的道理，在现有用户群体下对反制型创新进行事无巨细的调研，就容易出现样本选择的偏差，并导致调研结果对创新产品的低估。

例如，当奈飞线上DVD租赁业务的订阅用户数破百万时，引起了当时门店租赁巨头百视达的注意。当百视达请研究机构做线上租片的市场调研时，连续两次低估了奈飞的潜力。第一次调研结论是线上租片市场最多只能容纳360万用户，相较于百视达5000万的用户而言不值得考虑。第二次调研结论是线上租片用户仍然喜欢在门店租片，且线上订阅用户的取消比例高、利润低。显然，这都是在选错调研对象后产生的错误结论。于是，在百视达一再低估线上租片的潜力后，于2010年宣布破产。

（2）A/B测试时的推荐系统偏差。如图6-3所示，由于推荐算法会通过推荐内容来影响用户的未来行为，而这些行为又会反过来限制推荐算法训练数据的分布，因此就会形成一个被称为反馈循环（feedback loop）的闭环。这个闭环不断运转，带来的用户选择偏差、位置偏差、归纳偏差和流行度偏差等会被逐步放大，并带来对新用户推荐偏向高热的内容、对老用户推荐偏向“信息茧房”等一系列问题。

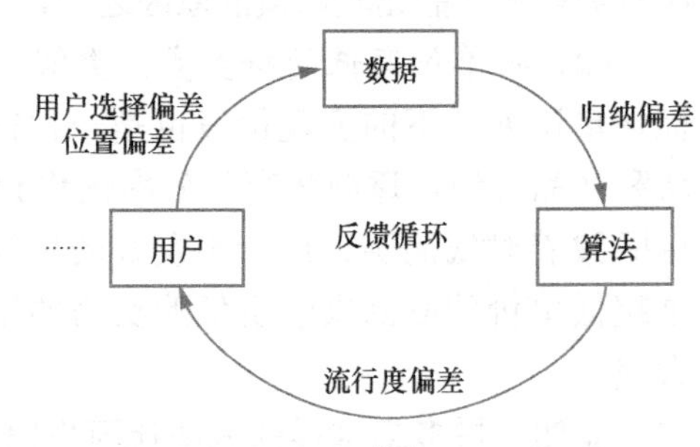

图6-3　推荐系统中的偏差

在这一背景下，当通过A/B测试来评估一个产品偏反向优化的功能时，例如在资讯产品中推荐视频，就会因测试用户已经被现有推荐系统“训练”过，使他们的行为模式与竞品用户产生较大的偏差，进而在实验中得出和竞品相反的结论。这时，一方面要认识到，实验负向并不意味着新产品没有潜力，更多的是反映不同用户群体的行为差异；另一方面在设计算法实验时，需要采用更具探索性的获客策略和推荐策略以打破反馈循环，并收集更无偏的实验结论。

3．如何孵化反制型创新

要孵化出“反者道之动”的反制型创新，其关键并不在于谁掌握的资源更多，而在于“弱者道之用”：在认知到事物的变化规律后，通过放松来打败用劲，通过做减法来打败做加法。更具体地，这里对如何孵化反制型创新给出一些关键举措供参考。

（1）*做减法，而非做加法*。由于加法思维更容易实现，风险也更可控，因此很多产品会本能地通过做加法来获得安全感，例如在原有策略上追加补丁，用分治法来拆解问题等。然而，当各种资源要素不断叠加后，系统实现反制型创新的可能性就被限制住了。举个例子，做加法好比给一个人穿上了重重的盔甲，防御力增强的同时，灵活性下降了，这时突然有一个经常锻炼的人要和他比赛跑步，其结果很可能是这人还没把盔甲脱下来，别人就已经跑到终点了。

考虑到技术创新是有周期的，总有一天会出现带着新技术来反制你的新产品，所以在领先产品勤奋做加法实现增长的同时，切忌使产品过于沉重，不然当反制你的对手出现后再想聚焦，就不是件容易的事情了。

（2）*更多元的创新环境*。人们常常会给各个公司贴上所谓企业基因的标签，虽然这样的说法比较主观，但一个公司在起家时所擅长的能力的确会在之后起到主导作用，并在强者愈强的马太效应下，使资源分布收敛到相对单一的模式中。

从好的一面看，企业基因就是公司的护城河和核心竞争力，但辩证地看，正如同生物学中物种多样性常发生在区域的交界处一样，反制型创新更偏好多元的环境。因此，如果希望鼓励这类创新，就需要设法引入鲶鱼效应，以避免思维的僵化。

6.2.3 难以做出真正的产品创新

反制型创新是奔着和已有产品对抗来反向设计的，有时更像是一种博弈。相较之下，人们理解的创新通常是指那些并不寻求对抗，而是在开拓全新市场时无意中冲击到已有市场的新产品。在本节中，我们就来讨论这类产品创新的特性，以及在以 A/B 测试为主导的数据运营体系中难以孵化出这类创新的原因。

1．长出来的扩散型创新

正所谓“风起于青萍之末”，纵观历史，大部分新事物其实都是“长”出来的。例如 Everett Rogers 在《创新的扩散》（*Diffusion of Innovations*）一书中指出，如果按用户对风险的偏好程度来划分，通常可以将人群划分为呈正态分布的 5 类，如图 6-4 所示。

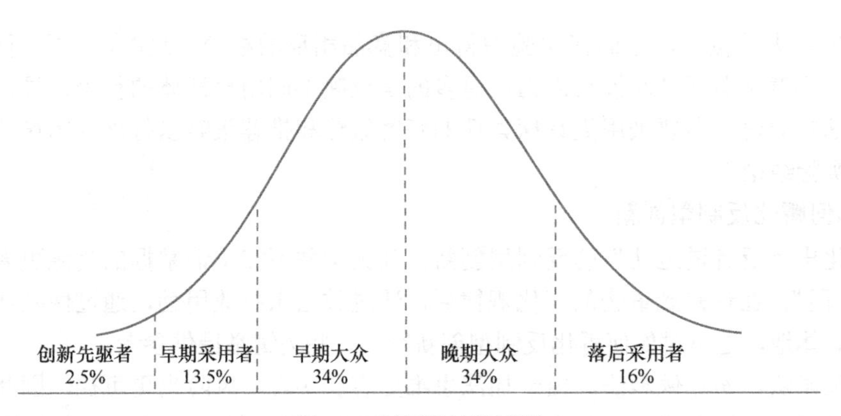

图 6-4　创新的扩散过程

（1）具有冒险精神的创新先驱者。一般也被称为种子用户，指的是创新初期就主动采纳产品的用户。他们更具有冒险精神，能够容忍新产品不成功而带来的损失。

（2）意见领袖型的早期采用者。早期采用者往往是群体内的关键意见领袖（key opinion leader，KOL），通过做出明智的决策来维系自己在系统传播网络中的地位。可以说早期采用者的认可就是对创新的最好背书，只有他们心动了，才有可能撬动创新在大众人群中的扩散。

（3）深思熟虑型的早期大众。有不少对新产品比较谨慎的用户并不是观念陈腐的人，所以一旦新产品被 KOL 证明成功后，他们就会积极地跟随潮流，快速采用新产品。

（4）谨慎多疑的晚期大众。和早期大众相对应，晚期大众就是那些对新产品通常持怀疑态度的人，他们采用新产品时更多的是出于从众心理，而不是对新产品有好的感知。

（5）固守传统的落后采用者。这类用户有怀旧情结，不愿意采用新产品。例如，在视频时代兴起的当下，还有不少只愿意读书看报的传统知识分子。

以对创新的接纳时间做横轴，将接纳人数累积后，图 6-4 所示的正态分布就会变换为图 6-5 所示的 S 形曲线分布，即著名的 S 形曲线。不难发现，在这条曲线中产品早期的人数增长较慢，但一旦人数突破了临界点（增加到总人数的 10%~25%），就会突然加速攀升，直到人数接近饱和点之后，扩散的进程才会再次慢下来。

2．被 A/B 测试低估的扩散型创新

从图 6-5 中不难看出，非线性的扩散型创新就好比是“士别三日”的吴下阿蒙，在产品还没有被大众接受的早期，它在现有人群中并不会显现出明显的收益。因此，当大公司用 A/B 测试这种更注重短期收益的评估方法来做判断时，就可能会忽视此类创新的潜力。接下来就通过推荐系统中的两个例子，来探讨 A/B 测试为何容易低估扩散型创新。

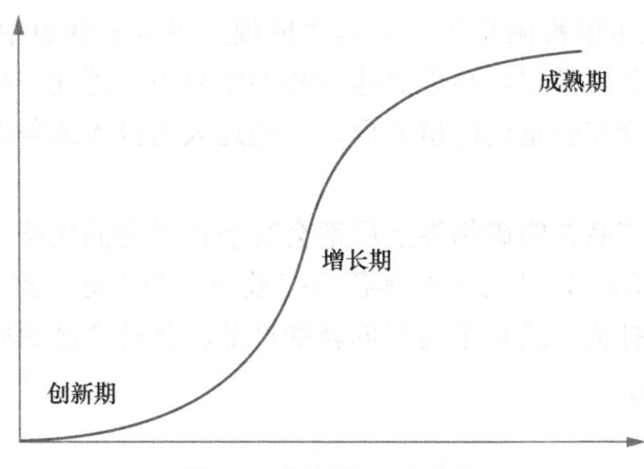

图 6-5 创新的 S 形曲线

（1）*打破用商边界的电商直播*。直播起初主要分布在娱乐和游戏等行业中，在淘宝和抖音等产品先后将其和电商场景结合后，给用户带来了全新的购物体验。不过，电商直播的早期，敢在短视频产品中购物的用户并不多。因此，假设有一个 A/B 测试通过随机抽样用户来迭代直播电商策略，在产品早期的实验收益显然要远低于在直播媒介普及后的收益。

（2）*基于熟人关系的微信视频号*。在抖音全屏沉浸的体验基础上，微信视频号通过在样式和策略上强化朋友点赞信号，给用户带来了更新颖的视频观看体验。于是，随着用户留存的提升和点赞习惯的养成，有朋友点赞的视频也就越来越多了。因此，假设有一个 A/B 测试的实验基于点赞关系来进行推荐，那么它在点赞习惯普及后所取得的效果就会比产品早期点赞稀疏时显著得多。

3．如何孵化扩散型创新

从上述介绍可以看出，如果大公司没有找准契合产品的种子用户，仅通过随机抽样现有用户来做 A/B 测试，很难敏锐洞察到扩散型创新的价值。说到底，如果想要真正拥有这种创新能力，还需要产品经理对用户需求有足够深刻的洞见。接下来，将对如何孵化扩散型创新给出一些关键举措供参考。

（1）*重视早期采用者的意见*。大多数产品会具有一定的价值，所以真正困难的一步是从创新先驱者向早期采用者过渡的阶段。事实上，如果产品仅打动了创新先驱者，但未能打动早期采用者，说明产品并不具备向大众传播的价值。此时若是硬要通过资本来强势推广，很容易在拔苗助长后留下一地鸡毛。举一个正向的小红书的例子。虽然它起初定位是做一款主打购物攻略的媒体型产品，但当小红书的早期采用者开始在产品上分享购物心得后，小红书就敏锐地意识到，原来她们的核心诉求并不仅是浏览内容，还希望与他人分享和交流。于是，小红书就根据意见领袖们的反馈，重新将产品与市场打磨到契合，并逐步发展为今天很受欢迎的一款社区型产品。

（2）*对创新临界点的感知*。当产品经过早期采用者的认可并扩散到早期大众后，产品的上行趋势就已经不太可能被阻挡了。更具体地说，当竞争赛道中有 10% 以上的用户开始使用某款产品时，它其实就已经接近高速增长的临界点。因此，很多企业虽然不急于做最早的创新者，但一定会在合适的时机入局，并通过大力投入来争取自己能第一个到达临界点。

不过，并非所有的产品在突破临界点后都会有快速攀升的趋势，这要取决于产品到底是不是一个真正的好产品，以及它是否具备网络效应。关于这一点已经在 3.2 节中有过详细探讨。总体来说，要打造一款真正具有创新的产品，坚持产品原则第一性，数据反馈第二性，长远来看更加合理。

第二部分

信息推荐

第二部分将探讨旨在满足用户获取信息需求的新闻推荐和资讯推荐产品。除了解析关键的算法设计，我们还将从产品视角出发，来理解这类推荐产品设计的关键。

（1）新闻推荐（第7章）。在带宽受限且内容生态不完善的互联网时代早期，浏览新闻是大多数用户的首要需求。随着雅虎等门户网站将报纸媒介迁移到线上，新闻推荐便崭露头角，成了首个大规模落地的推荐产品。第7章将讨论在这种内容瞬息万变的垂类中会涉及哪些不一样的技术。

（2）资讯推荐（第8章）。相较于新闻推荐，资讯推荐涵盖的内容品类更广，且时效性约束较弱，因此，与同源于信息检索的搜索产品具有一定的相似之处。第8章将从谷歌的资讯推荐产品为何屡失良机说起，来帮助读者理解推荐产品设计的关键。

第 7 章

瞬息万变的新闻推荐

尽管以门户网站主导的新闻推荐的黄金时代已经远去，但人们对新闻内容的需求并未减弱，只是演变为了微视频推荐、短视频推荐等多种媒介形态，生长于各类内容型产品中。本章将以深耕新闻领域多年、业界领先的技术型媒体雅虎为例，讲解如何针对瞬息万变的新闻内容设计推荐算法。

7.1 曾统治硅谷的雅虎

雅虎不仅是在线门户和计算广告的鼻祖，在推荐系统领域也有了不少前瞻性的技术创新。然而，尽管拥有在产品和技术上的先发优势，雅虎却未能创新出一款让人印象深刻的推荐产品，问题到底出在哪里呢？本节将先回顾雅虎门户整体的兴衰历程，再来探讨雅虎推荐的历史局限，以给出对这一问题的回答。

7.1.1 雅虎门户的发展史

在互联网时代的拓荒期，信息散布在各个角落。于是雅虎的创始人杨致远决定开发一个聚合信息的网站，使人们更方便地浏览信息。虽然在 1995 年上线时，雅虎还只是一个对各网站进行索引的页面，但当它将传统报业媒体创新地搬到雅虎门户网站上之后，就成了人们上网冲浪的必经之地，从此开启了门户网站的黄金时代。

随着雅虎的发展，它通过引入更多的内容和服务来满足用户的新需求，因此吸引了越来越多的新用户。尽管图 7-1 所示的页面设计稍显杂乱，但可以看出，雅虎门户除了早期的目录服务，还推出了如搜索引擎、聊天室、新闻媒体等一系列新服务，早在 2000 年，雅虎就已经赢得了超过一亿的独立用户。

雅虎不仅将传统报业媒体搬到了互联网上，还巧妙地将传统纸媒的广告模式融入其中。自雅虎于 2001 年推出互联网上首个广告投放系统 Overture 起，其所提出的搜索广告和展示广告等商业模式至今仍是互联网行业赖以生存的基础。而对当时的雅虎来说，从 1996 年发展至 2006 年，它的营业额从两千万美元激增至 60 亿美元，成就了它在当时无可争议的霸主地位。

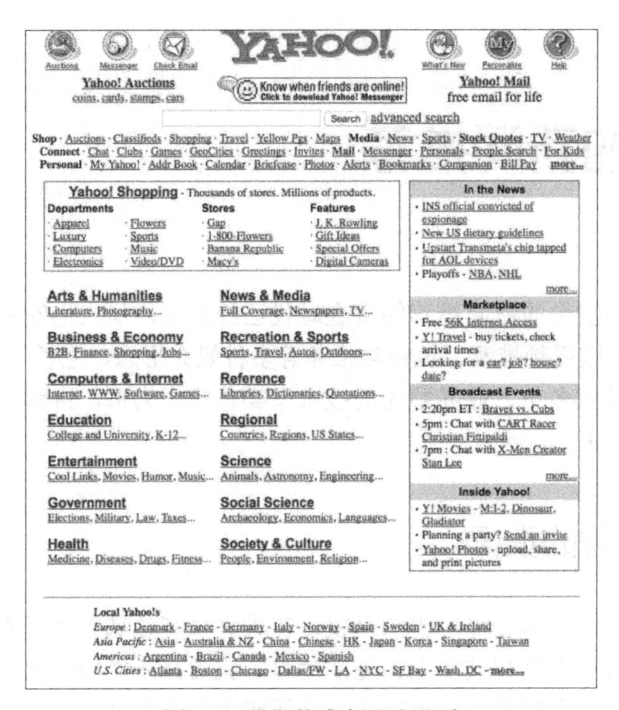

图 7-1　早期的雅虎网站界面

然而在 2006 年之后，随着搜索和社交两大领域的崛起，曾经拥有互联网一切的雅虎却又很快失去了一切。下面简要回顾一下雅虎错失搜索和社交的过程。

（1）搜索。谷歌在异军突起后，很快就夺取了雅虎的市场份额。雅虎虽然试图追赶，但由于公司战略层面的摇摆，因此始终未能聚焦精力追上谷歌。有趣的是，1998 年谷歌的创始人曾希望以 100 万美元将谷歌的雏形售卖给雅虎，而雅虎不仅拒绝了收购的提议，反而把搜索业务外包给了谷歌，这才助长了谷歌的实力，一路将竞争对手扶持成了后来的领先者。

（2）社交。早在 2006 年时，雅虎就曾报价 10 亿美元希望收购 Facebook，当时扎克伯格几乎同意了这笔交易，然而在最后关头，雅虎却将出价压到了 8.5 亿美元，这才让愤怒的扎克伯格当场撕毁协议书，决定不再出售 Facebook。之后，随着 Facebook 基于信息流的社交媒体兴起，雅虎的门户业务便直接被逼入了绝境。

可以看出，雅虎并非看不到新兴的机会，只是在组织能力和决策执行上表现得过于保守，它不仅更偏好于短期项目，在面临偏长期的创新方向时，也总认为凭借资源优势就能后来居上，殊不知这并非创新的关键所在。总之，在雅虎错失了社交和搜索产品后，雅虎门户的作用就大不如前。下面将讨论雅虎门户的新闻推荐产品，以探究在拥有技术和流量优势的情况下，雅虎未能创新出更极致的推荐产品的原因。

7.1.2 雅虎新闻推荐的兴衰

可以这么说，在雅虎陷入衰退的后期，推荐是挽救雅虎的最后机会。虽然雅虎已经意识到推荐对内容产品的战略意义，但受限于产品视野和决策的保守，还是未能摆脱由盛转衰的困境。本节将带领读者一起回顾雅虎推荐的高光时刻和历史局限。

1. 今日新闻产品的辉煌

虽然如今用户有许多闲暇时间在手机上消费偏休闲的内容，但回到 PC 时代，用户并没有长时间在线的习惯，他们更多是为了浏览新闻才从报纸转向雅虎。于是，雅虎为了更有效地吸引《纽约时报》（*The New York Times*）等传统报业的用户群体，在首页沿袭了报纸经典的版式设计，并通过一个名为今日新闻（today module）的模块来承载当天的头条内容，如图 7-2 所示。

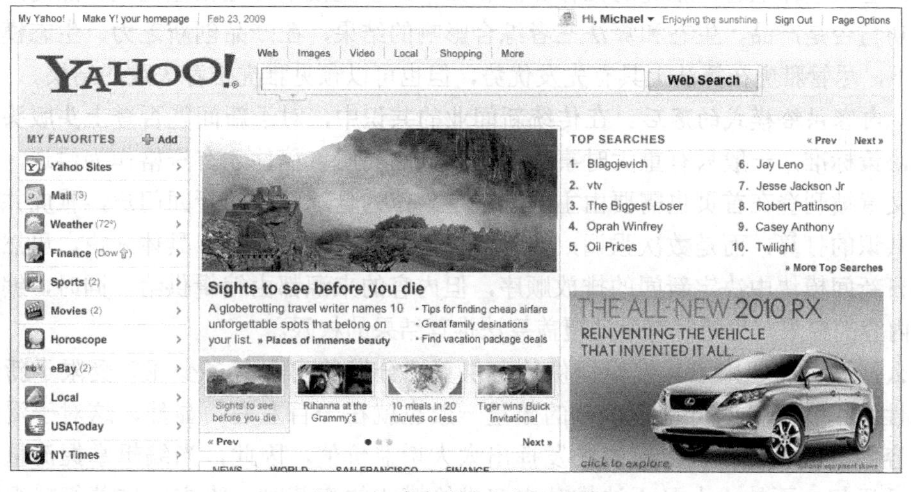

图 7-2 雅虎的今日新闻模块

在这样的版式设计下，如今的人们自然会想到用推荐算法来提升今日新闻模块的吸引力，然而这个想法在当时却因还没人尝试过而很难推动落地。于是，时任雅虎执行副总裁的 Usama Fayyad 便决定成立雅虎研究院，以改变技术影响力弱的状况。仅以推荐领域为例，矩阵分解算法的提出者 Yehuda Koren、《信息检索导论》（*Introduction to Information Retrieval*）的作者 Prabhakar Raghavan、参数服务器思想的提出者 Alex Smola 等众多学者当时都来到了雅虎研究院。

在研究院成立后不久，雅虎便开始尝试用推荐算法来改造传统门户，在雅虎2010年第一季度的财报中，对这次改造的效果做出了肯定："我们不能仅依赖重大体育赛事、颁奖典礼等大事件来吸引观众，因为这样的重大新闻并不会每天都有。我们的解法是结合内容优化引擎和编辑生成的内容，为用户推荐个性化最佳内容。我想谈谈这个引擎，它是一项了不起的技术，首次迭代就将点击率提升了100%，并且在今年1月份我们发布第二版后，通过新引入的行为定向技术结合我们出色的内容，使今日新闻模块的点击率在第一版的基础上提高了160%。"

从财报中可以看出，雅虎当年对推荐技术寄予了极高的期待，它希望通过个性化推荐来重振雅虎门户的用户体验，并吸引更多的用户。事实上，雅虎推荐在当年也确实是一款流量火爆的产品，在2010年时仅凭今日新闻单模块就可以让雅虎每天获得10亿次以上的点击量。这就引出了一个问题，既然雅虎在技术实力和流量方面都表现出色，那么为何之后没有开发出类似今日头条那样能进一步发挥推荐价值的产品呢？

2．雅虎推荐的历史局限

雅虎是将机器学习应用于实际产品的早期公司之一，尽管当时的技术还未涉及深度学习模型，但从整体上看，雅虎的推荐算法和如今的主流技术已经相差无几。然而，推荐产品的成功与否是产品、生态和算法三者综合影响的结果，在产品创新乏力、生态模式落后的背景下，尽管雅虎在算法上具有先发优势，但也可以预见雅虎推荐失败的结果。

（1）*内容供给模式的落后*。在传统新闻业的共识中，对于新闻能否登上头版头条有着严格的决策标准，一般只有重大时事下，有观点的高质量稿件才有资格作为候选，并且最终哪篇文章被刊登在首页也需要由主编来决定。作为全球领先的新闻门户，雅虎并没有弱化这一共识的打算，而是数次强调，编辑依然是整个系统的核心。具体来说，虽然算法可以在今日新闻模块中决定新闻的排放顺序，但内容的来源都由编辑供给，同时，编辑不仅有下线内容的权限，也随时有手动覆盖算法推荐结果的权限。

那么，关键问题来了，编辑提供的可供算法分发的内容有多少呢？受限于新闻场景的特殊性，编辑提供的可推荐稿件的数量一般也就在一百左右。显然，这对于渴望海量候选内容的推荐算法来说，没办法发挥出太大增益价值，因此，当编辑掌握流量分配规则的强话语权，而技术上又无法推动内容供给模式的变革时，雅虎的推荐策略很快就遇到了瓶颈。

（2）*产品交互体验的落后*。由于雅虎推荐发力的时间点在2010年左右，当时移动互联网尚处于萌芽阶段，因此如前文所述，雅虎主要的推荐位置就是沿袭传统门户的交互版式来呈现的今日新闻模块。而从图7-2中可以看出，该模块只有4个轮展槽位，这就意味着，即使算法做得再好，用户也只能从中点击4篇文章。显然，留给产品进一步增长的空间就不是很大了。

那么是不是在其他位置推荐策略也生效就可以了呢？雅虎当时也是这么考虑的，不过这种方式有一个致命的问题，那就是雅虎当时并不是信息流的样式，而是传统报业的版式，所以除了今日新闻这个绝佳位置，就只剩下各种不显眼的小位置了。于是，当算法在这些位置上陆续生效时，由于位置相关的强噪声湮没了算法产生的弱信号，因此发挥不出算法真正的价值了。

综上两个问题不难看出，在按报纸媒介来设计产品版式和内容供给模式的产品中，即使应用今天的先进算法，雅虎推荐的效果也不会有本质的改变。因此尽管它拥有技术上的先发优势，但在公司媒体基因过强和创新视野欠缺的背景下，还是未能坚持到发挥推荐产品潜力的那一天。

7.2 针对突发新闻的实时推荐策略

对习惯了深度学习算法的读者来说，在了解到雅虎推荐仅仅数百篇的内容规模后，可能第一反应是训练一个拟合点击率的深度学习模型，再将所有候选都暴力计算一遍。不过如果细想新闻场景的如下特点，便会发现它和传统场景有较大的差异。

- 信号高度动态。内容池中的新闻相较于广告、商品等场景来说存活期非常短，且点击率随时间的变化波动也非常大。因此，一些更强调基于历史来拟合未来、对当下反馈不够灵敏的预估算法就不适用于该场景，举个极端的例子，如果一个模型的配送延迟了几小时，那么所有待预测的内容在训练样本里就都没有出现过。
- 缺乏有效的泛化特征。新闻之所以被称为新闻，是因为这个事件在历史上不常出现，至少，重大新闻不会太频繁地出现。因此，在历史样本中没有足够相似样本的情况下，想通过增加特征来提升模型的泛化能力，这种方法的效果也不会太好。

综上，与内容生命周期很长的场景不同，新闻推荐场景暴露并放大了推荐系统的本质问题，即推荐的难点不在于如何善用已知内容的短期收益，而在于如何探索新内容的潜在收益。因此，为了提升推荐的实时性，雅虎便创新出了本节将要介绍的3类方法，相信它们并不局限于新闻场景，对今天很多信号快速变化的其他场景也能有所启发。

7.2.1 非稳态分布下的E&E策略

在新闻推荐场景中，及时有效的探索至关重要，因为如果未能迅速探索出优质内容，那么还没等到利用，内容可能就已经过期了。鉴于新闻推荐这种非稳态分布的特点，本节在4.1节介绍的Bandit策略的基础上，深入探讨雅虎为新闻推荐场景所研发的特定的Bandit策略。

1. 统计模型基线

洞察到新闻场景需要平衡探索和善用后，雅虎先采用了一个偏探索的统计模型基线，其大体流程如下。

- 步骤 1：将每篇新文章的点击率初始化为某个较高的数值，确保新文章有机会在开始时就被探索到。
- 步骤 2：统计最近 5 分钟窗口内的展示和点击量，并累计之前的统计结果以得到文章全局的点击率，如公式（7.1）所示。

$$\text{ctr} = \frac{c_t + c_{t-1} + \cdots + c_1}{v_t + v_{t-1} + \cdots + v_1} = \frac{c_t + \sum_{s<t} c_s}{v_t + \sum_{s<t} v_s} \tag{7.1}$$

- 步骤 3：在接下来的 5 分钟内，显示最受欢迎的文章，并基于公式（7.1）每 5 分钟更新一次文章的受欢迎程度。

简单思考后就会发现，上述直观上可行的探索方法在实际场景中并不奏效，因为很多新闻一开始时的点击率可能并不高，但其中有些会在获得关注后快速爆发，同时也有些会在热度下降后迅速衰减。因此，如果采用步骤 2 中的方式来统计点击率，不仅会将早期低点击率的内容提前淘汰，错失有潜力的待爆发内容，也会过度善用，持续推荐已陷入衰退期的内容，浪费资源。

2．ε 贪婪策略

考虑到新闻类内容动态性极强、呈现非稳态分布的特点，这时能想到的一个朴素的策略就是 ε 贪婪策略，它通过保留比例为 ε 的一部分流量来做无偏探索，以随时评估所有内容在当下的表现，然后将剩余流量拿来做善用，例如选择在探索时点击率最高的内容。

事实上，当雅虎基于 ε 贪婪策略取代原先的统计模型基线后，就取得了不错的效果，由于在 4.1.2 节中已经阐述过原因，这里不再赘述。总体来说，类似雅虎今日新闻的对普适优质内容做探索的场景，正是适合 ε 贪婪策略发挥作用的场景，所以当后人盲目借鉴雅虎的经验将其应用在一些内容质量良莠不齐且个性化需求较强的场景时，或多或少达不到预期效果。

3．非稳态分布场景的 UCB1 变体

古典 MAB 问题中假定环境稳定，即每个臂的奖励分布是已知并且固定的，因此，UCB1 等 Bandit 策略会倾向于先在初期进行更激进的探索，再逐渐过渡到稳定的善用。然而，考虑到雅虎新闻场景环境是未知且不断变化的，很容易在 UCB1 几乎准备善用时又出现一些新的高奖励臂。于是，雅虎对 UCB1 策略进行了改良，提出了一种更适应环境动态变化的 B-UCB1 策略。总体来说，它主要包括如下两点改进。

- 动态奖励估计。尽管在新闻场景中，内容点击率的波动非常大，但这种波动通常和时间有关，所以雅虎采用了时间序列模型中的动态伽马泊松模型（DGP 模型）来预估点击率，即通过 DGP 模型中的参数 $\alpha_{it} / \gamma_{it}$ 来更新 UCB1 公式 $\overline{x_i} + \sqrt{\frac{2\ln t}{n_i}}$ 中的$\overline{x_i}$，这样就更好地适应了新闻点击率随时间变化的特点。

- 奖励分布的不确定性处理。B-UCB1 通过引入奖励的方差来度量环境动态变化时的不确定性，并将其纳入上界置信区间的计算中，以鼓励对不确定性高的臂进行探索。同时，为了避免臂在选择次数过少时探索项的取值过大，公式中也通过 min 操作做了一些确保稳定性的微调，具体如公式（7.2）所示。

$$\overline{x_i}+\left(\frac{\ln t}{n_i}\min\left\{\frac{1}{4},Var(i)+\sqrt{\frac{2\ln t}{n_i}}\right\}\right)^{\frac{1}{2}},Var(i)=\overline{x_i}(1-\overline{x_i}) \tag{7.2}$$

4. EXP3 算法

在非稳态分布问题中存在一类特殊的对抗场景，如股票交易场景，奖励就是由对抗性环境决定的。对这类场景，也有一些经典的算法，例如由 Auer 提出的 EXP3 算法（exponential-weight algorithm for exploration and exploitation）等。下面给出 EXP3 算法的简单介绍，它在每一轮迭代中主要包含以下 3 个步骤。

- 步骤 1：从先前计算的分布 p_{it} 中采样选择一个臂 i。
- 步骤 2：根据观测到的奖励 r_{it} 估算所有臂的预估奖励，$r_{it} \propto \mathrm{e}^{\eta G_i}$，其中 $G_i = G_i + c_{it} / p_{it}$，$c_{it}$ 表示第 i 个臂在 t 时刻获得的点击数，G_i 表示臂 i 的累计奖励。
- 步骤 3：根据预估奖励和探索参数来更新概率分布 $p_{it} = (1-\varepsilon)r_{it} + \varepsilon / K$，其中，预估奖励 r_{it} 和探索参数 ε 越大，臂被选中的概率就越大。

不难看出，EXP3 和 UCB1 的主要区别在于，尽管每轮只能观测到所选臂 i 的点击数 c_{it}，但 EXP3 仍然以指数加权的形式为每个臂更新了奖励的估计值 r_{it}，这就使它对环境的变化更为灵敏。不过，尽管 EXP3 在处理对抗性问题时表现良好，但由于 EXP3 不仅没有利用新闻场景点击率分布的时序特性，还引入了实际并不存在的对抗环境假设，因此在处理雅虎新闻场景时就没有 B-UCB1 表现理想了。实际上这也说明，如果一个经典算法不能适用于业务场景，那么一个朴素但适合业务的算法往往会有更好的表现。

7.2.2 快慢结合的模型更新范式

虽然雅虎新闻可供推荐的候选不多，个性化信号也相对微弱，但考虑到 E&E 策略个性化能力不足，今日新闻的推荐之后还是采用了训练模型的方法。尽管从今天的视角看，雅虎当时的模型结构并不复杂，但由于需要避免过拟合的新闻场景已经足够，且它在模型更新范式上又巧妙结合了批量训练对长尾信号的稳定记忆和在线更新对头部信号的灵敏反馈，因此实际表现还是不错的。本节将简要介绍雅虎这类灵敏反馈的学习方法。

1. 新闻个性化推荐的两难

由于 Bandit 策略并不具备个性化能力，因此，如果希望将其应用于个性化推荐，就需要先将用户划分为不同的人群，再分而治之地去应用。不过，由于 Bandit 策略对统计置信度的要求较高，因此这种策略只能在分治粒度较粗的场景才奏效。于是，随着今日新闻场景越来越关注细粒度的个性化需求，训练一个可以灵敏更新且具有个性化能力的模型就是很自然的想法了。不过，在新闻场景中实现个性化推荐比其他场景更具挑战性，原因在于它面临以下两个制衡的难点。

- 个性化信号较稀疏。在新闻场景中，用户个性的兴趣常常会被群体共性的热点信号所湮没，能表征用户个性偏好的高价值样本会相对稀疏。因此，为了更好地建模用户偏长尾的稳定兴趣，通常就需要收集更长时间的历史样本。
- 新闻的强时效性。在新闻场景中，历史样本表现好坏并不能作为某篇新文章是否会引起轰动的依据，这也是雅虎为了避免错失重要新闻的报道而采用重视探索的 E&E 策略的原因。事实上，不管是 E&E 策略还是其他在线更新的策略，只要更关心新数据的更新，对历史数据的记忆能力就一定会有所下降。

如果上述两个问题中只存在其一，解决起来就相对容易。例如，如果希望模型能更灵敏地捕获时效性信号，可以采用流式更新的方式，如果希望模型对长尾个性化信号的记忆更稳定，可以采用离线批量训练的方式。但新闻个性化推荐的难点就在于，它希望能同时处理好这两个问题，我们来看看雅虎是如何解决的。

2. 兼顾灵敏反应和稳定学习

从模型设计的角度看，在模型容量有限的情况下，存在难以平衡更新灵敏性和记忆稳定性的问题，毕竟，写入更新的速度越快，以前写入的内容就越容易被擦除或遗忘。于是，鉴于灵敏更新能给业务带来更大的收益，不少推荐产品就在更重视实时信号的同时，一定程度上牺牲对历史长尾兴趣的记忆。

有没有可能尽量兼顾灵敏反应和稳定学习的能力呢？Deepak Agarwal 等人从为每篇文章建立一个在线 logistic 回归模型开始，逐步探索出一条将模型的冷热参数分离来更新的方法。以这一流派中较为成熟的 Laser 模型为例，它先通过离线批量训练来优化长尾稳态流量，再通过在线增量更新来优化头部非稳态流量，使模型在两种学习模式的配合下可以更好地适应动态环境。具体来说，Laser 将 logistic 回归的预估项分解为公式（7.3）。

$$s_{ijt} = \omega + s_{ijt}^{1,c} + s_{ijt}^{2,c} + s_{ijt}^{2,w} \tag{7.3}$$

其中，$s_{ijt}^{1,c} = \omega + x_i'\alpha + c_j'\beta + z_t'\gamma$ 建模点击率与用户 x_i、内容 c_j、上下文 z_t 的线性关系。第二部分 $s_{ijt}^{2,c} = x_i'Ac_j + x_i'Cz_t + z_t'Bc_j$ 源自基于矩阵分解思想引入协同信号的 RLFM 模型，建模点击率与特征交叉组合的关系，包括个性化相关性、上下文相关性和组合偏差。由于这两部分的参数$\Theta_c = \{\omega,\alpha,\beta,\gamma,A,B,C\}$侧重于稳定记忆，因此模型中会使用大量历史数据做周级的批量训练，以冷启动的方式来生成模型参数。$s_{ijt}^{2,w} = \delta_j + x_i'\eta_j + z_t'\xi_j$是 Laser 的主要工作，表达的是每篇文章独有的非稳态信号，由于这部分参数侧重于灵敏反馈，因此会使用在线新数据做分钟级的增量更新，以热启动的方式来生成模型参数。同时，为了尽量避免在少量样本时产生过拟合，这部分参数$\Theta_w = \{\delta_j,\eta_j,\xi_j\}(j=1,2,\cdots,J)$只包含每篇文章的全局信号$\delta_j$及它和上下文、用户的简单交互$x_i'\eta_j + z_t'\xi_j$，以更稳定地提升每篇文章的在线表现。

综上，Laser 结合人们对业务的理解，将模型拆分成更新频率不同的几个部分，以此来区分学习的不同模式。事实上，这和许多区分快与慢来更新的其他模型有共通之处，例如 5.3.1 节中介绍的神经图灵机模型和 13.3.2 节中将介绍的双重深度 Q 网络（deep Q network，DQN）模型等。回到点击率预估的问题上，尽管现在有很多在模型结构上更先进的模型，但由于不少模型只设计了在线学习的环节，容易遗忘用户的历史兴趣，因此 Laser 模型这种快慢结合的更新范式依然具备一定的参考价值。

7.2.3 让特征动起来的树模型

7.2.2 节中介绍的 Laser 模型通过让模型动起来，以分钟级的频率来完成对信号的捕获，本节中介绍的基于梯度提升决策树（gradient boosting decision tree，GBDT）的方案则通过让特征动起来，以秒级的频率实现对信号的近实时捕获。可以想象，这种方案奏效的关键在于，既需要特征侧能捕获信号的动态变化，也需要模型侧具备足够的表达能力。本节从 GBDT 模型的特点说起，介绍动态特征方案的细节。

1. GBDT 的模型特点

由于 logistic 回归等模型不具备对浮点数特征足够强的表达能力，因此雅虎在引入实时动态特征的展示广告场景中选择了表达能力更强的 GBDT。为了更好地理解为何选择树模型来捕获信号的动态变化，本节简要介绍 GBDT 的特点。

（1）提升法（boosting）。监督学习中，偏差方差权衡（bias-variance tradeoff）描述的是，如果模型过于复杂，会因为对噪声过度敏感而导致高方差的过拟合问题，而如果模型过于简单，又会因假设错误而导致高偏差的欠拟合问题。为了找到平衡，集成学习是一种常用的方法，其中就包括 GBDT 所采用的提升法和各类算法比赛中常用的装袋法（bagging）。

装袋法的思路是先找到一组低偏差且有差异的强学习器，再通过求平均值的方式来降低方差，在对性能没有要求的比赛中更常见。与之相反，提升法采用低方差的弱学习器，并通过串行的方式来逐步降低偏差，在性能开销较小的情况下更受业界的欢迎。

（2）决策树。GBDT 采用决策树这种弱学习器作为它的基模型，从而在一定程度上决定了 GBDT 模型的特性。首先，树模型可以看作一组易解释的规则集，通过特征重要度、SHAP 等工具就可以方便地进行白盒分析。其次，不同于 logistic 回归等线性模型需要手工构造特征来提升模型的表达能力，树模型不仅擅长处理连续值特征，也可以自动进行特征选择和组合，所以使用 GBDT 模型通常并不需要借助太多的特征工程。

（3）*梯度*。受启发于 AdaBoost，GBDT 也采用了前向逐步累加的迭代方式，只不过将弱学习器的优化目标从最小化加权分类误差率改为拟合之前加性模型预测结果的残差。GBDT 中每棵树的训练主要包括如下 3 个步骤。

- 步骤 1：基于当前学习器的预测结果和实际值，求得损失函数下学习器的梯度下降方向，如公式（7.4）所示。

$$d_{im} = -\left[\frac{\partial L\left(y_i, F(x_i)\right)}{\partial F(x_i)}\right]_{F=F_{m-1}(x)} \tag{7.4}$$

- 步骤 2：用一棵新的决策树来拟合梯度下降方向 $\{(x_i, d_{im})\}_{i=1}^{n}$，得到第 m 棵决策树的参数，如公式（7.5）所示。

$$a_m = \arg\min_{\beta,a} \sum\nolimits_{i=1}^{N} \left[d_{im} - \beta h(x_i;a)\right]^2 \tag{7.5}$$

- 步骤 3：利用线搜索方法最小化损失函数 L，以找到合适的梯度学习率权重，如公式（7.6）所示。

$$\beta_m = \arg\min_{\beta} \sum\nolimits_{i=1}^{N} L\left(y_i, F_{m-1}(x_i) + \beta h(x_i;a_m)\right) \tag{7.6}$$

2. 基于 GBDT 特性的特征工程

通过对 GBDT 特性的介绍可以看出，它在采用决策树作为基模型后，不仅具有了树模型可解释性强和对浮点数特征友好的优点，同时也引入了不擅长处理高维稀疏特征的缺点。所以，该如何发挥 GBDT 擅长处理动态特征的优势，同时规避其劣势，以解决本节讨论的实时新闻推荐任务呢？下面给出两种比较常见的特征工程方法。

（1）*集成多个弱学习器的信号，建模长尾个性化需求*。由于 GBDT 擅长将多个专注于捕获不同模式的弱学习器互补地集成起来，因此可以先构建多个不同视角的子模型来捕获业务中的弱信号，再基于 GBDT 集成学习的特点，将这些弱学习器的输出综合为一个强学习器。

以新闻推荐场景为例，我们可以先构建出一些表征用户和新闻长尾相关性的子模型，例如基于神经网络模型的语义相关性、基于统计信息的行为相关性等，再将这些模型输出的浮点数特征交给 GBDT 集成学习。

（2）*构造实时动态特征，建模新闻的实时信号*。如果业务中确实存在很多高维稀疏特征，例如用户 ID 和新闻 ID，还有一个简单的解决办法，就是当稀疏特征被触发时，不再将它本身作为特征，而是将它的点击次数、展示次数和点击率等统计量作为特征，这样就把高维稀疏的静态特征压缩成一个低维稠密的动态特征了。

通过这种压缩方式，不仅使特征更适合 GBDT 处理，更关键的是，让特征动起来要比让模型动起来容易，这样就可以更灵敏地应对各种实时场景。以新闻推荐场景为例，可以将新闻 ID 特征转变为该新闻在不同时间窗口、不同人群下的各种实时统计量，再利用 GBDT 集成学习的能力来整合这些特征，就能取得比较好的效果。

第 8 章

获取信息的资讯推荐

资讯推荐常常被视为和搜索类似的纯技术驱动的产品，然而实际情况并非如此。本章就从谷歌为何历经多年也没做好资讯推荐说起，阐述搜索和推荐在满足用户对内容相关性需求的共性的基础上，在构建内容生态和满足用户需求模式上的差异。事实上，这些差异正是打造一款好的资讯推荐产品的关键所在。

8.1 屡失良机的谷歌推荐

尽管拥有强大的技术实力，但谷歌自 2002 年早早推出谷歌新闻（Google News）并发展了多年后，可以说是一直不温不火，直到 2018 年，才跟随百度等产品的步伐推出了谷歌发现（Google Discover）这种更现代的资讯推荐产品。然而直至今日，谷歌发现也未像人们预期的那样占领资讯推荐市场。那么，坐拥先发优势和强大技术实力的谷歌到底做错了什么？

8.1.1 对推荐产品崛起的迟钝

相较于技术驱动的搜索而言，推荐系统更偏向产品思维，需要对用户需求的变化保持高度的敏感。尽管谷歌在技术上领先，但在产品和生态环节相对较弱，因此在移动互联网时代到来后，未能敏锐预见到推荐产品即将爆发的趋势。本节将简要回顾这一过程。

1. 移动端推荐产品崛起的趋势

起初，包括谷歌新闻和雅虎新闻在内的 PC 端推荐产品，其变革的对象主要是传统报业。因此，从当年这些产品的视角看，对于在小小手机屏幕上打造的应用是否会冲击到 PC 端产品，他们是存疑的：用户真的会改变习惯，放弃阅读 PC 端大屏幕上的新闻推荐产品，转而在手机小屏幕上消费内容吗？事实上，从以下几个方面来推断，答案是肯定的。

（1）*用户在手机上消费需求的增加。*手可以说是人类与外界交互时最灵活也最闲不下来的器官，再加上手机设计得足够便携，很容易使用户养成在闲暇时间使用手机的习惯。以中国互联网络信息中心发布的数据为例，到2022年底，不仅手机上网的用户数量达到了10.65亿，用户每周的在线时长也达到了26.7小时。

（2）*新闻内容不足以满足用户的全部需求*。雅虎新闻的惨痛教训已经告诉我们，即使用户对新闻内容的需求永远存在，且雅虎的推荐算法做得也很不错，但毕竟新闻只是内容品类中的一小部分，因此，如果仅靠每天为数不多的新闻热点作为内容供给，新闻产品无法让用户停留太久。

（3）*需求增加倒逼供给侧变革*。既然新闻无法满足用户在手机上的旺盛需求，那么势必会倒逼供给侧变革，例如，在用户使用手机相对放松的状态下，短微视频、图文结合等新的内容形式开始逐渐流行。一方面，这些消费轻松的内容对专业性的要求没新闻那么高，每个人都可以尝试创作；另一方面，这些内容又属于具有较长时效性的常青内容，所以在这两个因素的共同作用下，内容供给开始变得越来越丰富。

总体来说，如图8-1所示，移动互联网时代不仅激发出了更旺盛的用户需求，也在供给侧催生了许多新媒介，这才使供需两端在大幅增长后，让推荐真正释放出它的价值。于是，像今日头条这类重视推荐的产品取代不重视推荐的传统新闻产品，也就成了时代发展的必然趋势。

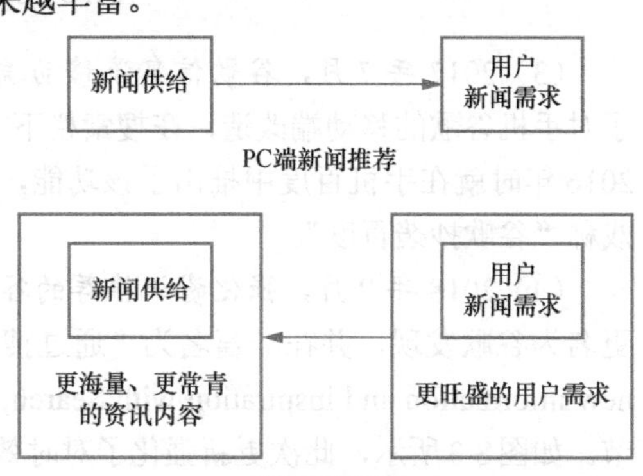

图8-1 移动互联网时代推荐的崛起

2. 姗姗来迟的谷歌移动端布局

尽管国内的资讯推荐产品一度竞争激烈，但谷歌新闻在国外一直没有太大的动静。按我的理解，这主要是因为谷歌新闻并未遭遇像今日头条这样的直接竞争对手，所以在未受到强烈冲击的情况下，才像温水煮青蛙一样缓慢意识到了推荐的价值。接下来简要回顾一下谷歌对其移动端资讯推荐产品迟来的重视。

（1）*2002年9月，谷歌新闻beta版本上线*。谷歌新闻的beta版本在2002年9月上线，其以类似雅虎的门户网站风格来呈现内容。进而在2010年，正式上线了为用户个性化推荐新闻的“为您推荐”模块，在之后很长一段时间内，谷歌新闻就没有再做太大的更新。

（2）*2017年6月，谷歌新闻PC版改版*。在国内推荐产品格局基本已定的情况下，谷歌新闻才开始对PC端界面进行较大的改版。如图8-2所示，左侧的导航栏包括焦点新闻（Top stories）、为您推荐（For you）和收藏夹（Favorites）等主要栏目，右侧的列表页则采用了简洁的卡片式设计。通过这种更现代的设计，用户在浏览时的体验有了显著提升。

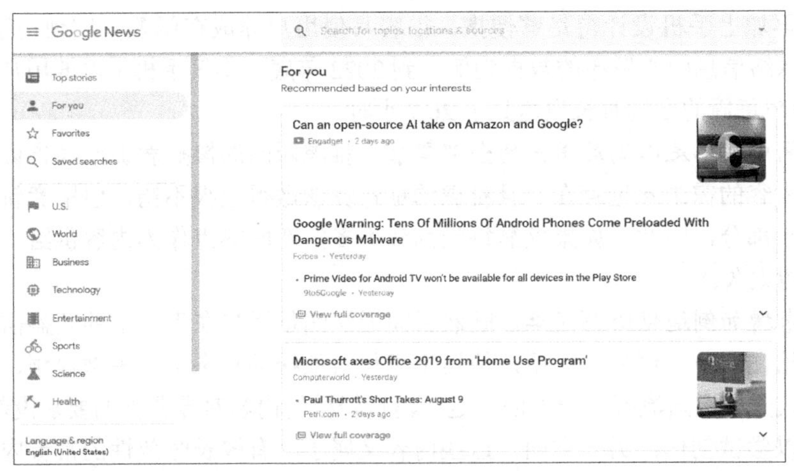

图 8-2　2017 年谷歌新闻界面

（3）**2017 年 7 月，谷歌信息流移动端上线。**完成 PC 端改版后，谷歌于同年 7 月完成了对手机谷歌的移动端改造，在搜索栏下方推出了谷歌信息流（Google Feed）。由于百度在 2016 年时就在手机百度中推出了该功能，且谷歌这次改版与百度极为神似，因此国内一时戏称"谷歌抄袭百度"。

（4）**2018 年 9 月，强化资讯推荐的谷歌发现。**谷歌信息流推出一年后，谷歌正式将其更名为谷歌发现，并在一篇名为"通过搜索来发现新信息和灵感，但无须查询"（Discover new information and inspiration with Search, no query required）的博客中公布了此次更新的细节。如图8-3所示，此次更新强化了对时效性更长的"常青内容"(evergreen content）的推荐，使谷歌推荐从一款类似雅虎的新闻推荐产品，进化为了一款满足用户更全面兴趣的资讯推荐产品。

图 8-3　谷歌发现引入常青内容，扩充内容品类

此外，这篇文章在标题中也揭示了谷歌发现的产品理念，即推荐更像一种无须用户主动输入检索词的搜索。事实上，也正是这种理念促使谷歌在生态、策略等诸多环节都沿用了类似搜索的思路，这么做究竟是否合理呢？在接下来的章节中，我们将逐一从内容质量、

相关性和多样性等体验维度展开讨论。

8.1.2 困于搜索思维的推荐生态

图 8-4 展示了谷歌发现移动端在 2023 年 7 月的产品界面，虽然其外观已经和百度信息流等产品相差无几，但由于谷歌沿用了搜索模式来构建推荐生态，落地页未掌握在自己手中，因此用户不仅在浏览时需要做各种跳转，同时也无法有效地与内容互动。本节将先介绍谷歌是如何构建搜索生态的，再讨论将这种方法应用在推荐场景会带来哪些关键问题。

图 8-4 谷歌发现 2023 年 7 月的界面

1. 源于 PageRank 算法的搜索生态

1998 年，谷歌在“The Anatomy of a Large-Scale Hypertextual Web Search Engine”一文中向世人介绍了谷歌的搜索引擎架构，它可以简化为图 8-5 所示的 5 个模块。

- 爬虫：使用分布式爬虫自动浏览网页，抓取其中的内容并进行解析。
- 存储服务器：将爬虫解析后的数据进行落盘，存储到相应的存储服务器中。
- 索引：包括存储文档 ID 到具体信息的正排（forward index），和存储词 ID 到存储文档 ID 的倒排（inverted index）两部分。
- PageRank 算法：也称佩奇排名，文档中的超链信息会被抽取出来用于建模内容的权威性，即内容质量，下面会展开介绍更具体的细节。
- 检索：当用户在线搜索一个检索词时，检索模块会先通过相关性算法从索引中粗筛出相关内容，再通过建模内容质量的 PageRank 算法来对其排序，以得到满足相关性的高质量搜索结果。

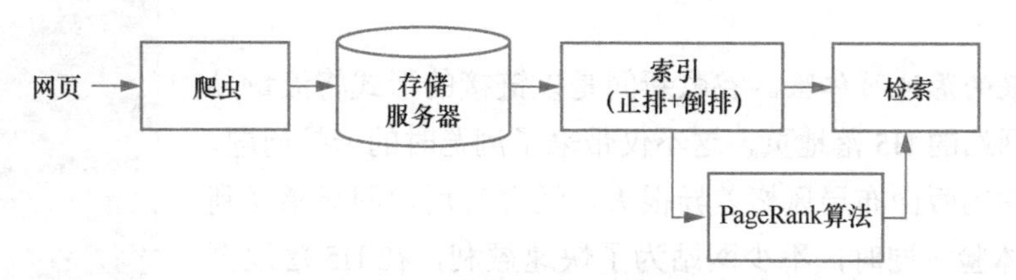

图 8-5 谷歌的搜索引擎架构

可以看出，搜索生态本质上就是一个通过爬虫来构建的开放生态，在面对鱼龙混杂的内容候选时，由于相关性环节有较成熟的方法，因此，鉴别内容质量就成为搜索产品中更关键的问题。事实上，搜索领域巨头提出的方法大多也起源于判别内容质量，例如，李彦宏在 1997 年提出的“超链文件检索系统和方法”，以及谷歌在 2001 年提出的 PageRank 算法，就是判别内容质量的经典方法。

以 PageRank 算法为例，它将超链看作一个网页对另一个网页的投票，通过汇聚入链网页的权威性信息来计算当前网页的权威性，从而利用网页图中所蕴含的集体智慧自动完成搜索生态的构建。通常由于当前网页难以操纵其他网页的指向，因此 PageRank 算法具有很强的健壮性。更具体地，网页 i 的 PageRank 值 $PR(i)$ 可以由公式（8.1）来计算：

$$PR(i)=\frac{1-\alpha}{N}+\alpha\sum_{j\in\text{in}(i)}\frac{PR(i)}{|\text{out}(i)|} \tag{8.1}$$

其中，α 是阻尼因子，N 是网页的数量，$\text{in}(i)$ 代表指向网页 i 的网页集合，$\text{out}(j)$ 代表网页 j 指向的其他网页集合。

2．源于 StoryRank 算法的推荐弱生态

2001 年，在“9 · 11”事件发生的数小时内，人们在谷歌中搜索“World Trade Center”，却搜不到关于恐怖袭击的内容，这让谷歌意识到，由于时效性内容不会快速拥有足够多的超链，因此 PageRank 算法没有建模时效性的能力。于是，谷歌就提出了一种通过内容爆发信号来捕捉时效性的 StoryRank 算法，以改善搜索排序。之后，随着 StoryRank 算法的能力得到验证，谷歌于 2002 年 9 月基于爬虫加算法的方式推出了谷歌新闻，而这正是谷歌推荐的前身。

理解了谷歌新闻的起源后不难发现，谷歌并没有生产内容，而是沿用了其在构建搜索生态时的策略：先通过爬虫抓取内容，再借助 StoryRank 和 PageRank 等算法来筛选。显然，这种方式有其优势。首先，谷歌作为媒体聚合服务商，无须为内容创作付出过高的成本；其次，爬虫获取的海量内容也为推荐算法提供了更广阔的施展空间。然而，尽管算法驱动的生态搭建起来快，但其实欲速则不达，接下来，我们就来探讨这种生态构建方式带来的几点风险。

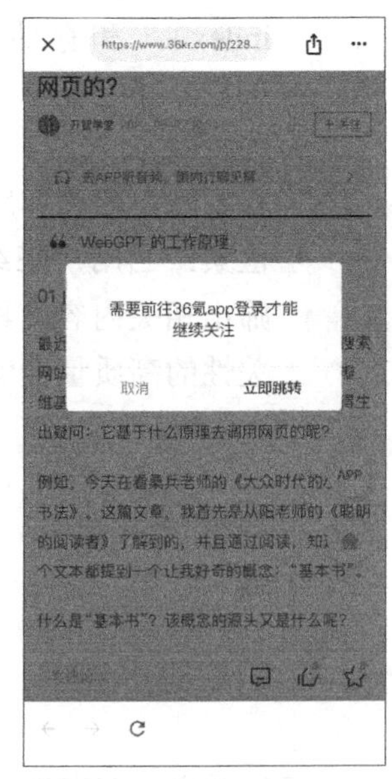

图 8-6　谷歌新闻的落地页跳转

（1）割裂的落地页体验。谷歌新闻是以链接的形式将流量导入各大新闻网站的 H5 落地页，这不仅带来了浏览时的卡顿问题，考虑到各网站的版面布局风格差异很大，还会使用户明显感受到割裂的产品体验。同时，不少网站为了快速盈利，在 H5 落地页中插入了大量弹窗广告和下载提示，这就给用户体验带来了更多的负面影响。

更麻烦的是，如图 8-6 所示，如果用户对一条内容感兴趣，想要评论、收藏或者关注作者，常常会遇到各种跳转信息，甚至必须下载应用后才能操作，这就导致用户很少进行互动。因此，尽管谷歌的推荐内容相关性可能还不错，但是从社区氛围的角度来看，谷歌新闻相比其他产品就要显得过于冷清了。

（2）*PageRank 算法和 StoryRank 算法的局限*。尽管 PageRank 算法和 StoryRank 算法的思想非常巧妙，但它们也不是万能的内容质量判别算法，特别是在移动互联网时代到来后，这类算法在判定内容质量上的能力上表现出以下几点不足。

- 内容品类的局限性。StoryRank 算法主要依赖内容的爆发程度来判断热度，因此，它仅适用于判定新闻类内容。同时，PageRank 算法的有效性依赖超链的稠密度，这就意味着对很多内容间不会相互建立链接的类目来说，它是没有处理能力的。
- 超链信号的失效。随着移动生态逐渐演变成一个个封闭的产品孤岛，很多产品不允许通过超链来为其他产品导流，再加上在手机这种屏幕较小的设备上，超链不仅使页面变得杂乱，用户也不方便点击，因此，随着内容之间的超链逐渐减少，依赖超链分析的 PageRank 算法也随之失效。

（3）*互动信号的崛起*。在谷歌判断内容质量的算法逐渐失效时，在落地页体验更为原生且能获得众多互动信号的产品中，人们逐渐找到了一种可以在移动互联网时代媲美超链的内容质量信号——链接用户和作者的互动信号。如图 8-7 所示，对比传统链接网页的超链信号，互动信号至少具备了以下两点优势。

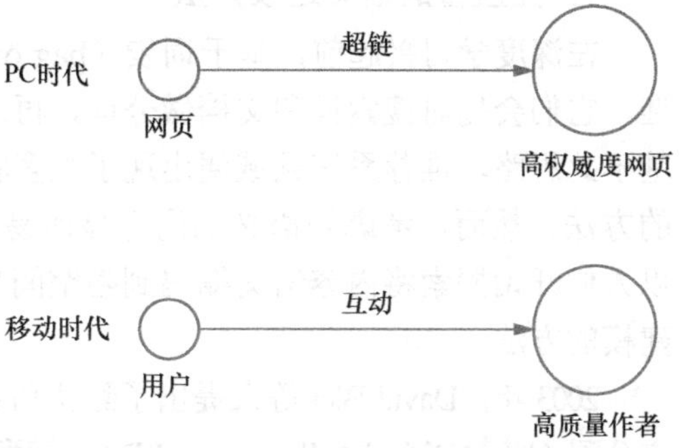

图 8-7 媲美超链的互动信号

- 标注的稠密度高。超链信号由内容创作者基于择优连接的方式进行标注，所以，大部分内容的超链信号是稀疏的，很难对中长尾内容准确判断质量。互动信号则不同，由于它由大量用户进行标注，因此基于更丰富的集体智慧，对中长尾内容的质量判断就会更为精准。
- 语义的多元化。超链信号的语义相对单一，主要表达被链接网页的权威度，相对更适合医疗、科学等专业领域的创作者，而不适合娱乐资讯、旅游美食等领域的创作者。对这种内容质量主要取决于大众喜好的领域，因为互动信号包括了关注、点赞、评论等多种语义，显然具备了更好的刻画能力。

综上，当谷歌采用搜索模式来搭建推荐生态后，不仅在落地页的体验上较为割裂，在更关键的内容质量判别上也出现了短板，对内容质量无法准确判断会导致多样性等其他体验维度也相继出现问题。这也再次说明，内容生态是推荐产品一切体验的根基，即便在供需匹配算法上强如谷歌，如果不重视生态，也依然无法做出一款真正优秀的推荐产品。

8.2 相关性需求下的信息检索技术

如 8.1 节所述，推荐和搜索在技术环节上主要的共性来源于用户对内容具有较强的相关性需求。因此，本节将介绍起源于信息检索领域的语义匹配方法，以及与之配套的近似最近邻检索架构。

8.2.1 语义匹配的主流技术

如果将推荐中的用户视为搜索中的检索词，那么为用户推荐满足相关性需求的内容就可以视为对检索词与候选文档进行相关性建模的问题。这时，在 NLP 领域中用于判断文本匹配程度的语义匹配方法就具有了一定的参考价值。不过，与 NLP 领域中主要匹配的是两段同构文本不同，推荐领域匹配的是人和物品这两类异构实体，所以并非所有语义匹配方法都能适用于推荐，本节就对推荐领域中常见的语义匹配方法做一个简要回顾。

1．无监督的语义建模方法

在深度学习兴起前，基于词袋（bag of words，BOW）模型的文档匹配方法一度很受欢迎，它们会先对搜索词和文档做分词，再通过衡量两个分词集合的重叠程度来评估相关性。基于此思路，推荐系统领域便出现了很多将用户启发式地表示为关键词集合（即用户画像）的方法。然而，考虑到语义鸿沟等显而易见的问题，这类方法很难真正实现语义理解，所以人们开始探索将内容语义编码到隐空间来建模的方法。

2003 年，David Blei 等人提出了隐狄利克雷分配（latent Dirichlet allocation，LDA）模型，这是一个包括词、主题和文档 3 层结构的主题生成模型。如图 8-8 所示，其将文档的生成过程想象为两步：从一个多项分布中抽样得到一个主题，然后从该主题对应的另一个多项分布中抽样得到一个词。重复这两步，就可以生成一篇包含 n 个词的文章了。

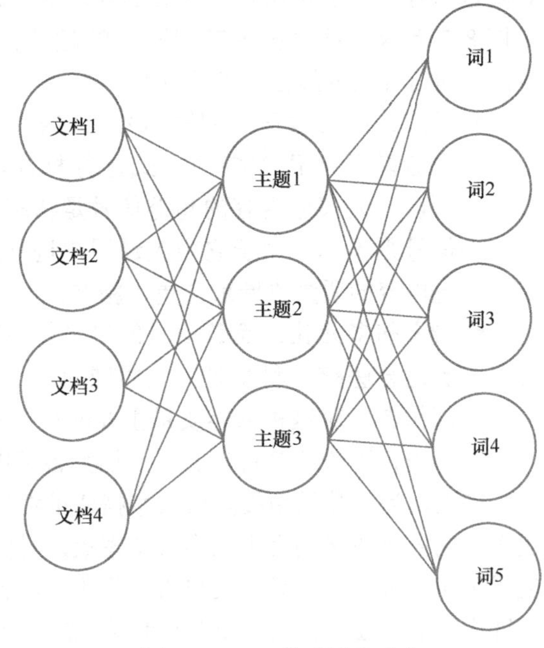

图 8-8　LDA 模型原理示意

对应到推荐系统中的语义匹配任务来，可按照如下的方式来应用 LDA：首先，通过已训练的 LDA 模型，以推断出文档在 k 个主题上的分布向量；然后，通过分析用户的交互历史，就可以进一步推断出用户的主题分布向量。通过计算这两个向量的余弦相似度，就可以得到用户和文档在语义层面上的相似度。

随着2013年词向量模型（word2vec）的推出，训练更快的词嵌入技术开始崭露头角。由于word2vec不仅能有效获得词的向量表征，还可以通过简单的平均操作来获得句子的向量表征，因此在搜索领域迅速得到了推广。之后，微软在2016年的“Item2vec: Neural Item Embedding for Collaborative Filtering”论文中，通过将用户视为文档，将用户点击的文章视为文档中的词，将word2vec有效推广到了推荐领域中。事实上，在之后很长的一段时间里，item2vec都是业界的主流实践方法。

2．有监督的语义匹配方法

无论上述模型如何精妙，本质上都是学习检索词和文档语义表示的无监督模型，很难在具体的检索任务中获得特别好的效果，接下来，我们先介绍一个源自搜索场景，和具体检索任务结合更为紧密的深度结构化语义模型（deep structured semantic model，DSSM），再来讨论它在推荐中应用时的模型变体。

（1）*以用户为核心的DSSM*。2013年，微软在“Learning Deep Structured Semantic Models for Web Search using Clickthrough Data”论文中，提出了一种简单有效的语义匹配方法DSSM。不同于前述模型都是无监督的，DSSM认为用户的反馈才是整个检索系统的核心，所以它基于用户行为来监督学习的语义相关性，例如，用户点击则相关，反之则不相关。

如图8-9所示，DSSM的模型结构很简单，Q是检索词，D是文档，它们在经过神经网络变换后会各自得到一个128维向量的语义表示，接着对这两个表示计算余弦相似度，就可以计算出Q和D的匹配度了。不难看出，由于DSSM将Q和D的匹配过程延后到了模型的最后处理环节，因此它是一种更侧重学习检索词和文档表示的方法。

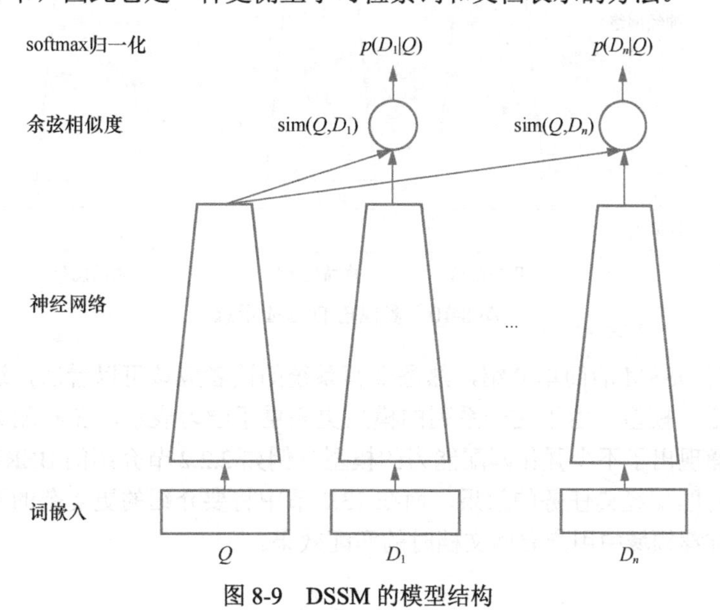

图8-9 DSSM的模型结构

（2）将 DSSM 推广到推荐场景。2015 年微软在“A Multi-View Deep Learning Approach for Cross Domain User Modeling in Recommendation Systems”论文中提出了将 DSSM 应用到推荐领域中的多视角 DSSM（multi-view DSSM），如图 8-10 所示，多视角 DSSM 与原始 DSSM 相比，主要有以下 3 点差异。

- 将用户看作检索词。原始 DSSM 应用于搜索场景，所以检索词是和文档较为同构的 NLP 中的句子，在多视角 DSSM 中，将用户看作检索词，从而将搜索和推荐这两个看似不同的领域关联在了一起。
- 多任务联合学习。考虑到用户在微软的很多产品线上都有数据，多视角 DSSM 就在共享用户表示的基础上，将这些跨域行为放到了同一个模型中去训练，这样不仅解决了单个产品上的用户冷启动问题，也避免了模型过拟合到某个单一任务上。
- 模型结构差异。不同于之前 DSSM 中将检索词与每篇文档计算余弦相似度之后通过 softmax 来归一化，多视角 DSSM 中将用户与物品的匹配过程看作独立的，每次只有一个物品视角的塔被激活，这样就使多视角 DSSM 可以更灵活地处理多域推荐问题，如同时推荐不同类型的物品等。

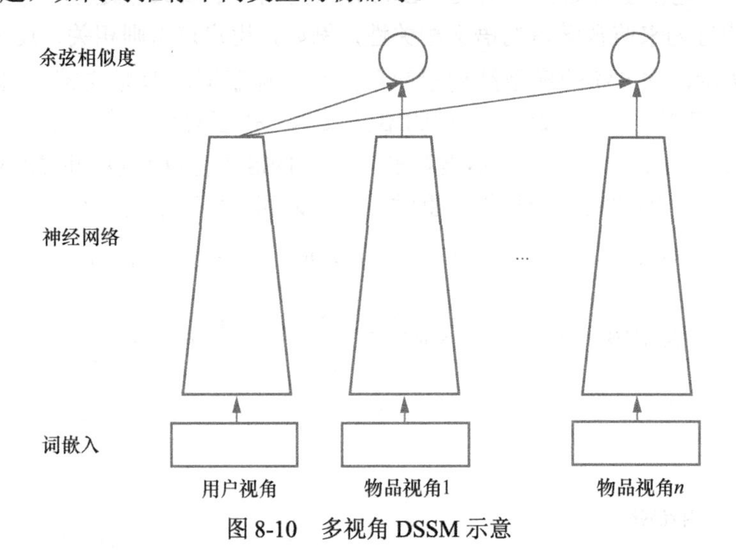

图 8-10　多视角 DSSM 示意

通过以上对 DSSM 的简单介绍，熟悉推荐系统的读者应该可以看出，这实际上就是通常所说的“双塔”模型。由于这一系列的模型更侧重于学习表示，在匹配关系的能力上较弱，因此之后涌现出了不少强化匹配能力的模型，例如 2.2.2 节介绍的 BERT 就可以提升搜索领域中句子对匹配经典任务的效果，而在 13.2 节中将要介绍的更复杂的召回模型中，也将进一步增强推荐领域中用户召回文档时的匹配效果。

8.2.2 近无损全库遍历的ANN检索

一提到索引，大家常常想到倒排索引，但这已经是字面匹配时代的架构了。8.1.2 节介绍了语义匹配的主流建模方法后，用户和内容都表示成了向量，这时面对动辄上亿量级的候选，该如何做到效果上接近于无损全库遍历，同时性能上满足在线的耗时要求呢？本节就来探讨近似最近邻检索（approximate nearest neighbor search，ANN 检索）问题中 3 类主流的检索架构。

1. 基于树的 ANN 检索

作为一家技术范的音乐推荐公司，Spotify 并不希望用打标签加倒排索引的粗放方式来推荐音乐，而是希望利用深度学习模型来优雅地解决问题，于是，如何为用户向量高效地匹配音乐向量，便成了线上工程实践中一个关键环节。在多番尝试后，Spotify 成功创新出了一种名为 Annoy 的树索引方式，并在 2015 年 9 月将它开源后，引发了业界对深度学习召回方向的研究浪潮。

具体来说，Annoy 的思路并不算太复杂，在建立索引时，Annoy 首先会从待划分的空间中随机选择两个点，并以此生成一个将数据分为两部分的超平面。然后，在这个划分的子空间内进行递归迭代，直到数据被划分为一棵二叉树，其中底层叶节点存储原始数据，中间节点记录超平面信息。之后对索引进行查询就是一个从根节点不断往叶节点遍历的树查找过程了。

在 Annoy 开源之前，业界主流的 ANN 检索算法主要是局部敏感哈希（locality sensitive hashing, LSH）等传统算法，Annoy 作为一种通过空间层次划分来剪枝候选范围的树算法，由于相较于 LSH 方法具有以下两点明显的优势，因此一经开源就立刻受到了业界的广泛欢迎。

（1）*和数据分布更为契合*。Annoy 的空间划分方式是结合数据分布进行的，它在每一步都会结合数据分布来创建超平面，从而将数据均匀地分布在子空间中。LSH 对空间的划分方式则是随机而独立的，和数据分布无关，所以可能会导致一些区域过度拥挤，而其他区域则完全空缺。

（2）*更精准的扩召回手段*。即使两个点足够近，在分治时仍然有可能被错分开，所以各类 ANN 检索算法都会实现一些扩召回的策略。相较于 LSH 动辄需要增加 C_n^d 个指纹来扩召回，Annoy 通过全局优先队列的方式在多棵索引树下跨树选优，可以更好地平衡扩召回时的计算复杂度。

2. 基于图的 ANN 检索

正如 11.2.1 节中将要介绍的，真实世界的很多网络都具有小世界网络（NSW）特性，即虽然整体的聚簇程度较高，但由于捷径和枢纽节点的存在，任意两点间的路径长度都比较短，因此真实世界里信息的传递速度才会比树结构快。那么可以想象，如果基于小世界网络来建立索引，可能只需要更少量的跳转就可以找到近邻了。

那么具体该如何构建这种具有捷径性质的图索引呢？“Growing Homophilic Networks

Are Natural Navigable Small Worlds”一文给出了经典的 NSW 算法，它基于 11.2.1 节中 BA 模型偏好依附的原理，每次仅加入一个节点并让它和最近的 k 个点进行连接，从而让整个网络逐步生长。可以发现，在这种构建方式下捷径主要诞生在网络生长的早期，因为这时的节点还比较少，所以即使距离很远的情况下也更有可能会建立连接。

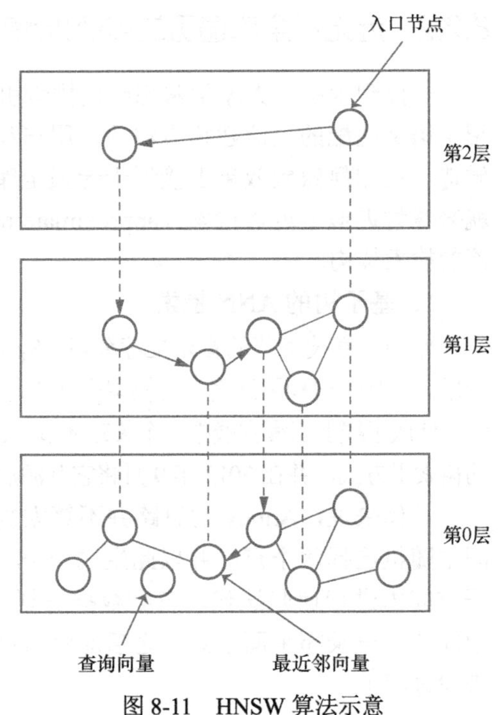

图 8-11　HNSW 算法示意

2018 年，“Efficient and robust approximate nearest neighbor search using Hierarchical Navigable Small World graphs”论文提出了对 NSW 做改进的层次化 NSW（hierarchical NSW，HNSW）算法，是迄今检索效率较高的 ANN 检索算法之一。如图 8-11 所示，HNSW 在建立索引阶段会基于跳表的思想对 NSW 做分层，然后在索引查询阶段按照图中箭头的方向，先在上层节点遍历到局部最小值，再逐层从该节点切换到较低层，直到在底层得到检索结果。显然，由于在顶层的图中 HNSW 节点更少，更容易产生能够快速接近目标节点的长距离捷径，因此检索效率就比 NSW 有了进一步提升。

3．基于量化的 ANN 检索

由于图检索在建库阶段的复杂度较高，且检索时内存消耗较大，因此检索性能高且内存占用小的量化算法在实际应用中也占有一席之地。在众多的开源检索库中，Facebook 提出的 Faiss 是一种常见的检索库，我们先了解倒排文件系统（inverted file system，IVF）和乘积量化（product quantizer，PQ）两种基础方法，再以 Faiss 库中常用的 IVF-PQ 算法来介绍量化方法。

（1）IVF。借用倒排索引的思想，在索引建立阶段会对候选向量 $\boldsymbol{y}$ 进行聚类，把向量当成文档，把聚类簇 ID 当成键。在检索阶段，先找到距离查询向量 $\boldsymbol{q}$ 最近的 C 个簇中心，然后在这些簇中暴力搜索最相似的候选结果。

（2）PQ。PQ 算法的核心思想是将一个高维向量分割成多个子向量，每个子向量都用一个含有多个代表向量的码本来量化，然后利用这些量化后的子向量来逼近原始子向量。这种方式虽然牺牲了一定的准确性，但大大节省了存储空间并提高了查询效率。

如图 8-12 所示，IVF-PQ 将上述两种方法进行结合，首先将候选向量用 IVF 方法聚

类成 C 个簇，然后在每个簇内使用 PQ 方法来编码向量的残差，这样，每个向量就可以通过一个聚类簇中心 ID 和一个量化的残差来表示了，因此就大大减小了存储和计算的开销。

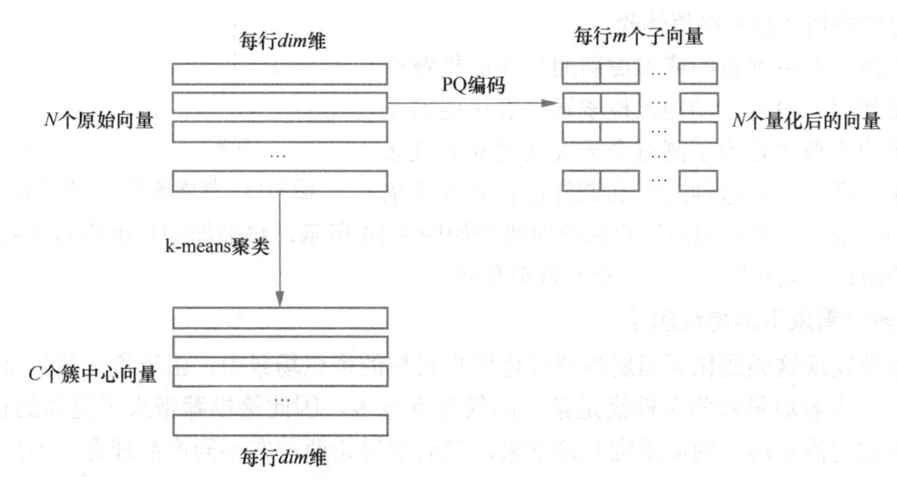

图 8-12 IVF-PQ 方法示意

8.3 从峰终定律看排序策略设计

在资讯推荐产品中，虽然推荐和搜索都是为了帮助用户获取信息，但两者在满足用户需求的模式上存在较大的差异。这种差异当然也会体现到技术的选型上，特别是确定内容展示顺序的排序环节。本节先从产品角度出发，讨论几种不同需求下理想的体验设计，再给出与之对应的具体技术实现方案。

8.3.1 不同需求模式下的体验设计

心理学家 Daniel Kahneman 曾提出著名的峰终定律（peak-end rule），他认为人们对于一段经历的记忆和感觉并非由整个过程决定，而是由过程中的“峰值”（最高点或最低点）和“终值”所决定。本节就从这个视角出发，讨论几类典型的用户需求模式下理想的用户体验设计有哪些差异。

1. 明确需求下的即时满足

在用户有明确需求的搜索场景中，让用户更快地离开不仅不是坏事，反而还是用户满意的标志，所以帮用户更快找到所求的“即时满足”的方式更好。于是，以用户情绪为纵轴，以内容在产品中的展现位置为横轴，一个使用户满意的搜索产品的用户体验曲线如

图 8-13 所示，在这条曲线中，排序策略会将最能满足用户需求的内容优先呈现给用户，以确保用户在浏览少数内容后就能获得所需并离开产品，从而获得比较好的峰值体验和终值体验。

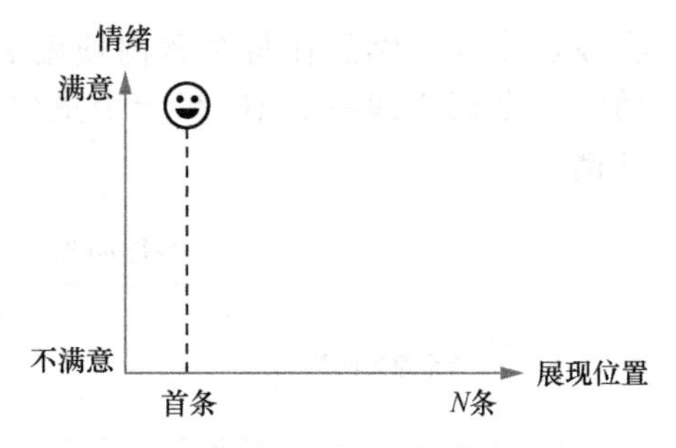

图 8-13　搜索场景－首条满意即离开

类似地，在谷歌新闻或雅虎新闻这样的推荐产品中，虽然用户没有主动输入检索词去表达他的需求，但用户大概率是为了浏览今天关注度高的几条新闻而来。所以，在这种对产品期待值较高且需求较明确的场景下，其理想的用户体验曲线应如图 8-14 所示，将最能满足用户需求的内容优先呈现给用户，以获得较好的峰值和终值体验。

2．多元需求下的持续满足

在谷歌发现这类弱化新闻属性并强化用户兴趣的资讯场景中，由于检索信号是兴趣多元的用户，内容质量和相关性满足条件的候选有很多，因此给推荐带来了更高的自由度，这时，该如何满足用户的需求呢？接下来，我们就讨论两种在不同产品理念下的用户体验设计。

（1）*推荐是无检索词的搜索*。正如 8.1.1 节所述，在谷歌发现这款资讯推荐发布的新闻稿中，谷歌提到它认为推荐是一种无须用户主动查询的搜索方式，这就意味着，它仍然将自己定位为一种即时满足的模式，即倾向于将最能满足用户相关性需求的内容优先呈现给用户，例如图 8-2 就列出了几条机器学习相关的内容。

从峰终定律的角度来看，在这种即时满足的体验设计方式下，用户的实际感受会怎样呢？如图 8-14 所示，虽然和用户相关的内容会排到前面，并为用户带来峰值体验，但由于不太重视推荐的多样性，因此随着内容堆砌感越发明显，用户很快就会因疲乏而离开产品，也就是说，用户在离开产品时的终值体验不会太好。

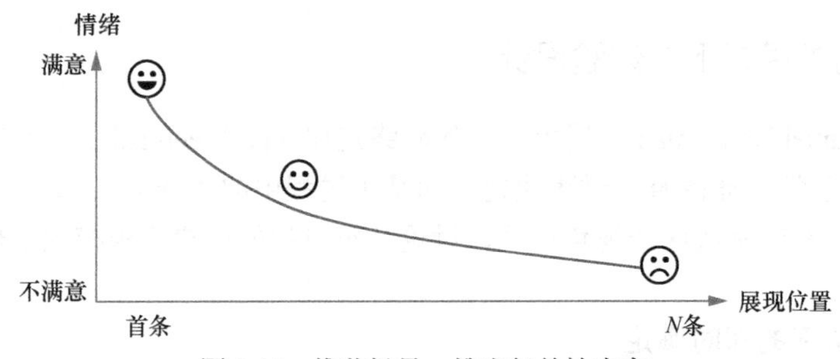

图 8-14　推荐场景－堆砌相关性内容

（2）*推荐是探索和利用的平衡*。如果将推荐视为一种旨在提升用户整体满意度的探索和利用过程，那么理想的用户体验曲线应如图 8-15 所示，曲线形似过山车，以为用户提供更好的峰终体验。为了实现这一目标，首先考虑用户对熟悉内容的惊喜感可能并不强烈，需要提供更优质且多样的内容来提升峰值体验，其次鉴于用户随时会离开，需要始终保持推荐内容的高质量，以确保用户在离开时不会因产品内容质量差而留有深刻的不良印象。

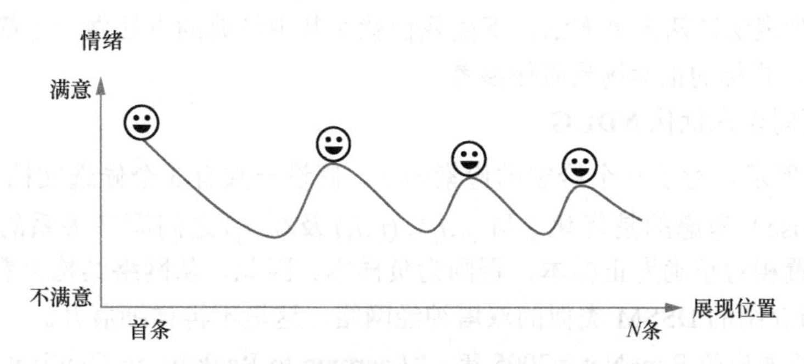

图 8-15 推荐场景 – 优质且多样的内容

将上述体验设计的理念对应到技术实现上，就需要更加重视内容的质量和多样性。其中，内容质量是一切体验的基石，如在 8.1.2 节中所述，在互动信号取代超链信号的情况下，需要在策略上更加重视对互动信号的利用。而在多样性方面，关键则在于要以用户留存为导向，在相关性、内容质量和多样性三者之间寻求平衡，更具体的技术细节将在 8.3.3 节中详细讨论。

8.3.2 明确需求下的NDCG优化

8.3.1 节曾提到，在有明确需求下理想的用户体验曲线如图 8-14 所示，就是要将最能满足用户需求的内容优先呈现给用户。由于在搜索场景中，同一个检索词的结果在不同用户中的感受是客观趋同的，因此对策略优化来说，确实存在将感性的用户体验曲线翻译成和留存挂钩的代理指标的可能。本节就以对归一化折损累计增益这一搜索领域场景的代理指标优化为例，展开对明确需求类产品的优化思路。

（1）信息增益（gain）。由于搜索相关性给用户的感受较为客观，因此其评估标准通常采用多级评价方式，例如 $\mathrm{Gain}(d)=2^y-1$，其中 $y=0,1,2,3,4,5$，表示从极不相关到极相关。

（2）折损累计增益（discounted cumulative gain，DCG）。为了将优质结果尽量排到前面，因此在计算总信息增益时需要对靠后位置的增益进行打压，$\mathrm{DCG}_k=\sum_{i=1}^{k}\frac{1}{\log_2(i+1)}\mathrm{Gain}(i)$。

（3）归一化折损累计增益（normalized discounted cumulative gain，NDCG）。对每个检索词，先计算理想排序时的 IDCG（ideal DCG），然后将 DCG 与 IDCG 相除就得到了当

前检索词下的 NDCG。进而，为了防御长冷检索词上相关性体验的恶化，对所有检索词的 NDCG 等权重求平均，就得到了整个系统的 NDCG。

正所谓本立而道生，当搜索的优化指标确立为 NDCG 之后，由于它和用户留存较为挂钩，且是一种不可导的代理指标，因此如何优化 NDCG 立刻激发了人们的研究热情，并演化出配对法和列表法这两大类方法。下面我们就对其中经典的方法做一个简要介绍，以供优化类似 NDCG 指标的推荐场景时做参考。

1．基于配对法来优化 NDCG

如图 8-16 所示，对于一个给定的检索词 q，假设一共有 3 个候选文档 (i_1,i_2,i_3)，那么配对法（pairwise）考虑的是优化 q 与 (i_1,i_2)、(i_1,i_3) 及 (i_2,i_3) 之间顺序关系的对错，即如果两个文档的位置相对正确为正样本，否则为负样本。因此，从网络结构上看，RankNet 采用了和 8.2.1 节介绍的 DSSM 类似的双塔神经网络，这里不再详细展开。

（1）优化正逆序的 RankNet。2005 年，“Learning to Rank using Gradient Descent”论文中提出了在 10 年后获得 ICML 会议“Test of Time Award”奖的 RankNet。考虑到 NDCG 不可导，RankNet 将整个列表拆解为多个配对，通过逐步优化配对偏序的方式来优化列表序。具体来说，对于给定的检索词 q 与任意两篇文档 a 和 b，RankNet 对 q 和 a 计算匹配分值 s_1，对 q 和 b 计算匹配分值 s_2，然后将 sigmoid(s_1-s_2) 定义为 a 比 b 相关性强的概率，再使用交叉熵损失来学习，就使模型的预测结果逐渐接近理想排序了。

不过，尽管 RankNet 取得了一些效果，但由于 NDCG 更看重头部排序而 RankNet 更看重正逆序，因此 RankNet 不一定会带来 NDCG 的提升。如图 8-17 所示，深色横条表示相关性强的文档，左图中第一篇排在第一，而第二篇排在最后，右图中第二篇前移了很多，但

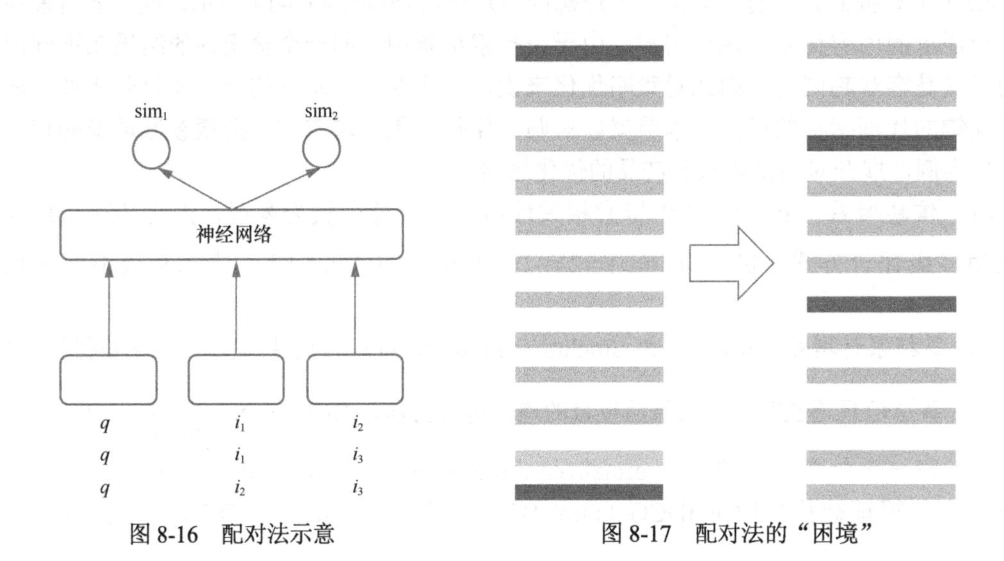

图 8-16　配对法示意　　　　图 8-17　配对法的“困境”

第一篇后移了两位。依据 NDCG 的定义，位置越靠前的文档重要性越高，左图将相关性的结果放在了第一位，故左图的 NDCG 好于右图。但在 RankNet 看来，左图第二篇文档比所有不相关文档的排序都靠后，而右图中的逆序对会更少，所以右图反而会更好。

（2）优化 NDCG 的 LambdaRank。在 RankNet 中，假设网络参数为 w_k，文档 x_i 和 x_j 的交叉熵为 C_{ij}，那么经过一系列数学推导就可以将 RankNet 的梯度改写成公式（8.2）所示的两部分乘积：

$$\frac{\partial C_{ij}}{\partial w_k}=\lambda_{ij}\left(\frac{\partial s_i}{\partial w_k}-\frac{\partial s_j}{\partial w_k}\right) \tag{8.2}$$

- Lambda 梯度 λ_{ij}：损失函数对打分值的梯度，具体公式为 $\lambda_{ij}=\frac{1}{2}(1-S_{ij})-\frac{\mathrm{e}^{-o_{ij}}}{1+\mathrm{e}^{-o_{ij}}}$，可以看出，这部分仅与损失函数的形式有关，与具体的网络参数 w_k 无关。
- $\frac{\partial s_i}{\partial w_k}-\frac{\partial s_j}{\partial w_k}$：两个打分值对网络参数 w_k 的梯度与具体的模型有关，在现在各类深度学习框架中，会通过自动求导来实现。

既然梯度中的第一部分仅与损失函数的形式有关，那么能不能绕过定义损失函数，直接定义一个和优化 NDCG 更相关的梯度呢？于是，为了在 RankNet 的 Lambda 梯度 λ_{ij} 上做文章，微软在 2006 年“Learning to Rank with Nonsmooth Cost Functions”一文中，探索出了 LambdaRank 这种不同于常见套路的优化方法，它直接将 Lambda 梯度定义为公式（8.3）：

$$\lambda_{ij}=\frac{1}{1+\mathrm{e}^{o_{ij}}}\left|\Delta\mathrm{NDCG}\right| \tag{8.3}$$

其中，ΔNDCG 是交换文档 x_i 与文档 x_j 的位置后 NDCG 指标的差值，o_{ij} 是两篇文档的得分差，当文档配对正确时，$o_{ij}\to\infty$，梯度 $\lambda_{ij}\to 0$，反之当文档配对逆序时，$o_{ij}\to-\infty$，梯度 $\lambda_{ij}\to\left|\Delta\mathrm{NDCG}\right|$。因此，虽然 LambdaRank 从本质上也是通过配对法来优化列表序，但因为它将 NDCG 的变化量引入梯度中，所以整体指标就可以更快地向理想 NDCG 逼近了。

2．基于列表法来优化 NDCG

如图 8-18 所示，列表法（listwise）的思路是在损失函数的定义中考虑整个列表中文档的排列顺序，使训练出来的模型能通过缩小预测排序和最佳排序之间的差距，来获得较好的 NDCG 类指标。接下来对其中几项典型的工作进行介绍。

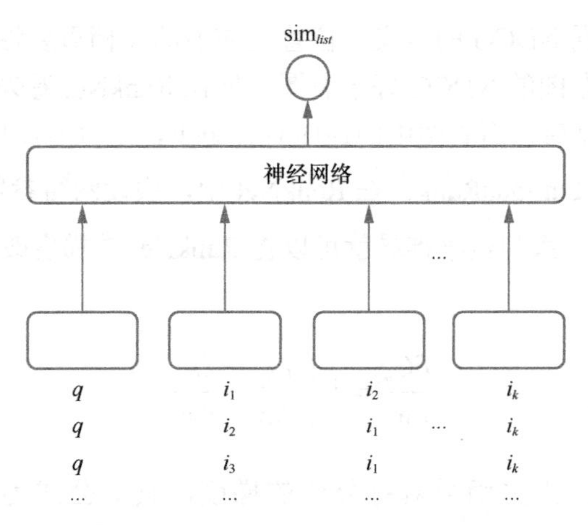

图 8-18　列表法示意

（1）ListNet。2007 年　的“Learning to Rank: From Pairwise Approach to Listwise Approach”论文中提出了 ListNet，考虑对整个列表进行建模。给定一个检索词，假设有 3 篇文档 A 、B 和 C ，三者的人工标注得分是 $S=(S_A,S_B,S_C)$ ，函数 φ 是一个类似 softmax 的变换函数，那么，对一个给定的排列 $\pi=(B,A,C)$ 而言，其概率 $P(\pi\mid S)$ 可以表示为公式（8.4）所示的 3 部分连乘：

$$P(\pi\mid S)=\frac{\varphi(S_B)}{\varphi(S_B)+\varphi(S_A)+\varphi(S_C)}\cdot\frac{\varphi(S_A)}{\varphi(S_A)+\varphi(S_C)}\cdot\frac{\varphi(S_C)}{\varphi(S_C)} \tag{8.4}$$

其中，第一项就是在给定 A 、B 和 C 这 3 个候选时，选择 B 放在第一位的概率；第二项是在剩下的 A 和 C 这两个候选中，选择 A 放在第二位的概率；第三项是在剩下的 C 这一个候选中，选择 C 放在第三位的概率。

那么，对一个检索词而言，假设存在一个完全按照相关性的最佳排序，这个最佳排序的概率就可以用公式（8.4）得到，然后对 n 个有标注的检索词能得出其最佳排序的概率分布 $P_y(\pi\mid S)$ 。同样地，将其中的人工标注得分 S 替换成模型预估得分 $f(w,x)$ ，就能得到这 n 个最佳排序的模型预估概率分布 $P(\pi\mid f(w,x))$ 。于是，通过交叉熵损失函数来最小化这两个概率分布的距离定义，如公式（8.5）所示，ListNet 就可以进行列表序的优化了。

$$\text{Loss}_{\text{ListNet}}=-P_y(\pi\mid S)\log(P(\pi\mid f(w,x))) \tag{8.5}$$

（2）ListMLE。2008 年的“Listwise Approach to Learning to Rank - Theory and Algorithm”论文中提出了 ListMLE，它假设如果对于一个给定的检索词和若干候选文档，只有一个最佳排序，就将这一排序的概率定义为 1，其他排序的概率定为 0，这样就变成了常见的二分类问题。具体就是将公式（8.5）中的 $P_y(\pi\mid S)$ 改成 1，如公式（8.6）所示，这样就转换成了我们更熟悉的最大似然估计。

$$\mathrm{Loss}_{\mathrm{ListMLE}} = -\log(P(\pi \mid f(w,x))) \tag{8.6}$$

当然，此后还出现了不少改进版本，这里就不展开了。因为对推荐系统来说，往往并不存在一个完美的、静态的最佳排序真值做标注，所以类 ListMLE 与 ListNet 的思路在推荐产品中大多并不适用。

8.3.3 多元需求下的多样性优化

因为在搜索中用户会期望首次呈现列表时就立即满足，所以最大化 NDCG 基本等价于优化用户留存。与搜索不同，如 8.3.1 节中图 8-13 理想的用户体验曲线所示，推荐更期望给用户提供更多的峰值体验，因此在不局限于仅最大化首次呈现列表的价值时，推荐在优化列表的尺度上并没有能和留存挂钩的类 NDCG 指标。

既然没有类 NDCG 的理想代理指标，那么该如何优化推荐的重排阶段呢？实际上，还是要以留存指标为指引来探索。如图 8-19 所示，通常在重排阶段之前，已经基于时长、互动等多目标融合后生成了一个初步列表，可以确保内容在相关性和质量维度上满足需求，因此在重排阶段会更关注多样性，以避免过度个性化所导致的信息茧房问题。在本节中，我们将更多围绕多样性维度来进行重排阶段的讨论。

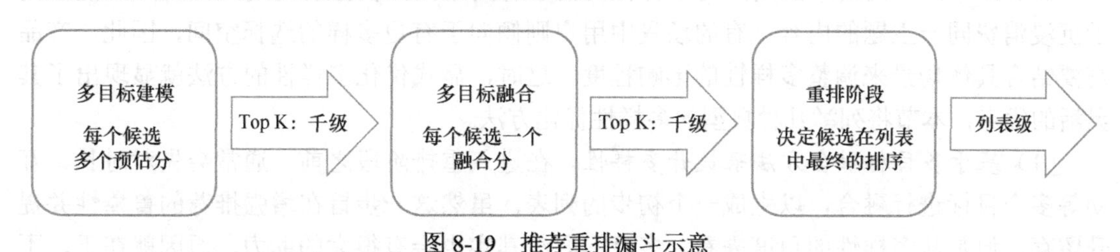

图 8-19　推荐重排漏斗示意

1. 多样性维度的评价指标

具体来说，推荐系统中关注的多样性指标有很多，这里仅简单列举几个较有代表性的指标。需要注意的是，大多数评价指标并不一定和用户的主观感受吻合，所以一方面需要结合业务特性来设计尽量和留存正相关的多样性指标，另一方面是不要陷入为了优化多样性而优化的局面，毕竟初衷是为了能最大化用户的长期满意度。

（1）衡量列表内相似程度的 ILS。假设当前用户的一个推荐列表 R 中有 k 篇文档，那么，这 k 篇文档总共有 $\mathrm{C}_k^2 = \frac{k(k-1)}{2}$ 种两两组合。于是，我们可以定义列表内相似度（intra-list similarity，ILS）指标，如公式（8.7）所示。

$$\mathrm{ILS}(R)=\frac{2}{k(k-1)}\sum_{i\in R}\sum_{j\in R,j\neq i}\mathrm{sim}(i,j) \tag{8.7}$$

可见，ILS 所计算的是整个列表内每个文档的平均相似度。对单个用户来说，ILS 越大，意味着推荐的多样性越差。在实践中，这里的相似度一般通过两篇文档向量的距离进行衡量。

（2）衡量类目集中程度的类目熵。考虑到熵的物理意义是衡量不确定性的程度，而多样性反映的是不同类目文章的集中程度，因此，可以用熵来对多样性进行度量。假设在用户的推荐历史 R 中有 N 个类目，其中第 i 个类目 C_i 的占比是 $P(C_i)=\frac{\mathrm{num}(C_i)}{\mathrm{num}(R)}$，那么类目熵可以定义为公式（8.8）：

$$\mathrm{Entropy}(R)=-\sum_{i=1}^{N}P(C_i)\log(P(C_i)) \tag{8.8}$$

由熵的定义可知，熵越大不确定性越强，对应到公式（8.8）中就是类目占比越均匀多样性越强。基于此还可以扩展出很多相关的指标，例如，最近一段时间经常点击的一级/二级类目熵、最近一段时间点赞较多的一级/二级类目熵等。

2．优化多样性的方法

在实践中，不同场景的用户对多样性的需求有所不同，例如有的场景中用户可能倾向于沉浸消费同一主题的内容，有的场景中用户则倾向于有更多样的选择空间，因此，产品需要结合具体场景来调整多样性的影响程度。这时，显式优化多样性的方法就显现出了其灵活的优点，本节将列举几种典型的多样性优化方法。

（1）基于多目标融合方法来提升多样性。在进入重排阶段之前，通常会先对时长、互动等多个目标进行融合，以生成一个初步的列表，虽然这一步旨在增强推荐的鲁棒性并提升留存，但是从多样性的角度来看，多目标方法其实也会有很大的助力，原因就在于，不同的目标不仅会反映用户的不同兴趣偏好，也能帮助增加内容的多样性，因此，如何基于产品需求来设计一个新的优化目标并将其纳入排序过程中，就成了这类方法的关键，更多具体的细节会在 14.2 节中详细讨论。

（2）考虑两两相似度的最大边缘相关（maximal marginal relevance，MMR）。在推荐场景早期，由于深度学习技术不够成熟，多样性策略大多是通过启发式算法来实现的，其中比较经典的是源自信息检索的“The Use of MMR, Diversity-Based Reranking for Reordering Documents and Producing Summaries”论文中提出的 MMR 算法，其核心思想就在于在新颖度和相关性之间寻找平衡，如公式（8.9）所示：

$$\mathrm{MMR}=\underset{D_i\in R\setminus S}{\mathrm{argmax}}\ \lambda\ \mathrm{sim}_1(D_i,Q)-(1-\lambda)\max_{D_j\in S}\mathrm{sim}_2(D_i,D_j) \tag{8.9}$$

在推荐产品中，将用户看作检索词 Q，$\max_{D_j \in S} \mathrm{sim}_2(D_i, D_j)$ 表示候选文档 D_i 和已检索集合中最相近文档 D_j 的相似度，$\mathrm{sim}_1(D_i, Q)$ 则表示候选文档 D_i 和用户 Q 的相关性，因此，通过调整参数 λ，就可以同时兼顾文档 D_i 的新颖度和相关性了。

（3）考虑整体集合空间的行列式点过程（determinantal point process，DPP）。MMR 中的新颖度是对当前文档和集合里文档两两之间进行判定的，DPP 算法则提供了一种更全面的角度，它对集合内文档整体的空间结构信息进行刻画，相对 MMR 而言，可以更好地捕捉候选集内整体的多样性。

具体来说，假设有 k 篇文档，每篇文档是一个 d 维向量，可以组成一个矩阵 $\boldsymbol{V} \in \mathbf{R}^{d \times k}$，同时在高维空间中也可以看成一个超平行体 $P(\boldsymbol{S})$。那么经过推导可以知道，这个超平行体体积 $\mathrm{vol}\left(P\left(\boldsymbol{S}\right)\right)$ 的平方恰好就等于 $\boldsymbol{V}^{\top}\boldsymbol{V}$ 对应的行列式，如公式（8.10）所示：

$$\det(\boldsymbol{V}^{\top}\boldsymbol{V}) = \mathrm{vol}(P(\boldsymbol{S}))^2 \tag{8.10}$$

由于超平行体的体积可以被视为多样性的一种度量，体积越大文档的多样性就越强，因此这个等式提供了一种在高维空间中优化多样性的方法，即将每一篇候选文档都与已展示文档计算一次 $\det(\boldsymbol{V}^{\top}\boldsymbol{V})$，然后选择能够得到最大超平行体积的文档。不过，考虑到采用暴力计算方法来选择前 k 篇文档，会产生 $O(nk^4)$ 的高时间复杂度，所以在 2017 年的“Improving the Diversity of Top-N Recommendation via Determinantal Point Process”论文中，Hulu 提出了一种将复杂度降低到 $O(nk^2 + n^2d)$ 的 DPP 算法的加速版本，并从此让 DPP 算法逐渐成为主流的多样性方法，例如 2018 年 YouTube 在“Practical Diversified Recommendations on YouTube with Determinantal Point Processes”论文中进一步提出了基于深度 DPP 内核的 DPP 算法。

（4）用列表法预估物品之间的相互影响。虽然从优化用户长期留存的尺度上看，优化推荐列表的收益与优化单次展示的收益差不多，都属于较为短视的做法，但实际上，对一些列表刷新次数较少的场景来说，优化列表收益已经是一种进步。此外，这种方法往往也是对多样性问题的一种更直接的假设，即在多个相似文档会导致整体收益受损的情况下，模型应该能学习出一个强化多样性的策略，反之，如果相似内容能帮用户对主题有更全面的了解，那么模型也应该能学习出一个更柔性的多样性策略。因此，随着 Transformer 等序列模型的成熟，近年来相关的研究也在逐渐增加。

2019 年的“Personalized Re-ranking for Recommendation”论文中提出了个性化的重排算法（personalized re-ranking model，PRM），将 Transformer 引入了重排阶段。如图 8-20 所示，PRM 输入的每个物品包括 3 个嵌入：物品自身的嵌入，提前预训练好的用户与当前物品相关性的嵌入，以及位置编码的嵌入。当整个物品列表输入多层 Transformer 的编码器，再经过 softmax 计算出每个物品的预估得分后，就可以与每个物品是否被点击的标签计算交叉熵损失，从而更新模型的参数了。由于 PRM 综合考虑了整个列表中所有物品之间的相互影响，因此计算出来的物品的重排得分更为准确，在此基础之上，就可以重排出一个更符合用户偏好的序列了。

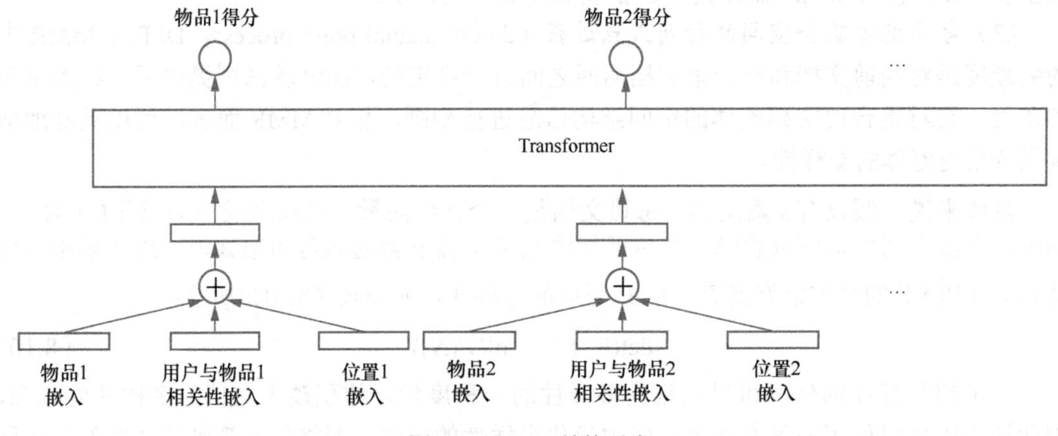

图 8-20　PRM 结构示意

第三部分

社交和社区推荐

第三部分将探讨在满足用户需求的维度上与资讯推荐有本质区别的两种产品——社交推荐和社区推荐，以及在缺乏社交关系的场景中应如何通过协同过滤算法来模拟社交网络。

（1）社交推荐（第9章）。人作为一种社会性生物，在社交时更追求归属感和认同感，而不仅仅是资讯推荐所带来的信息价值。而且，不同于人和内容的单向匹配，社交推荐更强调人和人之间的双向匹配。基于这两点核心差异，社交推荐和资讯推荐便存在本质上的区别。

（2）社区推荐（第10章）。除了满足用户获取信息的需求和结交同好的社交需求，社区产品还可以通过激发用户的内容创作来满足用户自我实现的需求。因此，作为一种兼顾多元需求的产品，社区推荐在构建方式上和其他推荐产品有较大的差异。

（3）协同过滤（第11章）。在从复杂网络视角讨论社交网络的特性后，将讨论如何在传统算法主导的推荐产品中更积极地引入人的智慧，从而在内容质量理解和优质内容传播等维度上实现更贴近社交推荐的效果。

第9章

永远年轻的社交产品

纵观社交网络的发展史，它几乎一直处在风口浪尖上，毕竟每个人都会老去，而年轻人又总想用上更流行的社交产品，因此新产品只要能洞察用户心理、找到差异并设法突围就有机会。这也正是社交赛道能一直保持活力的根本原因。本章将先整体介绍社交产品优化的关键，再以 Facebook 取代 Myspace、Hinge 与 Tinder 的差异化竞争为例，介绍社交推荐中产品和策略常见的优化手段。

9.1 社交推荐中优化的关键

社交产品对用户的效用主要分为两类，一类是体现社交产品核心价值的社交效用，即产品在帮用户维护社交关系，并赢得他人认同和尊重方面的价值，例如帮助用户设计炫酷的主页来展示自己，帮用户推荐其内容来赢得朋友的点赞；另一类是交流信息时所携带的内容效用，即产品帮用户获取信息、提升认知水平的价值，例如用户可以在朋友圈中浏览自己感兴趣的新闻资讯。本节将从这两类效用的视角出发，介绍优化社交产品的整体思路。

9.1.1 强化社交效用时的原则

如图 9-1 所示，社交产品中通常先有关系的建立，再有内容的交流来巩固关系，所以内容更多的是帮用户社交的辅助工具，而非产品的主要目标。于是，社交推荐就与以获取信息为目标的资讯推荐有了本质区别，这一区别主要体现在以下两点。

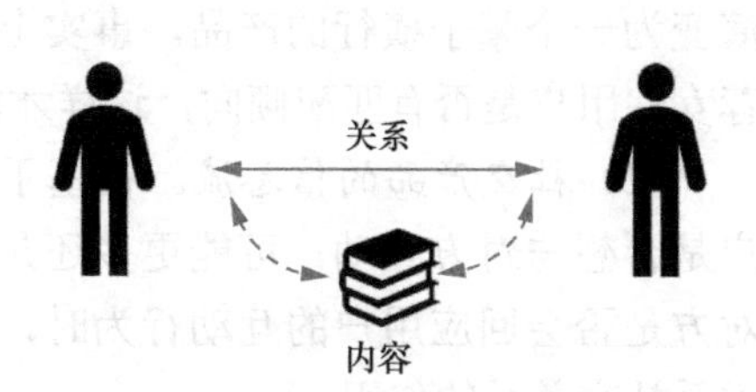

图 9-1 先有关系，再有内容的社交推荐

1. 提高社交效率，而非获取信息的效率

资讯推荐的目标是帮助用户获取信息，而社交推荐的目标则是帮助用户获得社交资本，

建立并维系社交关系。因此，与资讯推荐更加关注阅读时长、点击率等内容型产品指标不同，社交推荐更关注与关系建立和维系相关的社交产品指标。于是，体现到推荐算法和产品的设计理念上，就和人们所熟悉的传统信息检索范式有所不同。

（1）*产品设计：挖掘社交需求*。从产品设计角度来看，要更深层次地满足用户的社交需求，就需要深入理解用户在社交时的需求，通常来说，这主要包括与他人建立和保持关系的情感交流需求，以及在社交环境中展示自己并获得影响力的竞争和自我表现需求。针对前者，产品应以强化用户间的参与和交流为目的来设计产品功能，例如提供表情包、神评等更加有趣的互动方式。针对后者，产品应设法提供让用户赢得点赞数等社交资本的机制和工具，并通过对社交资本的流动性刺激来避免社交资本的固化。

（2）*算法设计：强化社交效用*。在社交产品中，人们为了获得社交资本常常会付出很大的努力，因此，在类似朋友圈这种兼具内容效用和社交效用的产品中，为了缓解用户在竞争彼此注意力时所带来的信息过载问题，就需要有高效的推荐算法来维持产品的社交效率。一种有效的策略是优先推荐亲密朋友的内容，以避免过于强调内容效用而走向媒体化，而关于这一策略具体的实现细节，将在9.4.1节中以Facebook的信息流推荐为例来进行探讨。

2．双向匹配，而非单向匹配

包括资讯推荐等很多场景的推荐都是一个从人到物单向匹配的过程，但在社交推荐场景中，无论是关系的建立还是维护，本质上都是一个双向匹配、双向奔赴的过程，如图9-2所示。在学术界中，一般会将这类问题称为互惠推荐（reciprocal recommendation），其产品理念在于，不仅要保证匹配双方都对结果满意，还要尽量帮助每个人都匹配成功。下面是两个典型的产品案例。

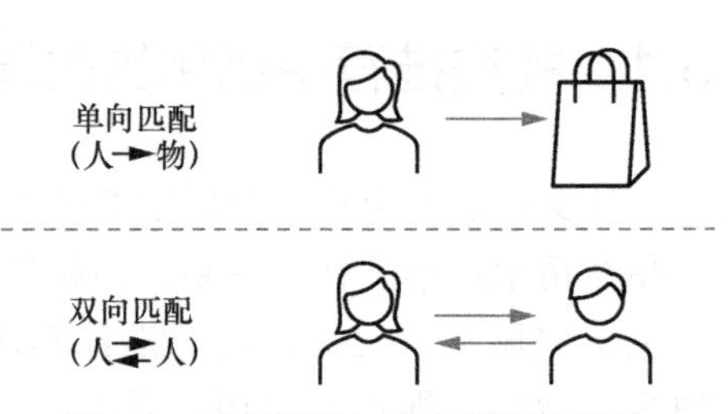

图9-2　双向匹配与单向匹配的差异

（1）*婚恋交友场景*。如果采用传统的单向匹配推荐方式设计算法，以男性用户视角为例，产品可能会偏向于推荐少数女性用户，从而在大量真实女性用户流失的情况下，逐渐演变为一个骗子横行的产品。事实上，在为男性用户推荐女性用户时，也应当考虑到被推荐女性用户是否有匹配倾向，这样才能实现效率更高且匹配更稳定的双向推荐。

（2）*社交产品的信息流*。在基于信息流推荐来激发用户的社交需求时，如果仅考虑用户是否想与对方互动，可能更多还是会推荐明星“大V”所发布的内容。只有当同时考虑对方是否会回应用户的互动行为时，才更有可能推荐真正好友所创作的内容，并因此起到维系社交关系的作用。

可以看出，无论是建立还是维护社交关系，互惠推荐都是一种更理想的推荐理念。然而，现实中有许多社交产品并未充分重视这一点，由于沿用传统推荐的思路，社交产品越来越媒体化，甚至骗子横行。因此，为了更好地帮读者理解互惠推荐的特性，本章将在9.3节中先介绍Tinder和Hinge两款产品不同的理念和设计，再在9.4.2节和9.4.3节中给出两类互惠推荐策略的具体实现思路，以期社交产品能更好地优化每一位用户的体验。

9.1.2 优化内容效用的路径选择

当一款社交产品在社交效用上很难进一步提升，它常常会寻求在内容效用上的突破，以期优化产品的整体体验。本节将结合图9-3展示的几种发展趋势，探讨产品在向传统媒体、社交媒体及社区方向发展时应当注意的几点关键因素。

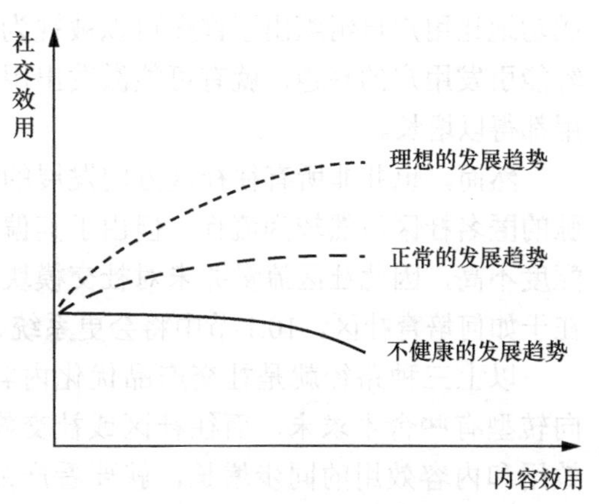

图9-3 社交产品转向优化内容效用

1．往传统媒体方向发展

社交产品向传统媒体产品方向渗透的选择并不常见，不过也还是有一些，例如9.2.1节中将要介绍的Myspace。通常来说，由于这两种产品的核心价值存在较大差异，且传统媒体产品的防御力相对较弱，因此若社交产品投入大量精力去追求媒体价值，往往就会出现舍本逐末的现象，呈现图9-3中所示的正常的发展趋势，在产品社交效用没有提升的情况下，逐渐演变为一个帮用户获取信息的媒体产品。

另外需要注意的是，如果产品在追求内容效用的过程中过于急功近利，有时还会降低社交效用，使产品呈现出图9-3中所示的不健康的发展趋势。例如，社交产品为了优化使用时长，引入大量与社交场景无关的媒体内容（如电影剪辑等），那么在用户的注意力转移到这些内容上时，就会弱化产品的社交效应，因此在考虑社交产品往媒体方向转型时需要非常慎重。

2．往社交媒体方向发展

考虑到往传统媒体方向发展的跨度较大，社交产品若想提升内容效应，更为明智的选择是往社交媒体方向发展，即根据社交关系的紧密程度来决定内容分发的权重，这样就不太容易降低社交效用，甚至还会因内容需求激发出社交效用的提升，从而呈现图9-3中所示的理想的发展趋势，实现社交效用和内容效用同步增长。例如，用户打开微信可能就是想看看朋友圈中的内容有没有更新，进而在浏览朋友圈的过程中又激发出了与朋友互动的可能性。

当然，能够同步提升两类效用的社交媒体并不多见，本质上还是需要克制对内容效用的过度强化。以许多具有转发功能的社交媒体为例，如果产品在人们互相竞争注意力的过程中未能约束住没有太多社交效用的转发内容，那么在产品中就会充斥着转发内容，还是容易呈现出如图9-3中所示的正常的发展趋势，即仅仅是在提升产品的内容效用。

3．往社区方向发展

许多社交产品中用户表达的欲望并不强烈，因此，设法借助社交关系来将具有相同爱好的用户聚在一起，搭建兴趣社区，就是一个更适合的方向了。例如，微信通过社交关系成功地让用户自组织出了许多可以被视为社区的微信群，只要在群内交流的氛围友好且内容能引发用户的兴趣，就有可能激发出用户的社交需求，从而让产品的社交效用和内容效用都得以增长。

然而，也并非所有往社区方向发展的模式都能使产品的社交效用得以增长，例如，脉脉的匿名社区虽然较为流行，但由于其偏八卦性质的内容属性和求职招聘的社交需求间匹配度不高，因此社区流量并未对社交模块起到太大的助益作用。打通社区和社交的关键就在于如何培育社区。10.1节中将会更系统、更详细地介绍这方面的思考。

以上三种路径就是社交产品优化内容效用时的主要思路。总体来说，往传统媒体方向转型有些舍本求末，而往社区或社交媒体方向转型是可行的选择，具体能否实现社交效用和内容效用的同步增长，就要看产品能否结合业务场景实现差异化的创新了。接下来，我们就通过分析几个经典产品的演变过程，来更好地理解社交推荐场景中的主要创新手段。

9.2 从Facebook看社交效用优化

Myspace由Chris DeWolfe和Tom Anderson创建于2003年，在推出半年后就超过Friendster，成为当时全球最大的社交网站。令人印象深刻的是，Myspace在2006年的访问量曾一度超过谷歌，成为当时北美最受欢迎的网站。不过好景不长，Facebook在两年后便打败了Myspace，并开始接管整个社交市场。那么，Facebook是如何在短时间内实现爆发式增长的呢？本节将从产品视角出发，分析其中的两个关键原因。

9.2.1 更高效的社交资本积累

社交资本立得住的关键在于能妥善管理物以稀为贵的特性，正因为收到点赞和被人关注不太容易，关注数和点赞数才会成为很多平台的社交资本，而反过来说，对于一件事物，如果人人都可以轻易获得，那么即使具有实际的效用，它也会失去成为社交资本的可能性。因此，本节就从平台如何帮助用户获取社交资本的角度来讨论Facebook击败Myspace的原因。

1．帮用户表达个性的 Myspace

Myspace 起初的定位是建立一个让人们自由交流的社交平台，除了基本的社交功能，它还提供了彰显个性的个性化主页、分享照片、播放音乐等功能，使得用户可以更全面地展示自己的个性。由于这些炫酷的特色比同期的社交网站先驱 Friendster 更为吸引人，因此 Myspace 一上线就立即受到人们的热捧，很快就流行了起来。

在 Myspace 众多彰显个性的元素中，最具特色的无疑是图 9-4 所示的允许用户自定义主页的功能。有趣的是，这个功能其实源自一个可以让用户获得页面控制权的 bug，当用户发现可以利用其来自由地设计网页后，出人意料地吸引了大量渴望彰显个性的年轻用户。于是，这才使 Myspace 决定保留这个功能，并将其作为平台的一个核心特色。

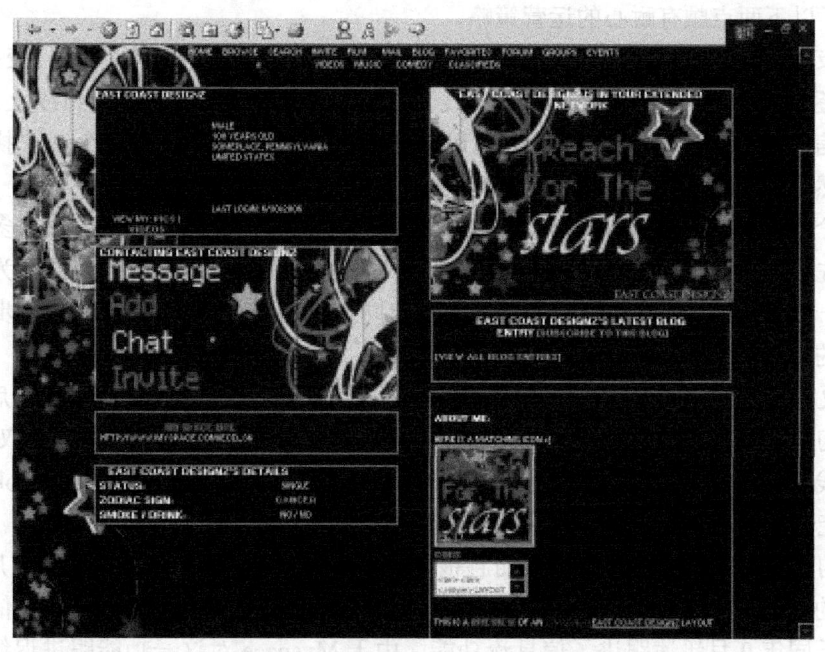

图 9-4 Myspace 的自定义主页示意

尽管初看起来，让用户自定义主页似乎是一个帮助用户积累社交资本的好策略，但是随着第三方插件的快速出现，在大多数用户能轻松设计出炫酷的页面后，这项彰显个性的功能就失去了作为社交资本所应具有的稀缺性。同时，随着对页面设计控制权的放开，Myspace 的页面设计逐渐变得杂乱无章，于是在用户浏览体验不良且社交资本又快速贬值的双重压力下，自定义主页这一功能从长期来看就不是一个占优的策略了。

在这一危机下，正确的做法应当是设法帮用户找到积累社交资本的新途径。然而当 2005 年 Myspace 被新闻集团收购后，它反而选择了向媒体方向转型，通过引入门户网站中的元素如天气预报和新闻等，来提升产品的内容效用。显然，如 9.1 节中所述，这不仅偏离了社交产品强化社交效用的本质，在选择提升内容效用的突破口时也选错了路径，于是，当 Myspace 退化成一个页面杂乱的媒体网站后，用户流失到其他真正的社交产品也就不足为奇了。

2．帮用户结交人脉的 Facebook

在吸取了 Myspace 失败的教训后，Facebook 对如何设计出一套帮用户赢得社交资本的机制就显得更有耐心和智慧。总体来说，其主要方向可归纳为以下 3 点。

（1）*克制有序的运营扩张*。在 Facebook 早期，社交资本的稀缺性可以说是不证自明的，因为用户必须基于哈佛大学校园的邮箱注册才能加入这个需要实名认证的社交产品中。之后，在 Facebook 扩展其服务时，为了管理好社交资本的稀缺性，确保不会造成老用户的流失，设计了以下两点颇有耐心的运营策略。

- 好友邀请制。Facebook 谨慎地采用了好友邀请制，先在常春藤联盟校打磨效果，再逐步开放到其他大学，然后将线下的精英网络一步步地迁移到线上。类似地，微信起初也没有采用导入手机通讯录的方式，而是需要用户一个个去挑选，这样虽然看起来慢，但长期看更为健康。
- 逐个垂类扩张。当 Facebook 打响了精英人群聚集区的品牌后，虽然很多用户都想争先恐后地加入，但 Facebook 依然采取了克制的运营方式，把大学视为社交网络的一个垂类，再陆续加入高中、公司和同地区等其他垂类，这样就逐步实现了稳健的扩张。

（2）*更高效的线上互动方式*。在 Facebook 将线下的社交网络迁移到线上之后，基本完成了产品初期社交资本的积累。然而，由于人们总是会寻求更有效的途径来获取社交资本，例如通过线下聚会来更快地进行社交，因此，要想实现更长远的发展，Facebook 就必须创新出一种能让用户高效维系社交关系并继续增加社交资本的方式。

幸运的是，这种方式不仅存在，而且很快就被 Facebook 找到了。2006 年 3 月，尽管基于信息流的 Twitter 上线初期反响并不强烈，但 Facebook 还是敏锐地洞察到了信息流的巨大潜力，于同年 9 月迅速跟进了信息流功能。由于 Myspace 对这一功能跟进迟缓，可以说它的落败就已经没有悬念了。更具体地，我们将在 9.2.2 节中对信息流的优势做一个更详细的介绍。

（3）*以简洁对抗 Myspace 的繁复*。在介绍了 Facebook 自身的策略之后，我们再来了解它是如何应对 Myspace 的策略的，即允许用户自由设计个人主页。答案其实很直接，就是采取与之相反的策略，既然 Myspace 强调页面设计的复杂和美感，那么 Facebook 就以简洁统一的设计风格来实现差异化，至少在功能性方面，Facebook 的蓝白配色、极简设计不仅更加清新明快，从长远看会让用户更加舒适，同时也不会喧宾夺主，可以让用户把注意力聚焦在更有价值的环节。

9.2.2 更高效的社交关系维系

在 Myspace 犯下朝媒体方向冒进转型的战略错误后，Facebook 牢牢抓住了社交产品的本质，将用户的社交需求耐心地迁移到线上，仅这一点就已经决定了 Myspace 的落败。只不过，当 Facebook 创新出可以帮用户高效维系社交关系的信息流功能后，胜负天平被逆转的进程大幅加快了。考虑到信息流的重要性，本节就简要讨论这一产品形态的优势。

1. 让社交动起来的信息流

起初的社交媒体是以静态页面的形式呈现，所以如果用户要想在 Myspace 或 Facebook 上浏览好友的内容，就需要先去列表里搜索，再手动点击跳转到他人的个人主页，显然，这种产品形态的社交效率非常低。于是，Facebook 针对这一问题，通过推出名为 NewsFeed 的信息流产品，革新了用户在维系社交关系时的效率。和静态页面下的社交相比，这种看似只是将关注账号的更新聚合到一个页面上的产品，在以下两点上具有非常明显的优势。

- 以内容为纽带的高效社交。在没有内容服务的产品中，用户需要自己寻找话题来与朋友互动，但在聚合内容的信息流中，用户可以基于好友发布的内容作为交流的纽带，快速和好友熟络起来。同时，信息流产品还大幅强化了互动功能，这就使用户仅需要点击一下点赞按钮就可以快捷地实现互动，自然效率非常高。
- 拓展了新的社交场景。如果将静态页下的社交方式比喻成用户挨家挨户地去找好友登门拜访，那么在信息流产品中，用户就像在一个所有朋友都在场的聚会中闲逛，每当来到一条内容下，就和这桌上三五个好友聊一聊，于是当用户浏览完信息流，就好像在聚会中转了一轮，和所有好友都打了个招呼。

因此，虽然用户在 NewsFeed 刚上线时还不太习惯，觉得产品有些嘈杂，但当 Facebook 坚决将这一产品形态贯彻下来之后，人们逐渐感受到，原来线上社交也可以获得像线下聚会一样的生动感，而且还不太花费时间和精力。于是，当用户之间的社交效率大幅提升后，Facebook 的网络效应也开始突破临界点，从而使产品迅速获得了爆发式的增长。

2. 从静态页广告到信息流广告

信息流不仅提供了更出色的线上社交体验，事实上也能带来更高变现效率的商业化手段。在 Myspace 沿用门户网站中传统的品牌广告模式时，Facebook 在基于信息流的用户产品中摸索出了一种对用户体验干扰较小的原生信息流广告。下面简单地对两者做一个对比性的介绍。

（1）Myspace：不可规模化的传统品牌广告。新闻集团采用门户网站中常见的品牌广告模式，按照传统的 CPM 或 CPD 模式来计费，并为各个客户量身定制广告页面。从今天来看，这种投放方式由于标准化程度极低，因此在不具备中小客户规模化能力的前提下，很难真正激发出竞价市场的活性，同时在用户体验上更是毫无相关性可言。

更棘手的是，新闻集团为了尽快收回投资，还竭泽而渔地为Myspace设定了非常高的短期盈利目标，因此，Myspace被迫签下了大量损害用户体验的广告合同，例如在2006年与谷歌达成的广告协议中，Myspace必须保证为谷歌引流足够多的用户访问，才能拿到每年3亿美元的3年营收保证金。可想而知，在引流压力巨大且变现技术手段匮乏的情况下，Myspace被迫在每个角落都贴满了有损用户体验的广告。

（2）Facebook：*自助投放的原生信息流广告*。相较于新闻集团的急功近利，扎克伯格曾明确表示过："我们打造服务不是为了赚钱，我们赚钱是为了打造更好的服务。"事实上，正是这种对商业化的克制态度，才使得Facebook在产品的各个环节都力图避免对用户体验的过度干扰，进而在广告产品上也逐渐演化出了更为先进的变现模式。

具体来说，尽管Facebook也依赖广告来盈利，但其信息流广告在样式上与自然内容更接近，所以在视觉上就比随意打补丁的广告要美观。同时，Facebook不仅推出了可规模化引入中小广告主的自助投放系统，还创新出了低运营成本的智能投放策略，这就为其广告算法优化相关性创造了充分的施展空间，可以实现更精准的广告投放。

9.3 从交友产品看双向推荐问题

9.1节提到，与传统推荐只考虑单向匹配不同，社交场景的推荐需要同时考虑双方在匹配过程中的感受，即通常所说的互惠推荐问题。考虑到这一问题在婚恋交友场景中更为重要，且满意即流失的特性会使得婚恋场景的产品更迭更为频繁，本节以婚恋交友场景中两款较为差异化的产品Tinder和Hinge为例，介绍这类产品的核心特性。

9.3.1 满意即流失的婚恋场景

1995年，在约会交友网站Match成功开创了陌生人交友的先河后，人们寻找伴侣的方式逐渐发生了转变。不过，不同于其他交友领域往往会存在一家独大很久的现象，如微信和Facebook等，婚恋交友场景产品的更迭总是非常频繁，很少有太老牌的产品能够长期存在。因此为了更好地理解该领域中产品设计的特点，在介绍具体产品之前，我们先来理解这个场景的特殊性。

1. 孱弱的网络效应

婚恋交友产品中存在这样一个悖论，那就是如果产品的用户体验做得足够好，从理论上来说，每一次成功的推荐会导致一对幸福的情侣离开平台，所以用户的长期留存不仅不应该提升，还应该是大幅下降的。试想，如果你在交友平台中找到了一生挚爱，难道这位挚爱不会让你卸载这个App吗？换句话说，婚恋交友产品是一类专门为删除而设计的产品，用户在不满意时会选择离开，在满意时也会选择离开。

因此，回顾在3.2节中所讨论的网络效应，它指出社交网络的价值通常与网络中的节点数量呈非线性增长关系，如果能让用户数突破临界点，就可以借助网络效应的防御力来抵挡住对手。然而，回到婚恋交友的场景中，虽然可以通过增长手段来吸引新用户，但由于满意即流失的问题还是很难使老用户长期留下，因此相较于其他社交产品来说，严肃婚恋场景中网络效应的防御力是较为薄弱的。

于是，在网络效应这个防御力强悍的产品护城河失效的情况下，婚恋交友赛道中的产品竞争便呈现了如下特点。首先，由于老产品中的老用户通常对新用户没有什么吸引力，因此只要新产品更有趣，就永远有机会通过创新来突围，并革新掉老产品。其次，老产品为了避免被新产品随时突围，往往会采取收购这种非常激进的防御战略，即不停地收购有潜力的新对手。例如，Match Group先后通过收购和孵化的方式吞并了Tinder、OkCupid、Hinge等一众新产品。

2. 以匹配效率为核心优势

大多数社交产品是为了满足用户希望扩大影响力，希望获得更多社交资本的需求而设计的，例如9.2节提到Facebook不仅可以帮助用户高效地建立新好友关系，还可以借助信息流来高效地维系住社交关系，从而随时间的推移积累社交资本。

然而在婚恋交友这样的产品中，用户并没有随时间推移来积累社交资本的需求，因为如果用户在平台上待了太久，但仍然处于单身、渴望交友的状态，反而说明用户不受欢迎。因此，产品除了提供更有趣、创新的互动方式来改善社交体验，只能将精力聚焦到如何帮助用户建立更准确的匹配关系。可想而知，婚恋交友产品中推荐算法的重要性远比其他社交产品强得多。

综上，在这个领先者无法凭借网络效应对后来者形成足够压制力的领域中，不仅产品上永远不会缺乏创新，同时推荐算法在其中也比较重要，这就是本节会以交友产品为例来阐述双向推荐的原因了。接下来将以Tinder和Hinge为例，介绍以双向匹配为核心特色的产品如何进行差异化创新。

9.3.2 促成线上双向匹配的Tinder

2012年，毕业于南加州大学的Sean Rad加入了IAC内部的创业孵化器Hatch Labs，并在加入后不久进行的一场编程马拉松比赛中，凭借双向匹配的创意拿下了一等奖。同年9月，孵化自这次比赛创意的产品Tinder一经推出，就凭借双向匹配的机制和直观快捷的交互迅速赢得了年轻人的喜爱。本节就来分析Tinder这款产品能够流行起来的主要因素。

1. 保护女性的双向选择机制

当时大多数产品在设计时并没有意识到该领域特殊的双向匹配问题，所以会将问题简化为一方追求另一方的单向匹配模型，再加上提升付费用户数等商业目标上的优化，很容易实现成将优秀女性普推给有付费倾向的男性。显然，这种情况容易导致两大问题，一是大多数普通女性用户难以收到信息，二是部分女性用户受到大量陌生用户的骚扰而快速流失。因此总体而言，在女性用户留存率并不高的情况下，这些交友平台大多无法长期存活。

Sean Rad 很难得地站在女性立场上考虑问题，他设计了一个非常巧妙的双向匹配机制，即不管男女双方的哪一方先发起喜欢，都需要在另一方注意到你也同样表示喜欢之后，系统才能够开启聊天。不难理解，这种做法不仅保护平台中更稀缺的女性用户的体验，同时也促使男性用户开始换位思考，选择与那些可能认同他们的女性进行联系，从而提升了平台整体的匹配效率。

2. 快节奏的交互设计

考虑到婚姻是需要长期经营的领域，所以在 Tinder 之前，这类产品都倾向于采用偏理性的慢决策系统，而 Tinder 打破了这一传统，它基于人脑认知模式中存在快与慢两套决策系统的假设，对产品进行了更偏流行性的快决策系统改造，具体来说，这主要体现在以下两点。

（1）简化资料填写。传统产品在注册时需要用户认真填写个人资料和问卷，虽然这会让匹配更精准，但同时也增加了用户在使用产品时的心理压力。Tinder 化繁就简，在注册时仅需设置性别和照片，在使用中只能看到配对成功的用户，大幅降低了用户的使用门槛。

（2）快节奏的滑动匹配模式。虽然重视传统的人们不愿意承认，但事实上不少人在判断是否会喜欢一个人时，是凭借人脸的少量信息来做快速决策的。因此 Tinder 开创了一种移动互联网时代下更简洁的交互方式，用户只需要不停地刷新，对于不喜欢的左滑，对于喜欢的右滑，于是在这种快交互方式下，用户匹配的效率得到了大幅提升，同时产品的受众面也被进一步扩大。

3. 找准种子用户的用户增长

除上述两点因素外，Tinder 在用户增长侧也表现不俗。首先，Tinder 在创始人母校南加州大学找准了第一批有线下社交关系的种子用户，然后凭借比线下更高效且直接的互动模式在产品初期实现了超高的留存率。进而，在类似北美寒假返乡潮的用户迁徙过程中，这些种子用户又将 Tinder 传播到了更广的范围，从而开启了 Tinder 的自然增长之路。不难看出，这种先找准种子用户再扩散传播的模式，正是 6.2.3 节介绍的扩散型创新的典型模式，考虑到大多数产品在从 0 到 1 的过程中也遵循这种规律，这里不再赘述。

综上几点，早在 2012 年，Tinder 凭借 Sean Rad 的敏锐洞察力完成了很多合理的产品设计，不仅在 2014 年时每天便可处理超过 10 亿次的滑动流量，同时对未来很多产品也影响深远，让滑动浏览的方式成为后继产品争相效仿的标配。下面介绍在 Tinder 的压制下，

Hinge 是如何通过反向的差异化创新来进行突围的。

9.3.3 促成线下稳定婚配的Hinge

Hinge 与 Tinder 几乎同时推出，起初它们的产品并没有显著差别，然而鉴于 Tinder 的发展过于迅猛，Hinge 的创始人 Justin 迅速做出了一个果断的决策，即在明白 Tinder 擅长满足线上浅层流量后，采取 6.2.2 节中所描述的反制型创新，将重心转向服务于严肃婚恋需求下的深层流量转化。具体来说，Hinge 通过采取以下 3 点和 Tinder 相反的举措，使其顺利存活了下来。

1．基于注册流程筛选目标用户

不同于 Tinder 让用户快速建立账号，Hinge 把目标人群定位为具有较强恋爱意向、想建立严肃婚恋关系的年轻人群，所以在 Hinge 上用户只有完整填写个人喜好和照片并回答很多反映用户偏好的问题后，才能向别人发送喜欢。

这种看似烦琐的传统注册流程，一方面给了推荐算法更多信息，以提升线下约会的转化率，另一方面在鼓励用户以认真的态度来使用产品的同时，过滤掉了并非真正来寻找婚恋关系的非目标用户，从保护生态角度来说这一点尤为重要。

2．基于二度关系的熟人社交

不同于 Tinder 努力将用户与陌生人匹配，Hinge 除了基于用户认真填写的兴趣偏好进行匹配，还倾向于通过共同的社交联系（如介绍朋友的朋友）给用户进行匹配。Hinge 认为，这种匹配方式不仅能缓解陌生人约会的种种尴尬，更有可能在有相同兴趣和价值观的背景下，发展长远来看更稳定的恋爱关系。

事实上，除了 Hinge，在人脉即社交资本的场景（如 LinkedIn 和 Facebook）中，引入二度关系的熟人社交模式是一种常见做法，如果 A 和 B 都认识 C，那么让 C 给 A 和 B 牵个线，就可以更快地拉近用户距离并建立信任了。另外，如果用户希望利用二度关系来获得人脉，也需要将自己的人脉公开出来和大家分享，所以鼓励二度关系的社交模式本质上是一种鼓励用户迁移线下熟人关系的产品机制。对平台来说，当获得了关系网络的数据后，平台的效率自然会得到大幅提升。

3．优化线下配对而非线上流量

不同于 Tinder 更擅长快交互模式下的匹配，Hinge 想反之而慢下来，所以它在旗帜鲜明地提出“designed to be deleted”（为删除而设计）的口号后，从以下两个角度出发，来帮助用户建立更持久稳定的匹配关系。

（1）收集深层转化数据。类似于商品推荐中为了优化转化率就需要收集各种深层转化的数据，Hinge 为了提升约会体验，推出了收集线下约会反馈的“We Met 模块”，这样就使算法可以更加专注于量化真实世界中的约会能否成功，而不仅仅是应用程序内的参与度了。

例如，一个人如果仅仅在线上表现好就不会被系统所推荐，于是 Hinge 逐渐被打造成了一个适合严肃婚恋的平台。

（2）稳定婚姻问题下的双向匹配算法。Gale-Shapley 算法，也称为稳定匹配算法，是在匹配市场中找到稳定匹配的一种方法。在 Hinge 的宣传中，曾提出过它采用了这种算法的变体，以尽量确保每个人都能获得稳定的匹配。关于这个算法的细节，我们会在 9.4.2 节中详细展开。

综上不难看出，Hinge 所采用的举措基本是 Tinder 扩大产品受众面和提升用户黏性时不会采纳的，也正因如此，Hinge 才在开辟了足够的生存空间后开始流行起来。不过，考虑到此类产品的竞争永远激烈，例如以保护女性体验为创新点的 Bumble 开始崛起，所以 2018 年 Hinge 同意了 Tinder 老板 Match Group 的收购，使 Hinge 有了更安全的发展。

9.4　社交场景中的推荐策略

9.1.1 节介绍了社交推荐和资讯推荐在用户需求上的两点核心差异。本节就围绕如何提高社交效率和如何实现双向匹配给出几种具体的策略实现方法。需要强调的是，考虑到社交产品的多元化，本节思路仅作为参考，社交产品还是更多的需要从自家用户的需求出发，摸索出更能提升产品用户留存和体验的方法。

9.4.1　社交媒体中的推荐策略

当聚合内容的信息流出现后，用户能看到哪些内容的权利就交给了平台。虽然有许多产品（如微信的朋友圈）依旧坚持按照时间线来进行排序，但也有不少产品开始面临信息过载的问题，于是通过引入推荐算法来维持产品的社交效率。本节就以 Facebook 早年使用的 EdgeRank 算法为例，探讨在社交媒体中设计推荐策略的关键。需要说明的是，EdgeRank 主要源自 2010 年 F8 开发者大会上 Facebook 对其排序原则的简化介绍，其中概括了当时 Facebook 在排序时主要考虑的 3 个关键因子。

（1）维系社交效率的亲密度 u_e。社交产品的真正护城河是社交关系而不是内容，所以为了维系用户在社交时的效率，u_e 的分数主要取决于用户与发布者之间的亲密程度，而不是发布内容与当前用户的相关性。具体来说，亲密程度的高低主要体现在以下因素中。

- 连接的强度。从以内容为枢纽的“点赞之交”发展到以评论为主的沟通，再到私信方式的沟通，随着社交成本的增加，意味着用户之间的亲密程度在提升。
- 连接的频次。每日都联系，还是一周联系一次……显然也体现了用户之间亲密程度的差异。
- 单向匹配还是双向匹配。你对朋友的单向联系频繁，还是朋友和你之间的双向联系都很频繁，也体现了亲密程度的显著差异。

综上，u_e这个因子体现了社交推荐和资讯推荐的核心差异，即用户会希望将他真正关心的好友的内容排在前面，哪怕对于这条内容他既没有互动，也没有浏览很久。

（2）*体现内容质量的边权重* w_e。边权重主要反映内容的质量，通常创作成本越高内容质量越高，所以据说 Facebook 在洞察到图片是未来的趋势后，早年就将图片的权重设为文字的 5 倍。另外，通常内容的参与度越高内容的质量越高，因此评论率可能会被赋予比点赞率更高的权重。

（3）*激励内容发布的新鲜程度* d_e。无论新鲜内容的质量如何，Facebook 都希望鼓励更多新鲜内容的创作和传播，因为这样才能激励用户多发布内容，并使 Facebook 成为朋友之间保持联系的社交产品，而不是随时间沉淀好内容的媒体产品。

综上，EdgeRank 算法的思想并不难理解，即它的目的是找出用户关心的人，并以内容为纽带来促进用户间的交流。因此，虽然在 2011 年之后 NewsFeed 的排序算法开始转向借助机器学习，但相信这些模型都需要在用户留存的指引下，避免因过度优化点赞率等代理指标而把用户关心的人湮没在众多媒体内容中，因为这样就会舍本逐末，犯下当年 Myspace 向新闻媒体转型的战略错误。

9.4.2 稳定婚配假设下的GS算法

如 9.3.3 节所述，Hinge 倾向于量化真实世界中的约会能否成功，而不是应用程序内的参与度，所以这一产品理念也体现在其所采用的推荐算法中。本节就来介绍 Hinge 在“最契合”（most compatible）功能中曾采用的推荐算法，以及在实践这一算法时的关键问题。

1. GS 算法简述

稳定婚配问题（stable marriage problem）又被称为稳定匹配问题，它的问题描述是：在一个由相同数量的男性和女性组成的社区中，无法让每个人的配偶都恰好是其最中意的选择，所以希望能找出一种稳定的配对方案，使得不存在双方都觉得对方比原配好，进而各自丢下原配去重新配对。

1962 年，数学家 David Gale 和 Lloyd Shapley 对这个问题给出了一种被称为 Gale-Shapley 算法（GS 算法）的解法。简单来说，这个算法的主要步骤如下。

- 步骤 1：在第一轮中，每位未订婚的男性都向他最喜欢的女性求婚，然后每位女性会接受她最喜欢的追求者，并与他暂时订婚，同时拒绝其他追求者。
- 步骤 2：在接下来的每一轮中，上一轮被拒绝的男性会在未表白过的女性中选择一个最中意的去表白，然后每位女性继续从中选择最满意的一个订婚并拒绝其他追求者。可以看出，这里的订婚是暂时的，它保留了已订婚女性在遇到更好选择时更换配偶的权利，因此 GS 算法也被称为延迟接受（deferred acceptance）算法。

- 步骤3：因为订婚的暂时性，所以每轮过后都会有一些单身男性找到配偶，同时也会有已经订婚的男性重新变成单身，于是该算法一直迭代，直到所有的男性都被接受为止。

通过如下方式，可以简单证明GS算法的结果是稳定的。首先，假设男士A和女士1各自有自己的配偶女士2和男士B，但双方都觉得对方比目前的配偶好，那么根据GS算法的逻辑，男士A肯定在之前向女士1表白过，所以如果女士1当时没有选择接受男士A，就意味着女士1认为男士B比男士A好，显然，这与结果矛盾，因此，证明了GS算法结果的稳定性。

2．GS算法落地时的关键问题

按照报道中Hinge的说法，由于在最契合功能的早期测试中GS算法显著提升了用户约会成功的可能性，因此GS算法后续就被应用在Hinge线上的主要模块中。不过由于Hinge并没有公开具体实现，这里根据个人理解来讨论在落地GS算法时的几个关键点。

（1）*如何获取用户偏好*。GS算法是在已知用户偏好的前提下寻找稳定匹配的一种机制，所以，如果要想在实际业务中落地GS算法，还是需要优先解决如何知晓用户偏好的问题。对线上产品来说，由于用户不可能给平台主动提供排序，因此需要平台去训练一个表达用户偏好的模型。可想而知，如果预估的优化目标找错了或者不能预估准确，即使GS算法设计得再精巧也无济于事。

（2）*GS算法的在线复杂度*。当有了用户的偏好模型后，把预测模块嵌入GS算法的机制流程里，就可以在不引入用户的情况下让平台先帮用户来度过糟糕的约会了。不过需要注意的是，在参与者数量巨大的场景中，通过一轮轮迭代的GS算法的复杂度比较高，所以需要结合产品特性进行相应处理以降低在线计算的复杂度，例如将用户按城市和偏好来分组。

（3）*如何处理匹配的不平等*。虽然GS算法能得到稳定的匹配解，但稳定并不意味着完美，例如大家可能会觉得，男性追求女性的方案是不是对女性更有利呢？事实上，这种方案是在稳定的前提下对女性最为不利的方案，其原因在于，作为主动方的男性是按其偏好顺序来进行表白的，而女性总是在被动地接受，所以随着迭代轮数的增加，男性会通过逐渐降低自己的要求来逼近他能追求到的女性的上限，那么对女性来说就不公平了。

考虑到女性通常在这类平台上较为稀缺，有对女性更友好的方案吗？只要将对主动方有利的GS机制的流程反过来，让女性主动去争取，就很容易解决这个问题。事实上，承诺为女性提供更友好约会体验的Bumble就是基于这个洞察而诞生的，它凭借在配对成功后只有女性可以先开启对话且对话仅保留24小时的机制，让女性用户牢牢掌握主动权，迅速发展成为北美排名第二的约会产品。

综上，Hinge在将优化目标从线上参与度调整为线下的约会成功率后，对想发展稳定关系的用户更具优势，但是具体到GS算法的细节还需要读者多加思考。9.4.3节将介绍一个脱胎于传统推荐的思路，相对来说在保有双向匹配思想的前提下更容易在业界实践中落地。

9.4.3 传统推荐的双向匹配改造

脱胎于传统推荐算法来对强调双向匹配的推荐系统加以改造，是一种更容易被人们理解和实践的思路。如图 9-5 所示，这类改造传统推荐的思路通常可以用用户理解、单向偏好预估、双向偏好融合 3 个模块来描述，本节介绍这 3 个模块中常见的做法，以及每个模块和传统推荐有哪些差异。

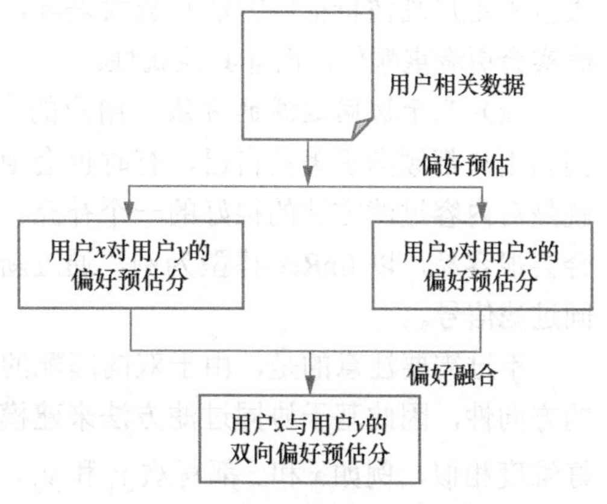

图 9-5 互惠推荐系统的 3 个模块

1. 用户理解

在双向匹配的推荐产品中，用户表示方法和推荐系统的发展主线类似，历经了从基于内容过滤的方法，到基于协同过滤的方法，再到基于模型的方法。不过，传统推荐场景中用户的行为反馈信号较为丰富，而在婚恋交友等产品中老用户并不多，几乎都是行为稀疏的新用户，因此能否利用好显式画像来理解用户，就对新用户冷启动等问题提出了更高要求。

（1）基于内容过滤的方法。在传统推荐产品中，用户不仅无须在意无生命物品对他的看法，而且知道系统可以根据其隐私行为来学习，因此并没有动力去显式构建画像。但在强调双向匹配的推荐产品中，由于用户在意他人对自己的看法，因此他们往往会更主动地提供显式画像，以赢得系统和其他用户的认可。这就使推荐系统需要更有效地利用好显式画像。

具体到婚恋交友场景中，传统显式画像主要以用户填写的资料（如身高、个性和学历等属性）为主，不过随着深度学习时代的到来，互惠推荐系统领域也逐渐开始重视多模态的信号。例如，在 2020 年的“ImRec: Learning Reciprocal Preferences Using Images”论文中提出的 ImRec 方法强调了用户照片对交友产品的重要性。

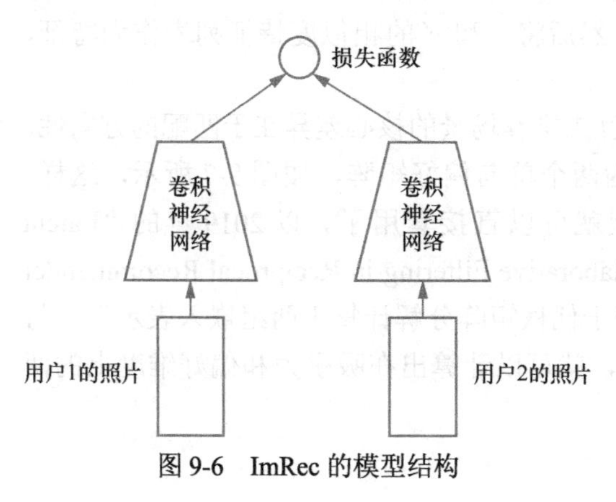

图 9-6 ImRec 的模型结构

如图 9-6 所示，这里简要给出 ImRec 中建模用户表示的方案。在样本环节，ImRec

基于类协同过滤的思想，将同一用户喜欢的两位用户组对成正样本，将一位喜欢但另一位不喜欢的两位用户组对成负样本。由于这种样本构建方式监督的并非内容相似而是行为相似，和业务目标较为贴近，因此具备一定的语义泛化性。在模型环节，虽然 ImRec 采用孪生神经网络和交叉熵损失的方式看似并无特别之处，但它仅依靠照片来提取特征，这与过去重视用户画像特征的方法有较大差异，这也说明，在通过眼缘来快速匹配的产品中人们确实会更看重颜值，而非其他属性。

（2）*基于协同过滤的方法*。用户的个人资料有时并不能反映用户的真实情况和偏好，例如用户都倾向于美化自己，有时也会拒绝承认自己对颜值的偏好，因此，协同过滤方法就是对内容过滤方法的很好的一个补充。事实上，在有了深度学习方法后，异构信号的融合会很容易，以 ImRec 模型为例，通过新增特征类的方式可以轻松地在原有模型中引入协同过滤信号。

不过需要注意的是，由于双向匹配的产品中的匹配过程具有一方发起等待另一方同意的方向性，因此基于协同过滤方法来建模用户行为相似性时需要分为两个维度，其一是偏好维度相似，例如 x 和 z 都喜欢 y_1 和 y_2，就可以说 x 和 z 偏好相似；其二是吸引力维度相似，例如 x 和 z 都曾被 y_1 和 y_2 喜欢过，就可以说 x 和 z 吸引力相似。不难理解，这两种相似性的含义是截然不同的。

2．单向偏好预估

在计算出用户表示后，就可以基于此来预估用户间彼此的偏好了。总体来说，这一步和传统推荐的差别并不大，主要包括模型级联和端到端建模这两种常用的方式。不过需要注意的是，由于互惠推荐场景在匹配时具有方向性，因此需要同时计算出表达用户偏好 $p_{x,y}$ 和用户吸引力 $p_{y,x}$ 这两个维度上的预估得分。

（1）*先学习用户表示，再学习用户偏好*。基于上游生成的用户表示特征来训练一个适配下游任务的级联模型是一种常见的思路。以 ImRec 中预测用户 x 是否会喜欢用户 y 的任务为例，它会先遍历 x 喜欢过的每个用户 y'，然后将 y 和 y' 的相似度特征列表作为特征，来训练建模用户单向偏好的模型。

（2）*同时建模用户表示和用户偏好*。由于互惠推荐场景的核心差异在于匹配的方向性，因此，只需先从根本上将原始偏好矩阵改造为两个单向偏好矩阵，如图 9-7 所示，这样，大多数同时建模用户表示和用户偏好的模型就可以直接套用了。以 2019 年的“Latent Factor Models and Aggregation Operators for Collaborative Filtering in Reciprocal Recommender Systems”论文中提出的 LFRR 方法为例，在基于低秩矩阵分解计算出两组嵌入表示后，将当前用户 x 与候选用户 y 对应的嵌入表示相乘，就可以计算出在吸引力和偏好维度上的两组偏好得分 $p_{x,y}$ 和 $p_{y,x}$ 了。

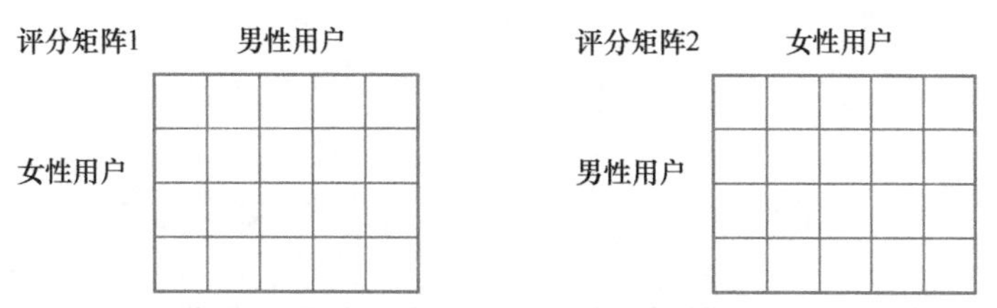

图 9-7 LFRR 的两个单项偏好矩阵

3. 双向偏好融合

不同于 9.4.2 节中使用精巧的 GS 算法来平衡用户间的偏好，业界中更习惯用简单健壮的机制来做融合，例如常见的采用调和平均的方式，对 $p_{x,y}$ 和 $p_{y,x}$ 这两个得分做融合后再进行排序。这时，如果对某一方的诉求兼容得不够好，那么可以通过调节融合公式中的参数来灵活应对，例如在将热门用户推送给太多用户时，调低表达用户吸引力因子的权重上限，在作弊用户对每一位用户都点赞时，调低表达用户偏好因子的权重上限等。

总之，在融合公式的设计方式非常灵活的情况下，问题的关键并不在于如何融合设计表达能力更强的公式，而在于如何评价融合方法的优劣。虽然在大多数产品中，我们一直强调要以用户留存为不二的优化目标，但正如 9.3.1 节所述，在满意即流失的面向线下婚配成功的交友产品中，线上长时间的留存并不是用户表达满意度的真正信号，更合理的做法应当是以线下约会满意次数的提升作为产品优化的核心方向。

第 10 章

春耕秋收的社区产品

虽然很多垂类如今已经是社区型产品在主导，例如虎扑取代了新浪体育，小红书取代了导购媒体等，但这些社区产品的成长过程大多有一个共性，即在耕耘了很多年之后才厚积薄发。因此，对很多急着从媒体向社区转型的产品来说，还是需要认真理解本章的内容，以了解社区产品需要耐心经营的原因及差异化的推荐方法。

10.1 社区产品的培育原则

社交产品中先有社交关系的建立再有内容的交流来巩固关系，社区产品则正好反过来，它是先有优质的内容创作者再有关系的建立来激励创作。这一差异决定了社区产品和社交产品的根本不同，即社区产品中最宝贵的资产是内容的创作者，所有强化关系的手段本质上都是为了服务好创作者而存在的。

因此，社区从一个只具有内容效用偏媒体向的产品，逐步构建出关注关系和社区角色，并发展为一个兼具内容效用和社交效用的产品，确实需要时间和耐心，事实上，这也是本章标题中“春耕秋收”的原因。为了能在漫长的过程中确保产品方向不走偏，本节将重点介绍图 10-1 所示的 3 个原则，以避免产品陷入急功近利的误区。

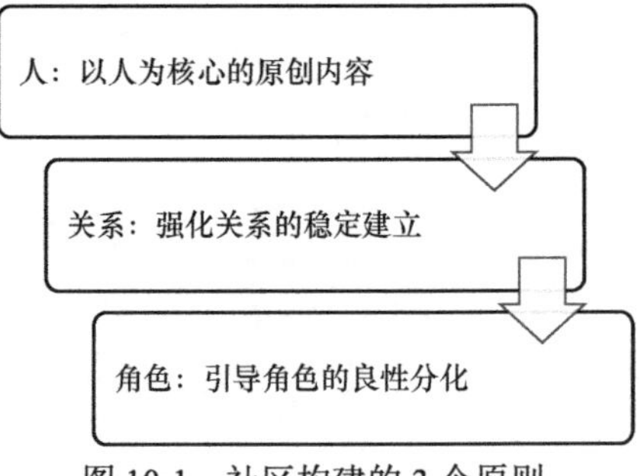

图 10-1　社区构建的 3 个原则

10.1.1 以人为核心的原创内容

以人为核心是指内容需要体现创作者本人的人设和观点，并将创作内容设计为帮助创作者积累社交资本的有效途径。具体来说，虽然各产品垂类有所差异，但以下两方面是相对普遍且关键的。

1. 扶持人格化内容，去媒体化

和过去做媒体产品的思路不同，社区产品需要扶持具有人格化特质的内容。这是因为，社区产品的成功不仅取决于内容质量，更取决于用户是否愿意与内容背后的创作者建立联系。因此，在选择产品的内容媒介时，社区需要多鼓励图片和视频等更适合塑造创作者人设的内容形式，此外，在内容体裁的选型上也需要避免过度媒体化。

对于“去媒体化”的观点，可能不少人会不太理解，毕竟，媒体内容不是更精良吗？这背后的逻辑主要体现在以下两点。

（1）*媒体的人格化程度低*。不论是流水线生产的模板化内容，还是用心创作的精品内容，大多不以塑造创作者的人设为目的，而是以讨论具体的事和物为目的，因此，用户对这类内容的创作者并不会产生关注诉求。

（2）*媒体的内容成本高*。对比爱奇艺和 bilibili 内容成本占收入的比例就可以看出，虽然媒体可以通过优质内容来吸引用户并获得不菲的广告收入，但它在内容采买上的成本较为高昂。相比之下，如果大部分社区内容由用户自发创作，那么即使变现不力，分摊成本的压力也会比较小。

综上两点，再加上很多媒体内容确实更为精良和吸引视线，如果不对其施加管控，到最后扶持人格化内容的想法就成了空谈。需要注意的是，如何管控并不是一成不变的，而是需要结合产品的特性去管控那些与产品扶持内容对立的内容。下面是两个典型的产品例子。

- 小红书。小红书更鼓励用户创作那些既能帮助他人又能展示自己的内容，这样不仅使内容看起来更为真实可信，也因拓宽了生活类内容的品类而与仅展示物品的导购型媒体区分开来。同时，在小红书中很少会看到影视剪辑类的内容，这是因为这些内容既无法帮创作者赢得社交资本，也不以和创作者的交流互动为目的。
- LinkedIn。作为一个以专业人士为主的社区产品，LinkedIn 为了帮助用户建立社交资本，更鼓励用户分享那些具有深度和专业知识的内容，并限制或减少那些没有专业价值、过于娱乐化和生活化的内容展示。

2. 孵化 UGC 内容，严打搬运

社区产品在明确需要扶持具有人格化特质的内容品类后，是按传统媒体所擅长的 PGC 方式来生成内容，还是转为 UGC 这种让社区中的用户自发创作的方式呢？如果回到本节的出发点——将创作内容设计为帮助创作者积累社交资本的有效途径，社区需要采用 UGC 这种方式来构建就不难理解了。具体来说，原因主要在于以下两点。

（1）*更先进的生产关系*。社区中的创作者之所以一定要来自原生用户，是因为只有将用户自发为关注者创作内容的路径走通，才有可能取代传统基于采买的落后生产关系，从而降低社区运营的内容成本。

（2）*更有活力的社区氛围*。社区的氛围并不是刻意营造出来的，而是自然孕育出来的。正所谓橘生淮南则为橘，生于淮北则为枳，同样一个内容品类在小红书和虎扑上的调性就截然不同。因此，与其复制其他产品的内容氛围，倒不如追求对自家用户真正有用的内容品类。

既然要扶持UGC方式的人格化内容，那么有些急于转型的媒体可能会想到，是不是搬运一些具有人格化特质的内容就可以了？毕竟这看上去是一种省力且快捷的策略。事实上，无论是从创作者的角度还是从用户的角度来看，搬运都是一种非常短视的行为。

- 从创作者和生态视角看。人格化内容是一种通过加上创作者形象的水印以避免被搬运的内容，所以如果连这些内容平台都要搬运，就会让生态中的创作者快速卷入短视的流量争夺中，整个内容生态会迅速趋于平庸。
- 从用户视角看。用户在消费内容的同时，也在甄选他们想要建立联系的创作者，所以如果用户真的喜欢某个创作者并想与其建立联系，那么用户自然会流失到创作者所在的平台上，因此，搬运行为看似补充了内容，实际上是在加速用户流失。

总体来说，搬运就好比抄作业时把别人的名字也抄上了，结果非但没能追赶上行业的领先者，反倒为他人做了嫁衣。因此，即使搬运行为有可能带来产品短期指标的增长，但平台仍需要通过原创内容占比等指标来严防死守，以杜绝搬运对平台所产生的长期负面影响。

10.1.2　强化关系的稳定建立

正如在4.2节中从网络效应角度讨论的，强化关系稳定建立的重要性不言而喻，因为只有产品中的用户能够结成一张紧密连接的网，才能产生比内容价值更具防御性的网络效应。具体到社区产品的场景中，要想引导关系的稳定建立通常需要以下3个手段协同发力。

1．以“人”为核心的原创内容

社区产品吸引用户的根基在于社区中有趣内容的创作者，因此，如果想强化用户和创作者之间关系的建立，更为务本的方式就是10.1.1节所讨论的，要重视以“人”为核心的原创内容。可以说，如果产品没有决心认真运营内容和创作者，那么不论在算法创新和产品创新上付出了多大努力，都将徒劳无功。

2．激发互动的交互创新

如果仅有以“人”为核心的内容，而用户与创作者互动的方式无效，那么内容的质量再好也很难构建出足够强的社区关系。下面以书籍这种历经时间较久的内容形式为例，讲解不同互动方式下的效果。

（1）*单向的内容创作*。在文字时代，尽管很多作家具有很强的人格魅力，但他们也只能通过文字来与读者进行单向沟通，这样就限制了他们与用户建立更深入互动关系的可能性。

（2）*异步的留言评论*。在互联网时代早期，亚马逊和豆瓣等产品中的书评是用户与作者建立联系的主要方式，它不仅可以指引用户完成购买决策，同时也可以让作者了解用户的反馈。不过，由于这种异步的沟通方式相对低频，因此通常较难收集到足够丰富的用户反馈。

（3）伪同步的定点评论。随着用户从早期信息的被动接收者发展为产品中内容的共创者，他们更希望能频繁地交互，因此，如图 10-2 所示，微信读书通过将评论精准标定到划线的文字上，为用户和作者开辟了更多的交流空间。对用户来说，这种设计不仅可以丰富阅读体验，还会鼓励他多参与社区的交流。对作者来说，这种精准标定的反馈显然对他之后改进作品有很高的参考价值。

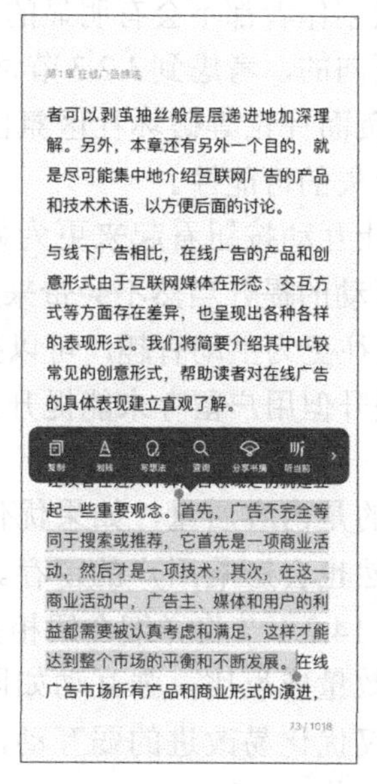

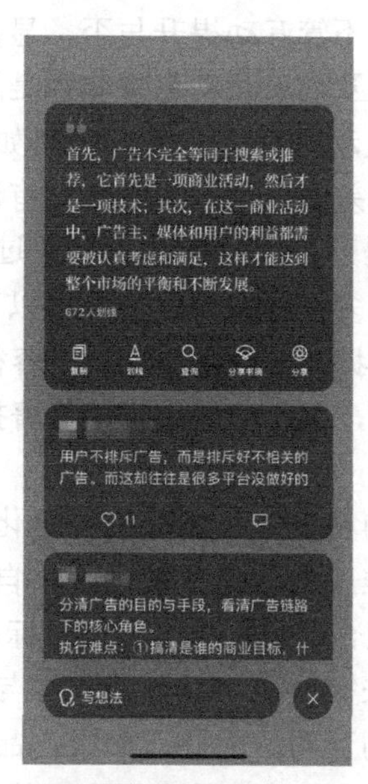

图 10-2　微信读书中的定点评论方式示意

（4）同步的直播互动。直播作为一种互动性极强的媒介，已成为很多作者和用户进行交流的首选方式，归纳起来，其流行的原因主要有两点。首先，直播给用户带来了极强的临场感。与其他互动方式相比，直播可以快速拉近用户与作者之间的心理距离，使用户更能身临其境地感受作者的魅力。其次，直播减轻了作者的创作压力。在直播间这个小社区中，作者的人格魅力成了内容的主体，所以与写作等耗时的创作方式相比，直播成了作者输出内容的一种更加轻松有效的方式。

从上述例子可以看出，即便是书籍这种传统的内容形式，其互动方式也已从早期作者的单向输出演变为如今多种更强的互动方式。因此，只要产品能结合其特性进行适当的创新，就能找到更多新的互动方式以强化社区关系的建立。

3．强化互动时的潜在风险

在具备了以人为核心的原创内容和有互动感的交互方式后，再通过互动策略来提升用户和创作者的体验其实并不困难，因此，本节将重点探讨在强化互动未能提升用户和创作者的体验时，可能出现的问题及对应的优化手段。

（1）创作者体验未提升。创作者对互动的增强通常比对流量增加更为敏感，因此，如果社区产品成功提升了关注、评论等指标，那么创作者在感受到自己为他人带来的价值后，其创作积极性应该会有所提升。因此如果创作者留存相关的指标未提升，就需要从以下3点来排查。

- 生态中以搬运创作者为主。如果生态中以更看重点击量的媒体为主或者搬运创作者为主，那么不管互动提升与否，显然创作者都不会有明显的感知。
- 提升了负向的互动。互动也并非都是正向的，考虑到3.2.3节讨论的网络负外部性，社区在强化互动时就需要注意阻断如负面评论等破坏社区氛围的负向互动，不然在社区氛围变差时，创作者确实会有流失的可能性。
- 虚假的互动提升。产品中不乏仅通过让互动按钮看起来更为显性以提升互动的例子，但这样更多是骗取误点击，所以互动的提升当然不会带来用户体验的提升。

（2）用户体验未提升。强互动性的内容往往更为生动有趣，可以提升分发的容错性和用户对平台的归属感，因此，如果互动显著提升但用户留存未能提升，那么有以下几点需要排查。

- 影响了内容的相关性。互动更多强化的是内容质量，如果优化得过于激进，在相关性等其他维度上体验非常不好，自然也会影响用户的留存。这时，就需要以精细的多目标融合手段来平衡各类目标，14.2.1节将详细介绍相关的技术手段。
- 提升的是非关键互动。互动的强度与数量成反比，强互动如同产品的承重墙，其价值会远超弱互动。因此，如果产品仅优化易改进的弱互动，那么在强互动下降的情况下，用户体验变差也很有可能。

10.1.3　引导角色的良性分化

PC时代的产品只需建立与其他产品交换价值的超链关系就能在开放生态中生存下来，移动互联网时代由于产品缺乏超链，它们就像被封闭在孤岛上，因此只有设法实现自给自足的生态，才能得以安全地生存。实现生态自我循环的关键就在于，产品能培育出多种不同的生态角色。本节将探讨在社区产品中引导角色良性分化的两种机制。

1．显性的角色塑造机制

自然生态系统中角色在短时间内固定，例如生产者不会突然转换为分解者，分解者也不会突然转换为消费者，而用户产品的角色通常由用户偏好所决定，因此在适合的产品机制的引导下，就可以将普通用户转换为其他各类角色，如图10-3所示。接下来具体讨论几类角色转换的产品手段。

（1）**正向选拔社区管理者**。好比水族箱中需要净化水质的硝化细菌和除藻的清道夫，当社区遇到日常各种事无巨细的运营问题时，就需要有社区管理者。通常，平台会由自己搭建的运营团队来进行治理，但如果能从普通用户中找到选拔社区管理者的机制，就可以委托其代表平台来进行治理，以缓解平台的运营压力。例如贴吧的吧主可以运营本吧，bilibili 的风纪委员可以对评论和弹幕进行仲裁等，都是社区具备生态自治能力的一种体现。

（2）**反向筛选非目标用户**。除了正向选拔社区管理者来维持社区秩序，社区还需要反向筛选非目标用户，常见的筛选机制是将用户的社交资本通过积分形式进行显式货币化，在识别有潜力成为社区管理者用户的同时，反向识别有风险的非目标用户。如图 10-4 所示，以虎扑的声望值为例，当用户创作内容、友善互动时就会增加声望值，当用户破坏社区氛围时就会减少声望值。

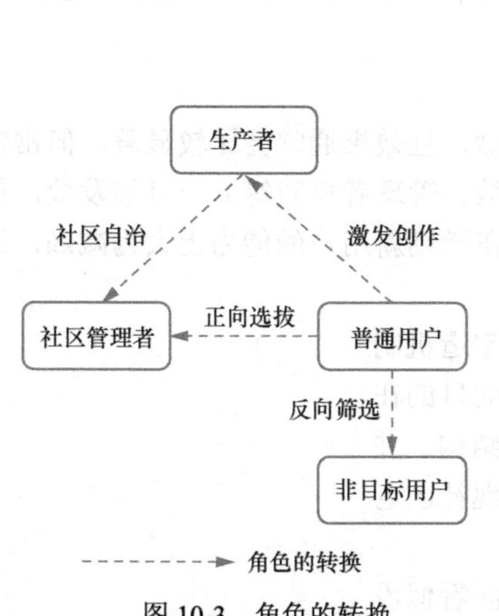

图 10-3　角色的转换

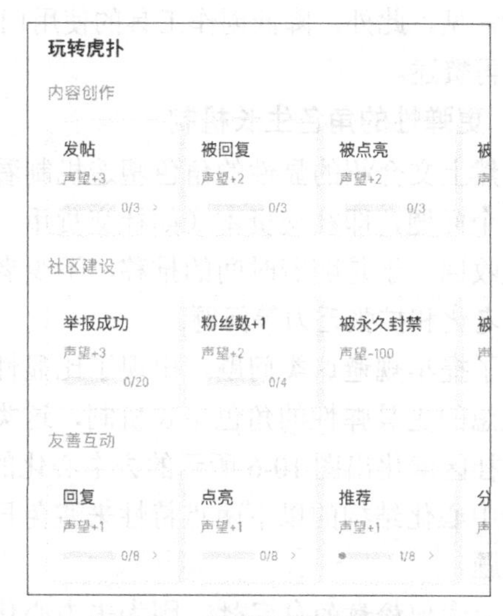

图 10-4　虎扑的声望值示意

进而如图 10-5 所示，有了细粒度的社交货币后，社区运营者就可以通过社交货币的多少来进行社区权限的分级管理，例如，可以分级限制“小黑屋”用户、“你很危险”用户的互动权限，以保护生态中更关键的角色。

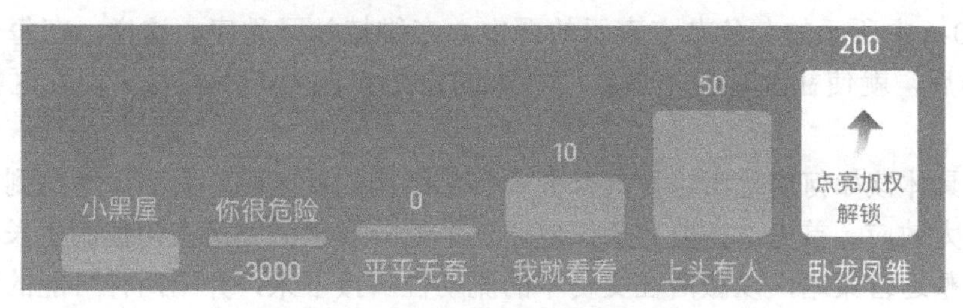

图 10-5　虎扑的社区权限分级管理示意

（3）更主动防御的考试机制。社交货币的缺点在于它是一种被动防御机制，具有反馈上的滞后性。例如，如果一个消极用户过去没有发布过任何负面评论，那么在声望值上无法体现出来，而一旦他在关键时刻发表了负面内容，就会为社区运营带来很大的风险。

于是，为了更主动地保护社区氛围，bilibili 设计了一种只有当用户成功回答相关题目后才能在社区中发言的考试机制。通常，这种高门槛的主动防御机制会引起用户反感，不过由于在 bilibili 中这一机制已经演变为了一种社交资本，因此并没有太多负面的影响。由此可见，对于如何设计机制，也需要结合产品的特性来进行创新。

（4）激励用户成为创作者。与媒体产品中偏向逐利的创作动机不同，在社区产品中，普通用户的创作动机更多是与他人交流，因此相比于物质激励，采用社交货币等机制来激励更为常见。此外，降低创作工具的使用门槛也同样重要，由于第 1 章已经做过相关讨论，这里不再赘述。

2．更弹性的角色生长机制

虽然上文介绍的显性的角色塑造机制看似巧妙，且效果通常会比较显著，但常常容易出现一个问题，即社交资本（如社交货币、关注数、管理者权限等）一旦被发放，就难以被有效收回，于是随着时间的推移，不少老社区在激励新用户的能力上大为减弱，进而引发社区老化和扩张乏力等问题。

为了提早规避这类问题，出现了比显性角色塑造机制更为理想的更具弹性的角色生长机制，这类机制的目的在于促使社区演化出图 10-6 所示的去中心化的社区结构，并通过去中心化结构的以下两点特性来避免日后出现社区老化等问题。

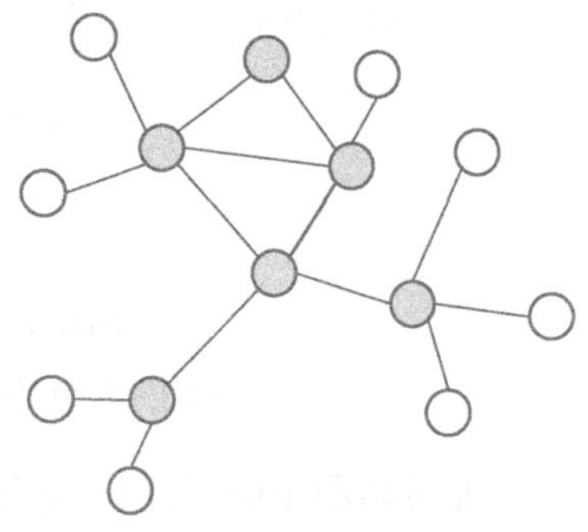

图 10-6 去中心化的社区结构

（1）看似松散的包容性。因为去中心化的社区看似没有中心，所以社区文化通常会更为多元化和具有包容性，从而在避免社区氛围老化的前提下，可以更好地激励新用户去赢取社交资本，进而实现社区的扩张。

（2）实则鲁棒的张力。虽然去中心化的社区看似结构松散，没有明显的强中心，但也有很多图 10-6 中所示的灰色节点表示的弱中心在维持社区秩序。这样，在每个用户都能被社区影响后，就使社区具备了形散而神聚的自组织能力，不容易出现社区氛围老化等问题。

那么，具体该如何演化出这种具有去中心化结构的社区呢？其实，考虑到社区老化的根源在于马太效应，首先，需要有意识地通过平权分发来激励潜在角色的生长；其次，不断监测并调整运营策略，以激活社交资本的流动性。接下来，介绍两种可能的策略，更具体的细节还需要结合产品的特性和现状来设计。

- 基于策略手段生长。闻道有先后，如果后进入者更适合承担产品中的关键角色，就可以设计出一种能将其选拔出来的优化目标，并通过强化该目标来隐性地给予扶持。同时在过程中也需要根据反馈来持续调整，以激发社区的活性。例如，在作者粉丝数和用户关注数较少时更强调关注率，以缓解马太效应，并确保新作者和新用户能融入到社区中。
- 基于运营手段挖掘。如果产品在运营时能快速分辨出社区中的关键用户，那么在社区扩张等特殊时期就可以临时赋予其一定的影响力，并在运营诉求完成后回收影响力。可以想象，这类手段对运营的要求会比较高。

当有了从普通用户中涌现出来的关键角色后，考虑到他们要么是领域专家，要么具有比较强的人格魅力，社区借助他们的影响力去以点带面地发力运营，通常可以更高效地维持社区运营的效率，下面给出两种可能的策略供参考。

- 基于运营手段来经营。与其通过强硬的管理手段来管理用户，不如通过标杆用户的示范作用来影响用户。例如设法提供一定的激励手段，让普通用户了解社区鼓励什么样的行为，通常就可以润物细无声地影响普通用户的行为了。
- 基于策略手段来强化。在机器学习模型中，通常会等权重地看待每一条用户样本，所以如果想强化关键角色的自治作用，就可以设法强化关键角色样本在学习过程中的权重，以影响模型的推荐偏好。

10.2　从媒介侧创新的Instagram

对先有内容再有关系的社区产品来说，找到好的内容媒介或垂类去切入是社区成功的首个关键因素，按我的理解，这至少需要具备以下两点特质：首先，需要以打造创作者的人设为核心，以为后续构建社区中的关系和角色做铺垫；其次，敢于改变游戏规则，优先选择巨头尚未涉足的领域，再通过差异化的创新来求发展。接下来，本节将从这两个视角出发，探讨在Facebook拥有近30亿月活用户的情况下，Instagram是如何奋起直追到拥有近20亿月活用户的。

10.2.1　从文到图的媒介变革

社区转型的第一步就是要激发创作，考虑到普通用户并不擅长文字和视频创作，Instagram选择了以图片为主的叙事风格，并通过文字标记和美化滤镜等功能来辅助体现出内容的调性。事实上这种图片叙事风格不仅奠定了社区追求实用且美好的氛围，也为Instagram抵挡其他产品的进攻立下了汗马功劳。更具体地，其优势总结起来至少包括如下3点。

（1）*避开和巨头的正面竞争*。Instagram诞生于Facebook、YouTube和Twitter早已崛起的2010年，考虑到社交网络先发者的网络效应，如果此时再做巨头们擅长的文字或视频，不仅攻破巨头防御的难度会比较高，还容易引起巨头们的警觉，因此，从差异化地避开和巨头竞争的角度，图片就是一个更好的选择。

（2）*利用巨头对手机拍照潜力的低估*。2010年不仅是搭建移动产品的黄金年代，也是手机摄影的启蒙时期，当时大部分巨头还没有意识到手机摄影的潜力。以Facebook为例，当时如果用户要想发布手机拍摄的照片，就需要先在Facebook上将照片上传到一个名为手机上传的默认相册中，然后经过处理才能发布。尽管这种多步处理的流程初看起来并无大碍，但这也恰恰说明，Facebook是将手机与照相机等同看待的，并没有预见到在不远的将来，手机是可以一键发布照片的。

（3）*开辟更快地积累社交资本的途径*。每个社交网络都有标志性的方式来帮助用户获取社交资本，对Twitter而言，这个方式是发布一条有趣的文字，对Instagram而言，则是发布一张有意思的照片。显然，相较于文字，图片是一种更为人格化且具有感官刺激的媒介，通过它不仅更容易判定内容的原创性，同时也能帮创作者更快地积累社交资本。所以年轻人很快就从Twitter迁移到Instagram上，通过发图片来积累社交资本了。

基于上述考虑，Instagram创始人Kevin Systrom便选择了图片这一媒介来作为创业的切入点。不过正如第1章所述，即使意识到了媒介的机会，要抓得它，还要看产品能否打磨出一个与之配套的创作工具。10.2.2节将讨论Instagram具体是如何在创作工具环节便捷用户创作，并帮助他们积累社交资本的。

10.2.2　恰到好处的创作工具

Instagram的文化深受其创始人Kevin Systrom的影响。尽管他在斯坦福大学学习的是管理科学与工程，但他对艺术有着更浓厚的兴趣，不仅创建了一个吸引扎克伯格的照片分享网站，还前往文艺复兴的发祥地佛罗伦萨留学，并在那里对摄影有了更深的感悟。

1．恰到好处的滤镜技术

在佛罗伦萨留学时，Kevin Systrom为了上好摄影课曾买下昂贵的摄影装备，但他的摄影老师告诉他："你必须学会欣赏不完美。"于是，Kevin Systrom就只能拿着拍方形黑白照片的塑料相机来磨炼技艺。不过，在逐渐欣赏到模糊和离焦的美之后，Kevin Systrom悟出了一个道理，那就是过于复杂的技术并不一定会让摄影艺术变得更好，技术并不是艺术的决定性因素。

因此，在Instagram创业的2010年前后，尽管手机镜头拍摄出来的照片质量远没有今天理想，但是Kevin Systrom并不担心，因为他知道摄影的关键在于情感表达，而非昂贵的器材。于是，受过去摄影经验的启发，Kevin Systrom采取了以下两点关键的举措。

（1）差异化的视觉语言。将照片标准化为正方形后，不仅可以尽可能地统一照片的尺寸，使产品整体的视觉效果更加流畅，同时，将照片限定在有限的正方形空间来构图会迫使用户对其想表达的重点进行取舍，如图 10-7 所示，这样就激发出了新的视觉语言，形成了一种 Instagram 所独有的美学风格。

图 10-7 Instagram 的滤镜功能

（2）恰到好处的滤镜功能。Kevin Systrom 借鉴模拟照片的显影技术来打磨滤镜功能，使用户在使用滤镜后既遮掩了照片质量问题，也得以用一种更艺术的形式来呈现自己的生活，很快激发了人们的创作欲望。

可能有人会好奇，为何 Instagram 的滤镜效果不是特别炫酷却能流行起来，事实上，这正是关键所在。以 Prisma 为例，尽管它的滤镜可以将照片幻化成炫酷的艺术画，但由于它强烈的风格压制了用户真正想要表达的内容，因此不适合用于分享用户的真实生活，自然也就限制了 Prisma 的流行。而 Instagram 流行起来的原因并不是它的滤镜技术有多复杂，而是它是以用户想法为核心去辅助创作的，这样就恰到好处地兼顾了用户对真实和美好的追求。当 Facebook 等平台上出现大量由 Instagram 编辑的照片后，激发了更多人前去下载 Instagram，从而为之后 Instagram 打造内容社区奠定了基础。

2．更加便捷的创作路径

Instagram 是 Instant（即时）和 Telegram（电报）的合成词，顾名思义，Kevin Systrom 希望打磨出一个便捷创作和分享的图片工具。考虑到当时很多产品中手机发布图片的流程过于烦琐，Instagram 就在交互流程的简化上下足了功夫，以下 3 点是其中的关键设计。

（1）快速的拍摄功能。很多产品中创作的入口比较深，而 Instagram 将创作按钮置放在界面中醒目的正下方，不仅只需要更少的环节就能让用户完成创作，也强化了用户的体验，使用户了解到这里是一个鼓励创作的社区。

（2）简洁的照片调整。Instagram 很注重简单直观的交互设计，它通过简洁的界面和各种编辑功能的打磨，使新手用户也可以迅速调制出自己想要的照片。

（3）快捷的照片分享。为了方便用户分享，Instagram 除了优化网络时延，在用户还在选择滤镜时就开始了照片的预上传，从而在用户真正上传后可以感受到超快的分享速度。

综上，虽然 Instagram 的成功得益于抓住了媒介迭代的时代机遇，但更多源自 Kevin Systrom 自身对摄影的热爱，说到底，只有热爱的事情才有可能在细节上将其做到极致，也才能在熬过漫长的艰难岁月后迎来曙光。

10.2.3 从创作工具向社区转型

如果仅做好滤镜技术和创作路径，Instagram只能算是一个在Facebook等平台上分享照片的好用工具。考虑到工具容易被取代，Instagram逐步向社区方向转型，通过让用户在Instagram中获得关系连接和社区认同而留存。本节将介绍Instagram在向社区转型的过程中所采用的3种具体方法。

1．做减法，去掉转发的原创生态

在Instagram刚开始发展的时候，人们总是将它和Twitter进行对比，并劝说Kevin Systrom增加一个转发按钮，这样，优质的内容就更容易在短期走红。不过Kevin Systrom却洞察到，转发会分流本该属于创作者的社交资本，这对于生态中真正优质的原创作者不公平，因此并没有采纳这个建议。

于是，不同于其他社区中用户经常被八卦新闻和时事热点所打扰，Instagram为那些更适应点赞和关注机制的小而美创作者争取到了更好的生存和发展空间。所以，虽然从短期来看去除转发功能弱化了社区氛围，但从长远来看，这种去繁就简的发展哲学显然更为健康，值得很多贪多求全的产品借鉴。

2．通过互动来强化关系的建立

传统UGC产品如贴吧和Reddit等，通常会采用按主题来硬分流用户的模式，这虽然在一定程度上保护了社区氛围，但也使产品被拆分成了一个个孤岛，不仅难以提升用户和创作者间关系建立的效率，也难以形成产品整体的网络效应和社区文化。于是，Instagram采用了和Facebook类似的信息流推荐模式，以促成用户和创作者间更多关系的建立。

在选择推荐算法的优化目标时，考虑到抓用户新鲜感的点击信号难以为创作者沉淀更稳定的社交资本，Instagram倾向于将关注和点赞等互动信号当作算法的优化目标。随着关注数逐渐成为平台上社交资本的象征，人们开始更加积极地争相创作，Instagram生态的繁荣也就不难理解了。

3．摄影师们的示范性创作

Kevin Systrom对于滤镜的最初灵感就是从模拟照片显影技术中获得的，因此他设计出来的滤镜自然更容易受到摄影师们的喜爱，例如，一位喜欢哈苏相机的摄影师Cole Rise就是Kevin Systrom的忠实用户，他不仅发自内心地认可滤镜功能，让Kevin Systrom意识到了滤镜的潜在价值，之后还帮助Instagram设计了很多滤镜。

从10.1.3节中借助标杆用户的示范作用来运营社区的角度看，摄影师这个群体作为产品的关键用户是非常合适的，因为对一种全新的媒介来说，无论从技法上还是从情感和视角上，都需要有人能手把手地指导用户来创作，而摄影师正好非常善于“用图片讲故事”。因此，Instagram在挑选产品的种子用户时邀请了很多在Twitter上有大量关注者的优秀摄影师，这才让Instagram得以在众多功能相似的产品中脱颖而出。

综上，不难看出，Instagram 所采用的社区培育思路与 10.1 节介绍的构建社区的 3 个原则是高度一致的。事实上，小红书、bilibili 等社区都采用了相似的思路，这里不再详述。

10.3 无为而治的Reddit

2005 年 6 月，来自弗吉尼亚州立大学的研究生 Steve Huffman 和 Alexis Ohanian 在租来的公寓中创建了 Reddit，这个名字来源于一个双关语“I read it”，意思是如果你浏览 Reddit，就不会错过重要的信息。尽管起初 Reddit 的用户少到要靠创始人本人来活跃氛围，但如今 Reddit 已成长为北美家喻户晓的社区产品，不仅拥有近百万个子版块，月活用户也达到了 5 亿左右。

虽然用户量庞大，但 Reddit 十几年来一直采取谨慎的研发模式，不仅员工数常年维持在 100 名左右，而且仅依靠少量广告费和会员费来维持经营。面对其他动辄数万员工的公司，这样的模式是如何防御 Facebook 和 Twitter 等产品不断进攻的呢？事实上，Reddit 采用了一种看似无为，实则把权利完全赋予用户的模式，这样反而激发了用户对社区的自治，使 Reddit 成为一个具有顽强生命力的社区，下面对 Reddit 中的产品设计做简要解读。

10.3.1 显式组织的社区结构

综合型 UGC 社区是一种起源最早也最被用户所熟知的社区产品。由于这类产品内容非常庞杂，且推荐算法在当时还不成熟，因此为了维持社区的运转效率，通常会基于显式的产品机制来分流用户，例如基于搜索的贴吧和基于小组的豆瓣等。虽然从今天的视角看，完全借助产品机制来维持社区运转是一种低效的方式，但是把分发的权利几乎交给用户倒也不失为一种可行的产品模式。本节将以 Reddit 为例介绍在赋权用户的理念下，有哪些不太一样的产品设计。

1. 显式分流用户的利与弊

类似贴吧，Reddit 采用“子论坛”（subreddit）的方式自治社区，在每个子论坛中都有自己的版主和管理规则，这样就无须担心社区产品在做增长时常见的氛围水化问题。同时，这种社区自治的方式不仅能有效管理社区的运营风险，同时也降低了平台的运营成本，使 Reddit 多年来可以安全地运营。只不过有利也有弊，隔离社区氛围的子论坛模式也带来了如下两个问题。

（1）*社区整体归属感的缺失*。社区结构过于去中心化后，很难通过全局传播来形成社区整体的文化符号和归属感。毕竟，产品还是需要尽量让所有用户都结成一张网，才能提升整体的网络效应。

（2）更适合主动型用户。Reddit中一个很重要的产品模块是对子论坛本身做推荐，所以如果你是一位兴趣明确的用户，那么不管是爱好天文还是游戏，都可以在这个模块中找到感兴趣的社区。不过如果你只是想随意逛逛，那么在这个模块中很可能会面临选择困难，不知道应关注哪一个社区。

不难看出，更适合这种按主题来硬分流的社区产品的搭档就是搜索了，因为它不仅和搜索偏主动的行为模式一脉相承，同时又能借助搜索来完成精准的用户增长。因此，如果没有强搜索产品的协同，类Reddit的社区产品很难在今天实现迅猛的增长。

2．可配置的信息流

由于Reddit中的内容大多是创作成本很低的帖子，因此会比其他产品更容易面临信息筛选效率的问题，于是，不同于很多产品将推荐聚合到一条信息流中，Reddit将风格差异较大的内容拆分成几条不同的信息流，如图10-8所示，主要包括以热门内容为主的热门页（Home页），以关注吧为主的首页（Popular页），以视频内容为主的类抖音沉浸流（Watch页），以新闻内容为主的新闻首页（News页），以及最近访问页（Latest页）。

除多条预定义的信息流之外，Reddit更具产品特色的一点在于可以自定义信息流，如图10-9所示，即支持用户为自己配置多条聚合不同子论坛的信息流。这样，就在纯算法推荐和单个子论坛之间找到了一条中庸之道，既可以避免单条信息流下小众内容被其他内容湮没，又可以缓解在浏览多个子论坛时不停跳转的频繁交互问题。于是，对于已经习惯主动阅读的Reddit用户来说，这就成为一种定制用户体验的有效方式。

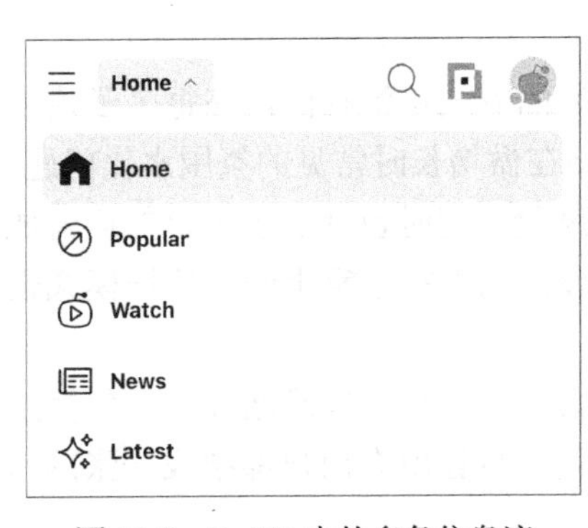

图10-8　Reddit中的多条信息流

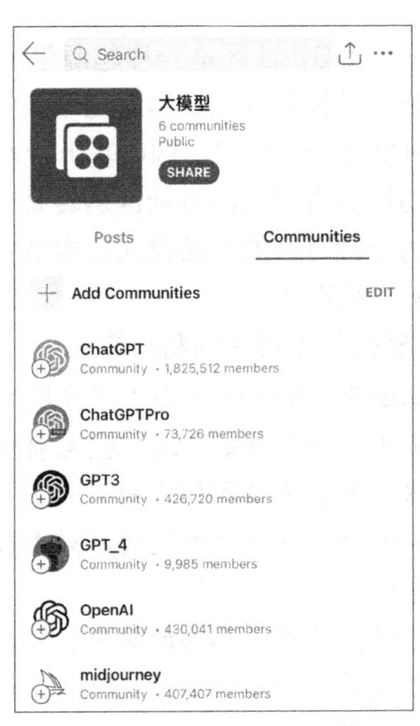

图10-9　自定义信息流

除了上面提到的亮点，Reddit 在各环节也都秉持类似的观点，这里就不一一列举了。总体来说，Reddit 并不过多依赖推荐算法的分发能力，而是主张通过产品手段来优化信息获取效率，并基于用户的集体智慧来管理社区，这样，每个社区用户都拥有很强的责任感，使 Reddit 在历经多次挑战后仍具有顽强的生命力。

10.3.2 简单健壮的投票机制

大多数推荐产品会基于复杂算法来整合反馈信号，这样虽然信息获取效率高，但也容易陷入反馈闭环所形成的信息茧房中。于是，Reddit 为了更能表达出当下的潮流和用户群体的偏好，采用了简单健壮的投票机制。本节就简要介绍这类机制的特点。

1. 强化反对票的社区自治

从社区产品保护创作者的角度看，创作者只需要喜欢他的受众，因此，如今很多产品都奉行点赞文化，要么只在一个很深的入口提供点踩功能，要么干脆只提供点赞功能。然而，如果在内容质量良莠不齐的产品中不允许负反馈，其实错失了阻断网络负外部性的合理时机，于是 Reddit 设计了一个投票功能，如图 10-10 所示，通过将投票数设定为点赞数和点踩数的差值，巧妙隐去了点踩数，这样就在阻止低质量内容传播的同时，避免了对创作者积极性的打击。

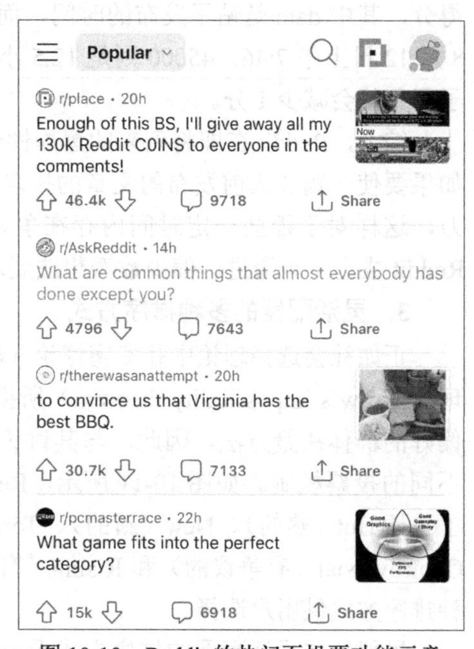

图 10-10 Reddit 的热门页投票功能示意

2. 强化集体智慧的投票排序

投票作为一种综合多个用户偏好以形成最终决策的机制，在政治、经济等众多领域中有广泛的应用。对社区产品来说，由于投票不仅能缓解算法过拟合所导致的信息茧房，也使社区易于形成大众喜闻乐见的氛围，因此常常被应用在热门内容的排序中。从图 10-10 中就可以看出，Reddit 的热门页中以鼓励大众参与讨论的接地气的内容为主。

虽然不清楚 Reddit 目前具体的实现细节，但在 Reddit 曾经开放的源代码中可以看到它之前的实现方式。以热门页排序为例，在点赞数 up_{vote} 比点踩数 $down_{vote}$ 多的情况下，Reddit 的排序实现如公式（10.1）所示：

$$f_{score}=\log_{10}\left(up_{vote}-down_{vote}\right)+\frac{date-1134028003}{45000} \tag{10.1}$$

不难看出，这个公式基本上以投票信号为主导。虽然公式初看上去非常简单，但由于把握住了以下3个关键的产品特性，因此整体看体现的是一种比较健壮的机制。

（1）避免争议。让点赞数 up_{vote} 减去点踩数 $down_{vote}$，这对获得大量赞成和反对意见的有争议的话题会具有重大影响，因为它们的排名通常会比仅获得点赞数的话题靠后，这样就弱化了有争议的话题所带来的运营风险，也减少了网络霸凌现象的发生。

（2）弱化马太效应。通过采用以10为底的对数变换手段，较早的投票相较于较晚的投票就会更具分量，例如，前10票的权重与第11至第101票的权重是相同的。这样，由于后来选票的价值越来越小，因此避免了持续积累权重的马太效应，从而使用户有持续发新帖的动力。

（3）保持时效性。公式（10.1）中的第二项旨在帮助最近发帖的得分高于以前发帖的得分，其中date是帖子发布的时间，而1134028003是Reddit开始运行的时间，即2005年8月12日上午7:46，45000则是12.5小时对应的秒数，意思是每当时间流逝12.5小时，帖子得分就会减少1分。

综上，Reddit在即将到来的爆炸性话题与稍旧但仍流行的话题之间取得了平衡，例如，如果要使一篇3天前发布的文章的排名比刚发布的文章靠前，它的投票数就必须超过近60万，这样对于那些一定时间内存在争议的帖子来说，不太容易被排到前面，因此避免了Reddit成为一个激进、偏少数派想法展示的平台。

3．灵活配置的多种排序方式

正如社会选择理论中孔多塞悖论（Condorcet paradox，也称投票悖论）和阿罗不可能定理（Arrow's impossibility theorem）所揭示的，其实并不存在一个能完美满足所有用户个体偏好的群体决策方法，因此，与其讨论如何设计一个完美的投票机制，倒不如多提供几种不同的投票机制。如图10-11所示，Reddit在基于算法排序的Best（最佳）方式外，开放了包括Hot（热的）、New（新的）、Top（历史头部）、Controversial（有争议的）和Rising（有潜力的）等多种排序方式供用户选择。

虽然这些灵活配置的排序方式看上去只是实现细节，但也是产品尊重用户意志、赋权于用户思想的体现，特别是对按固定子论坛来组织社区的Reddit来说，这种方式可以提升用户对特定主题获取信息的效率，例如在初次访问时采用Top方式，不经常访问时采用Best方式，频繁访问时则采用New方式等，从而在一定程度上弥补了这类产品欠缺推荐算法的短板。

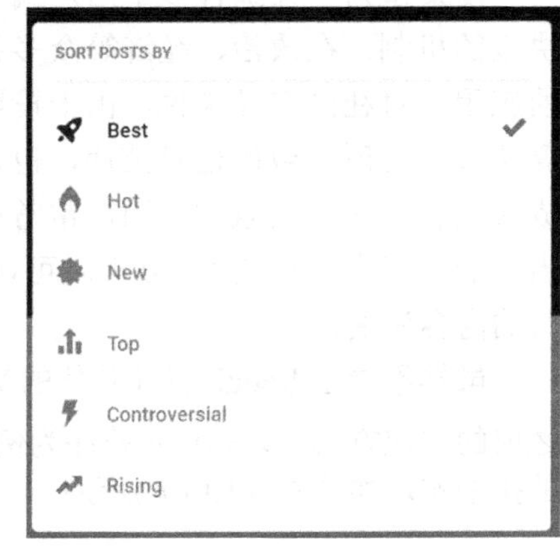

图10-11 Reddit的排序方式

第11章

模拟社交的协同过滤

正如张小龙在2019年微信的公开课中所述："我一直很相信通过社交推荐来获取信息是最符合人性的，因为在现实中我们接纳的新信息并不是我们主动到图书馆或者网上去找的信息，大部分情况下是听到周边人的推荐而获得的。"确实，微信的朋友圈仅凭精准的社交关系链，就在没有推荐算法的情况下实现了精准的自然内容分发。本章将探讨如何通过算法来模拟和理解社交网络，以引入更多"人"的智慧来优化推荐效果。

11.1 推荐系统的起源

推荐系统的早期雏形起源于两个协同过滤系统，分别是优化协同办公场景的邮件推荐系统Tapestry，以及将协同过滤系统在业界发扬光大的GroupLens。本节将通过对这两个早期产品的简要介绍来帮助读者理解协同过滤算法的主要组成部分，以及更适合哪些推荐场景。

11.1.1 更相信人的智慧的Tapestry

始创于1970年的施乐帕洛阿尔托研究中心（Xerox PARC）以其众多创新发明而闻名，例如激光打印机、图形用户界面和以太网等就在这里诞生。可以想象，在这样一个思想高度碰撞的协同办公场景中，因电子邮件的大量使用引发了信息过载的问题，于是，一款名为Tapestry的邮件推荐系统从Xerox PARC孵化而出，大幅提升了当时人们获取信息的效率。

1. Tapestry的技术原理

Tapestry的实现细节于1992年披露在一篇题为"Using Collaborative Filtering to Weave an Information"的论文中，从标题中就可看出，正是Tapestry首次提出了一直被沿用至今的协同过滤。尽管今天看这篇论文中的做法很简单，但它从本质上指出了协同过滤的关键价值，因此，我们围绕这篇论文来对协同过滤做一个简述。

（1）协同过滤的核心思想。当时信息检索的大多数算法想用冰冷的机器算法来取代人，例如 BM25 和 VSM 向量空间模型就是由一个公式来判定查询和文档的相关性。然而和这些系统不同，Tapestry 坚信“人”能提供对文档的更可靠评估，所以就通过让人们以协作的方式去推荐内容。具体来说，Tapestry 通过记录人们在阅读文档时的行为反馈设计了一种被称为 TQL 的查询范式，它可以让用户以手动配置检索词和关注用户来筛选内容，例如找出同事 A 和同事 B 在看过后都觉得质量不错且带有自动驾驶标记的论文。

不难发现，不同于之后的协同过滤算法会自动挖掘协同关系，Tapestry 中算法仅负责获取真实关系后的分发环节，而对于更重要的关系获取环节，和朋友圈一样是交给用户来配置的。于是，虽然这种方式比较烦琐，但也正因社交推荐中宝贵的关系价值被保留而呈现出了非常好的效果。

（2）对内容生态的设想。上述查询成立的根基是，需要有其他用户先为内容做标注，但这个假设成立吗？Tapestry 很有前瞻性地预判了这一点。Tapestry 认为，内容生态里通常会存在两类角色，一类是有正外部性的主动型读者（eager reader），他们会在第一时间阅读最新文档，并热心地给文档打上评价和标注；另一类是偏被动型的随意读者（casual reader），他们会等待热心的用户标注完成，然后基于前者的评价来筛选文档。显然，今天看论文中对内容生态的假设是成立的，这正是基于用户反馈来设计推荐算法的前提基础。

2．推荐系统的初心所在

虽然这篇 Tapestry 论文从技术上早已过时，但抛开技术实现细节，从中理解提出推荐系统时的初心，还是不禁让人感慨。当时，Tapestry 论文的提出者为了能让人们理解协同过滤，特意在论文中绘制了一幅漫画，以表达推荐系统在引入人的智慧做协同后，可以像一位懂用户的人类助理那样帮人们从繁重的信息过载中抽身出来。

如今，虽然有很多帮用户获取信息的推荐产品，但也有不少推荐产品为了吸引用户的注意力而将低俗或令人沉迷的内容推荐给用户，从而毒害了不少自制力较弱的用户。显然，这并不能归咎于推荐技术本身的问题，而更多取决于产品的社会责任感。所以本着科技向善的角度，这里还是要呼吁各位从业者不改推荐系统的初心，做出更具社会价值的产品。

11.1.2　仿真协同关系的GroupLens

虽然 Tapestry 中用户手动指定的协同关系表意精准，但也带来了推荐产品难以快速产品化的问题，于是，John Riedl 基于算法来仿真协同关系，于 1992 年推出了一款 Usenet 上的文章推荐引擎 GroupLens，并在 1994 年的“GroupLens: An Open Architecture for Collaborative Filtering of Netnews”论文中给出了其实现细节。考虑到算法产生的年代久远，本节仅对其做简要的介绍，并为 11.2 节和 11.3 节介绍现代协同过滤技术做铺垫。

1．基于统计共现的关系仿真

与社交网络中先建立社交关系再进行内容分发的方式不同，协同过滤方法期望先从内容分发中仿真出协同关系，然后基于这些关系进行推荐。因此，考虑到新闻组中用户是根据兴趣来建立友好关系的，GroupLens 提出了一个通过统计用户兴趣共现来仿真关系的方法。接下来，我们对它做一个简要的介绍。

（1）*对用户友好的反馈收集*。毫不夸张地说，设计一个对用户友好的反馈收集界面永远更重要，毕竟如果没有大量的用户反馈数据作为样本，再强的机器学习模型也无济于事。所以，GroupLens 的第一个创新就在于设计了一个方便用户理解和反馈的 5 分制评级系统，并沿用到了今天的很多产品中。

（2）*基于统计共现的关系仿真*。在仿真关系的计算上，GroupLens 采用了经典的皮尔逊系数，如公式（11.1）所示，即对两个用户共同评分过的内容计算协方差后再除以各自标准差的乘积。可以看出，这是一种捕捉变量之间共变趋势的统计方法，其输出的取值越接近 1，认为用户之间的关系越接近。不过，考虑到统计数据的稀疏性，皮尔逊系数如今不再常用，这里不再过多展开。

$$w_{uv}=\frac{\sum_{c\in I_{uv}}(R_{u,c}-\overline{R_u})(R_{v,c}-\overline{R_v})}{\sqrt{\sum_{c\in I_{uv}}(R_{u,c}-\overline{R_u})^2}\sqrt{\sum_{c\in I_{uv}}(R_{v,c}-\overline{R_v})^2}} \tag{11.1}$$

2．按仿真关系预测评分

协同过滤的基本假设是朋友喜欢的内容，你可能也会喜欢，所以在仿真出协同关系后，推荐就被转化为一个汇聚朋友偏好的问题。更具体地，由于 GroupLens 收集的反馈形式是评分，因此 GroupLens 将问题定义为一个对好友评分进行加权回归的任务，如公式（11.2）所示：

$$r_{u,j^*}=\overline{r}_u+\sum_{v\in \mathrm{U}_{j^*}} s_{u,v}\times(r_{v,j^*}-\overline{r}_v) \tag{11.2}$$

其中，评分 r_{u,j^*} 不仅受到关系强度 $s_{u,v}$ 和用户偏好 r_{v,j^*} 的影响，还考虑了用户 u 和 v 评分倾向性偏差 $\overline{r}_u$ 和 $\overline{r}_v$ 带来的影响。

（1）*预测评分的使用*。在 GroupLens 计算出用户对内容的预测评分后，如何应用评分主要取决于每一个新闻组客户端，从整体上来看，早期产品对预测评分的使用还是比较谨慎的。以图 11-1 中所示修改后的 NN 客户端为例，它仍以和常规 NN 客户端相同的顺序来显示文章，只是添加了一个以 A、B、C 字母形式来表达预测评分的附加列，以辅助用户来筛选内容。

```
Newsgroup: comp.multimedia          Articles: 266 of 7228/151 READ *NO*UPDATE*

a.Alois Bock          11        >*** 7 RASH STATEMENTS ***
b.Bernhard Schwall     9        Driver for ATI Graphics Ultra Pro/Plus
c.Kuny Terry          20        Question: Video Input Boards
d.Francois Zarroca     8  C     SB16 mod-editor ???
e.Patrick Corbett      9  B     REALLY good encyclopedia on CD_ROM?
f.Lesley Davidow      26  A     >
g.Isa Helderman        9  A     >>
h.Dave Skwarczek      32        Cyberfest.594
i.hkaplan@woods        9        Hypercard????
j.eruffing@bcrvm1      5  B     FTP Sites for JPG, GIF, TIF, BMP, PCX, TGA
k.Aarts ing. R.M.     22  B     MM-standard what is the latest?
l.Kees de Groot       31  B     Manipulating Spatial Objects and Relations
m.Steven Koster       24  A     Line Audio in to Quadra 700?
n.Isa Helderman       19        Need help with MM Director QuickTime Lingo commands

-- 15:36 -- SELECT -- help:? -----95%-----<level 2>--
```

图 11-1　修改后的 NN 客户端

（2）**评分预测任务的开端**。进一步地，如果将用户自身的评分看作真值，将好友的评分看作特征，那么在启发式公式的基础上，还可以通过监督学习方法来预测用户评分。于是，在 John Riedl 意识到推荐算法还处于发展的早期阶段时，就组织开发了一个内容比 GroupLens 更稳定的电影推荐网站 MovieLens，并以此为基础沉淀出了一个影响深远的 MovieLens 数据集。12.2 节还会就评分预测问题的技术细节和历史局限做进一步探讨。

以上就是 John Riedl 在将推荐算法落地到业界中的历史贡献。事实上，他对推荐行业的贡献还包括在 1996 年创办 Net Perceptions 公司，让可以提升电商销售额的推荐技术有了长期发展的根据地，以及在 2007 年创办第一届 RecSys 会议，奠定了推荐系统相对独立的学术研究方向等，这里不再过多展开。

11.2　对协同关系的仿真建模

不同于社交分发具有明确的强关系，基于协同过滤的系统必须先从用户的行为中虚拟出关系，然后基于关系来推荐，因此，若想实现类似社交分发的效果，关系仿真的重要性不言而喻。所以在 11.3 节介绍如何根据协同关系来进行推荐之前，本节先探讨社交网络和协同过滤产品中网络的拓扑特性，以及以图神经网络为代表的关系仿真技术。

11.2.1　从复杂网络看推荐系统

对推荐产品来说，如果将用户看作网络中的一个节点，那么推荐就是内容在这张用户网络中流动的过程，所以如果能理解用户网络拓扑结构的特点，就会对做好推荐很有帮助。本节我们先来了解在复杂网络理论的视角下，社交网络和协同过滤产品中网络的特点和演化过程，再来介绍基于其特点来优化推荐产品的思路。

1．社交网络的研究脉络

粗略地说，复杂网络的研究主要历经了几个阶段，分别是规则网络、随机网络、小世界网络和无标度网络。在逐一简要介绍各阶段的代表模型之前，先来说明用于描述网络拓扑的 3 个关键特征。首先是表达网络连通性的路径长度，其定义为网络中任意两节点间最短路径的均值；其次是表达节点属性差异的度分布，其定义为节点关系连接边数的分布；最后是表达局部结构疏密程度的集聚系数，其定义为近邻间连接边数占最大可能边数比例的均值，集聚系数越大，近邻的概率越大。

（1）*以 k 近邻为代表的规则网络*。起初的模型假设网络结构是规则的，按度分布来区分，主要分为任意两节点都相连的全连接网络、所有节点只与中心节点相连的星形网络及每个节点只和最近 k 个节点相连的 k 近邻模型。在推荐场景的工程实践中，由于 ANN 检索等工程方法较为成熟，因此 k 近邻的假设很常见，图 11-2 所示的规则网络，给出 $k = 2$ 时 k 近邻模型的示意。

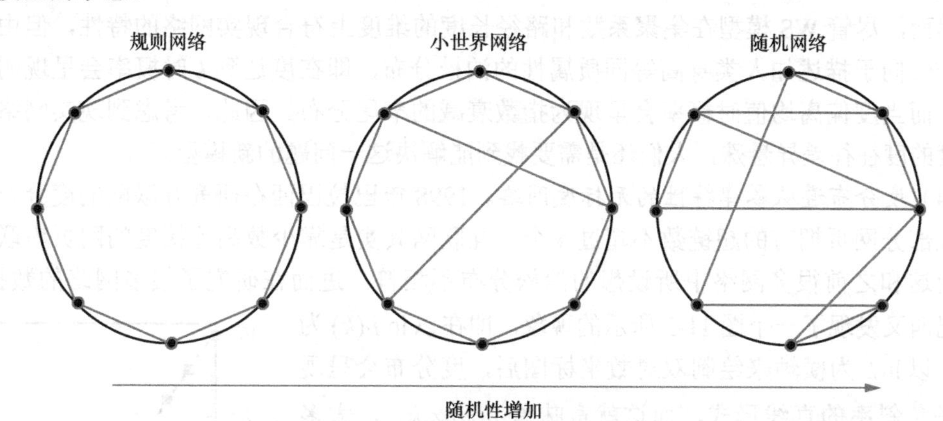

图 11-2　从规则网络到随机网络

不难发现，k 近邻模型对社交网络建模来说是一个很大的简化，因为现实中不可能每个人的好友数都恰好是 k 个。此外，从集聚系数和路径长度的角度也可证明，规则网络在集聚系数较大的情况下路径长度仍较长，而这与我们对社交网络六度关系的认知是不吻合的。

（2）*以 ER 模型为代表的随机网络*。考虑到真实世界中的各种网络不太规则，在 WS 模型出现前的近半个世纪，对网络的研究都集中在规则网络的对立面，也就是随机网络，而得益于随机网络更为简洁的形式，人们从数学角度对复杂网络的拓扑结构进行了更系统的研究。

以 1960 年两个匈牙利数学家提出的 ER 模型为例，图 11-2 所示的随机网络，其会在给定 n 个节点和连接边概率为 p 的情况下，通过遍历所有节点对来依次添加边。略去证明过程，ER 模型的性质和规则网络恰好相反，呈现出路径长度短但集聚系数小的特点。显然，这和社交网络类产品中人以群分的特点是不太吻合的。

（3）以 WS 模型为代表的小世界网络。不同于规则网络和随机网络，真实世界中的社交网络往往呈现出集聚程度高且路径长度短的特点，所谓集聚程度高，意思是你的朋友甲和朋友乙大概率也是朋友，人群有很强的社区聚类特点，而所谓路径长度短，就是任意两个节点之间都可以通过几步连通，例如哈佛大学心理学教授 Stanley Milgram 曾做过六度分隔实验。

相信大家在日常生活中也有过类似的感受，这个世界虽然看起来大，但有时也很小，该如何模拟出这种小世界的特性呢？ Watts 和 Strogatz 在 1998 年的论文中提出，只要按图 11-2 所示的方式在规则网络中引入少许随机的长程连接，就可以在几乎不降低集聚程度的前提下构建出 Watts-Strogatz 小世界模型（简称 WS 模型），并使网络中的路径长度大幅缩短。

然而，尽管 WS 模型在集聚系数和路径长度的维度上符合现实网络的特性，但由于其度分布倾向于描述如人类身高等同质属性的泊松分布，即在度达到 k 时概率会呈现明显的峰值，而当度偏离均值时概率会呈现为指数衰减的窄尾分布。因此，考虑到现实网络中许多维度的度往往差异悬殊，人们还是需要找到能解决这一问题的新模型。

（4）度分布遵从幂律特性的无标度网络。1998 年巴拉巴西在研究互联网的度分布时发现，大部分网页拥有的超链数不超过 4 个，互联网其实是靠少数高连接度的网页串联在一起，而这和之前很多网络中所设想的泊松分布不相符。进而在研究了很多网络的数据后，巴拉巴西又发现了一个图 11-3 所示的现象，即在以 $\ln p(k)$ 为纵轴，以 $\ln k$ 为横轴来绘制双对数坐标图后，度分布会呈现出一条负斜率的直线形式，而这就意味着 $p(k) \propto k^{-\gamma}$，大多数网络的度分布遵从幂律特性。

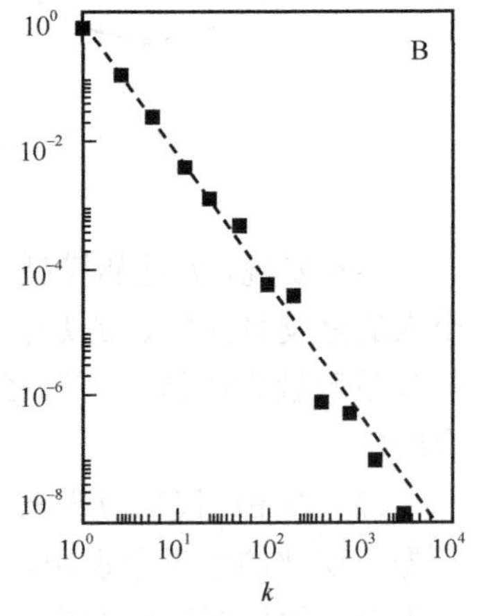

图 11-3　度分布的幂律特性

于是，在 1999 年《科学》（*Science*）杂志上的“Emergence of Scaling in Random Networks”（随机网络中标度的涌现）论文中，巴拉巴西就描述了一个关键的发现，即真实世界中许多网络的度分布遵从幂律特性，而这显然比之前的模型更贴近人们对现实的理解。如图 11-4 所示，考虑到无论用多少倍的放大镜去观察，幂律都呈现出同样的肥尾分布，因此巴拉巴西就基于这种无法分辨特征标度的特性，形象地将这类网络命名为无标度网络（scale-free network）。

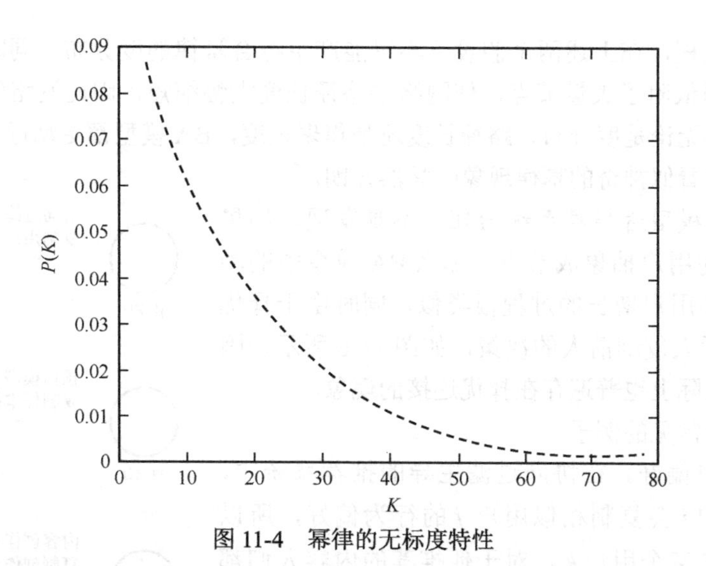

图 11-4 幂律的无标度特性

2．无标度网络的演化机制

在巴拉巴西之前，很多人也发现了幂律分布的现象，例如 1990 年 Pareto 研究经济时发现的帕累托分布（Pareto distribution）等，在巴拉巴西之后人们更是陆续发现，诸如社交网络、生物学网络、疾病传播网络等大多也遵从幂律特性，所以一个重要的问题是，无标度网络是如何演化形成的呢？

（1）“富者愈富”的 BA 模型。在 1999 年《科学》杂志上介绍无标度网络的论文中，巴拉巴西给出了一个可获得无标度网络的巴拉巴西 – 阿尔伯特模型（Barabási-Albert model），简称 BA 模型。由于 BA 模型主要基于以下两个通俗易懂且广泛存在的假设，因此一经提出就立刻获得了人们的认可。

- 动态生长。不同于前述网络都是瞬间创建的静态网络快照，现实生活中的很多网络都是不断生长的，例如互联网中新网页的诞生、人际网络中新朋友的加入等。因此，BA 模型不再按某种规则来瞬间创建网络，而是基于时间来动态演化，先从一个较小的网络开始，再逐步加入新的节点。
- 择优连接。BA 模型的关键在于其提出了择优连接（preferential attachment），如图 11-5 所示，新节点 m 在选择连接节点时，会以概率 p 连接到采样节点 i 上，以概率 $1-p$ 复制采样节点 i 的偏好，连接到它所连接的节点 j 上。这里，参数 p 用来调节幂律的程度，p 越小，系统越倾向于将新节点连接到高流行度的节点上，从而加剧“富者愈富”的马太效应。

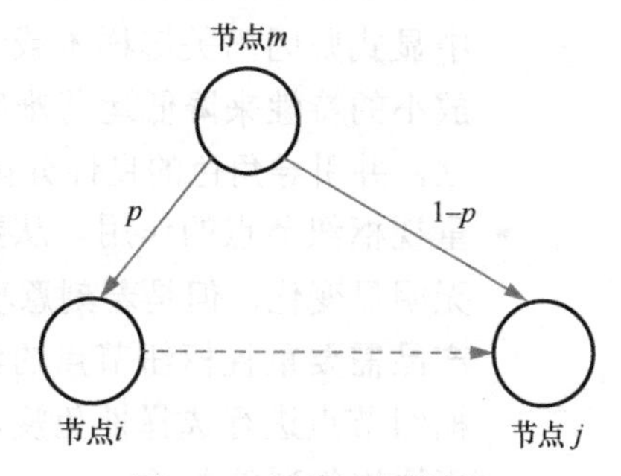

图 11-5 择优连接的思想

略去证明过程，在上述两个假设下不仅能产生符合幂律的度分布，同时由于高连接度的枢纽节点周围依附了大量节点，使网络中路径长度大幅缩短，因此网络的集聚程度得到了提升。于是，无论是度分布、路径长度还是集聚程度，BA 模型都更贴近真实世界，这就让人们面对很多看似神奇的幂律现象时豁然开朗。

（2）从 BA 模型看推荐系统治理。不难发现，如果将推荐系统中的用户抽象成节点，那么 BA 模型中的动态生长假设就和用户增长的过程很类似，同时由于择优连接的本质是后人复制前人的决策，如图 11-6 所示，因此推荐系统中实际上也普遍存在择优连接的现象。

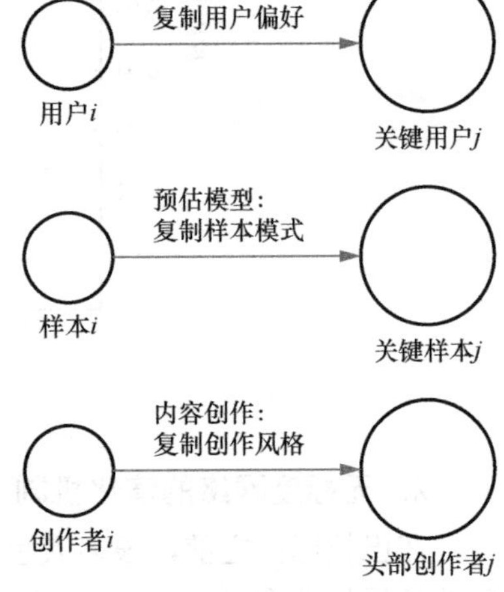

图 11-6　随处可见的择优连接现象

下面是 3 个常见的例子。

- 复制用户偏好。在协同过滤主导的推荐系统中，当前用户 i 会复制相似用户 j 的行为偏好，所以如果存在某个用户 k，对于他推荐的内容人们都喜欢，那么用户 k 就会逐渐成长为一个关键鉴赏家。
- 复制样本模式。在预估模型主导的推荐系统中，当前样本 i 会复制相似样本 j 对某条内容的预估评分，所以假设存在某条样本 k，它推荐的内容过于吸引人，那么在其他样本泛化了这条样本 k 的模式后，就会将其探索出的推荐模式逐渐传播开来。
- 复制创作风格。在内容供给侧，当前创作者 i 会复制相似创作者 j 的创作风格，所以如果存在某个创作者 k，他创作的内容被别人复制后也能够流行，那么创作者 k 就会逐渐成长为一个关键创作者。

既然 BA 模型所遵从的幂律特性也广泛存在于推荐系统中，那么产品就需要理解并善用这一现象，以引导产品往更好的方向演化。事实上，从复杂网络视角出发所形成的产品治理观点，其本质和 10.1.3 节的产品观点一致，因此，这里仅简要回顾。

- 改善枢纽节点的演化机制。对于大多数以黑盒模型为主导的系统来说，想从分发中显式归因出关键样本或者关键用户实际上比较困难，因此，若想利用幂律抓大放小的特性来降低运营难度，还是要如 10.1 节所述，更加注重显性关系的稳定建立，并引导角色的良性分化。
- 重视枢纽节点的作用。从数学上可证明，无标度网络在随机移除节点时全局特征无明显变化，但是若刻意攻击枢纽节点，那么网络的全局特征会变化明显。因此，产品需要重视枢纽节点的治理和自治作用，例如在生态恶化时，产品需要优先对枢纽节点进行选择性免疫，这样，在最有效的传播途径被切断后，整个网络就能更快恢复到常态了。

11.2.2 对局部近邻关系的仿真

协同过滤早期一般多采用统计共现的记忆方法来计算两个用户间的相似度，在深度学习模型出现后，逐渐演变为学习用户嵌入表示的方法。本节介绍从微观上度量两个用户局部近邻关系的方法，并为 11.2.3 节介绍仿真全局图拓扑结构的技术做铺垫。

1．统计共现的记忆近邻

虽然统计共现的记忆方法偏启发式，在表达能力更强的模型方法出现后逐渐失去了用武之地，但它也有自己的优势，那就是对头部强关系的预测准确率较高，所以根据实际场景的需要，人们有时还是会将其与模型方法相结合去应用，下面给出 3 种常见的统计共现方法。

（1）余弦相似度。在深度学习出现前，传统方法会把用户描述为 N 维物品的向量，并通过计算向量的距离来刻画其相似度。如果以 u 和 v 来表示两个用户，那么用户向量的每一维就是这两个用户对 N 个物品的显式反馈，例如有好评就赋正值，有差评就赋负值，缺失的维度赋为零等。在这种描述方法下，常用的统计方法就是余弦相似度，其背后的思想是，只要两个向量方向一致，那么无论程度强弱都可以视为相似，如公式（11.3）所示：

$$w_{uv} = \frac{N_u \cdot N_v}{|N_u| \times |N_v|} = \frac{\sum_{c=1}^{n}(R_{u,c} \times R_{v,c})}{\sqrt{\sum_{c=1}^{n} R_{u,c}^2} \times \sqrt{\sum_{c=1}^{n} R_{v,c}^2}} \tag{11.3}$$

其中，$|N_u|$ 表示用户 u 购买物品的数量，$|N_v|$ 表示用户 v 购买物品的数量，$R_{u,c}$ 表示用户 u 对物品 c 的评分，如 1～5 分。考虑到每个用户的评分标准不一，会先计算评分均值以进行纠偏，例如将 $R_{u,c}$ 修正为 $R_{u,c} - \overline{R_u}$，修正后的公式就被称为修正余弦相似度。

（2）Jaccard 相似度。在深度学习技术还未成为主流时，既没有面向检索任务的用户向量表示，也没有加速 k 近邻检索的高效架构，因此人们往往会采用聚类的方式来检索相似用户。在 MapReduce 的编程范式中实现起来较为简单，只需在 Map 阶段并行计算每个用户所属的类别，然后在 Reduce 阶段以类别号为 key 做归并，从而完成对用户的聚类。

在众多聚类方法中，MinHash 聚类较为常见，其原因在于，MinHash 属于局部敏感哈希（locality sensitive hashing）算法的一种，所以具有公式（11.4）所示的性质：

$$\text{Prob}(\text{hash}_{\min}(A) = \text{hash}_{\min}(B)) = \text{Jaccard}(A, B) \tag{11.4}$$

即用户 A 和用户 B 的点击历史用 MinHash 处理后，它们相等的概率等价于用 Jaccard 相似度来表示的用户相似度。因此在 MinHash 聚类方式下，相似用户的物理含义就是用 Jaccard 相似度来表示的公式 $w_{uv} = |U \cap V| / |U \cup V|$。

（3）Swing。在传统余弦相似度的计算公式中，是基于单个物品做桥接的方式来关联用户，当关联用户的物品越多时，就认为他们的相似度越高。不过，由于单个物品做桥接的方式所引入的噪声往往较大，容易产生误关联的现象，因此 Swing 就将单点结构改成了物品的组合结构，以进一步提升关联时的稳定性，如图 11-7 所示。

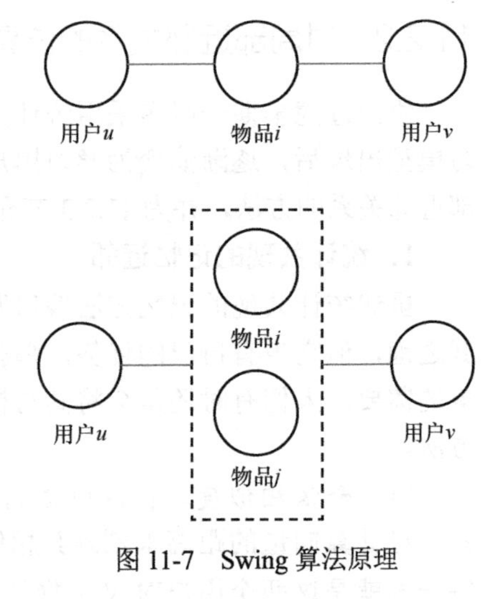

图 11-7　Swing 算法原理

具体来说，Swing 假设当两个用户共同点击过两个物品的组合后就具有相似性，而相似度的大小则由组合的度$\left|I_i \cap I_j\right|$来决定，度越小则说明两个用户的共同兴趣越稀缺，价值越高，如公式（11.5）所示。

$$w_{uv} = \frac{\sum_{i \in I_u \cap I_v} \sum_{j \in I_u \cap I_v} \frac{1}{\alpha + \left|I_i \cap I_j\right|}}{\sqrt{\left|N(u)\right|\left|N(v)\right|}} \qquad (11.5)$$

显然，结合业务场景的度量公式的改进还有很多，这里不再一一赘述。总体来说，只要统计方法具备足够的置信度，那么通常会比泛化模型具备更强的记忆能力，因此，在需要精准记忆强关系的场景中，统计方法仍具备一定的应用空间。

2．学习表示的模型近邻

随着深度学习兴起，协同过滤得以焕发新生，主要得益于以下两点。首先，用户不再是独热编码（one-hot encoding）的稀疏表示，而是信息量更稠密的嵌入表示，在建模能力上相对于统计方法更强。其次，在近邻关系的检索效率上，向量检索这类加速方案也已成熟，规避了原先工程上动辄需要暴力计算的巨大开销。下面介绍深度学习时代常见的几类模型近邻方法。

（1）*无监督的物品序列建模*。借鉴 word2vec 学习词向量和句子向量的方式，如果把物品看作词，把点击物品序列的用户看作句子，那么显然可以基于 word2vec 来表示用户了。进而，在 word2vec 方法的基础上，很多公司又结合业务需求对此类方法的优化目标做了一定的改进，这里就以 2018 年 Airbnb 的论文“Real-time Personalization using Embeddings for Search Ranking at Airbnb”为例，介绍这类基于 word2vec 的变体方法。

如图 11-8 所示，Airbnb 的搜索算法将用户同一会话中的点击序列看作 NLP 中的句子，除了类似 word2vec 通过当前房源i来预测序列中的上下文房源c，还预测用户最终预定的房源b，以提升预定房源的成功率。另外，由于在 Airbnb 的场景中直接全局负采样容易让模型学到地区这个强信号，因此 Airbnb 的搜索算法特意补充了同地区下的对抗负样本，以提升模型的区分性。

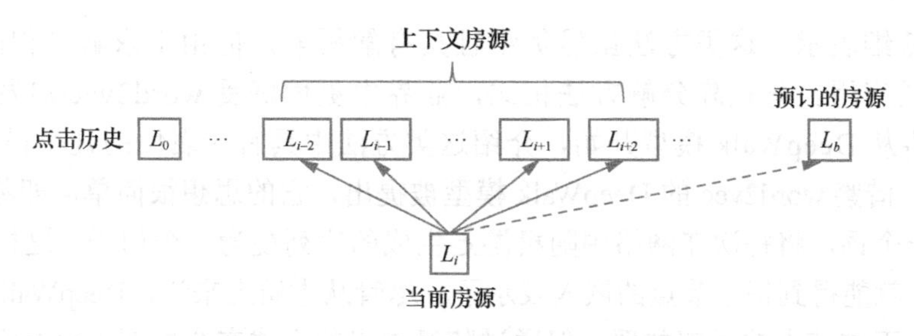

图 11-8 Airbnb 使用 word2vec 建模序列

在计算出物品维度的表示后，Airbnb 的搜索算法主要采用了一些启发式的池化操作来计算用户的短期表示。以排序模型中的相关性特征为例，它将用户短期行为先切分成多个粒度，再分别与候选房源做交互来计算多个特征，这样，仅借助一套物品表示就可以适配出多套用户表示了，具有较强的灵活性。不过，由于池化用户表示的环节偏启发式，因此这类方法通常仅适用于刻画用户的短期兴趣，而难以稳定建模用户的长期兴趣。

（2）*基于自监督学习的方法*。5.2.1 节介绍了自监督学习方法的原理和诸多变体，作为一种能从大量未标记数据中自动学习泛化特征表示的机制，它在 NLP、计算机视觉等许多领域都已取得了显著的成功。和监督学习相比，自监督学习最大的不同在于需要自己设计前置任务来定义正样本，所以对学习用户表示的问题来说，就需要定义两个什么样的用户会被视为具有协同关系。下面给出 3 类典型的方向作为参考。

- 基于规则。最直接的思路就是用规则来人工定义用户的相似，但这其实是一个陷阱，因为如果真能找到一个鲁棒的规则，那么直接用规则去算就可以了，不需要训练模型。而事实上，用户行为的复杂性往往难以直接用规则来描述。
- 借鉴计算机视觉。人脸识别等任务中常常使用同一个人的两张照片来作为正样本，所以考虑到用户行为的丰富性，推荐也可以将同一个用户的行为视为正样本，以通过用户的行为来学习用户表示。
- 结合业务理解来定义。更理想的选择当然还是要结合业务，例如 9.4.3 节介绍的 ImRec 方法将同一位用户喜欢的两位用户组对成正样本，以此来学习用户在吸引力维度上的表示。显然，通过这种方法习得的表示更加适用于具体的业务任务。

11.2.3 对全局拓扑结构的仿真

图是描述复杂关系的有效手段，图结构中通常蕴含着比局部近邻更丰富的信息，因此，利用网络全局拓扑中更丰富的上下文信息，在推断用户潜在的协同关系时通常会展现出比 11.2.2 节的方法更强的泛化能力。本节介绍两类在学习用户表示和协同关系时主流的模型方法。

1．随机游走的图嵌入模型

在图表示学习领域，早期的谱聚类等方法主要依赖对描述图结构的矩阵进行分解来得到图节点的低维表示。这类方法虽然优雅且具有解析解，但由于求解过程的高复杂度，并未得到广泛应用。与矩阵分解方法相比，业界中更偏好受word2vec启发的随机游走方法。本节将从DeepWalk模型开始，介绍这类方法中具有代表性的几个模型。

2014年，借鉴word2vec的DeepWalk模型被提出，它的思想很简单，即将网络中的每个节点视为一个词，将每次在网络中随机游走生成的序列视为一个句子，这样用word2vec进行训练后，就能得到每个节点的嵌入表示了。尽管从本质上来说，DeepWalk仍然是建模中心节点和上下文节点的局部共现，但通过随机游走的方式在全局图上进行深度遍历，能在一定程度上捕捉到图中的结构信息。

针对DeepWalk随机游走偏简单的问题，2016年发表的"node2vec: Scalable Feature Learning for Networks"论文将DeepWalk和LINE相结合，改进了网络中的游走方式。它考虑到DeepWalk采用深度优先的游走方式，趋向于离初始节点越来越远，更擅长学习偏宏观的图拓扑结构，而LINE采用广度优先的游走方式，趋向于在初始节点周围游走，更擅长学习偏微观的局部信息，因此在结合两者后，通过平衡对宏观和微观的关注得到更适应具体任务的节点表示，如图11-9所示。

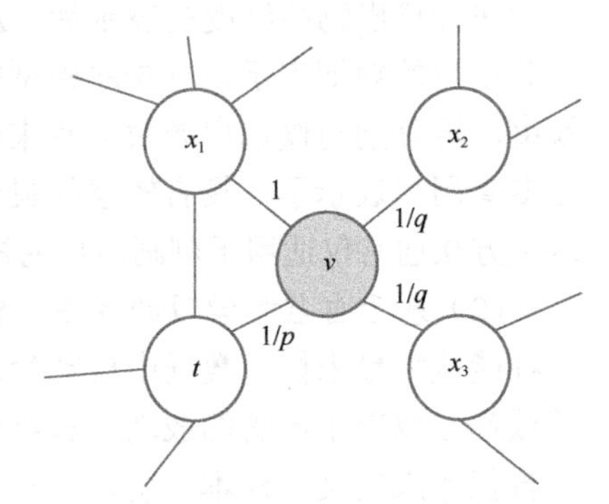

图11-9　node2vec算法示意

假设刚从节点t跳转到节点v，那么从节点v再跳转到节点x的概率就正比于边权重w_{vx}和公式（11.6）所示的调节因子$\alpha_{pq}(t,x)$，d_{tx}表示节点t到节点x间的最短路径长度，其值为0、1、2，分别对应x是t本身、x和t直接相连及x和t不相连这3种情况，也就是说，参数p用来控制返回到节点t的概率，p越小，游走路径越有局部性，越接近在附近游走。参数q则用来控制出入的概率，q越小，游走路径越具有随机性，越接近往远处游走。

$$\alpha_{pq}(t,x)=\begin{cases}\frac{1}{p},当d_{tx}=0\\ 1,当d_{tx}=1\\ \frac{1}{q},当d_{tx}=2\end{cases} \tag{11.6}$$

DeepWalk等模型主要是针对同构图设计的，但如今产品中会涉及很多异构的实体和关系类型，例如用户对物品点击和点赞，对创作者关注等，因此阿里提出了一种更适合异构场景的GATNE。简单来说，它将每个边类型r上节点v_i的嵌入分为捕捉节点信息的基础嵌入和捕捉异构实体间复杂交互的边嵌入，其中边嵌入基于类似GraphSAGE的邻居聚合机制得到，用于捕捉所有边对节点 v_i 施加的特定影响。同时，为了确保模型中深度融入所需的语义关系，GATNE 采用了结构化的元路径游走方式 $T:V_1 \rightarrow \cdots V_t \cdots \rightarrow V_l$，例如用户－物品－用户和创作者－内容－用户分别代表不同的语义。

2．从谱域到空域的图神经网络

上文讨论的图嵌入方法，需要先在图上以不同的方式进行游走，再将图转换成序列的形式进行学习。然而这种转换方式存在一些明显的缺陷，首先，序列化过程中仅保留了节点序列的访问顺序，并不足以还原图的完整信息，如拓扑结构和连接强度等；其次，在很多对下游目标任务的效果要求较高的场景中，启发式的游走方法很难通过“拍脑袋”的方式找到适合某个下游任务的最优游走方式。

为了解决上述问题，图神经网络（graph neural network，GNN）应运而生。与图嵌入方法相比，GNN 不仅可以更好地保留图中的结构信息，还支持将表示任务和目标任务联合在一起进行端到端学习，这样就使 GNN 更容易提升目标任务的性能。下面介绍 GNN 方法的发展脉络，以更好地理解其优势和演进趋势。

（1）循环图神经网络。图神经网络的首次提出是在 Franco Scarselli 等人 2009 年发表的“The Graph Neural Network Model”论文，其以不动点理论作为收敛依据，通过在图中迭代地传递并更新节点的隐藏状态直至状态收敛，来捕捉图中的拓扑特征。更具体地，它用于更新节点隐藏状态的公式如公式（11.7）所示。

$$\boldsymbol{h}_v^{t+1} = f\left(\boldsymbol{x}_v, \boldsymbol{x}_c \boldsymbol{o}[v], \boldsymbol{h}_n^t \boldsymbol{e}[v], \boldsymbol{x}_n \boldsymbol{e}[v]\right) \tag{11.7}$$

由于编码隐藏状态向量 $\boldsymbol{h}_v^{t+1}$ 的函数 f 的输入是不定长的各种近邻参数，而最终需要将其编码为一个固定长度的参数，因此，虽然这一方法的更新方式和循环神经网络（RNN）不尽相同，但人们还是习惯将其命名为循环图神经网络。总体来说，尽管这一方法有基于不动点理论的收敛依据，但在实际应用过程中的收敛效果并不理想，因此没有得到太多推广。

（2）谱域图卷积神经网络。在循环图神经网络沉寂后，杨立昆的学生 Joan Bruna 等人在 2013 年“Spectral Networks and Locally Connected Networks on Graphs”论文中提出了基于谱分解的图卷积神经网络（graph convolutional network，GCN）。它的出发点在于，虽然卷积神经网络对二维图像等规则数据有很好的效果，但难以捕捉节点和边拓扑均不规则的图结构数据，因而巧妙地利用在空域卷积等价于在谱域滤波的性质，将对图卷积的问题变换到谱域去解决。

具体来说，谱分解方法会先基于图的邻接矩阵 $\boldsymbol{A}$ 和度矩阵 $\boldsymbol{D}$ 来构建拉普拉斯矩阵，公式为 $\boldsymbol{L} = \boldsymbol{D}^{-\frac{1}{2}}\left(\boldsymbol{D} - \boldsymbol{A}\right)\boldsymbol{D}^{-\frac{1}{2}}$。然后，对拉普拉斯矩阵进行特征分解 $\boldsymbol{L} = \boldsymbol{U}\boldsymbol{\Lambda}\boldsymbol{U}^{\top}$，得到反映图结构的特征向量 $\boldsymbol{U}$，也就是傅里叶变换的基。之后想对图信号 $\boldsymbol{X}$ 进行卷积操作时，就可以通过傅里叶变换 $\boldsymbol{Y} = \boldsymbol{U}^{\top}\boldsymbol{X}$ 先变换到谱域，在谱域进行各种滤波操作后，再通过傅里叶逆变换 $\boldsymbol{X}' = \boldsymbol{U}\boldsymbol{Y}$ 还原到空域。

（3）简化谱域的GCN方法。虽然基于谱域的GCN具有严格的数学理论基础，但特征分解的计算复杂度较高，于是，2017年“Semi-Supervised Classification with Graph Convolutional Networks”论文在对谱域滤波器方法进行一系列近似和化简操作后，将卷积公式化简成公式（11.8）所示的形式：

$$\boldsymbol{Z}=\tilde{\boldsymbol{D}}^{-\frac{1}{2}}\tilde{\boldsymbol{A}}\tilde{\boldsymbol{D}}^{-\frac{1}{2}}\boldsymbol{X}\boldsymbol{\Theta} \tag{11.8}$$

其中，$\boldsymbol{X}\in\mathbf{R}^{N\times C}$ 表示输入的信号矩阵，$\boldsymbol{\Theta}\in\mathbf{R}^{C\times F}$ 表示 F 个滤波器所构成的权重矩阵，而 $\boldsymbol{Z}\in\mathbf{R}^{N\times F}$ 则是卷积后输出的信号矩阵。从公式中可以看出，GCN中的节点表示是通过可学习的权重矩阵与变换矩阵相乘来进行更新的，这实际上已经是局部操作的空域形式了。因此自GCN起，能避免谱域方法高复杂度的空域方法逐渐成为主流的方法。

（4）基于空域的GraphSAGE方法。GCN的提出让人们看到了从空域直接求解的可能性，于是，基于邻居聚合（neighbourhood aggregation）的空域卷积方法就被人们摸索了出来。如图11-10所示，邻居聚合的思想不难理解，就是将节点周围的邻居按权重逐层叠加起来，例如，如果要学习节点A的表示，就可以用它的3个邻居节点B、C、D来进行推断，进而节点B的表示又可以通过节点A和C来继续推断，以此类推，在多阶展开成图11-10右侧的计算树之后，就可以通过聚合函数计算节点A的表示了。

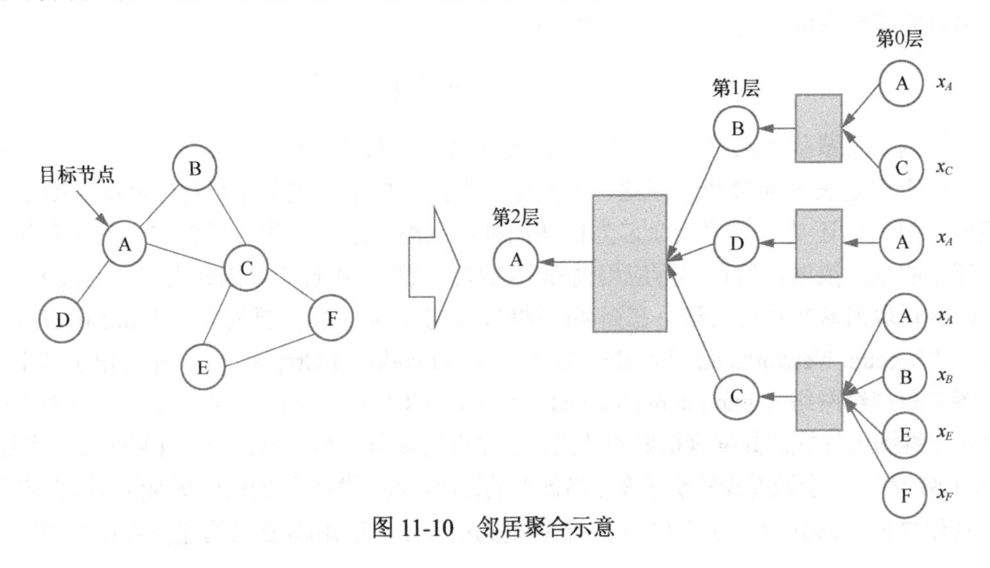

图11-10　邻居聚合示意

具体到“Inductive Representation Learning on Large Graphs”论文中提出的GraphSAGE（graph sample and aggregate）模型来说，它采用的聚合函数如公式（11.9）所示，其中 $\boldsymbol{h}_v^{(k)}$ 是节点 v 在第 k 层的嵌入，$\boldsymbol{u}_v^{(k-1)}$ 和 $\boldsymbol{h}_u^{(k-1)}$ 分别是节点 v 和邻居 u 在第 $k-1$ 层的嵌入。

$$\boldsymbol{h}_v^{(k)}=\sigma\left(\boldsymbol{W}^{(k)}\cdot\text{CONCAT}\left(\boldsymbol{u}_v^{(k-1)},\text{AGG}\left(\boldsymbol{h}_u^{(k-1)},\forall u\in N(v)\right)\right)\right) \tag{11.9}$$

可以看出，首先，相较于之前使用简单卷积的方法来说，可训练的邻居聚合函数 AGG 可以更自适应地捕捉图中的局部结构；其次，通过对第 k 层的所有节点都共享参数 $\boldsymbol{W}^{(k)}$ 的方式，GraphSAGE 具备了一定的归纳能力，可以为新节点推断表示；最后，虽然采样在其他场景中很常见，但 GraphSAGE 确实是首个将采样引入 GNN 领域的知名模型，它通过对每个节点的邻居进行固定次数的采样，大幅降低了训练开销，终于使 GNN 方法可以应用在超大规模的图上。

（5）图上的注意力机制。2018 年的“Graph Attention Networks”论文中提出了 GAT 模型，其出发点是，节点之间的邻居的重要程度并不相同，引入注意力机制可以更准确地进行建模。具体来说，其聚合函数如公式（11.10）所示，其中新增的 α_{vu} 就是节点 v 和邻居 u 之间的注意力权重。

$$\boldsymbol{h}_v^{(k)} = \sigma\left(\sum_{\{u \in N(v)\}} \alpha_{vu} \times \boldsymbol{W}^{(k)} \times \boldsymbol{h}_u^{(k-1)}\right) \tag{11.10}$$

略过晦涩的公式，打个比方会更容易理解。如果将 GCN 看作一场正在举办的宴会，每个节点是宴会上的一位嘉宾，那么在 GraphSAGE 中，每位嘉宾就会通过与周围人的交流来逐步整合信息，以形成对宴会全局情况的了解。而 GAT 的升级之处则在于，通过多头注意力机制为每位嘉宾新分配了几个助手，以告知嘉宾和谁交谈会更有价值，从而提升他们获取信息的效率。

继 GAT 之后，随着 NLP 技术的发展，通过 GNN 和 NLP 技术的结合，仍在不断涌现新的模型，例如将 Graph 和 Transformer 相结合的 Graph Transformer 等，受篇幅所限不再一一展开详述。需要注意的是，本节更多强调了在学习用户表示时的图模型结构的进展，但实际业务中的特征和样本设计等环节更为重要，需要读者结合自己的业务场景来设计。

11.3 基于仿真关系的协同推荐

在直接建模业务目标的模型非常盛行的今天，很多读者可能会有这样的疑问，针对优化目标来投喂样本不是更简单吗？诚然，针对优化目标学习看似更高效，但如果没能处理好学习样本有偏和找错优化目标等问题，还是很容易带来推荐茧房和低俗内容等糟糕体验。所以，与这些复杂方法相比，本节讨论为何看似简单的协同过滤方法能规避此类问题。

11.3.1 协同过滤的核心优势

从本质上来说，无论协同过滤的具体技术怎么发展，其核心理念在于人与机器各自有其擅长的领域，所以在机器主导的过滤算法中，应设法让人的智慧多协同参与进来，以形成人与机器的优势互补。具体来说，至少在以下两个维度上协同过滤方法更具优势。

1．理解内容的质量和情感

在传统建模相关性的信息检索范式中，许多语义匹配策略高度依赖为内容打标签的内容理解技术。虽然得益于关键词匹配的强信号和自然语言理解技术的成熟，在资讯推荐等领域中引入关键词和类别等特征能有不错的效果，但在电影、音乐等很多其他场景中，这种方法却存在以下问题。

（1）*语义标签准确率不高*。即使在目前，多模态场景中内容标签的准确率和召回率也往往难以尽如人意，而一旦标签不准确，语义型策略的精度就难以得到保证。

（2）*感性维度标签的匮乏*。在主观维度上的标注语料匮乏的情况下，算法很难给内容打上如调性、情感等主观维度上的标签，而对于很多感性领域的推荐产品来说，主观维度其实远比实体维度重要。

（3）*内容质量维度的匮乏*。类似地，在内容的专业程度、真实程度等表达内容质量的维度上，语义理解技术也很难凭借真正拥有文化和审美的经验而给出鲁棒的答案。

与内容理解技术给内容打上关键词特征标签不同，协同过滤因更相信“人”能提供对内容更可靠的评估而给内容打上了蕴含更丰富信息的“人”的标签，如图11-11所示。进而，在给用户 u 匹配内容 i 时，就不再仅关注用户 u 和内容 i 的关键词 k 是否匹配，而是更关注用户 u 和认可这篇内容的协同用户 v 是否匹配。这样，就借助人类的集体智慧实现了更深入人心的推荐。

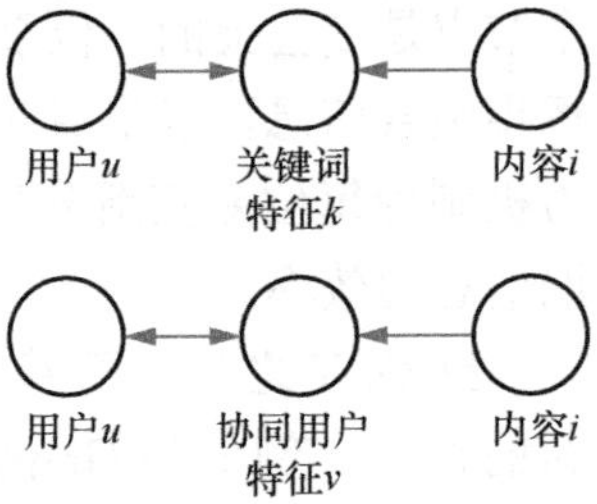

用户u　关键词特征k　内容i

用户u　协同用户特征v　内容i

图11-11　基于“人”理解内容

下面通过两个例子进一步说明。

- 音乐推荐。虽然音乐可以根据类型、歌手和语言等客观标签进行分类，但用户对音乐的喜好很大程度上取决于音乐有没有灵魂，例如音乐的情感表达、歌词的深度、歌手的人品等。显然，传统的语义匹配策略在这方面的处理能力有限，而协同过滤则可以借助人对内容质量的判断来捕捉音乐在这些维度上的属性。
- 电影推荐。类似音乐，电影也可以根据主题、导演和演员等实体信息来进行描述，但实际上观众对电影的喜好主要取决于电影的情感表达、文化深度等其他主观因素。因此，在这种情况下，协同过滤通常会取得更好的推荐效果。

2．传播新颖内容

传统针对优化目标学习的监督学习方法大多属于先对历史样本进行拟合再预测未来的范式，因此，即使通过模型和特征的设计具备一定的泛化性，但仍容易出现信息茧房等过拟合问题。于是，人们陆续提出了很多改进思路，例如基于强化学习方法来兼顾探索与善用，显式对多样性做优化及综合优化多个目标等。事实上，除了上述改进思路，借助协同过滤来提升探索感是一种更简单的思路，可以从以下两个视角来理解。

（1）*模型泛化能力的视角*。由于在协同过滤算法中只需要建模内容分发的管道，即当前用户 u 和协同用户 v 之间是否匹配，而无须记忆历史分发的情况（如当前用户 u 是否偏好某个关键词 k 等），因此在参数量远少于传统记忆模型的情况下，天然具备了更好的泛化性，对新内容的推荐和传播会更为友好。

（2）*传播学的视角*。实际上，协同过滤将内容沿着导火索般的近邻关系来传播的模式，正是历史上许多创新事物发展所遵循的轨迹。以激发 Evereet Rogers 提出创新扩散理论的杂交玉米技术为例，人们在对该技术的推广过程做调研后发现，尽管大部分农民起初是通过销售了解到这批种子的，但最终采纳杂交玉米技术的原因和协同过滤一样，即通过邻居们的口口相传。

综上两点协同过滤的优势，相信未来这一方法还是会找到更多适合其发挥作用的场景和技术手段，并通过用户自组织的集体智慧激发出每个个体的潜力。毕竟，协同过滤的提出者是发明了众多新事物的 Xerox PARC，或许当初 Tapestry 的协同推荐也曾催生出不少创新的萌芽呢。

11.3.2 应用协同关系的在线环节

在过往的书籍中，大多协同过滤技术在离线用 Jaccard 相似度计算出用户相似度后，在线简单接一个启发式投票公式就完成了。如今随着技术的成熟，不仅离线环节有 GNN 等模型可以取代简单的相似度计算，在线聚合集体智慧的环节也有很多更现代的模型思路。本节按对协同关系中信号利用方式的强弱程度来介绍两种场景的协同关系应用技术。

1. 显式应用关系的投票机制

在基于 11.2 节中 GNN 模型等方法来建模用户间的近邻关系后，就可以将近邻用户的行为反馈视为他们对内容的投票，并基于此来聚合出表达集体智慧的投票信号。不难看出，由于这类方法更注重内容在近邻用户上的表现，而非内容在全局上的表现，因此在投票信号较为稠密时往往可以弥补传统模型方法预估偏差的缺陷。例如，有一篇热门内容的预估得分比较高，但近邻用户中的大多数人并不喜欢，那么就不应该将其推荐给当前用户。

当然，基于显式投票信号来进行排序的投票机制也并非没有缺陷，因为每一类投票信号都会有其自身的问题，所以通常需要综合考虑多种投票信号，以使得投票结果更为鲁棒。下面列举一些典型的投票信号维度供参考。

（1）*纠偏的赞成票数*。因为每个用户掌握的私有信息各异，所以当内容同时被多个朋友认可时，用户感兴趣的概率会更大。但如果只考虑赞成票数，那么老的全局热门内容从统计上一定比还没传播起来的新内容有优势，所以为了避免强者愈强的马太效应，通常还需要考虑其他特征，例如 10.3 节介绍 Reddit 时所讨论的点踩信号。

（2）*按投票人的辨别能力加权*。虽然很多民主选举中用户是等权投票的，但由于每个人对内容的甄别能力不同，且每个人和当前用户的相似度不同，因此投票权重可以结合业务特点来进行区分。

（3）放宽近邻用户的判定标准。由于投票往往会面临统计稀疏性的问题，为了缓解这一问题，人们往往会放宽对近邻用户的判定标准。需要注意的是，这类信号往往会弱化相关性，偏向于对全局信号的利用。

2．隐式应用关系的 GNN 模型

显式应用关系的流派会将关系的学习和利用分为两个阶段，这样虽然更具可解释性，但也会造成信号的损失。于是，隐式应用关系的流派尝试将二者纳入同一个模型中，通过端到端优化来提升业务效果。考虑到 11.2.3 节介绍的 GNN 模型作为一个可导的模块，不仅很容易被集成到各类业务的模型中，同时邻居聚合的假设又很契合用户影响力逐层扩散的过程，因此常常被应用在隐式关系建模的场景中，以自动学习出更符合业务目标的用户协同关系。

以“A Neural Influence Diffusion Model for Social Recommendation”论文中的 DiffNet 为例，如图 11-12 所示，如果不考虑图中右侧建模社交关系的部分，那么左侧 $\boldsymbol{h}_u^l$ 就是基于用户－内容二部图将用户表示为其交互过的内容表示的平均池化的传统模型了。因此，论文中的关键在于，它在传统评分预测的监督任务上，通过集成 GNN 模块引入了一个建模用户社交关系的模块。具体地说，DiffNet 假设如果用户 u 关注用户 v，那么用户 v 对内容的偏好也会对用户 u 的表示产生影响，所以采用 GraphSAGE 模型来建模用户 u 的协同偏好，具体如公式（11.11）所示：

$$\boldsymbol{h}_u^{(k)} = \sigma\left(\boldsymbol{W}^{(k)} \cdot \mathrm{CONCAT}\left(\boldsymbol{h}_u^{(k-1)}, \mathrm{AGG}\left(\boldsymbol{h}_v^{(k-1)}, \forall v \in N(u)\right)\right)\right) \tag{11.11}$$

论文中将基于用户－内容二部图建模的个体兴趣偏好 $\boldsymbol{h}_u^l$ 和基于社交图建模的用户协同偏好 $\boldsymbol{h}_u^S$ 相叠加，就形成了完整的用户偏好表示 $\boldsymbol{h}_u^* = \boldsymbol{h}_u^l + \boldsymbol{h}_u^S$，再基于此来完成评分预测任务，取得了比只利用 $\boldsymbol{h}_u^l$ 更好的推荐效果。

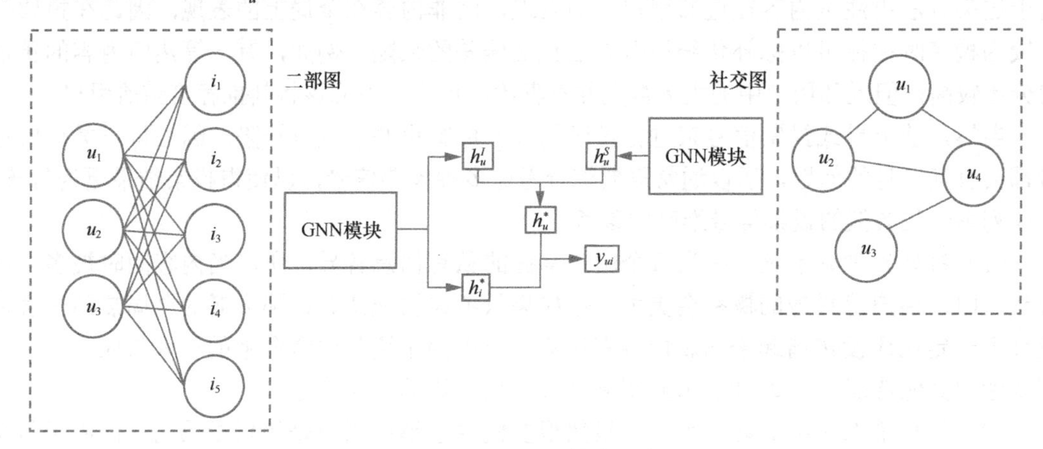

图 11-12　DiffNet 算法示意

第四部分

视频推荐

虽然电影、短视频和微视频看似都属于视频，但它们在产品、生态和算法的设计上有着明显的差异。第四部分将深入这3类产品的关键差异，以探讨媒介创新的价值。

（1）电影推荐（第12章）。在DVD租赁时代，电影是一种需要在线下长时间的消费内容，因此，电影推荐基于表达用户线下消费满意度的评分反馈来驱动学习。然而，随着观看电影的方式转向线上流媒体，这类算法便逐渐被更能优化用户线上留存表现的算法所取代。

（2）短视频推荐（第13章）。短视频产品起初的竞争对手是消磨时光的电视，因此，它以观看时长为核心优化目标。虽然一开始产品更多以优化单个视频下的观看时长为主，但随着人们意识到电视实际上是依靠连续剧来吸引用户的，YouTube便开始探索能激发用户连续观看的强化学习技术。

（3）微视频推荐（第14章）。当竞争对手转变为手机上内容更短平快的其他产品时，YouTube这种慢产品对缺乏耐心的用户便不够有吸引力了，于是，以音乐为内核的微视频产品开始兴起，以优化多目标为主的算法开始取代以优化时长为主的方法。

第12章

降低决策成本的电影推荐

电影发源于20世纪初美国城市化发展的高速期，当时大多数电影院比较偏远，这就决定了电影作为一种新媒介，必须具备高密度信息和较长的播放时长才能吸引用户。随着DVD租赁时代的到来，尽管用户无须再花费路途上的开销，但人们选择观看哪部电影的决策成本仍然很高，为了降低用户决策成本的电影推荐产品开始涌现。本节以起家于DVD租赁的奈飞为例，探讨这类推荐产品在设计上的独特之处。

12.1 电影推荐的传奇奈飞

在互联网第一次热潮如日中天的年代，人们对互联网充满了美好的憧憬，许多公司名会以“Net”为前缀，如Netscape。然而，这些公司在今天多已随历史的浪潮而消逝，而奈飞这家以DVD租赁起家的小公司却凭借其领先于时代的推荐算法和变革精神，在危机中一次次涅槃重生。本节将回顾奈飞的发展历程，希望它的故事能给每一个致力于基业长青的产品带来启发。

12.1.1 奈飞对百视达的逆袭

奈飞传奇的发端据说是这样的，拥有近万家门店的百视达（Blockbuster）在当时是录影带租赁行业的霸主，Reed Hastings因未按时归还一部名为《阿波罗13号》（*APOLLO* 13）的VHS录像带而被迫缴纳了40美元的滞纳金，一怒之下于1997年创办了奈飞。虽然这可能只是一个流传甚广的故事，但也说明当时的DVD租赁行业是按次数来变现的，并将滞纳金视为利润的来源，这就为Reed Hastings通过商业模式创新来实现产品差异化提供了空间。

1. 反百视达的差异化创新

奈飞诞生的初期，由于当时的巨头百视达非常强大，因此没有什么人看好奈飞。不过，正如第1章提到的反制型创新，奈飞通过反制百视达的优化思路悄悄地存活了下来。

1997年DVD刚刚在美国推出，当时百视达的库存中都是家用录像系统（video home system，VHS），考虑到既得利益者通常不愿意在自己身上变革，于是奈飞便抓住百视达不愿意主动提供DVD租赁的机会，向购买DVD播放器的用户发放优惠券来拉新，这样就吸引了第一批愿意尝试新媒介的种子用户。

同时，尽管1997年全球的电子商务业务仍处于萌芽状态，但奈飞敏锐地发现，更小更轻的DVD会比录像带更适合邮寄。于是奈飞开始为用户提供基于电商的DVD租赁服务，如图12-1所示。相较于百视达在实体店面和录影带调配上投入大量成本，奈飞实现了更为轻量化的运营。

图12-1　奈飞基于电商来租赁DVD

当然事情总是有“危”和“机”两面，有机会的同时往往也意味着有风险。尽管奈飞在新媒介和新电商渠道两方面做得很好，但同时也带来了以下两个可能致命的问题。

- 用户留存率低。尽管奈飞洞察到需要通过新媒介来颠覆巨头，但当时向购买DVD的用户赠送优惠券来拉新并不是一个留存率高的增长方式，很多用户在用过优惠券之后再也没有回来花钱租影片，所以尽管与DVD厂商结盟的营销策略吸引到了流量，却没能将用户转化为真正的奈飞用户。
- 电商物流成本高昂。即使是通过电商渠道来租赁更小更轻的DVD，当时的库存和邮寄成本仍然相当高，仅1998年奈飞就亏损了1100万美元。另外，考虑到当时亚马逊已经上市，如果奈飞选择硬碰硬的正面竞争，很可能逐步被亚马逊吞噬。

可以这么说，当时许多新兴的电商企业的致命问题是短期亏损和用户无法增长，然而，Reed Hastings不仅利用他第一次创业的收益弥补了短期亏损，作为一名曾经的数学老师，他还制定出了一套教科书般的用户增长策略，并由此扭转了局面。接下来简要介绍这一过程。

2．教科书般的增长策略

为了解决用户留存率低的问题，奈飞提出了以下3个方面的增长策略，从而在用户留存大幅提升后，赢得了宝贵的生存之战。而作为竞争对手的百视达，这家曾拥有约6万名员工和9000多家门店的大公司，却于2010年9月23日宣布破产。

（1）反百视达的商业模式创新。长久以来，DVD租赁行业的商业模式都是按次付费，同时在用户忘记归还时要求其缴纳滞纳金。为了更好地兼顾用户体验和商业变现，在2000年前后，奈飞将按次付费的流量运营变革为按月订阅的用户运营，同时废除了滞纳金制度，如图12-2所示。可以想象，凭借这个极具杀伤力的创新，奈飞在大幅提升自身用户留存的同时，让依赖滞纳金的百视达陷入了困境。

图12-2 奈飞按月订阅的全新商业模式

（2）关键变量上A/B测试的使用。在数据驱动决策的理念下，奈飞开始用精细化的A/B测试来找出影响消费者偏好的关键变量。例如在1999年9月，奈飞在一次测试中发现，当给用户提供每月支付15.95美元且每次可租赁4部影片的订阅方案时，用户的转化率会显著提升。日积月累，通过数据驱动的A/B测试而非人工设定的参数，奈飞很快实现了每周10万张DVD的出货量。

（3）推荐系统Cinematch。奈飞的在线业务在DVD租赁时代并非没有竞争对手，零售业巨头沃尔玛在2002年就曾推出过在线租赁DVD的业务，此外当2003年初奈飞用户数破百万后，醒悟过来的百视达也在2004年复制了奈飞的业务。面对众多巨头的绞杀，奈飞最终得以生存的关键要归功于其推荐系统Cinematch，关于它的具体细节将在12.2节中详细展开。

12.1.2 奈飞对自我的不断革新

有时候挑战对手并不难，难的是不断超越自我。在和百视达多年的竞争中，奈飞不仅收获了对推荐系统和用户增长的丰富经验，也深刻地认识到，哪怕是如日中天的大公司，只要不重视创新，就一定会被赶超。因此，即使奈飞已经战胜了百视达，但它还是不断在自我革新，接下来简要回顾奈飞的革新之路。

1. 从DVD租赁到流媒体

当奈飞不再将电影看作按次付费的商品，而是将其视为用户服务时，从DVD租赁转向随时可访问的流媒体服务就成了发展趋势。因此，尽管当时奈飞的DVD租赁业务仍在蓬勃发展，但在看到YouTube的流行后，公司CEO Reed Hastings于2007年推出了名为WatchNow的在线流媒体服务，这在当时网络环境尚不成熟的时代算是一个相当具有前瞻性的决策。

为了加速流媒体服务的发展，Reed Hastings 在 2011 年将原本 9.99 美元的"DVD+ 流媒体服务"拆分成了两项独立的服务，每项收费 7.99 美元，从而实现了对 DVD 租赁业务与流媒体业务的完全拆分。由于这个战略旨在主动放弃现有核心业务，并引导用户接受新业务，因此在当时并没有得到股东和市场的认可，当用户认为奈飞变相提价了 60%，第三季度的用户数环比下降 81 万后，奈飞的股价从高点的 295 美元跌至 70 美元。

当然从今天来看，Reed Hastings 的决策是非常明智的，到了 2012 年，奈飞在 DVD 租赁用户数降至 800 万的同时，流媒体用户数增至 2500 万，从而在 DVD 租赁行业瓦解之际，凭借前瞻性的战略再次存活了下来。奈飞的这次转型使其完全成为一家互联网公司，它的估值方式也从传统的市盈率转变为了用户增长率，让奈飞的股价明显回升。

2．从评分预测到 Top N 排序

自 2000 年以来，奈飞一直在 Reed Hastings 的亲自参与下，不断完善其基于评分预测算法的推荐系统 Cinematch。然而，尽管 Cinematch 自上线以来表现出色，但在发展到 2006 年时已经面临较大的提升瓶颈。奈飞为了能在算法层面实现革新，在 2006 年推出了资金额为百万美元的 Netflix Prize 竞赛，很有诚意地奖励首个将预测评分 RMSE 优化 10% 的团队。

毫无悬念，这个奖项在将评分预测推向聚光灯下后，确实从技术角度推动了算法革新，例如，在此次比赛中涌现出来的奇异值分解（SVD）和受限玻尔兹曼机（RBM）模型被应用在了奈飞后续的产品中。其中，SVD 擅长在充足的数据中挖掘更多潜在关系，更适合高活用户；RBM 擅长通过学习数据的潜在分布来弥补数据稀疏的不足，更适合低活用户。

既然奈飞在评分预测算法上具备很强的先发优势，也在不断进行优化，是不是就会一直沿着这条路走下去了呢？事实上，当流媒体时代到来后奈飞意识到，在租赁时代非常关键的评分预测已经不是最佳选择，于是奈飞对整个推荐产品的设计又进行了一次革新，将优化线下体验的评分预测算法转向了优化线上体验的 Top N 排序算法。具体为何奈飞要舍弃评分预测算法，将在 12.2.1 节中详细阐述。

3．数据驱动的自制内容生态

2008 年，奈飞与 Starz 公司签订了一份 4 年期的合作协议，仅需支付 3000 万美元的版权费就可以使用 2500 部电影。然而到 2011 年续约时，Starz 看准了奈飞的快速发展，把版权价格提高了 10 倍。这对于当时只有 4300 部电影的奈飞来说，无疑是巨大的打击。

面对内容上的困境，奈飞决定将重心转向自制内容生态，而在这一过程中的撒手锏是，奈飞不仅掌握内容的观看数据，同时也擅长通过数据驱动来做决策，于是，它将传统采购剧集时偏人工经验的环节（如制作什么节目和电影更容易流行，选择谁做导演和演员等）调整为通过机器学习方法来辅助决策。通过这种方式，奈飞创作出了很多更具有流行潜力的自制内容，例如《纸牌屋》和《黑镜》等。

综合以上手段，奈飞在 2018 年超越迪士尼，成为市值千亿美元的互联网公司。不过近年来随着 TikTok 的竞争和迪士尼的重新崛起，奈飞在订阅用户数的增长上已开始趋缓，未来奈飞还会有自我革新的举措吗？我们拭目以待。

12.2 优化线下体验的评分预测

尽管评分预测在如今许多完全线上化的产品中的应用已经较少，但从以下两方面看，它仍然具有重要价值。首先，在美食外卖和生活服务这类优化用户线下体验的产品中，建模线下体验满意度的评分预测依然重要；其次，很多评分预测算法中所蕴含的经验也已经古为今用地孵化出了许多新算法。本节先介绍评分预测产品的兴衰原因和适用场景，再简要介绍评分预测算法的新进展。

12.2.1 评分预测产品的兴衰

在 DVD 租赁时代，由于奈飞只能获取用户对电影的评分反馈，因此一个自然的想法是预测用户对没看过电影的评分，并将预测评分最高的电影推荐给用户。不过，随着流媒体时代的到来，评分预测不仅在供给侧的优势变得不再突出，同时在需求侧的问题也逐渐暴露，于是奈飞开始弱化对它的依赖。下面介绍评分预测产品的兴衰原因。

1．供给侧：去库存优势的重要性不再

如前所述，奈飞曾经是一家以 DVD 租赁为核心业务的网站，所以当它发展到 2000 年时，影片的库存成本已经成为比较严重的问题，于是同年开始研发的 Cinematch 希望借助推荐策略来帮助产品提升消化库存的能力。从今天来看，在这种消化长尾实体内容的业务诉求下，评分预测是一个很合适的选择，具体原因主要体现在以下两点。

- 更擅长消化长冷库存。什么样的电影更容易被预测高分呢？大概率不是时下热门的畅销电影，而是冷门的小众电影，例如能引人思考的纪录片、被特定人群偏爱的风格电影等。因此，评分目标在反馈上存在一定的反热门偏差，只不过这种偏差正好非常适用于推荐线下实体内容，因为这样可以引导用户多租赁冷门影片并避开热门片，从而提升 DVD 租赁场景的库存周转率。
- 对库存采购的主动管理。与点击率等反馈随时间序列有较强的波动不同，评分反馈作为一种更稳定的电影评级，更容易与电影的长期销量挂钩，因此可以作为电影采购策略的某种辅助手段，以确保库存中有充足的满足市场需求的受欢迎内容。

然而，当 2007 年奈飞开始向在线流媒体服务转型后，随着流媒体业务占比的提升，评分预测在供给侧的优势便不再突出，甚至从保护自家生态的角度看有点不合时宜。

- 无须优化长冷库存。在流媒体时代，内容在供给过程中不再产生实体库存的成本，因此借助评分预测算法去消化长冷库存变得不再重要。于是，随着供给侧优化压力的降低，推荐系统可以更专注于优化用户的满意度，例如多推荐一些评分不高但很多用户喜欢的热门电影。毕竟，即使向所有用户推荐某部电影，也不会出现影片被租赁一空的尴尬局面了。
- 对自家原创热门内容的保护。当奈飞自己作为生态中的内容提供者，开始制作一系列更迎合大众口味的剧集时，考虑到评分预测算法更偏好小众冷门内容对众口难调的热门内容不够友好，于2017年4月将严苛挑剔的5分制评分模块改为点赞模块，以保护自家内容生态的创作者。

2．需求侧：用户观影需求逐渐多元化

在DVD时代奈飞无法获取到用户在观影时的感受，只能在观影结束后收集到由少数用户提交的评分信号，但到了流媒体时代，奈飞可以轻松获取用户如何挑选影片、观看时长、退出位置等反馈信号。这就使奈飞逐渐意识到，在产品中随处可见各种及时且稠密的反馈信号，整个产品是可以被推荐所重构的，于是奈飞对其首页进行了全面的个性化。

（1）从评分预测到Top N排序。如图12-3所示，强化隐式反馈的第一步就是将评分预测修正为基于观看时长信号的Top N排序，例如在个性化首页上方的Top 10推荐就基于这一改进思路进行了优化。更具体地，做出这一改动的原因主要有以下3点。

- 更关注Top兴趣预估的准确性。在只有10个展示位置的产品模块中，奈飞更需要为用户推荐好Top 10的电影，而并非像评分预测任务那样更关注预测用户对不喜欢的电影会打1分还是2分。
- 从质量到个性化。评分反馈擅长评价内容的质量，而隐式行为反馈则擅长捕捉用户的个性化偏好，鉴于大多数用户倾向于观看轻松的3.5星喜剧片而不是5星的纪录片，按时长等隐式反馈来捕捉用户的真正偏好往往会有更好的线上效果。
- 更实时的反馈。在评分预测时代，推荐往往只能通过用户评分来缓慢修正，但在有了更实时的隐式反馈数据后，推荐就变得更加主动和灵敏。

（2）从Top N排序到更多元化的推荐。在按评分预测或Top 10排序来推荐电影时，奈飞并没有引入场景的概念，这样虽然推荐精准，但也容易导致推荐结果单一。于是，奈飞将首页按行组织成图12-3右侧所示的布局，使用户的每一个潜在需求都能对应到其中的一个内容行中，这样就使多个内容行所构成的首页可以满足用户更多元化的需求了。

在完成上述改造后，伴随着用户对电影兴趣的多元化，评分预测的准确率显然已经不再是推荐系统的全部了。当Top 10推荐、流派推荐等众多其他模块一起承担了提升用户留存的职责后，评分预测也就完成了其历史使命，逐渐消失在人们的视野中。

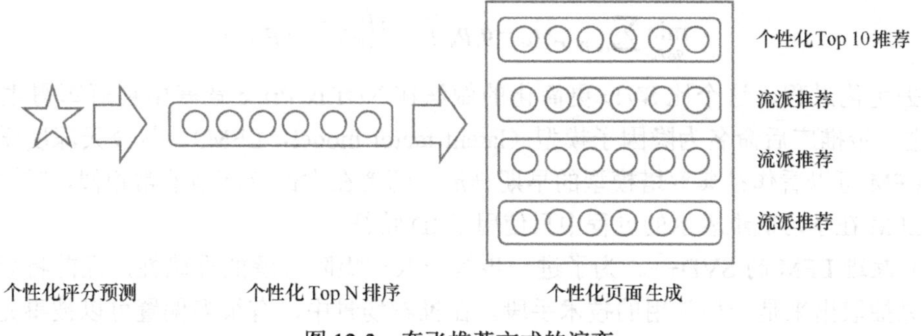

图 12-3 奈飞推荐方式的演变

12.2.2 评分预测算法的演进趋势

从技术角度看，由于评分预测问题是对推荐算法非常简单的一个抽象，因此在被学术界以研究为目的青睐了多年后，从这一问题中孵化出了许多有价值的技术，例如现在人们熟悉的各种排序模型的雏形，实际上其中很多源自评分预测领域。因此，本节先回顾评分预测问题中孵化出的关键经验，再介绍在如今技术发展之后评分预测问题的前沿进展。

1．低秩矩阵分解方法的演进脉络

假设存在 m 个用户和 n 部电影，那么评分预测就可以被抽象成一个对 $n\times m$ 的评分矩阵 $\boldsymbol{R}$ 进行缺失值填充的问题。考虑到用户评分的电影数量通常有限，在评分矩阵非常稀疏的情况下，在模型中合理引入领域知识的先验就成了合理填充评分矩阵缺失值的关键。

这时，低秩矩阵分解很具有洞察力的一点在于，它基于用户偏好可以用其他用户偏好来表达的假设，推断评分矩阵的行列存在高度的相关性，于是将评分矩阵分解为若干秩远小于行数和列数的矩阵的乘积，以挖掘数据中的潜在规律。下面介绍这类经典方法的关键特性和演进脉络。

（1）Netflix Prize 竞赛中的隐因子模型。奇异值分解（singular value decomposition，SVD）是一种常见的矩阵分解方法，它将一个大小为 $m\times n$ 的矩阵 $\boldsymbol{R}$ 分解成 3 个矩阵的乘积，即 $\boldsymbol{R}=\boldsymbol{M\Sigma V}^{\top}$，其中左奇异矩阵 $\boldsymbol{M}$ 的大小为 $m\times m$，右奇异矩阵 $\boldsymbol{V}$ 的大小为 $n\times n$，对角矩阵 $\boldsymbol{\Sigma}$ 的大小为 $m\times n$，对角线上的元素被称为奇异值。

受奇异值分解方法的启发，Simon Funk 在 2006 年提出了一种更简化的方法，他将对角矩阵合并到左、右奇异矩阵中，从而使矩阵 $\boldsymbol{R}$ 只需被拆分成两个矩阵的乘积 $\boldsymbol{P}^{\top}\boldsymbol{Q}$，其中 $\boldsymbol{P}$ 的大小为 $k\times m$，$\boldsymbol{Q}$ 的大小为 $k\times n$。具体到评分预测问题上，为了让 $\boldsymbol{P}^{\top}\boldsymbol{Q}$ 与评分矩阵 $\boldsymbol{R}$ 尽量接近，它采用了最小化均方误差的损失函数，如公式（12.1）所示，其中 $\boldsymbol{q}_i$ 是电影 $\boldsymbol{Q}$ 矩阵的第 i 列，而 $\boldsymbol{p}_u$ 是用户 $\boldsymbol{P}$ 矩阵的第 u 列。

$$\min_{q_i, p_u} \sum\nolimits_{(u,i)\in\mathcal{K}} \left(r_{ui} - \boldsymbol{q}_i \boldsymbol{p}_u^{\top}\right)^2 + \lambda\left(\left\|\boldsymbol{q}_i\right\|^2 + \left\|\boldsymbol{p}_u\right\|^2\right) \tag{12.1}$$

略去优化过程，这个比 SVD 更简化的做法在 Netflix Prize 竞赛中被冠军得主 Yehuda Koren 进一步推广后命名为隐因子模型（latent factor model，LFM）。从今天深度学习的角度看，LFM 可以看作经典双塔模型的早期雏形，两者在大部分环节非常相似，唯一的区别在于，LFM 在学习低维表示的过程中只使用了 ID 特征。

（2）改进 LFM 的 SVD++。为了进一步提升低秩矩阵分解的准确性，提前将矩阵中的先验信息抽取出来是一种常用的技术手段。在推荐场景中，有很多偏置可以被事先抽取出来，例如建模用户评分习惯的用户偏置和建模电影质量的内容偏置等。于是，BiasSVD（带偏置的 SVD）方法在 LFM 预估项 $\boldsymbol{q}_i^{\top}\boldsymbol{p}_u$ 的基础上，通过加入全局偏置 μ、用户偏置 b_u 和电影偏置 b_i，进一步提升了模型的泛化性，改进后的损失函数如公式（12.2）所示：

$$\min_{b_i, b_u, q_i, p_u} \sum\nolimits_{(u,i)\in\mathcal{K}} \left(r_{ui} - \mu - b_i - b_u - \boldsymbol{q}_i^{\top}\boldsymbol{p}_u\right)^2 + \lambda\left(b_i^2 + b_u^2 + \left\|\boldsymbol{q}_i\right\|^2 + \left\|\boldsymbol{p}_u\right\|^2\right) \tag{12.2}$$

注意到 BiasSVD 没有考虑用户的评分历史，于是 2008 年的改进方法 SVD++ 就引入了这些信息来提升用户表示的准确性，并增强对新用户表示的快速学习能力。具体来说，SVD++ 为每一部电影都保留了一个用于描述用户评分历史的 k 维向量，然后在用户向量 $\boldsymbol{p}_u$ 的基础上将用户观看过的物品的隐向量 $\boldsymbol{y}_j$ 累加并缩放取均值，就形成了一个更全面的用户特征表示，修改后如公式（12.3）所示：

$$\mu + b_i + b_u + \boldsymbol{q}_i^{\top}\left(\boldsymbol{p}_u + \left|\boldsymbol{R}(u)\right|^{-\frac{1}{2}} \sum\nolimits_{j\in \mathrm{R}(u)} \boldsymbol{y}_j\right) \tag{12.3}$$

同样，从更现代的视角看，SVD++ 中用物品向量的均值来表示用户的方式，和图神经网络中基于用户节点的一阶近邻来聚合表示的方式异曲同工，这也说明，很多看似现代的技术实际上早有源头，只是看能不能古为今用了。

（3）深度学习与矩阵分解相结合。随着深度学习时代的到来，一种将深度学习与矩阵分解相结合的新思路应运而生，旨在利用矩阵分解方法来提升模型的泛化性。在 2017 年的“Neural Collaborative Filtering”论文中，作者提出了一种更代表当前主流模型结构的方法，主要包括以下 3 个模块。

- 广义矩阵分解（generalized matrix factorization，GMF）模块。所谓 GMF 就是先将用户和物品的嵌入进行逐元素相乘，再将乘积投喂给一层神经协同过滤层，这样输出的就是模型的预测评分了。不难发现，如果这个神经网络的权重全是 1，且激活函数是恒等函数，那么 GMF 恰好就等价于前面的矩阵分解。因此，GMF 的本质就是在原始的矩阵分解的基础上引入了一个简单的非线性变换。

- 多层感知机（multilayer perceptron，MLP）模块。与对矩阵分解做简单扩展的GMF相比，MLP将用户侧嵌入和物品侧嵌入拼接在一起，经过多个全连接层，可以捕捉更高阶的复杂交互特征。
- 神经矩阵分解（neural matrix factorization，NeuMF）模块。完整结构如图12-4所示，NeuMF在获取到GMF结构和MLP结构的输出后，通过神经网络来融合这两者并预测最终评分。不难看出，这一设计与谷歌的wide & deep异曲同工，图中左侧的GMF结构较为简单，用于捕捉用户与物品间的简单交互，右侧的MLP结构较为复杂，用于学习用户与物品间的深度交互。

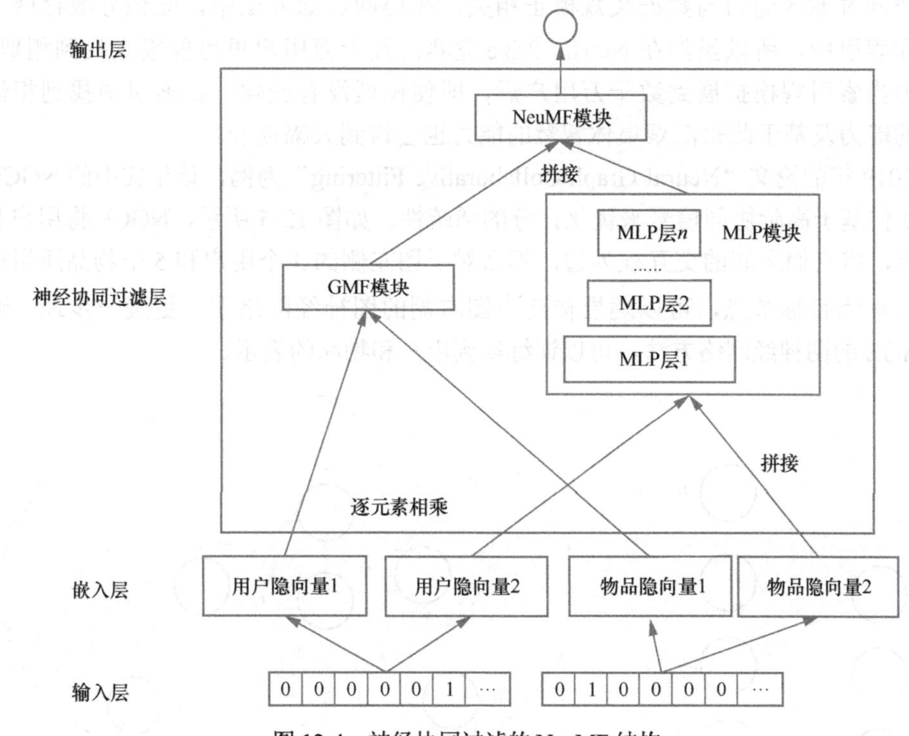

图12-4 神经协同过滤的NeuMF结构

2．不拘泥于矩阵分解的现代方法

在深度学习时代，评分预测的发展趋势已经从矩阵分解转向基于神经网络的方法，而在不拘泥于矩阵分解的框架后，更多新技术如注意力机制、图卷积神经网络、多模态等也都解放出来，以进一步优化评分预测中的稀疏性问题，下面举两个例子加以说明。

（1）基于协同信号来优化稀疏性。由于在Netflix Prize竞赛中，协同过滤的效果不如矩阵分解理想，因此人们往往会认为协同过滤已经过时，但其实这样的观点有些片面，因为鉴于以下3点，协同过滤算法在线上的实际表现好于当年在比赛中的表现。

- 当时协同过滤技术尚未成熟。在 Netflix Prize 竞赛的 2006 年，协同过滤技术刚刚起步，仅是一些启发式的公式，所以无法充分发挥其潜力。而正如第 11 章所述，如今协同过滤技术早已有了质的变化，无论在建模用户表示还是在适配下游任务的能力上都比早期方法有了明显提升。
- 协同过滤更擅长优化线上动态数据。矩阵分解同时学习用户和内容的参数，更擅长从历史数据中提取和记忆模式，因此在处理静态数据集的比赛场景中表现会更优异。但对于动态变化的线上数据来说，由于协同过滤只需要学习用户（如 UserCF）或内容（如 ItemCF）的参数，因此通常会表现出更强的适应性和泛化性。
- 协同过滤的能力与数据集规模正相关。在协同过滤方法中，知识分散存储于模型和索引中，所以虽然在 Netflix Prize 竞赛的几十万用户里可能很难找到相似用户，但当索引规模扩展到数千万用户后，即使模型没有变化，在索引中找到相似用户的能力及基于此来汇聚集体智慧的能力也会得到大幅提升。

以 2019 年的论文“Neural Graph Collaborative Filtering”为例，该论文中的 NGCF 模型展示了如何基于高阶协同信号来优化评分的稀疏性。如图 12-5 所示，NGCF 将用户和物品视为节点，将它们之间的交互视为边，那么对于图左侧的 3 个用户和 5 个物品所组成的二部图，以 u_1 为目标节点，可以逐层构建出图右侧的图神经网络了。更进一步地，通过类 GraphSAGE 的图神经网络方法，可以训练得到用户和物品的表示。

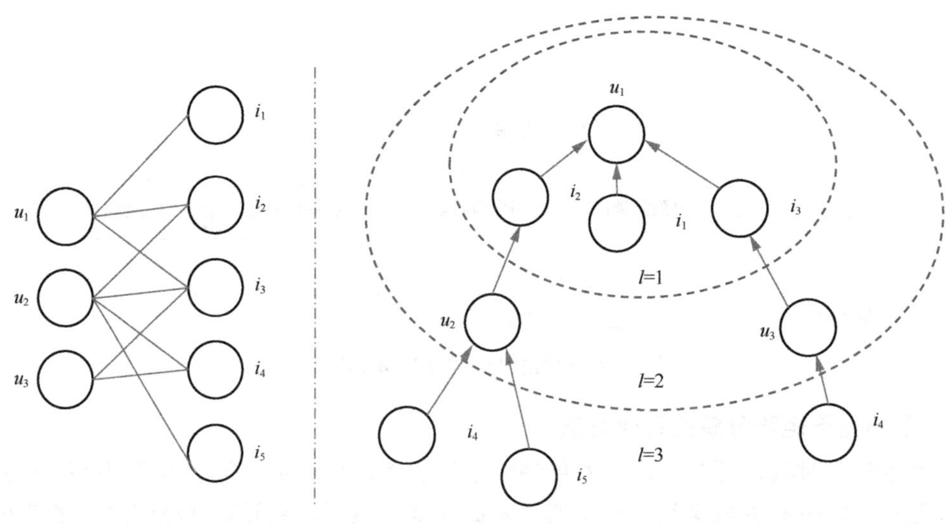

图 12-5 NGCF 示例

不难看出，由于 NGCF 能充分利用物品和用户间的高阶协同关系，因此即便是对于行为很少的用户，也可以先通过与其有交互的物品关联上其他用户，再通过这些用户来关联更多的物品，所以对评分矩阵非常稀疏的评分预测问题，会有不逊于传统矩阵分解方法的效果。

（2）引入多模态信号来优化稀疏性。传统评分预测模型仅使用 5 分制的反馈数据来建模，忽略了用户在评分时提交的评论等表意更丰富的文本信息。这里以 2019 年的“DAML: Dual Attention Mutual Learning between Ratings and Reviews for Item Recommendation”论文为例介绍同时考虑评分和评论信息的推荐策略。

如图 12-6 所示，DAML 先基于局部注意力机制来学习评论中每个词的权重，再通过互注意力来挖掘用户评论与物品评论之间的关联性，从而得到用户和物品的评论表示。然后将传统评分信号得到的表示与评论表示进行融合，以得到用户和内容的综合表示，再经过一个神经因子分解机（neural FM）模块来捕捉用户和内容的交互，就得到了最终的预测得分。

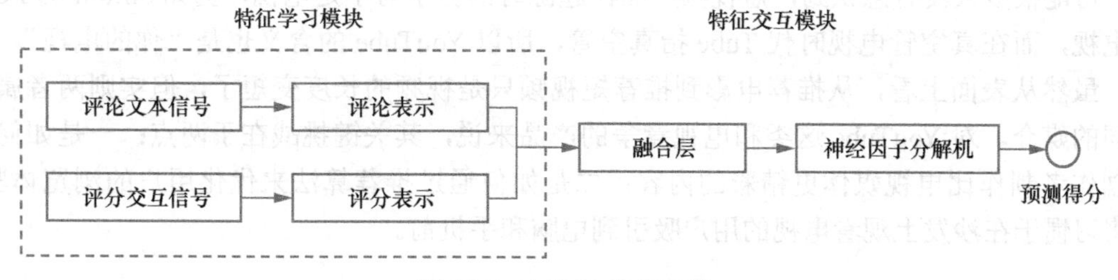

图 12-6　DAML 结构示意

不难想象，除了将评论信息纳入输入信号中，事实上，在网络结构和反馈信号日益丰富的今天，用户和物品的属性特征、用户创作内容的多模态特征等都可以轻松融合到模型中，以缓解评分矩阵的稀疏性问题。DAML 的经验表明，在模型中融入更多信号后，可以提升评分预测系统的整体表现。

第13章

和电视竞争的短视频推荐

可能很多人没有意识到，短视频产品在起源时的竞争对手是电视，例如bilibili的Logo是电视，而在真空管电视时代Tube指真空管，所以YouTube的含义也是“你的电视”。因此，虽然从表面上看，从推荐电影到推荐短视频只是视频的长度变短了，但实则两者属于不同的媒介。对YouTube这类和电视竞争的产品来说，其关键挑战在于两点：一是如何激励创作者制作比电视媒体更精彩的内容；二是如何通过推荐算法来优化用户的浏览体验，以将习惯于在沙发上观看电视的用户吸引到电脑和手机前。

13.1 激励相容的YouTube生态机制

2005年2月，3位前PayPal员工Chad Hurley、陈士骏和Jawed Karim在观看Justin Timberlake的演出后，因无法在网上找到演出视频，抱着让人人都可以分享视频的想法而创办了YouTube。2005年4月23日，在一部名为《我在动物园》（*Me at the Zoo*）的19秒短片中，Jawed Karim就通过一段非常朴实的创作阐述了他对YouTube生态的观点：“视频并不需要太花哨的制作，它可以是平易近人的，每个人都可以创作出类似《我在动物园》的视频。”

于是，在YouTube更鼓励普通人来创作的背景下，不同于奈飞所采用的职业生产内容（occupationally generated content，OGC）模式，YouTube的生态模式一般被称为专业用户生产内容（professional user generated content，PUGC）。同为生产内容的平台，PUGC模式相比OGC模式具有以下两点明显优势。

- 更接地气的内容风格。虽然用DV等设备来拍摄视频需要具备一定的专业技能，但PUGC平台推崇真实、平易近人的内容风格，不仅使创作者拥有了更高的创作自由度，也因内容更具人格化和互动性而吸引了大量用户对创作者的长期关注。相较之下，OGC平台的内容往往没有足够的延续性，在用户观看完一部剧集后往往会有流失的风险。

- 低成本的高质内容运营。OGC 平台需要投入大量采买和制作剧集的资金来吸引观众，而 PUGC 平台仅需更专注于激励创作者，无须自制内容，因此其内容成本会相对低于 OGC 平台，从而能够更好地平衡商业化和用户体验。

既然 PUGC 模式具有上述优势，那么作为平台运营者，该如何构建出一个像 YouTube 一样繁荣的内容生态呢？本节将探讨 YouTube 如何基于激励相容的原则，在鼓励用户、广告主、创作者、二次创作者等各方都追求各自利益的同时，使平台的利益得到保证，进而构建出健康的内容生态。

13.1.1 多方受益的Content ID机制

作为一个以 PUGC 模式为主的平台，YouTube 自创立以来就吸引了大量用户上传视频，所以引发了很多版权风险。事实上，正是因为意识到这一风险，YouTube 才会在 2006 年 11 月同意以 16.5 亿美元的价格被谷歌收购。而尽管谷歌在收购前已经与环球音乐等公司就部分正版内容达成了协议，但考虑到此后版权问题依然会层出不穷，例如，2007 年 Viacom 提出的 10 亿美元索赔案等，于是谷歌便开始研发一种能让版权方和二次创作者都受益的 Content ID 机制，以更主动地应对防不胜防的侵权问题。

具体来说，在版权所有者上传音视频文件后，Content ID 会使用先进的数字指纹技术来为视频生成指纹，这样当普通用户上传内容时，将该内容与其数据库中的版权内容进行语义匹配，就可以有效识别出侵权内容了。略过 Content ID 背后视频理解的技术不提，其最有趣的环节在对侵权视频的处理方式上，因为并不像其他平台那样要么置之不理要么直接禁播，而是先询问版权所有者的意见，并提供给他们以下几种可选项。

- 禁播：要求 YouTube 删除与其版权内容相匹配的视频。
- 追踪：允许视频保留在 YouTube 上，并查看这些内容的观看数据分析，帮助其监控二次创作内容带来的传播效应，如观看次数和用户互动情况。
- 盈利：视频正常播放，但分享这些二次创作内容的广告收入。

于是，Content ID 机制巧妙地将版权所有方（作为委托人）和二次创作者（作为代理人）的利益进行了有效的绑定，如图 13-1 所示，从而创造出一种兼顾二者利益的双赢局面，同时也使用户和 YouTube 平台的利益得以最大化。接下来就从各参与方的视角总结激励相容的 Content ID 机制。

首先，从版权所有方的视角看，Content ID 机制为他们提供了保护，因为当发现匹配版权内容的二次创作作品后，版权所有方可以凭自己的意志来决定如何管理这些内容，无论是删除、监控传播，还是从中获利。其次，从二次创作者的视角看，Content ID 机制使他们不再被视为侵权者，而是充当帮版权所有方创造收益的角色，这就能激励他们在尊重版权的前提下创作更多高质量的内容。再次，从用户的视角看，由于用户可以观看更多经过授权的优质内容，自然就提升了用户体验。最后，从平台的视角看，Content ID 机制不仅提升了平台的声誉，也通过有版权的优质内容吸引了更多的用户、创作者和广告主，从而获得了更好的发展。

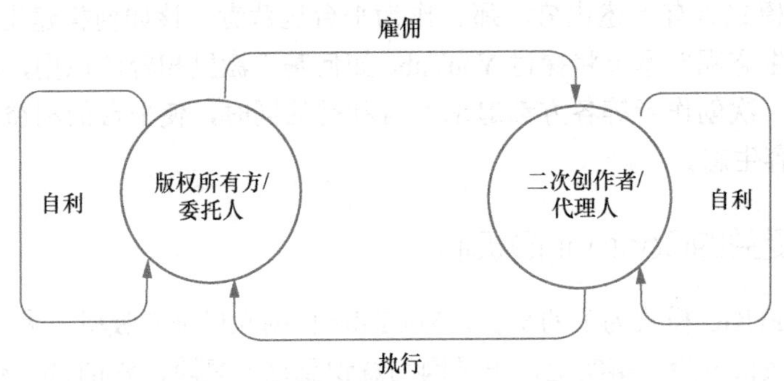

图 13-1　激励相容的 Content ID 机制

13.1.2　稳固自建生态的YPP机制

YPP，即 YouTube 合作伙伴计划（YouTube partner program）旨在为创作者提供创收途径，并吸引他们留在 YouTube 的生态系统中，如图 13-2 所示。虽然从短期看，其慷慨让利似乎延缓了 YouTube 的盈利节奏，但从长远看，这正是 YouTube 能持续保持活力的关键。因此，本节将围绕 YPP 机制的主要特点介绍这类看似简单但重要的分润机制。

通过 YouTube 合作伙伴计划创收的方式

您可以通过以下功能在 YouTube 上创收：

- 广告收入：通过观看页面中的广告和 Shorts 动态中的广告来赚取收入。
- 频道会员功能：您的会员每月定期支付一定费用，换取您提供的特别福利。
- 购物：您的粉丝可以在您 YouTube 上的商店中浏览和购买商品。
- 超级留言和超级贴纸：您的粉丝可以付费让自己的聊天信息或动画图片在直播聊天室中突出显示。
- 超级感谢：您的粉丝可以付费让自己发出的消息在视频的评论部分中突出显示。
- YouTube Premium 收入：在 YouTube Premium 订阅者观看您的内容时获得订阅费用分成。

图 13-2　YPP 帮助页面

首先，YPP 机制的显著特点在于其高比例的广告分润，不夸张地说，尽管如今广告分润的模式已经屡见不鲜，但大多数内容平台提供的分润方式没有 YouTube 那么有诚意，这才使 YouTube 的内容生态成了抵御风险的强大屏障。根据 YPP 帮助页面中提供的信息，YouTube 主要的收益分润方式有以下两种。

- 观看页创收模块。观看页广告通常在视频的播放前、播放中和播放后阶段展示，极适合投放与视频内容高度相关的精准广告，再加上 13.1.3 节将介绍的 TrueView

机制的加持，使得该模块具有很高的变现效率。此外，由于这部分收入可精准归因到特定的创作者，因此当 YouTube 将 55% 的广告净收入慷慨回馈给创造这部分收入的创作者时，立即赢得了创作者的理解和信任。

- Shorts 创收模块。类似于许多图文或微视频产品，Shorts 中的广告位通常穿插在内容之间，所以无法准确归因到某个创作者。不过，与很多无法归因时就选择少给创作者分润的产品不同，YouTube 仍然按观看时长和次数等的占比来大致归因，并慷慨地将其中 45% 的广告净收入回馈给创作者。

其次，除广告变现模式外，YouTube 还提供了诸如关注者付费、电商、Premium 收入等多种变现方式，其中每一种变现模式都会从创作者的角度来考虑。以运营用户的 Premium 模式为例，虽然 Premium 会员用户多了之后，创作者的广告收入会有所降低，但 YouTube 仍会按观看时长归因，以将 Premium 会员收入以高比例分配给创作者，所以这种模式并不会对创作者产生不利的影响。

综上可以看出，创作者在 YouTube 平台上的回报还是不错的，所以即使 TikTok 等新兴平台不断涌现，创作者和为其提供协助的 MCN 机构（multi-channel network）也不愿放弃 YouTube 这个高回报率且经营多年的平台，这才使 YouTube 在面对如 TikTok 这样的关键竞争者时，仍有足够的时间去补齐其他方面的短板。

13.1.3　革新广告效率的TrueView机制

虽然有些互联网产品看似简单，但实际上它们是经过精心设计的，TrueView 机制就是其中之一。如图 13-3 所示，TrueView 指的是在 YouTube 视频中插入的广告播放 5 秒后，会出现一个“跳过”按钮，如果用户点击该按钮，那么为了保证用户的体验广告将立即消失，而从广告主的角度考虑，当视频没有播放完或者播放不足 30 秒时，即便广告主竞价成功，YouTube 也不会向其收费。接下来将从各参与方的角度出发，详细介绍 TrueView 的设计考虑。

首先，从用户的角度看，由于传统视频网站通常按 CPD（cost per day）包段售卖，广告主需要为所有流量付费，因此广告主没有优化广告创意的动力，时不时地出现一些打扰用户的弹窗广告就不足为奇。在 YouTube 引入 TrueView 机制后，由于用户看到质量差的广告时可以在 5 秒后跳过，因此鼓励广告主尽量减少对用户的打扰，花心思设计出让用户不会跳过的广告。事实上，正是 TrueView 这个鼓励让用户看到有趣广告的机制，使之后在 YouTube 上新奇的广告创意层出不穷，屡屡获得广告界的营销大奖。

其次，从广告主的角度看，由于 TrueView 确保他们只需为真正对广告感兴趣的用户付费，因此在提高广告投放效果的同时，也避免了广告主在打扰用户的维度上恶性竞争。此外，对以前少有用户反馈的展示广告来说，由于跳过提供了比点击更为稠密和可靠的负向信号，因此广告主通过收集跳过相关的信息就可以实现更精准的目标人群触达和更优质的广告创意优化，从而提升营销的效果。

最后，从平台的角度看，TrueView 看似削弱了 YouTube 的变现能力，但这一机制在为用户和广告主带来增益的同时，对 YouTube 也产生了积极影响。之前，在广告质量差的情况下 YouTube 更适合效果广告，但引入按每次观看费用来出价的 TrueView 机制后，随着广告质量的提升，YouTube 有了更大的空间去提升广告加载量和品牌溢价。

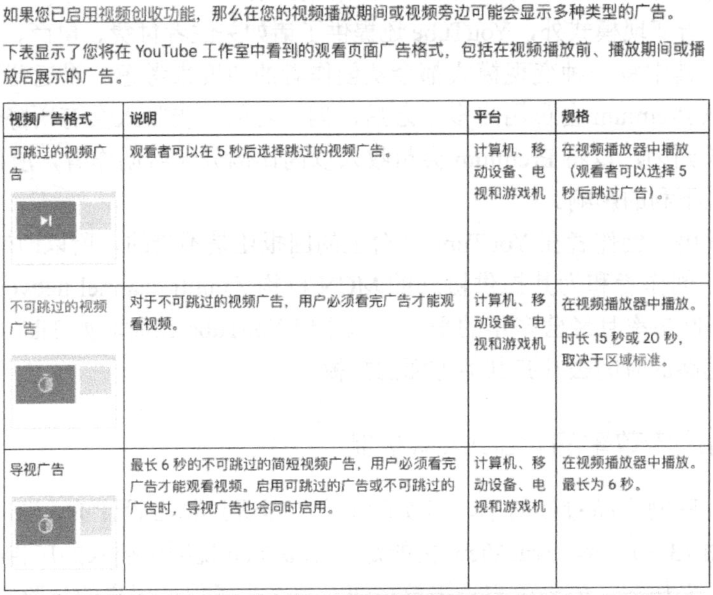

如果您已启用视频创收功能，那么在您的视频播放期间或视频旁边可能会显示多种类型的广告。

下表显示了您将在 YouTube 工作室中看到的观看页面广告格式，包括在视频播放前、播放期间或播放后展示的广告。

视频广告格式	说明	平台	规格
可跳过的视频广告	观看者可以在 5 秒后选择跳过的视频广告。	计算机、移动设备、电视和游戏机	在视频播放器中播放（观看者可以选择 5 秒后跳过广告）。
不可跳过的视频广告	对于不可跳过的视频广告，用户必须看完广告才能观看视频。	计算机、移动设备、电视和游戏机	在视频播放器中播放。时长 15 秒或 20 秒，取决于区域标准。
导视广告	最长 6 秒的不可跳过的简短视频广告，用户必须看完广告才能观看视频。启用可跳过的广告或不可跳过的广告时，导视广告也会同时启用。	计算机、移动设备、电视和游戏机	在视频播放器中播放。最长为 6 秒。

图 13-3　YouTube 视频广告类型

综上不难看出，TrueView 让平台站在广告主和用户的角度去考虑问题，从而使 YouTube 与广告主和用户更紧密地站在了同一条战线上。在后来 MCN 机构企图自建内容分发渠道以绕开平台抽成的浪潮里，由于 MCN 机构在变现效率上无法和 YouTube 相抗衡，不能给广告主更高的投资回报率，因此还是只能依赖 YouTube 来变现。这实际上也给人们一个启示，即用户产品也需要重视商业变现的效率，因为优秀的商业产品很多时候会成为用户产品的护城河。

13.2　直面海量候选的深度学习召回

与资讯推荐内容主要由机构生产且时效性强不同，短视频推荐主要由人人都可创作的 PUGC 模式来供给无时效性的内容，所以在内容候选数量急剧增加的情况下，如何对海量候选视频进行高效精准的推荐就成了短视频推荐的一大挑战。本节从轰动一时的 YouTubeDNN 出发，讨论在面对海量候选的召回阶段有哪些常见的优化策略。

13.2.1 召回的里程碑：YouTubeDNN

召回阶段的任务是对海量候选做初步筛选，以降低后续排序环节在进一步处理时的压力。尽管受限于在线预测性能，召回阶段在模型复杂性上不及排序阶段，但作为整个推荐系统直面全库候选的首个环节，其重要程度不言而喻。对 YouTube 来说，它至少需要满足以下 3 点要求。

- 广度覆盖。召回模型不仅需要能覆盖用户在多个业务目标（如时长、互动）下的已知兴趣，同时还需要通过优质内容去探索用户的潜在兴趣，也就是说，召回模型需要具有很强的泛化能力，可以对大量未展示过的样本进行有效的估计。
- 新内容友好。在 YouTube 的内容生态中，每时每刻都会有新内容涌入。召回模型需要有足够的泛化性和更新速度以捕获这些变化，并确保对新内容有灵敏且准确的反应。
- 高效剪枝。面对海量的 UGC 内容，召回模型既需要保证剪枝过程的高效性，也需要保证剪枝算法的准确性，以确保后续的排序阶段有足够的发挥空间。

1．前深度学习时代的 YouTube 召回

在介绍 YouTubeDNN 之前，我们首先回顾 2010 年“The YouTube Video Recommendation System”这篇文章中 YouTube 所采用的召回技术。简单来说，这是一个基于协同过滤的召回策略，其过程可以分为离线阶段和在线阶段。

- 离线阶段。系统通过分析视频的历史观看数据来定义 v_i 和 v_j 的相似度，具体公式为 $r(v_i,v_j)=\dfrac{c_{ij}}{f(v_i,v_j)}$，其中，$c_{ij}$ 是视频 v_i 和 v_j 被同时观看的次数，而 $f(v_i,v_j)$ 是一个与视频 v_i 及视频 v_j 出现次数相关的函数，用来表示这两个视频的流行程度。
- 在线阶段。当用户访问 YouTube 时，系统会将用户看过和互动过的视频作为种子视频，利用 $r(v_i,v_j)$ 查找它们与其他视频的相似度，以发现用户可能感兴趣的新视频。

不难看出，这一策略并不能满足上述召回阶段的 3 点要求，不仅因过于强调用户过去的兴趣而导致推荐结果缺乏足够的广度覆盖，同时对新上传的视频，也因没有足够的观看历史而很难被推荐出来，这样就进一步加剧了生态中的马太效应。

2．深度学习时代的 YouTube 召回

随着 YouTube 的内容数量激增，上述召回策略的局限性开始显现，于是 YouTube 在深度学习时代到来后开始探索相关的模型召回技术。2016 年“Deep Neural Networks for

YouTube Recommendations”一文中首次披露这一突破后，立刻在业界获得了广泛的赞誉，并成为如今推荐系统召回阶段的新标配，如图13-4所示。接下来，我们就根据对召回阶段的3点要求，来介绍YouTubeDNN召回模型的主要优化点。

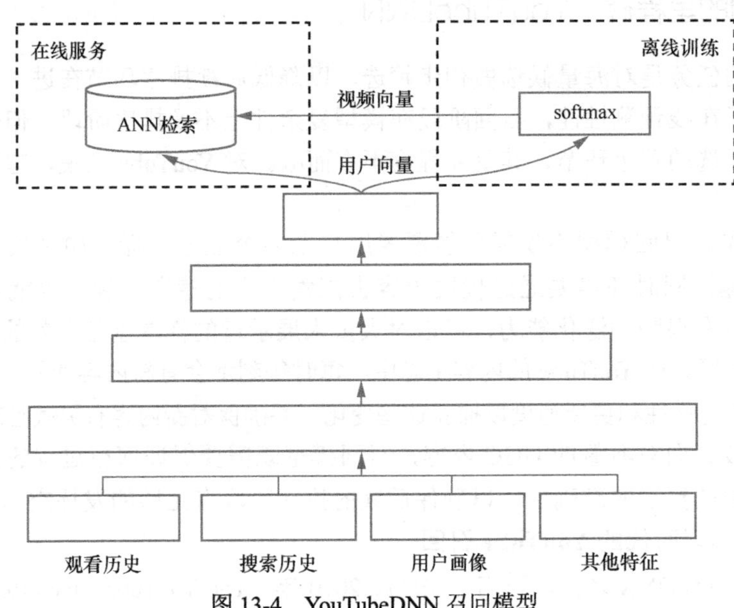

图13-4　YouTubeDNN召回模型

（1）*更高效地剪枝*。在离线训练阶段，用户侧的输入特征主要包括用户的观看历史、搜索历史、用户画像等。对序列形式的离散值特征，文中采用嵌入后取平均值的方式，对连续值特征，文中采用平方与开方等非线性变换的方式，在将这些特征通过多层神经网络处理后，就得到了用户的嵌入表示。

在在线服务阶段，先通过同样的步骤生成用户表示，再基于ANN检索技术去检索候选视频的向量库，这样就可以高效地得到Top K视频。更具体地，由于ANN检索技术在8.2.2节中已经有详细介绍，这里就不再赘述了。

（2）*更广的召回覆盖*。与现在流行的双塔召回方法相似，YouTubeDNN也将召回视为一个以内容数为分类数的、超大规模的多分类问题，即用户点击的内容被视为正样本，其他内容则被视为负样本。同时，为了避免在计算softmax函数时对全库暴力遍历，这两种方法都采用了基于负采样的加速策略。不过，为了扩大YouTubeDNN的召回覆盖，文中还有如下两点比较重要的细节。

- 减少用户偏差。为了消弱6.2.1节提到的幸存者偏差，YouTube对每个用户都选取了相同数量的样本，从而使损失函数更注重低活用户的表现，以避免少数活跃用户的偏好被持续强化到全局的现象，例如越来越多的电影剪辑被推荐出来。

- 放弃内容语义泛化。不同于双塔模型中视频侧通常有很多特征，YouTubeDNN 的视频侧只使用了视频 ID 作为特征。它通过放弃内容语义的方式强化行为语义，使 YouTubeDNN 更多通过用户行为来预测其潜在需求，这样就在放弃了对新内容推荐能力的同时提升了召回的多样性和内容质量。

13.2.2 索引与模型联训的复杂模型

由于 YouTubeDNN 在性价比上的优势，一经提出便迅速得到了业界广泛的采纳。不过，由于 YouTubeDNN 将深度模型训练与索引构建视为两个独立的阶段，且近似最近邻检索只支持内积等浅层交互形式，在一定程度上限制了其模型精度的进一步提升。本节将探讨在 YouTubeDNN 之上尝试将索引与深度模型联合优化的复杂模型实践。

1. 树状索引的 TDM 系列

在 2018 年的“Learning Tree-based Deep Model for Recommender Systems”论文中，阿里提出了树状索引模型中的第一个模型——TDM（tree-based deep match）模型。如图 13-5 所示，图中右半部分是层次化的树结构索引，左半部分是深度模型，TDM 通过对树与深度模型的交替训练，不仅将大规模的推荐任务分解为若干级联的子检索任务，使全库检索的时间复杂度由 $O(n)$ 降为 $O(\log n)$，还采用比内积更为复杂的深度匹配方式。下面给出树结构索引和深度模型的具体介绍。

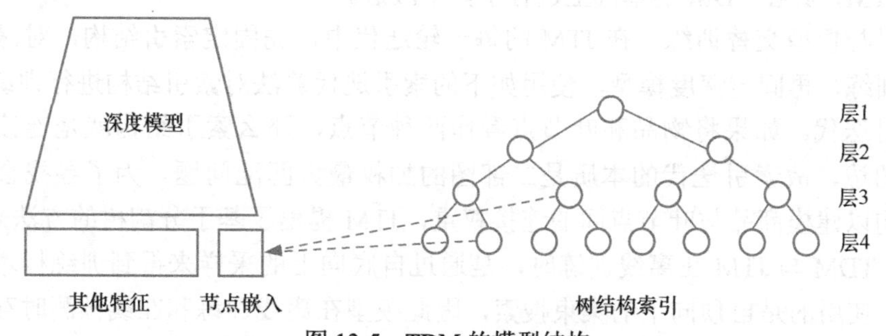

图 13-5 TDM 的模型结构

- 树结构索引。叶节点是每一个候选物品，中间节点可以理解为相似物品的集合。树结构索引可以看成对用户兴趣的层次化描述，越底层粒度越细，越顶层粒度越粗。此外，这个索引不仅可以用于在线检索，还可以用于样本生成。具体来说，假设用户点了某个叶节点，那么它的父节点上溯到根节点所经过的中间节点都可以算作正样本。而对于与这些正样本同层的其他节点，可以按一定的概率采样为负样本。
- 深度模型。输入用户特征和树节点，输出预测得分，这里的树节点可以是叶节点或中间节点。如果不考虑算力，深度模型的结构可以任意复杂，当然在实际应用中，往往会根据具体场景的算力对模型进行适当简化。

接下来，TDM 在训练阶段会将树结构索引与深度模型进行联合训练，而在检索阶段也需要依赖深度模型的打分来沿着树结构索引进行检索，各阶段的主要流程如下。

- 训练阶段。首先依据先验知识（如类目体系）建立第一棵树，当然也可以使用预训练好的物品的向量通过递归自下而上聚类得到。然后固定树结构，并根据前面提到的采样方法生成正样本和负样本，对树中各节点的向量及深度模型进行多轮学习。最后使用训练好的叶节点向量，重新通过递归自下而上聚类生成一棵新的树。当然，训练深度模型与重新生成树这两个步骤可以重复若干次，直到树结构基本稳定。
- 检索阶段。采用自顶向下的集束搜索（beam search），将第 i 层的中间节点与用户侧特征一起输入深度模型，得到预测得分并排序，保留得分最高的 k 个节点。以此类推，对这 k 个节点的子节点进行相同的操作，再保留得分最高的 k 个子节点。当到达最后一层时，得分最高的 k 个叶节点就是检索结果。

在 TDM 的训练过程中，树的生成所使用的是递归的自下而上的聚类方式，这就意味着深度模型的优化目标和树结构索引的优化目标是分开的，从而导致结果并非最优，于是阿里在"Joint Optimization of Tree-based Index and Deep Model for Recommender Systems"论文中提出了 JTM，其在 TDM 的基础上进行了如下改进。

- 索引与模型交替训练。在 JTM 的每一轮迭代中，先固定索引结构，对深度模型进行训练，再固定深度模型，使用如下的索引迭代算法对索引结构进行训练。
- 索引迭代。如果将物品和叶节点看作两种节点，那么索引结构就是连接物品和叶子的边，故索引迭代的本质是二部图的加权最大匹配问题。为了寻找合适的索引结构以建模商品与叶节点间的连接权重，JTM 提出了基于分割树的方法来学习。

另外，TDM 与 JTM 在离线训练时，是通过自底向上的采样来得到训练样本，但在在线预测时，使用的是自顶向下的集束搜索，因此模型在离线训练和在线预测时存在不一致的问题。于是在 2020 年的 ICML 上，阿里又在"Learning Optimal Tree Models under Beam Search"论文中提出了 OTM，在样本生成时也考虑在线使用的集束搜索。

具体来说，原始 TDM 的负样本是通过对正样本同层的节点进行随机采样得到的，并没有用上模型的预测得分，OTM 则升级了样本的构造方式：先使用当前的打分模型对这棵树进行集束搜索，然后将得分最高的 k 个节点作为训练样本，再基于模型对中间节点的子节点的预测得分来决定中间节点是正样本还是负样本，从而在理论上确保对最大堆性质的满足。

2．端到端索引 DR

TDM 系列的模型采用树状索引，而字节跳动在"Deep Retrieval: Learning a Retrievable Structure for Large-Scale Recommendations"论文中提出了端到端的索引优化方法——DR （deep retrieval）。DR 的整体架构如图 13-6 所示，通过下面要提到的“路径”将索引和模型进行融合。

- 以路径表示物品。如图 13-6 左侧所示，DR 并不需要像 TDM 等模型那样为每个物品 ID 保存一个表示，而是通过矩阵中的路径来表示物品。假设有 D 层，每层有 K 个节点，那么可以建立一个 $K \times D$ 维的矩阵。从第一层的某个节点出发，到第二层的某个节点，以此类推，直到最后一层的某个节点，就能得到一条路径。这条路径可以看成一种聚类表示，即一个物品可能属于多条路径，而一条路径也可能包括多个物品。
- 基于联合概率建模路径。如图 13-6 右侧所示，可以通过 D 个级联的神经网络来建模用户点击某个物品的概率，即一条路径的概率。首先输入用户特征 $\boldsymbol{x}$，经过第一个神经网络 MLP(d=1) 并通过 softmax 得到矩阵第一层的每个节点的概率，选择概率最大的节点 c_1。然后将 c_1 的向量与用户特征一起经过第二个神经网络，并通过 softmax 得到矩阵第二层的每个节点的概率，选择概率最大的节点 c_2，以此类推，直到第 D 层网络。最后将各个网络输出节点的概率相乘，就可以得到用户对这条路径的概率。

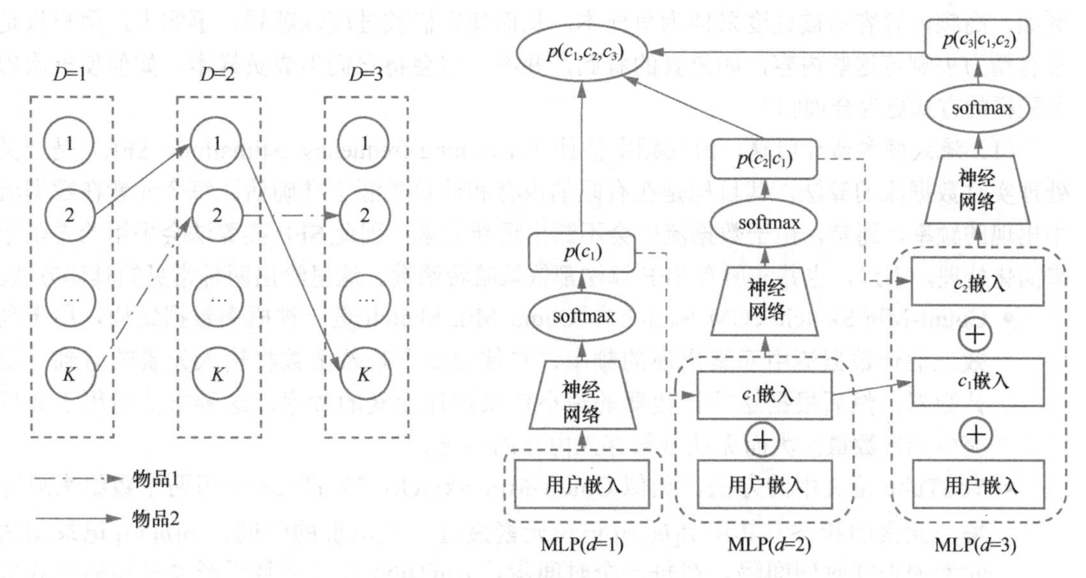

图 13-6　DR 整体架构示意

有了这样的网络结构后，很自然地就可以使用集束搜索进行在线检索了。集束搜索从第一层开始，每层通过 softmax 找到 B 个概率最大的节点，直到第 D 层，这样就得到了 B 条概率最大的路径，而这 B 条路径对应的候选物品就是最终的召回结果。

DR 通过路径隐式聚类的方式来描述物品，虽然能够大大节省参数空间，并且突破双塔的点乘限制，但它的缺点也比较明显：当在线检索找到路径后，DR 还需要找到路径中所对应的具体物品，而如果一条路径能对应成千上万个物品，那么 DR 对其并没有区分能力。因此，虽然突破双塔限制一直是召回环节在思考的问题，但由于很多尝试往往会伴随较大的工程开销，在综合考虑提升效率和降低落地成本的情况下，13.2.1 节介绍的 YouTubeDNN 依然是目前很多产品的首选。

13.2.3　提升模型鲁棒性的样本设计

召回阶段在线上应用时面对的是全库候选，其规模比排序阶段要大得多，因此除模型结构外，召回阶段更需要考虑如何对未展示过的样本做合理的假设，以让模型学习得更泛化。接下来，我们就从批次内负样本与全局负样本这两类常见的负样本采样方法出发，探讨召回阶段特有的采样优化问题。

1．批次内负样本的优化

大部分召回模型为了在训练时提升效率，通常会选择在批次内进行采样，即把批次内其他样本中的内容视作当前用户的负样本。然而，这种方式往往会导致学习的有偏问题，例如，高频内容容易被过度采样为负样本，从而使它们被过度地惩罚，事实上，用户只是没有精力去浏览这些内容，如果真的看到，并不一定会将它们当成负样本。如何使批次内负采样的方式更为合理呢？

（1）流式频率估计问题。流式频率估计（streaming frequency estimation，SFE）是一类处理实时数据流的算法，其目标是在有限的内存和计算资源下准确估计每个元素在数据流中出现的频率。通常，由于数据流中会不断出现新元素，因此 SFE 类算法会采用哈希函数来简化处理，不过，也并非所有 SFE 算法都依赖哈希函数。这里给出两种常见的具体方法。

- Count-Min Sketch（CM Sketch）。Count-Min Sketch 是一种概率数据结构，用于高效地估计数据流中元素出现的频率，它使用多个哈希函数将输入元素映射到一组计数器，然后根据这些计数器的最小值来估计元素的频率。这种方法适用于数据流中元素数量巨大而无法全部存入内存的情况。
- YouTube 论文中的方法。类似 Count-Min Sketch，YouTube 使用两个数组来追踪每个元素的状态，其中 $A[h(y)]$ 记录元素最近一次出现的时间，$B[h(y)]$ 记录预估元素的采样时间间隔。在每一个时间步，YouTube 方法会基于滑动平均的范式来更新 $B[h(y)]$，如公式（13.1）所示，然后将元素 y 出现的频率表示为 $B[h(y)]$ 的倒数。

$$B[h(y)] \leftarrow (1-\alpha)\cdot B[h(y)] + \alpha\cdot(t - A[h(y)]) \tag{13.1}$$

（2）基于 SFE 的批次内负样本方法。在模型训练的过程中，如果将一个个批次看作一条源源不断的数据流，那么批次内的内容出现的频率就可以用上述流式采样方法进行估计。2019 年 YouTube 的工程师就基于 SFE 的思想，在“Sampling-Bias-Corrected Neural Modeling for Large Corpus Item Recommendations”论文中提出了一种更无偏的自适应采样方式。

具体来说，文中在基于 SFE 算法对批次内内容的频率做出估计 $p_j = \dfrac{1}{B[h(y)]}$ 后，在计算用户向量 $\boldsymbol{x}_i$ 与内容向量 $\boldsymbol{y}_j$ 内积 $s(\boldsymbol{x}_i, \boldsymbol{y}_j)$ 的基础上，引入了一个与内容频率相关的修正项 $\log(p_j)$，如公式（13.2）所示，这么做可以达到的效果是：当内容在批次内作为负样本出现的概率越高，$\log(p_j)$ 就越大，所以对原始的 $s(\boldsymbol{x}_i, \boldsymbol{y}_j)$ 得分就会进行一定的补偿，从而缓解因采样问题对高频物品的过度打压。

$$s^c(\boldsymbol{x}_i, \boldsymbol{y}_j) = s(\boldsymbol{x}_i, \boldsymbol{y}_j) - \log(p_j) \tag{13.2}$$

2．全局负样本的引入

虽然 YouTube 对采样偏差做修正的思路能够缓解批次内负样本方法对负样本的过度采样，但仅用批次内负样本对需要面对全库候选的召回场景显然并非最优。2020 年谷歌就在“Mixed Negative Sampling for Learning Two-tower Neural Networks in Recommendations”论文中提出了混合负样本采样（mixed negative sampling，MNS）的方式。

（1）批次内负采样的矩阵化表述。如图 13-7 所示，假设批次大小为 B，嵌入的维度是 d，那么批次内采样可以理解为 B 个用户与 B 个内容的向量两两计算相似度，即 $B \times d$ 的矩阵与 $d \times B$ 的矩阵相乘，得到一个 $B \times B$ 的预估值矩阵和标签矩阵。对标签矩阵来说，只有对应的用户和物品的组合是正样本，其他组合都是负样本，所以只有对角线上的取值为 1，其他位置的取值都为 0。

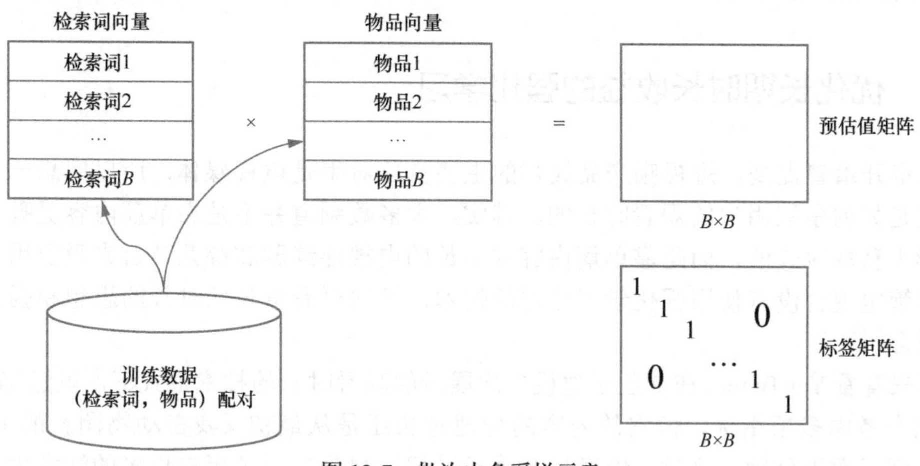

图 13-7 批次内负采样示意

（2）批次内负采样与全局负采样结合。既然批次内的负样本采样对长尾内容不友好，那么可以在原有 B 个内容的基础上，再随机采样 B' 个全局负样本来缓解这个问题，如图 13-8 所示。具体来说，文中将用户侧的 $B\times d$ 矩阵与物品侧扩充后的 $(B+B')\times d$ 矩阵相乘，就得到了新的 $B\times(B+B')$ 的预估值矩阵和标签矩阵。在标签矩阵中，左侧 $B\times B$ 部分与之前一样，而右侧扩充的 $B\times B'$ 部分则由于都是负样本，因此所有位置上的取值都为 0。

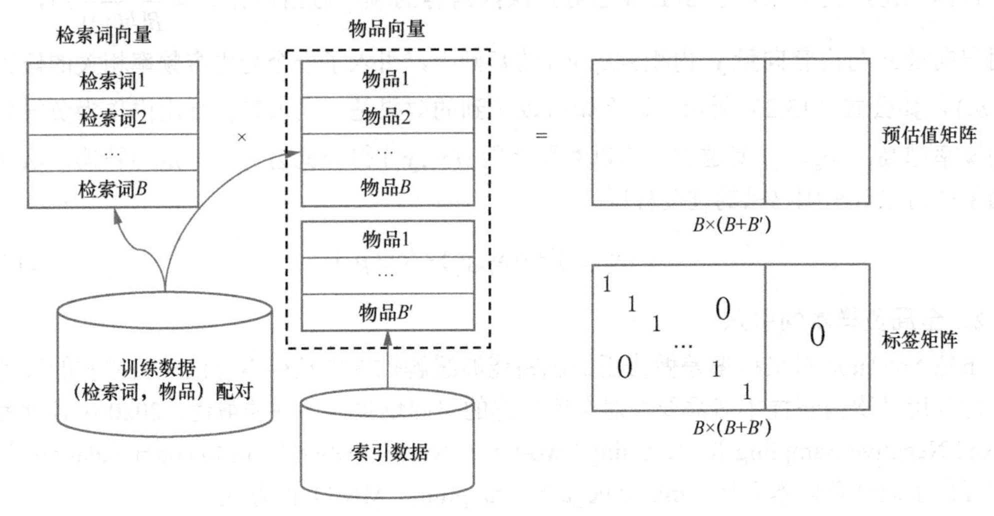

图 13-8 混合批次内负采样示意

综上，本节介绍了两种常见的负样本选择方法，但实际上还存在许多采样方法。总体来说，这些方法能否取得好的效果，并不完全取决于方法的复杂程度，而在于它们对未展示样本的假设是否和业务场景相契合。因此，还是要多结合业务场景来实践，才会取得比直接应用论文更好的效果。

13.3 优化长期时长收益的强化学习

本章开篇曾提到，短视频产品最初的主要竞争对手是电视媒体，所以回想一下，电视究竟是如何争取用户的观看时长的。其实，大多数频道并不是靠单篇内容更吸引用户的电影来获取时长的，而是靠单篇内容并不长的电视连续剧和综艺节目来吸引用户。所以，尽管电视台没有使用强化学习这样的技术，但它更看重长期时长的思想和强化学习不谋而合。

再来看看 YouTube，在专注于建模单次展示的观看时长的技术范式下，虽然 YouTube 也会综合考虑多项指标，但它的内容的物理时长还是从最初《我在动物园》的 19 秒悄然增加到了数十分钟。这时，恰逢抖音重新以超短视频赢得了用户更多的注意力，这让

YouTube 开始反思它原先优化方法的问题，并逐步转向更注重长期回报的强化学习方法。接下来先回顾 YouTube 在优化目标上经历的几次变革，再重点介绍近年来 YouTube 等产品在强化学习方向上的探索。

13.3.1 YouTube优化目标的变迁史

如何定义问题远比如何解决问题更关键。事实上，只有当场景中的问题被正确定义时，才有可能产生经典的算法。反之，如果业务在问题定义开放的场景中没有找准问题，就有可能在过度关注解决方案的新颖性而不是问题的正确性时，对业务甚至对行业产生误导，从而阻碍真正的创新。

以 YouTube 为例，尽管它在排序技术上一直处于业界的前沿，但由于它很久都专注于优化单次展示的观看时长，因此在形成了一定的优化惯性后逐步限制了产品的创新。本节就以 YouTube 在排序目标上的 3 个发展阶段为主线，回顾它在迭代过程中的收获和教训，也为 13.3.2 节和 13.3.3 节介绍 YouTube 等产品在强化学习上的探索提供一个产品背景。

1. 优化播放量

在 2012 年之前，YouTube 的主要目标是提高视频的总播放量，以吸引更多的用户注意力，所以在这一时期，它的优化策略就与谷歌对广告的优化有许多相似之处，更多会依赖点击率预估等传统技术。虽然这种策略对产品早期的流行确实产生了正向影响，但同时也带来了一些负面问题。

首先看推荐策略侧，在追求提高播放量的目标下，推荐算法以点击率为主要优化目标，并通过推荐用户更可能点击的视频来驱动用户。然后看商业策略侧，为了激励创作者能创作高播放量的内容，广告的分润模式也以播放量为主导，谁的视频播放量多，谁就能通过前贴片广告获得更多的分润。综上两点设计，作者为了获得更多的收益，自然会努力创作具有吸引力的封面和标题以提升点击率，因为点击率越高播放量就越多，相应的广告收入也越多。

综合以上各方对播放量目标的优化手段后，就会使用户看到很多火爆视频，但同时也容易被推荐偏标题党的视频，即虽然这些视频的标题和缩略图可能很吸引人，但点进去后内容的质量其实并不高，并不会让用户真正看完。

2. 优化篇均时长

YouTube 逐渐意识到，作为一个在线视频产品，其主要竞争对手是各类电视媒体，只有让用户在 YouTube 上花费更多的时间，YouTube 才有可能分食电视广告的市场份额。因此，自 2012 年起，YouTube 就开始革新产品的优化目标，不再单纯地追求播放量，而是转向优化观看时长，这一转变很快就对产品的各参与方产生了影响。

- 推荐策略侧。将产品目标设定为优化观看时长后，推荐策略自然转向以观看时长为目标来优化排序模型。关于这一点的细节，在 2016 年的 YouTubeDNN 论文中有所体现，本节稍后也会介绍。

- 推荐产品侧。除了推荐策略侧的调整，产品也通过优化交互的沉浸感来增加用户的停留时间，例如，播放视频的主栏目右侧是一栏推荐视频列表，当用户在列表里选择下一个观看视频时，既不用打开一个新页面，也不会中断正在看的视频，这些设计都帮助 YouTube 提升了时长。
- 商业策略侧。为了将用户的观看时长转化为经济效益，YouTube 对 8 分钟以上时长的视频推出了类电视广告的中贴片插播模式，这样当用户在观看长视频而使播放量变少时，YouTube 也不会因此而降低变现效率。同时，对创作者的分润规则也从播放量逐渐转向观看时长。
- 创作者侧。创作者不再只追求高点击率，而是更加注重内容质量的提升。随着标题党内容的变少和深度优质内容的涌现，YouTube 生态开始向好的方向逐步发展。

综上各方的优化，YouTube 实现了观看时长的迅速增长。到了 2016 年，在 YouTubeDNN 论文中，YouTube 大方地公开了他们在优化时长时所使用的技术。从论文中可以清楚地看出，YouTube 算法的关键正是对每次展示下篇均观看时长的精准预估，接下来简要回顾下相关技术细节。

（1）建模期望观看时长。尽管 YouTubeDNN 的排序模型可以被视为深度学习时代排序模型的开端，但由于它的模型结构是一个经典的全连接结构，如图 13-9 所示，因此从回顾的角度来看就没有详细介绍的必要了。不过这里需要强调的是，图 13-9 上方的输出部分为 YouTube 在建模单次展示下的期望观看时长（expected watch time）时所采用的损失函数设计。

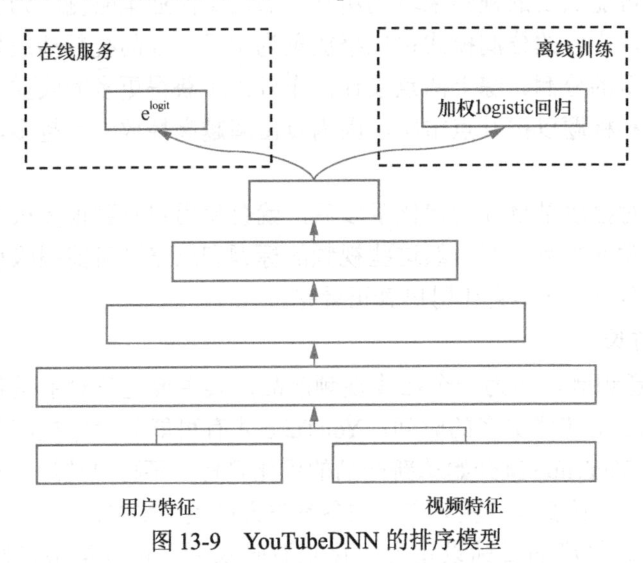

图 13-9　YouTubeDNN 的排序模型

具体来说，YouTube 在训练时采用了加权 logistic 回归（weighted logistic regression），即对正样本进行观看时长T倍的加权，同时将负样本的权重设置为 1，于是其损失函数就可以写为公式（13.3）的形式，其中 $p = \text{sigmoid}(\text{logit})$，表示模型预测是正样本的概率，$y$是实际的标签，如果视频被观看则$y=1$，否则$y=0$，而$T$代表的则是正样本的观看时长，例如以 10 秒为单位，看了 1 分钟，T就等于 6。

$$\text{loss} = -\big(T \times y\log(p) + (1-y)\log(1-p)\big) \tag{13.3}$$

经过一系列的数学推导可以证明，在预估阶段，只需要对预估的 logit 做指数变换，即 e^{logit}，就可以得到对观看时长的估计。显然，这种对 logistic 回归做简单修改的方法不仅能起到类似于用 RMSE 回归时长的效果，同时也因为加权的方式更灵活，例如可以方便地加入其他互动因子，所以在 YouTube 披露后，立刻受到了欢迎。

（2）*以期望观看时长为主导的排序*。值得注意的是，YouTubeDNN 的论文里提到这样一句，“虽然排序阶段的优化目标是根据 A/B 测试结果不断进行调整，但通常来说，它是每次展示下期望观看时长的一个简单函数。”换言之，在 2016 年时 YouTube 仍是以优化单次展示下的观看时长来提升整体时长的，显然，这种更鼓励推荐偏长视频的方式使它在未来面对 TikTok 的挑战时很难基于原有算法做出快速应变，毕竟它原来的优化方式对特别短的视频不够友好。

3．优化长期收益

伴随着 YouTube 内容的物理时长越来越长，YouTube 也意识到了问题的所在，即视频的长短本无好坏，从短变长、从长变短都不过是周期的流转，真正重要的还是内容足够有趣。因此才有了 YouTube 在图 13-10 所示的帮助页中对视频是否越长越好的问题给出的明确回答。

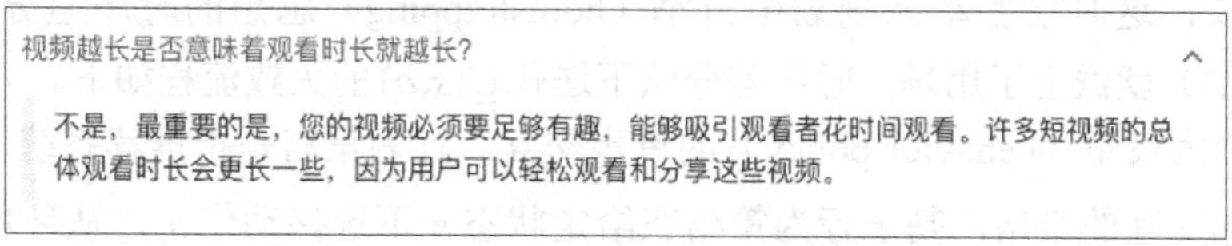

视频越长是否意味着观看时长就越长?

不是，最重要的是，您的视频必须要足够有趣，能够吸引观看者花时间观看。许多短视频的总体观看时长会更长一些，因为用户可以轻松观看和分享这些视频。

图 13-10　视频长度与观看时长

不过话说回来，由于 YouTube 基本盘的盈利能力和分润方式仍以时长为主导，因此还是要设法提升用户的总观看时长，才能挽留创作者。那么，如果不能仅依赖优化单次观看时长，该如何优化总时长呢？一个可能的优化方向在于，推荐那些更能激发用户长期兴趣的视频，例如某个优质创作者的视频和用户某个新兴趣下的优质视频等。这样，虽然单篇内容的观看时长并不长，但正如在围棋中开辟了一块新阵地一样，可以真正提升用户的长期收益。

显然，上述产品思路对应的技术思路就是优化长期收益的强化学习方法。虽然4.2节已经讨论了基于模型的RL方法，但那主要是为了处理新用户这种少样本的场景。对YouTube推荐这类样本丰富的场景，免模型的RL方法会更成熟也更容易落地，因此自2019年起，YouTube便在该方向上接连发布了几篇论文，以期通过此来优化用户的长期体验。接下来的13.3.2节和13.3.3节将从免模型RL方法的理论基础到各大公司的论文实践进行相对浅显易懂的阐述。

13.3.2 价值方法的原理和实践

基于价值（value based）的方法指的是在某个状态s下执行某个动作a后，不仅预估当下所能获得的即时回报，也预估潜在的长期回报$Q(s,a)$。本节先从DQN模型发展的来龙去脉说起，介绍DQN模型在推荐系统中的几个典型的实践案例。

1．价值方法的原理概述

在介绍主流的DQN方法前，我们先来理解最直接的蒙特卡洛法，其主要思想是，先让推荐系统与用户环境进行充分的交互，并统计所有交互序列下长期回报的均值$Q(s,a)\approx \frac{1}{N}\sum_{i=1}^{N}\left[r_1^i+r_2^i+\cdots\right]$，再查询给定状态下使价值函数最大化的动作$\pi(s)=\underset{a}{\operatorname{argmax}}\,Q(s,a)$，就可以间接得到策略了。

不难理解，由于蒙特卡洛法并不依赖任何模型的估计，因此具有估计无偏差的优点。但由于它需要和环境大量交互来覆盖尽可能多的状态和动作对，同时又需要等交互序列结束后才能更新，因此对复杂的场景来说，这种方法并不容易落地。因此逐步引出了下面将要介绍的DQN方法。

（1）*时序差分法*。蒙特卡洛法中需要等序列结束后才能更新价值函数，但在很多环境中序列非常长，这时借鉴动态规划中自举（bootstrapping）思想的时序差分法（temporal difference，TD）就派上了用场，时序差分法下迭代$Q(s,a)$的大致流程如下。

- 基于行为策略（behavior policy）的单步交互。行为策略是指推荐系统用来与环境进行实际交互的策略，基于行为策略在给定状态s_t下选择动作a_t，从环境得到即时回报r_{t+1}和后继状态s_{t+1}后接着选择动作a_{t+1}，就可以得到五元组$(s_t,a_t,r_{t+1},s_{t+1},a_{t+1})$。
- 重估目标策略（target policy）。目标策略即待优化的策略，根据即时回报r_{t+1}和后继状态下的价值估计$\hat{Q}(s_{t+1},a_{t+1})$，就可以重估$Q(s_t,a_t)$的价值为$r_{t+1}+\gamma\hat{Q}(s_{t+1},a_{t+1})$。
- 更新目标策略。定义TD误差为$\delta_t=r_{t+1}+\gamma\hat{Q}(s_{t+1},a_{t+1})-Q(s_t,a_t)$，基于该误差更新$Q(s_t,a_t)$，公式为$Q(s_t,a_t)\leftarrow Q(s_t,a_t)+\alpha\delta_t$，其中$\alpha$是学习率。

在上述流程中，根据目标策略和行为策略是不是同一个策略，TD又分为同策略（onpolicy）和异策略（off-policy）下面就各自给出一个典型的例子。

- 同策略的 SARSA。同策略方法在探索环境和学习策略时使用同一种策略，例如在 SARSA 中 $\hat{Q}(s_{t+1},a_{t+1})=Q(s_{t+1},a_{t+1})$，它的优点是学习比较稳定，缺点是由于只能利用当前行为策略的数据，因此学习能力相对较弱。
- 异策略的 Q 学习（Q-learning）。异策略方法在探索环境和学习策略时使用不同的策略，例如在 Q 学习中，$\hat{Q}(s_{t+1},a_{t+1})=\max\limits_{a'}Q(s_{t+1},a')$，最大化后继状态价值的最优动作 a' 就不一定是由当前行为策略选取的。所以它的优点在于可以利用其他策略的历史样本来提高采样效率，不过由于学习过程中会频繁改变策略，因此学习不太稳定。

（2）*扩展 Q 学习方法的* DQN。顾名思义，DQN 方法是采用深度神经网络取代了传统的 Q 值表，所以对价值函数 $Q(s,a)$ 的估计具备更强的泛化能力。同时，为了缓解异策略方法学习不稳定的问题，陆续提出了多种稳定学习的优化技巧，下面以优先级经验回放（prioritized experience replay）和双重 DQN（double DQN）为例来介绍。

- 优先级经验回放。人在学习过程中会将信息传送到海马体这个短时缓存区，再在夜间休息时通过神经脉冲反复回放的方式，将从海马体中提取的记忆片段内化到大脑皮层上。受此启发，DeepMind 将智能体和环境交互的碎片经验 (s_t,a_t,r_t,s_{t+1}) 存放在记忆池中，并基于最后一次采样时的 TD 误差来调整样本的采样概率，从而在保证神经网络稳定收敛的同时提升对稀缺样本的利用。
- 双重 DQN。如果用同一个网络 θ 来估计行为策略和目标策略，往往会导致模型在强耦合的更新方式下波动较大。于是，固定 Q 目标采取了在大部分时间将目标网络的参数 θ^- 固定并定期将行为网络的参数 θ 同步给 θ^- 的方式，使目标值的学习保持相对稳定。另外，由于 Q 学习倾向于过于乐观地估计目标 Q 值的上界，因此双重 DQN 就在基于 θ^- 来评估目标动作的情况下，基于 θ 来确定最优动作 a，这样就弱化了高估 Q 值的影响。这里给出更新公式（13.4）：

$$\theta_{t+1}=\theta_t+\alpha\left[r_{t+1}+\gamma Q\left(s_{t+1},\text{argmax}_a Q(s_{t+1},a;\theta_t);\theta_t^-\right)-Q(s_t,a_t;\theta_t)\right]\nabla\theta_t Q(s_t,a_t;\theta_t) \quad (13.4)$$

2．价值方法上的实践

在介绍了基于价值的 DQN 方法的来龙去脉后，下面选取两篇论文介绍如何通过 DQN 模型来优化推荐系统中的长期回报，相信这对熟悉各种点击率预估模型的读者来说是很容易上手的。不过需要强调的是，虽然大多数论文会着重介绍模型设计，但由于 DQN 模型本身已经比较成熟，因此关注论文中提出的问题是否有意义及设计的长期回报是否合理，通常才更能抓住问题的本质。

（1）*用于新闻推荐的* DRN。2018 年，微软在“DRN: A Deep Reinforcement Learning Framework for News Recommendation”论文中将 DQN 应用到了新闻推荐场景中。首先，在

长期回报的定义上，DRN 考虑到新闻推荐具有一定的短序列性，采用 0.4 作为折损因子，以将未来的收益折现到当次展示。其次，考虑到大的新闻事件除了会让用户点击，还会让用户为了追踪事件的进展而定期回访平台，所以除点击回报 r_{click} 外，引入了表征用户回访信息的活跃度 r_{active}，即 r_{total} 可以表示为公式（13.5）：

$$r_{\text{total}} = r_{\text{click}} + \beta r_{\text{active}} \tag{13.5}$$

其中，r_{active} 是采用生存分析模型来建模的用户活跃度，如果用户在一段时间内没有点击，那么活跃度就会缓慢下降，反之一旦用户进行了点击，活跃度则会立刻上升，如图 13-11 所示。

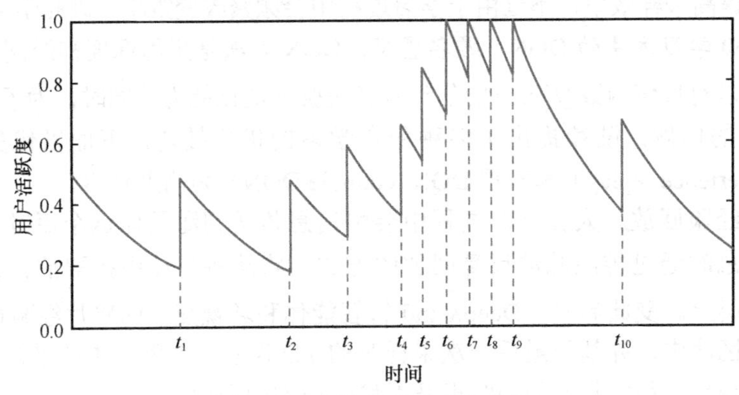

图 13-11　用户活跃度变化趋势

在模型结构的设计上，DRN 采用了主流的 dueling double deep Q network（D3QN），即在采用双重 DQN 缓解学习不稳定问题的同时，还采用对决 DQN（dueling DQN）架构，如图 13-12 所示，通过将 $Q(s,a)$ 分解为只依赖状态的 $V(s)$ 和依赖状态与动作的优势函数 $A(s,a)$，使模型更敏感和更准确地学习对动作的区分。

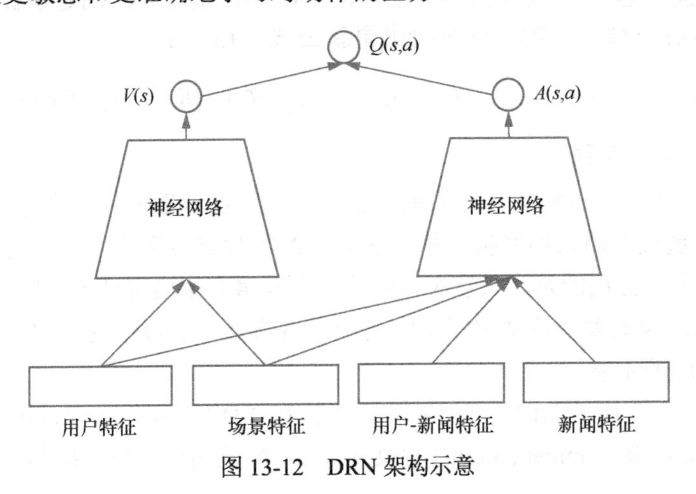

图 13-12　DRN 架构示意

此外，借鉴 Noisy Nets 的思想，DRN 还设计了一种直接对模型参数加噪来增强探索性的机制。具体来说，在对原有行为网络 Q 的参数 W 随机加噪生成新的行为网络 $\tilde{Q}$ 后，在线服务会分别使用 Q 和 $\tilde{Q}$ 来生成一部分候选内容，如果 $\tilde{Q}$ 的推荐更理想，就会将参数向扰动后的方向 $\tilde{W}$ 更新，反之则保持不变。不难发现，这种思路与 14.2.1 节将要介绍的进化策略有一定相似之处，但是需要控制好对用户体验可能产生的负面影响。

（2）用于自然与广告混排的 DEAR。字节跳动在 2021 年 AAAI 上的"DEAR: Deep Reinforcement Learning for Online Advertising Impression in Recommender Systems"一文中提出了基于 DQN 的 DEAR 模型。它希望在给定推荐内容列表的前提下，通过自然推荐结果与广告混排任务的优化来平衡商业产品与用户产品之间的冲突。下面简要介绍下这篇论文中的核心思想和设计。

首先来看在混排任务中 DEAR 是如何定义长期回报的。可以想象，当插入广告增加广告收入的同时，会挤占原有自然推荐结果，从而影响用户体验，所以 DEAR 将即时回报定义为用户侧和广告侧效果的融合，如公式（13.6）所示：

$$r = r_{ad} + \alpha r_{ex} \tag{13.6}$$

其中，r_{ad} 是广告的收入，r_{ex} 表示用户在看完广告后是否会继续浏览后面的推荐结果，如果离开，则对即时回报施加一个较大的惩罚。

再看混排任务下模型结构的设计。不同于通常会按规则来插入广告，为了更精细地权衡用户产品与商业产品的效果，DEAR 将混排任务定义为 3 个任务：是否要插入广告、插入广告在列表中的位置，以及插入哪一条广告。之后，DEAR 将动作定义为插入某一条具体广告，并让 Q 网络同时输出 $L+2$ 个值，其中位置 0 处输出不插入广告时的 Q 值，后面的 $L+1$ 个位置输出该条广告插入不同位置时的 Q 值，这样就在一个模型中同时完成了 3 个任务，如图 13-13 所示。

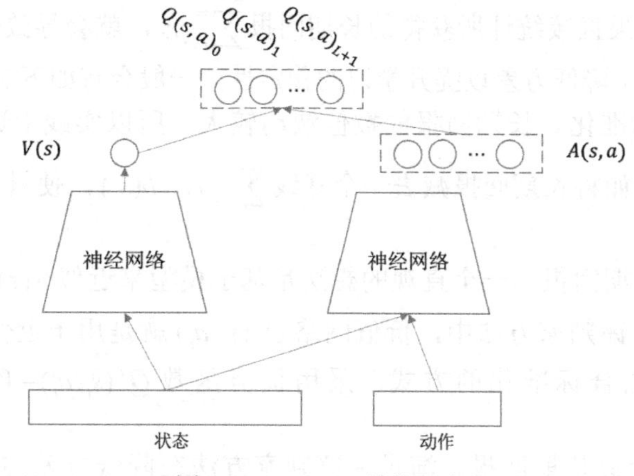

图 13-13 DEAR 结构示意

13.3.3 策略方法的原理和实践

与基于价值的方法通过学习价值函数来间接优化策略不同，基于策略的方法会直接优化用户状态到推荐动作的映射，以提升推荐系统在与用户交互过程中的长期回报。本节中先介绍这类方法的基本原理，再以 YouTube 在两篇公开论文中的实践为例来探讨在推荐系统中应用这类方法的关键所在。

1. 策略梯度法的原理概述

如果将推荐策略 $\pi(a|s)$ 定义为在给定的用户状态 s 下选择推荐动作 a 的概率分布 $P(a|s,\theta)$，那么推荐策略 π 所获得的长期回报的期望 $J(\theta)$ 就可以表达为公式（13.7），其中，轨迹 τ 表示推荐产品与用户环境交互后所得到的动作－状态序列，$R(\tau)$ 表示轨迹 τ 的长期回报，$P(\tau;\pi_\theta)$ 表示推荐策略 π 产生轨迹 τ 的概率。

$$J(\theta)=\mathrm{E}\left[R(\tau)\right]=\sum\nolimits_{\tau}P(\tau;\pi_\theta)R(\tau) \tag{13.7}$$

不难看出，策略梯度法的优化思路是通过调节策略 π 的参数 θ 来最大化 $J(\theta)$。当使用梯度上升方法来计算策略梯度 $\nabla_\theta J(\theta)$，并忽略一系列的数学推导后，就可以得到公式（13.8）所示的结果：

$$\nabla_\theta J\left(\theta\right)=\nabla_\theta\sum\nolimits_{\tau}P(\tau;\pi_\theta)R(\tau)=\cdots\approx\frac{1}{m}\sum\nolimits_{i=1}^{m}\sum\nolimits_{t=0}^{T-1}\nabla_\theta\log\pi(a_t^i|s_t^i)R(\tau^i) \tag{13.8}$$

从公式（13.8）中可以看出，策略梯度法的核心思想非常直观：如果在状态 s_t^i 下选择动作 a_t^i 可以带来更好的长期回报 $R(\tau^i)$，就应该提高选择该动作的概率，反之应该降低选择该动作的概率。不过，这个思想虽然看起来很直观，但在实际落地时会出现很多问题，接下来就介绍两个常见问题的改进思路。

（1）长期回报的高方差问题。在真实的训练环境中，通常无法在当前策略下完成足够多次的交互，所以如果直接统计所获得的长期回报 $\sum\nolimits_{t'=t}^{\infty}r_{t'}$，就会导致估计的梯度有很大波动，即方差很高。为了降低方差以提升学习的稳定性，一般会有如下 3 种改进方法。

- 对长期回报标准化。长期回报的数值波动较大，所以实践中通常会对回报进行某种标准化，例如将长期回报减去一个基线 $\sum\nolimits_{t'=t}^{\infty}r_{t'}-b(s_t)$，使只有回报超过基线的动作才会被鼓励。
- 用模型近似长期回报。一个直观的想法是基于模型来近似 $R(\tau)$，用偏差来换方差，例如在演员－评判家方法中，价值网络 $Q^\pi(s_t,a_t)$ 就是用于近似 $R(\tau)$ 的评判家。此外，还可以结合标准化的方式，采用优势函数 $Q^\pi(s_t,a_t)-V^\pi(s_t)$ 来进一步降低方差。
- 时序差分法近似长期回报。演员－评判家方法在降低方差的同时也引入了偏差。

为了在偏差和方差间取得平衡，也可以采用多步采样的时序差分法 $r_t + \gamma r_{t+1} + \cdots + \gamma^{k-1} r_{t+k-1} + \gamma^k V^{\pi}(s_{t+k}) - V^{\pi}(s_t)$ 来近似 $R(\tau)$，k 越大算法的偏差越小、方差越大。

（2）样本利用效率问题。由于原始的策略梯度法是针对当前策略的价值来优化的，因此当策略变化时就需要丢弃之前的样本，从而导致样本的利用率非常低。为了改善这一状况，重要性采样便利用待采样样本的分布 $p(x)$ 和手头历史样本的分布 $q(x)$ 来优化采样策略，从而提高样本的利用率。具体到策略梯度法中，将 $p_\theta(a_t \mid s_t)$ 看作 $p(x)$，将 $p_{\theta'}(a_t \mid s_t)$ 看作 $q(x)$，便可以将策略梯度法改造为公式（13.9）所示的形式。

$$\nabla_\theta J(\theta) = \mathrm{E}_{(s_t,a_t)\sim\pi_\theta}\left[\frac{p_\theta(a_t \mid s_t)}{p_{\theta'}(a_t \mid s_t)} R(s_t,a_t) \nabla_\theta \log \pi_\theta(a_t|s_t)\right] \tag{13.9}$$

虽然当两个策略分布差异不大时，重要性采样能取得不错的效果，但如果二者差异很大，重要性采样就容易出现方差过大的问题。因此，PPO 在重要性采样之上提出了以下两种改进思路。

- PPO-Penalty：通过在目标函数中新增一个约束，鼓励每次策略更新只做小的改变，并在新策略与当前策略差异较大时进行惩罚。
- PPO-Clip：对目标函数值进行截断，防止出现过大的更新量。

以 PPO-Penalty 为例，如公式（13.10）所示。

$$J_{\mathrm{PPO}}^{\theta^k}(\theta) = J^{\theta^k}(\theta) - \beta KL(\theta, \theta^k) \tag{13.10}$$

综上简要介绍了策略梯度法的关键部分。接下来就以 YouTube 对策略梯度法的实践为例来分享两篇论文。

2．YouTube 在策略方法上的实践

13.3.1 节谈到了在产品层面将目标改为观看时长之后，YouTube 将包括观看时长在内的用户满意度作为长期价值进行优化，并尝试了强化学习方法。接下来针对其中比较著名的 Top K 异策略修正的 REINFORCE 算法及它在引入辅助任务后的改进版本这两个典型的实践案例做一个详细介绍。

（1）Top K 异策略修正的 REINFORCE 算法。YouTube 在 2019 年发表的“Top-K Off-Policy Correction for a REINFORCE Recommender System”论文中，提出了一种 Top K 异策略修正的 REINFORCE 算法，不仅将基于策略的算法应用在动作空间数以百万计的 YouTube 推荐系统中，同时也据说是 YouTube 近两年来单次项目上线收益最大的项目。而考虑到它的基线正是 13.2.1 节提到的引领推荐系统深度学习化的 YouTubeDNN，在 YouTube 强化学习的论文发布后，立刻就让强化学习方向的研究如火如荼地开展了起来。

首先是优化目标，如 13.3.1 节所述，YouTube 的优化重点已经从单次播放的篇均时长扩展到了长期回报，所以这篇论文在定义当前推荐的长期回报时将未来一段时间（4 ～ 10小时不等）内的即时回报采用指数衰减的方式进行了累计。另外在定义即时回报时，也不仅考虑了播放时长，将点赞、评论等互动反馈也纳入进来。

以 YouTube 在分享中给出的图 13-14 为例来说明，论文中的即时回报不仅包含了当前视频观看 4 分钟的时长收益，也考虑了点赞，同时考虑到未来观看视频中有一部分由当前视频所激发，所以就对其即时回报加以折损累计，并纳入当前视频长期回报 $R_{(s_t,a_t)}$ 的计算中。不难理解，这样就弱化了对内容物理时长的依赖，毕竟虽然只推荐了一个 4 分钟的视频，但拉动了用户在未来很长时间的消费。

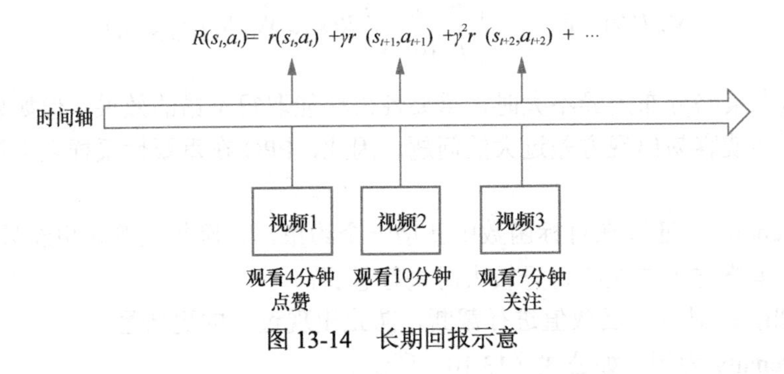

图 13-14　长期回报示意

其次是模型的学习方式，这篇论文也采用了先用固定策略与用户交互一段时间，再离线更新模型后重新配送到上线的方式。在这一过程中，同时包括了两类策略，一类是从离线日志中采集得到的拟合历史日志的行为策略 β，另一类是需要优化的建模长期回报的目标策略 π，而为了在学习目标策略 π 时能利用离线日志中的样本，并降低行为策略 β 和目标策略 π 不匹配时造成的偏差，YouTube 便采用了重要性采样方法来修正梯度。

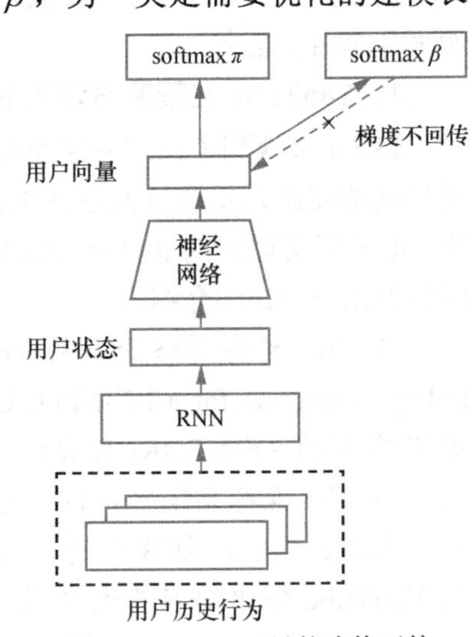

图 13-15　Top K 异策略修正的 REINFORCE 方法

最后是模型的网络结构，如图 13-15 所示，文中首先通过 RNN 网络来将用户的历史行为序列转化为用户表示，然后通过学习用户在当前状态下选择各个候选视频的概率来得到具体的策略。此外，为了简化模型并有效地共享用户信息，文中选择复用用户表示并为每个视频学习两组向量的方式，来同时学习目标策略 π 和行为策略 β。从文中给出的实验结果可以看出，由于本文方法更注重长期收益，因此在线上实验中取得了比 YouTubeDNN 更高的收益。

（2）引入辅助任务的 URL 模型。尽管 Top K 异策略修正的 REINFORCE 方法通过引入重要性采样来增强样本利用率，并尝试降低分布差异所造成的偏差，但当行为策略 β 与目标策略 π 的分布差异较大时，学习还是不太稳定。这时，一种常见的解决办法是 PPO，它通过增加使行为策略与目标策略尽可能一致的约束来增强学习的稳定性，不过显然，这样也限制了进一步改善目标策略的可能性。

因此，YouTube 在 2021 年的论文“User Response Models to Improve a REINFORCE Recommender System”中，在异策略修正一文的基础上，又提出了一种新的 URL 模型（user response modeling for RL），它通过引入图 13-16 所示的多个预测用户即时反馈的辅助任务，有效提升了模型无模拟强化学习方法的采样效率。

- 引入监督学习辅助任务。在游戏或者机器人等领域，由于状态和状态转移是基于高维图像或视频的，故一般采用自监督学习方法，例如基于对比学习的辅助损失。但在推荐场景中，想要对用户状态进行完整准确的建模比较困难，因此 YouTube 转而尝试监督学习的方法，对用户的即时反馈进行建模。注意，这里的即时反馈并不需要考虑长期收益，而只关注当前状态下采用当前动作的用户反馈，例如点击、观看时长或者点赞等互动信号。
- 对特定人群强化辅助任务。辅助任务与主任务利用了绝大部分的网络参数，包括用户表示及动作表示。而辅助任务特有的参数只是一个简单的线性变换，其目的就在于尽可能地增加辅助任务的影响，从而得到更好的用户表示和动作表示以供主任务学习。此外，考虑到低活用户的行为序列较少，而高活用户有充分的行为序列可以学习主任务，于是辅助任务只对低活用户生效，而对高活用户屏蔽，从而更有效地提升了低活用户的效果。

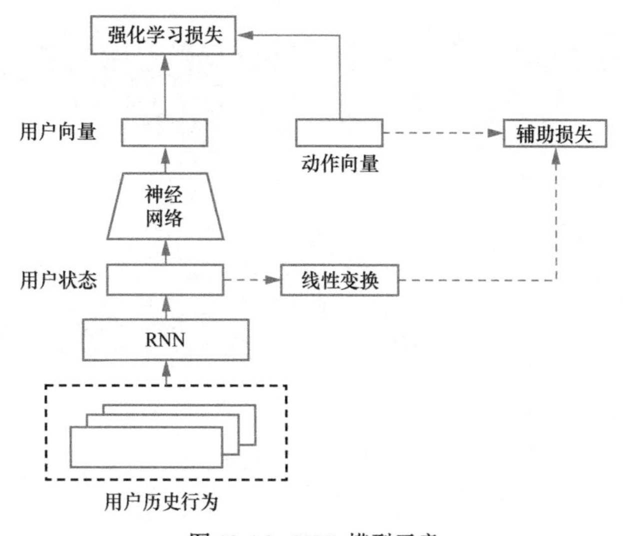

图 13-16 URL 模型示意

综上所述，正如YouTube每次发布的论文都没有在模型上过多炫技，本节介绍的两篇关于策略梯度法的论文，也都比较务实、贴近业务，给出了策略梯度法在实践中需要关注的问题。在如今很多产品仍比较关注短期收益的情况下，相信本节给出的基于强化学习方法的实践具备一定的参考价值。同时，我们也期待未来这个技术方向上还会有更进一步的发展。

第 14 章

以快打慢的微视频推荐

在介绍了 YouTube 之后，不知道读者会不会有这样的感觉，在这样一款内容生态扎实、推荐技术到位、商业产品也没有短板的产品出现后，其他视频产品还有机会吗？别急，如 1.2.2 节所述，任何一个产品在主导市场后，其优点往往也是其命门。正因为 YouTube 以高质量内容的平均观看时长胜出，所以后来者如果能反向思考，试着推荐时长较短的高质量内容就有可能找到新的机会。本章就以抖音为例来介绍微视频产品是如何在与短视频的竞争中快速成长起来的。

14.1 以音乐为内核的抖音

从今日头条到西瓜视频再到抖音，字节跳动总是能比竞争对手更早看到媒介升级的机会，并在推荐算法尚未成熟时，先从产品侧建立优势。以抖音为例，当通过对口型等方式来创作微视频的 Musical.ly 于 2016 年在海外走红后，字节跳动迅速洞察到这种新媒介的优势，并在同年 9 月推出了抖音。之后，在对内容生态机制和推荐算法做了大幅优化后，抖音很快崭露头角，成长为风靡国内的现象级产品。接下来就根据我个人的理解，分析抖音能快速流行起来的比较关键的几点设计。

14.1.1 放弃内容时长的反向创新

13.3 节探讨了 YouTube 在很长时间内都是以优化单次展示下的观看时长为主要目标。之后，尽管 YouTube 尝试通过强化学习等技术来弱化对单条内容观看时长的依赖，但在抖音崛起之前，由于视频应优化单次展示下观看时长的理念过于深入人心，因此在从业者和创作者的共同推动下，还是带来了内容物理时长越来越长的问题。

- 从业者视角。YouTubeDNN 论文中提到的时长预估在一定程度上已经成为业界优化视频产品时的金科玉律，考虑到对这一指标的持续优化并不容易，因此在提升观看时长短期收益的利益驱动下，物理时长更长的内容还是被更多地推荐。

- 创作者视角。创作者也很了解大多数平台背后按时长择优的规律，因此就像森林中的树为了竞争阳光而不断长高一样，创作者为了获得更多的流量，一方面将视频质量打磨得越来越高，另一方面同质化地生产能提升时长的内容，这就使很多普通创作者选择在竞争压力过大的情况下停更，只留下以商业化为目的、倾向于套路化创作的 MCN 公司。

不难看出，看似完美的 YouTube 生态其实也有弱点，那就是在短视频创作成本越发高昂的情况下，如果未能做好充分高效的商业化，平台和创作者的利益就得不到足够的保障。在这种生态环境下，关于如何创新产品的答案已经呼之欲出。

（1）放弃内容时长。其实如 1.2.2 节所述，反制型创新往往发生在人们认为问题已经定义清楚的情况下。如果这时有人不想再按原有思路进行下去，而把要优化问题换成另一个，例如相反的那个，就有可能发现新的机会。回到本节的问题上，当其他产品都在把视频做得比较长，选择把视频做短会有什么转机呢？这反而可能会提升总时长，毕竟时长的公式很简单，如公式（14.1）所示：

$$\text{总时长} = \text{篇均时长} \times \text{人均分发数} \times \text{活跃用户数} \tag{14.1}$$

是的，抖音希望打破优化时长思维定式的关键就在于，它需要在内容的篇均时长变短的同时，把人均分发数和活跃用户数的优化提升上来，从而实现和传统短视频产品的错位竞争。不难发现，虽然这个愿景听起来美好，但好像更难实现了，因为暂且不提如何通过产品设计来实现这一突破，只论内容短到对于每一篇用户都会看完，推荐算法应该用什么反馈信号来指引学习呢？

（2）强化互动的反馈设计。当内容长度骤然缩短至 15 秒左右时，对推荐算法来说，与观看时长有关的信号区分度就不大了，因此，像抖音这样的微视频产品需要找到其他信号来补充。虽然抖音并未公开具体的算法，但从其界面右侧醒目的互动按钮可以推测出，抖音应该是对反映内容质量的互动信号进行了大幅强化。

进一步讨论，为何抖音要将互动按钮放置于界面右侧，并遮挡住部分视频内容呢？如图 14-1 所示，界面右下方的区域更便于人们用右手拇指操作。因此，通过对比 YouTube 和抖音的界面设计可以猜测到，抖音算法所能获得的互动信号比 YouTube 更加稠密且无偏，这也从侧面说明了 YouTube 在较为强调时长这一单一信号的情况下，是很难把视频内容往变短的方向去优化的。

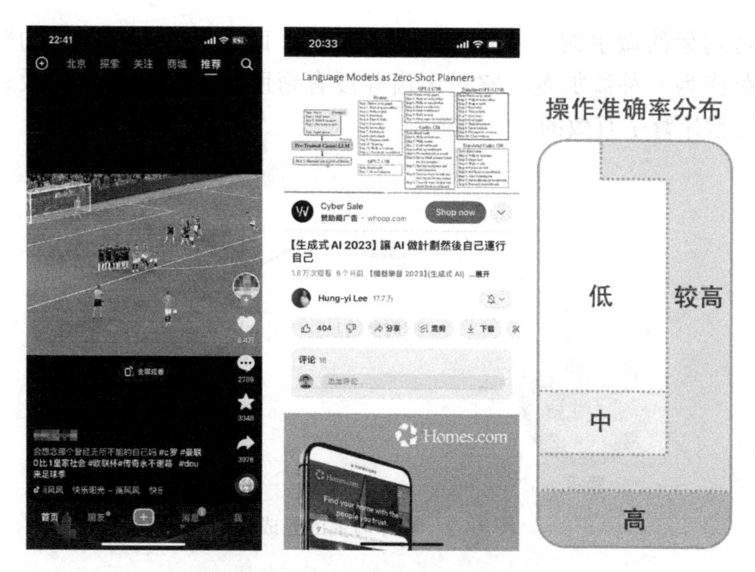

图 14-1 互动按钮位置与拇指行为分析

14.1.2 从行为心理学看产品设计

为了在缩短单篇内容时长的同时让用户在产品上停留更久，除了优化推荐算法，抖音也在产品设计上融入了不少洞察用户行为心理的元素。考虑到许多行业（如广告和游戏等），会运用行为心理学来设计产品，我们就先从一则对全球刷牙习惯普及起到重要作用的广告说起，探讨抖音是如何运用类似逻辑在产品设计上取得成功的。

1．刷牙习惯的养成

在白速得（Pepsodent）牙膏出现前，只有 7% 的美国人会在药箱中备有牙膏。然而，在 Claude Hopkins 为其打造的牙膏广告风靡美国 10 年后，这一数字攀升到了 65%，同时也让白速得成为牙膏之王。所以，Claude Hopkins 这位广告界中的传奇人物到底在牙膏广告中采用了什么策略呢？图 14-2 展示了他是如何通过建立习惯回路来促使人们养成刷牙习惯的。接下来对这一回路中的关键要素做一个说明。

- 创造某种暗示。“哪个女性愿意她的牙齿上有暗沉的垢膜呢？白速得能赶走垢膜”，在白速得的广告宣传语中，Claude Hopkins 创造了一种垢膜是不好的暗示，受到暗示的人们就会下意识地用舌头舔牙齿，以确认自己并没有垢膜。
- 创造美好的最终奖励。Claude Hopkins 洞察到人们并不喜欢看到负面情绪的广告，所以没有用当时流行的预防牙病作为刷牙的卖点，而是基于人们都希望变美的心理，将电影明星般的笑容设定为刷牙能带来的最终奖励。
- 创造一个即时奖励。漂亮的笑容并不是刷两天牙就能拥有的，所以白速得真正让人们坚持刷牙的撒手锏并不是它的最终奖励，而是作为即时奖励的薄荷配方。是的，薄荷作为一种添加剂，它对牙齿并没有帮助，但是冰凉的刺激感似乎在告诉人们，这款牙膏是有效的。

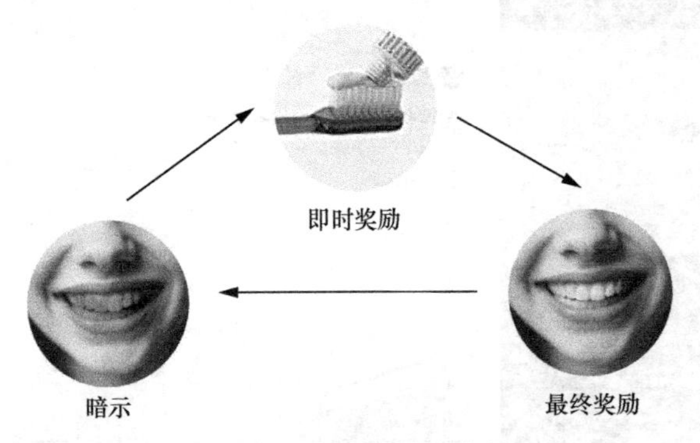

图14-2　刷牙习惯的养成

2．刷抖音习惯的养成

回到抖音的话题上，我们试着类比刷牙习惯的养成来解答为何抖音会如此吸引人。答案在于两方面。一方面，抖音的品牌口号“记录美好生活”给人的感觉与牙膏广告中呈现漂亮的笑容是相似的，都向用户呈现了一个美好的最终奖励；另一方面，类比于牙膏中加入的薄荷，抖音在即时奖励的设计上做出了以下关键创新，这才是抖音真正让用户爱不释手的撒手锏。

（1）*以音乐为内核的内容*。音乐的重要性不言而喻，以YouTube为例，尽管它是一款视频产品，但在其历史上播放量非常高的内容大多是音乐MV。因此，提高视频吸引力的关键往往不仅在于视频内容本身，而且在于如何将音乐和视频这两种媒介做好融合。

正如“抖音”这个名字的由来，抖音鼓励创作者将音乐中精彩的副歌部分提炼出来，并作为内容结构的主体，在大幅降低视频物理时长的情况下，通过卡点音乐节奏等方式来创作视频。这样一来，音乐就反客为主地成了引导用户情绪的关键，并因此激发出了一种更能引人入胜的产品体验。毫不夸张地说，音乐之于抖音，就好比薄荷之于牙膏，都起到了画龙点睛的作用。

（2）*全屏沉浸式交互的惊喜感*。心理学家Michael Zeiler曾做过一个著名的行为心理学实验，两组鸽子面前都放着一个按钮，第一组只要啄按钮就能获得食物，第二组则是以50%～70%的概率获得食物。实验结果表明，第二组鸽子啄按钮的频率比第一组高出近一倍，也就是说，当鸽子在面对不确定的奖励时，其被吸引的程度甚至要大于确定性奖励。

回到信息流的设计上，传统信息流都是外露封面标题来让用户自行筛选，而抖音则采用了全屏沉浸式的交互设计，这种方式不仅视觉冲击力强，也会给用户带来一种“开盲盒”

的体验：如果刷到感兴趣的内容，就会获得诱人的即时奖励；如果没刷到，再刷一次也许就会就有了。于是，这种不确定性引发的期待感结合抖音精准的推荐算法，就让许多人乐此不疲地沉浸其中了。

14.1.3 以音轨为模板的爆款复制

纵使抖音在产品设计中找到了更引人入胜的新媒介形式，但具体如何打磨出一个优质的微视频生态也并非易事。正如抖音早期的品牌口号"让崇拜从这里开始"所暗示的，抖音的运营策略就是先将流量分配给能创作标杆内容的用户，再设法设计一种机制，使普通创作者也可以便捷地跟随创作，这样整个微视频生态就逐渐发展起来了。更具体地，本节围绕抖音的内容运营策略、推荐算法的 E&E 策略和拍同款策略这 3 个关键点讨论。

1. 自上而下的运营干预

在抖音内容物理时长较短且交互方式较轻松的背景下，即使内容在相关性上未达到预期，用户通常也会展现出宽容的态度。因此，一种直接有效的方式就是运营一些具有激励性质的挑战活动（如话题或特效等），以激发用户的投稿积极性。事实上，人们在抖音的前几刷中经常会看到同样的内容，这些大多是由运营团队干预的内容。

这套运营机制虽然听起来好理解也容易实施，但是否适用于所有场景呢？显然不是。如果对这套机制未加以改进就应用在阅读成本较高或对内容相关性要求较高的低容错场景，运营干预的效果就未必这么理想，这也是我们很少在 YouTube 等偏重内容消费的场景中看到强势运营干预的原因。

2. 层层筛选的流量池

除了自上而下的运营干预，抖音的多层流量池机制也经常在一些文章中被提及，如图 14-3 所示。虽然从外部视角看我们无法知晓其具体实现方式，但大致可以推断出，抖音是采用了类似 4.1 节的 E&E 机制，通过为每篇内容分配一定的探索流量，逐步淘汰掉表现不佳的内容，以将流量更聚焦地汇聚到少数创作者上。

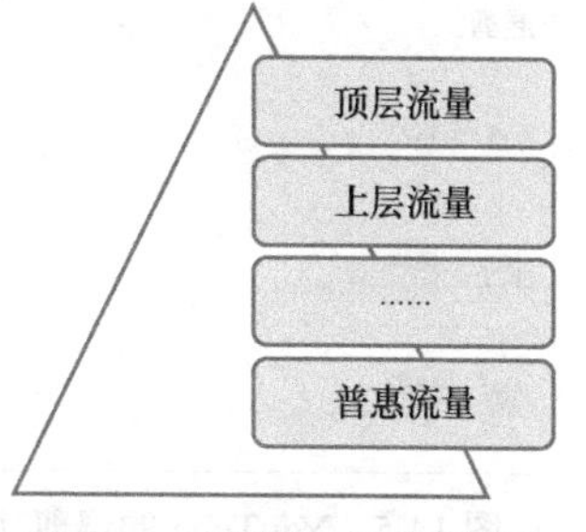

图 14-3 抖音的多层流量池机制

初听起来，这种将流量更集中的生态策略可能会影响创作者留存，同时也与个性化推荐的理念相悖，但仔细一想会发现，创作者可能并不仅仅希望被普惠，而是希望成为引人注目的焦点，所以让一部分创作者先火起来的这种机制反而更有可能激发创作者的投稿积极性。

3. 基于拍同款的创意复制

当平台拥有了较多的流量后，还要尽可能地先富带动后富，以将更多普通创作者纳入生态中。这时就需要考虑一个问题，即对视频这种创作成本比较高的内容来说，该如何激发普通用户的创作热情。上文曾提到，抖音是以音轨为内容创作主体的，所以抖音便巧妙地基于这一特点设计了一个被称为“拍同款”的创作机制，并因此让海草舞等内容一时传遍全网。以我个人的使用感受来推测，这一机制的关键在于以下3点。

图14-4　抖音的拍同款创作页面

- 以音轨作为复制模板。音乐是少有的具有“可重复消费”属性的媒介，例如用户同一首歌听多遍可能也不会厌倦。于是，考虑到抖音本身以音乐为内核，它就将视频中的音轨提取出来供人们复用，并附上同音轨的其他创作以供用户参考，这样就极大地提高了用户模仿创作的效率和质量。
- 收集拍同款的反馈信号。为了使用户拍同款的创作过程更便捷，也为了收集更被人们偏好的音轨，抖音将当前视频的音轨按钮放置在了最醒目的右下角，这样，当用户点击该按钮后，就会轻松跳转到如图14-4所示的拍同款创作页面，同时算法也能收集相应的反馈信号。
- 分发过程中引入拍同款多目标。既然收集了拍同款的反馈信号，就可以通过推荐算法来建模用户对当前视频拍同款的倾向，并在分发过程中强化高翻拍率视频的分发率。显然，通过这种方式可以更个性化地激发每一位用户的创作欲望，比传统的运营手段更加高效。

图14-5　YouTube的混剪功能

综上拍同款是个既有效又看似容易实施的巧妙机制，于是很多产品纷纷效仿，例如YouTube也增加了图14-5所示的混剪功能。然而，对YouTube上那些动辄10分钟以上的视频来说，由于内容的深度和完整性更重要，因此混剪功能并未在该场景取得理想效果。这一现象也说明，即便未来大模型和数字人等新技术会为视频的快捷创作带来新的可能性，但产品成功的关键仍在于能否抓准用户的核心需求。

14.2　不求最优化，但求多目标

人们往往希望找到一个与用户长期留存和满意度紧密关联的代理指标，但现实情况并没有那么理想。以微视频场景为例，由于时长信号的区分度较弱，因此只能通过综合优化时长、互动、点击率等多个代理指标来提升产品效果。乍一看，这种做法并没有优化单一指标那么专注，但恰恰是产品在竞争环境激烈时的更优策略。具体来说，其原因可以总结为以下 3 点。

- 更健壮。过于追求单一目标的最优解可能会引发意想不到的问题，而通过综合优化多个目标，系统会更健壮。例如，过度依赖时长目标可能会被电影剪辑等垂类所主导，过度依赖关注目标也容易被明星八卦所主导，如果同时考虑时长和关注目标就可以规避这些风险。
- 更灵活。如果将优化单一目标类比为只看考试成绩，那么多目标优化就更像是追求全面发展。显然，后者更适合在未来方向不确定的环境中选拔人才。对推荐产品来说，由于市场竞争和用户需求总是在快速变化，因此采用多目标方法会使推荐系统能更灵活地适应市场环境的变化。
- 更易协作。多目标方法中，不仅在线融合和离线建模环节是解耦的，而且多个任务的离线建模环节也可以解耦，这样就可以将业务优化分散到各个团队中去聚焦优化，从而提高团队间的并行协作效率。

由此可见，这种“不求最优化，但求多目标”（源自 Kevin Kelly《失控》（*Out of Control*）一书）的做法，是一种现实和务实的方法，更适合那些业务环境复杂多变且没有单一强代理指标的优化场景。本节将分别介绍多目标优化时在线融合和离线建模环节的主流方法。

14.2.1 道法自然的多目标融合

解决多目标优化问题应遵循道法自然的理念，即把用户留存且满意看作产品真正的优化目标，再在多个代理优化目标之间设法找到平衡，以完成对产品终极目标的优化，这也是大自然中众多生物的生存之道。下面讨论对多目标进行融合的两种常见方法。

1. 启发式公式融合

不像自然界中的演化那么复杂，业界实践更多是简单设计一套融合公式，使每个目标都有对应的参数可供决策者灵活调整，以平衡各目标的相对重要性。假设共有 K 个目标，第 i 个目标是 y_i，实践常用的融合形式主要有加法融合和乘法融合两种。

（1）简单直接的加法融合。2020 年的“Deep Multifaceted Transformers for Multiobjective Ranking in Large-Scale E-commerce Recommender Systems”论文中在模型预估出点击率、转化率等目标的得分后，在线使用时采用的就是加法融合，公式（14.2）就是对各目标进行加权求和。

$$\sum_{i=1}^{K} a_i y_i + b_i \tag{14.2}$$

可以看到，加法融合的主要参数就是每个目标中的权重 a_i 和 b_i，其优点是参数较少、易于理解，可以方便地针对业务需求进行人工干预，例如某个场景中更看重目标 y_1，那么只需调大 a_1 和 b_1，另一个场景中更看重目标 y_2，那么只需调大 a_2 和 b_2。

（2）更符合用户心理感受的乘法融合。相比加法融合来说，乘法融合在业界更为常见，例如在2019年的“Recommending What Video to Watch Next: A Multitask Ranking System”论文中，YouTube就采用这种方式对预估的满意度和参与度这两大类目标进行了融合。通常来说，乘法融合如公式（14.3）所示，在对每一个目标通过变换保证 $a_iy_i+b_i$ 大于0之后，通过调整 c_i 的取值来控制该目标的重要程度。

$$\prod_{i=1}^{K}(a_iy_i+b_i)^{c_i} \tag{14.3}$$

对公式（14.3）取对数，就可以得到一种看起来和加法融合更为相近的形式，具体如公式（14.4）所示。

$$\log\left(\prod_{i=1}^{K}(a_iy_i+b_i)^{c_i}\right)=\sum_{i=1}^{K}c_i\cdot\log(a_iy_i+b_i) \tag{14.4}$$

从公式（14.4）中，我们可以更深刻地理解乘法融合的本质，如图14-6所示的韦伯－费希纳定律所描述的，人们对外界物理刺激的感受强度并非呈线性增长，而是以对数形式增长的，例如，首次涨粉1000个与粉丝10万后涨粉1000个的心理感受就大不相同。因此，采用对数形式通常更能表达一个目标的物理刺激量给用户带来的实际心理感受量，具体到融合效果上，乘法融合更容易在某类内容推荐过多时转向为用户推荐更多样化的内容。

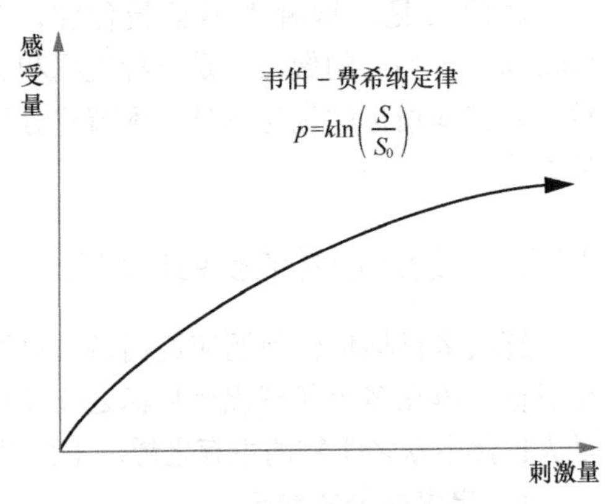

图14-6　韦伯－费希纳定律

2．自动搜参的模型融合

启发式公式虽然可解释性强，但不仅表达能力有限，且每当有迭代加入新目标或者某个目标的值域分布发生较大变化时，整个公式需要进行大量的修正。因此，人们更希望找到一种能用模型来自动融合的方式，例如通过神经网络来融合各目标的预估值。然而，在偏黑盒的融合方式下，既无法人工设定参数，也没有足够理想的标注样本供反向传播学习，该如何学习模型的参数呢？下面介绍一类借鉴生物进化过程的自动寻参算法。

（1）寻参类算法的基本框架。尽管寻参类算法如今常被称为“AutoML”，但其核心思想大多源于1975年John Holland在《自然与人工系统中的适应》（*Adaptation in Natural and Artificial Systems*）一书中提出的遗传算法。在书中，霍兰将生物进化视为一种包括遗传、变异、交叉和自然选择等机制的参数搜索过程，并通过在人工系统中模拟该过程来解决一些复杂的参数寻优问题。下面给出遗传算法的基本流程。

- 初始化：随机生成 N 个解以形成第一代种群 P_1。
- 形成第 t 代种群 P_t：基于初始化或自然选择结果，形成第 t 代种群 P_t。
- 评估适应度：评估 P_t 中个体对环境的适应度。
- 交叉：根据个体适应度从第 t 代种群 P_t 中选择两个解 x 和 y，并对它们使用交叉算子，将得到的后代添加到 Q_t。
- 变异：以预定的突变率对每个 Q_t 中的解使用变异算子。
- 自然选择：评估 Q_t 中每个解的适应度后，根据适应度选择 N 个解并将其复制到 P_{t+1}，继续回到评估适应度迭代，直至算法收敛。

以对神经网络的参数做扰动为例，将上述流程绘制为图 14-7 更清楚。从图 14-7 中可以看出，虽然寻参类算法有很多种，但其关键主要集中在两个环节，其一是如何评价解的适应度并基于此来自然选择，其二是如何对已有解做交叉和变异的扰动以产生新的解。

初始化
第t代种群
评估适应度
交叉
变异
自然选择

图 14-7　遗传算法基本流程示意

（2）评估适应度的常见方式。类似大自然中的演化法则是适者生存，多目标融合算法的关键也是要以用户留存为指引来不断演化。由于准确观测到留存变化通常需要一段时间，且让神经网络通过演化的方式来学习并没有反向传播那么高效，因此除了用留存来做评估，人们常常引入一些代理指标来提高融合算法的演化效率，以下是 3 种常见思路。

- 优化用户留存。在 6.2.1 节中强调，在用户产品中，留存是表达用户满意的本质目标，所以，纵使有种种难以优化的困难，优化留存往往也是不二的选择。
- 优化代理指标的变化量。为了加速算法的迭代，人们常常会引入更为稠密且更能提供即时反馈的代理指标来学习，例如时长、互动等目标的变化量。然而，正如本书反复强调的，需要避免因过度优化代理指标而忽视对用户留存的优化。
- 帕累托最优。在没有明确优先级的多目标优化中，帕累托优化是一种常用方法，它希望先找到一组不被其他解所支配的具有良好多样性的帕累托解集，再让决策者从中选择一个更适合业务的解。不过，由于推荐系统中业务有优化留存这样明确的终极目标，因此尽管这类算法在其他场景中有所应用，但通常并不常见于推荐系统。

（3）寻参的常见方式。遗传算法源于对生物进化过程的抽象，因此参数扰动的方式，如交叉和变异等，也源于此。然而，这种基于二进制编码的更新算子显然并不擅长更新神经网络中的实数型参数，因此接下来参考 2023 年的一篇综述“Multi-Task Deep Recommender Systems: A Survey”，给出神经网络中寻参的 3 种常见方式。

- 网格搜索（grid search）。最简单的参数搜索方法是网格搜索，顾名思义，是遍历所有可能的参数取值，并保留其中效果最好的一组。显然，这种做法仅仅对参数量很少的场景可行，在参数量较大的真实场景中实验这类方法时，不仅迭代效率很低，也会影响命中实验的用户体验，所以并不常用。
- 遗传算法（genetic algorithm，GA）。标准 GA 使用二进制编码来表示参数，并不适用于参数值为实数的神经网络，所以一般会采用能处理实数参数的 GA 变体，通过模糊交叉和高斯变异等算子来扰动网络中的实数参数。
- 粒子群优化算法（particle swarm optimization algorithm，PSO algorithm）。PSO 算法先初始化一群随机的解（也称为粒子），在迭代过程中，通过粒子本身的历史最优解和群体的全局最优解进行更新，从而得到同时兼顾个体和群体的最优解。由于粒子一般是连续值，因此 PSO 算法天然更适用于参数寻优这种连续优化问题。

综上列举的方式，本节对自动寻参方法的利弊做一个总结。首先，这类算法对模型的假设较少，只需一个可以评价策略性能的奖励函数，这就使得在面对难以建模的问题时相对强化学习方法更具优势，可以说只要有足够的流量，就能轻松扩展到大规模的并行环境中。但是，天下没有免费的午餐，既然这类算法在设定奖励函数后可以自动求解，那么在未充分利用问题假设的情况下，对于样本的利用效率不理想也就不足为奇了。其次，还需特别关注在设定奖励函数时是否存在过于追求短期利益的风险。

14.2.2　触类旁通的多任务学习

14.2.1 节探讨了如何在决策阶段对多个目标进行融合，本节转向模型训练阶段，探讨如何更有效地对多目标进行建模。尽管初听起来对每个任务独立训练更简单，但正如擅长多种技艺的人学习新事物更快，基于多任务学习（multi-task learning，MTL）的方式来建模往往可以触类旁通地提升各任务的性能。因此，对于有大量建模目标且互动信号稀疏的微视频场景来说，MTL 就成为一种常见的模型训练范式。

1．如何设计多任务

在多任务学习的归纳偏置（inductive bias）假设中，不同的任务之间存在一些可以被共享的潜在模式，通过联合学习就可以捕捉和利用这些模式以提升模型效果，同时有效降低单一任务过拟合到噪声上的风险。接下来先介绍谷歌科学家 Sebastian Ruder 在其博客“An Overview of Multi-Task Learning in Deep Neural Networks”中关于如何设计任务的建议，再来讨论具体的模型结构设计。需要强调的是，由于真正有价值的任务并不一定存在于现有的产品中，因此算法工程师除了要多改进现有多任务的模型结构，更要保持对业务的敏感以发现更优的新任务。

（1）*数据量更充分的相关任务*。将数据量更充分的相关任务设计为辅助任务，就可以提升主任务对领域知识的理解能力，以缓解主任务数据稀疏的问题，这里举两个例子。

- 转化率预估。虽然转化率和点击率在有些时候是冲突的，但由于点击率任务的样本较多，且能学习到一定的用户兴趣，因此往往能帮助转化率任务的学习。
- 互动率预估。互动类的目标有很多，且它们之间往往是相辅相成的。例如，如果用户对视频发生了点赞和收藏等互动行为，那么也很有可能会发生关注创作者的互动行为。所以，利用点赞率等信号更稠密的任务就可以辅助关注率任务的学习。

（2）*对抗任务*。并不是只能学习和主任务相似的辅助任务，为了 MTL 的健壮性，我们还可以利用弱相关或者不相关的任务。特别地，如果建模与要实现的任务相反的辅助任务，也可以帮助主任务更快学习到更好的效果。

- 点击率和内容质量。在点击率高于一定门槛的情况下，内容质量和点击率往往是冲突的，例如一篇内容的点击率远高于正常内容，大概率它就是一篇“标题党”内容，诸如阅读时长、互动率等表达内容质量的指标都不会太理想。
- 完播和快滑。在微视频的沉浸式推荐场景下，由于其固有时长较短，因此如果用户感兴趣，一般会有比较高的完播率，反之，如果用户不感兴趣，则一般表现为快滑行为。所以不难猜测，快滑任务是和完播、时长任务对抗的辅助任务。

（3）*将输入特征转变为输出任务*。在实际应用中，有一些关键特征作为输入可能容易被主任务忽略，但作为输出来预测，就可以保持模型对这一维度的注意力，从而提升主任务在特定关键特征下的表现，例如，在微视频场景中，可以设计如下辅助任务。

- 是不是低活用户。系统的展示样本大多数由高活用户贡献，所以如果让模型学习一个用户是不是低活用户，就能让模型更好地捕捉到这类样本较少的用户的行为模式，从而更有针对性地进行推荐。
- 用户格调预估。如果仅学习用户具体的行为，往往学到的用户表示较为局限，考虑到不同格调的用户之间行为分布往往差异很大，学习用户格调这类更泛化的任务往往可以在泛化用户表示的基础上进行更具探索性质的推荐。
- 视频格调预估。一个视频可能会有多个内容标签，但并不是每一个标签都对推荐任务有帮助，所以通过预测视频的重要属性就可以引导模型更关注视频在格调维度上的信号。

（4）*表示学习任务*。在学习用户和内容匹配的主任务时，也可以构建一个辅助任务去学习用户和内容的表示，例如在 5.2.2 节中，谷歌在基于对比学习的范式更好地理解了内容的表示后，一方面提升了任务的匹配精度，另一方面有助于让新视频更好地冷启动。

2．如何设计共享结构

介绍完MTL中如何设计相关的任务后，下面介绍模型结构的设计。总体来说，模型结构的设计理念可以概括为“求同存异”4个字，即既要设计出能够方便任务间共享信息的部分，也要允许每个任务有其独立的、差异化的表示空间。接下来简要介绍几种主流的MTL模型架构。

（1）*硬共享的共享底层*。如图14-8所示，参数硬共享一般也称为共享底层（share bottom），是基于神经网络的MTL架构中常见的组网方式。在这种方式下，所有任务先共享一个大的隐层表示，然后在这个表示之上为每个任务构建特定的子网络结构。不难理解，这种方式具有以下两个特性。

- 降低过拟合风险。参数硬共享需要保证多个任务采用同一个表示，所以极大地降低了每个任务过拟合的风险。
- 更适合相关任务。这种结构在任务比较相似的场景下能取得较好的效果，反之，任务之间关联没那么紧密的场景，就会因任务间的相互冲突而导致学习的效果不佳。

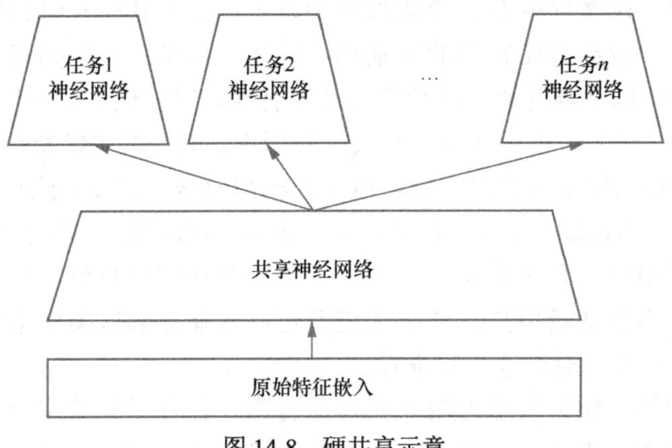

图14-8　硬共享示意

（2）*软共享的MMoE*。2018年，谷歌在“Modeling Task Relationships in Multi-task Learning with Multi-gate Mixture-of-Experts”论文中，提出了一种新的MTL结构MMoE（multi-gate mixture-of-experts），并于2019年在“Recommending What Video to Watch Next: A Multitask Ranking System”论文中将其落地在YouTube推荐下一个视频的模块中。从表14-1中可以看出，相比硬共享来说，MMoE不仅提升了满意度和参与度任务的效果，且更大幅度地提升了更稀疏的满意度任务，这也说明软共享的机制对更难学习的稀疏任务确实更友好。接下来，我们简要描述MMoE模型的原理。

表 14-1　MMoE 对比硬共享效果

模型结构	乘法操作数量	参与度指标	满意度指标
硬共享	3.7M	—	—
MMoE（4 个专家）	3.7M	+0.20%	+1.22%
硬共享	6.1M	+0.1%	+1.89%
MMoE（8 个专家）	6.1M	+0.45%	+3.07%

如图 14-9 中左侧所示是 MMoE 模型的基础，即单任务版的 MoE（mixture-of-experts）模型。不同于传统 DNN 模型中只有一个全连接网络，MoE 中总共有 n 个专家网络，并由一个门控网络来灵活权衡它们的意见，用公式表示就是 $y=\sum_{i=1}^{n}g(x)_i f_i(x)$，其中 $f_i(x)$ 表示专家网络，$g(x)_i$ 表示门控网络产生的每个专家上的权重，最终输出就是所有专家意见的加权和。

如图 14-9 中右侧所示，MMoE 为每个任务分配了一个独有的门控网络 g^k，所以对第 k 个任务来说，MMoE 就可以表示为 $y_k=h^k\left(\sum_{i=1}^{n}g^k(x)_i f_i(x)\right)$，其中 h^k 是任务顶层的网络部分。不难看出，由于 MMoE 中所有任务都共享专家网络，只是由轻量级的门控网络来捕捉任务间的差异性和共性，因此 MMoE 既具备学习的灵活性，也具备较高的计算性价比。

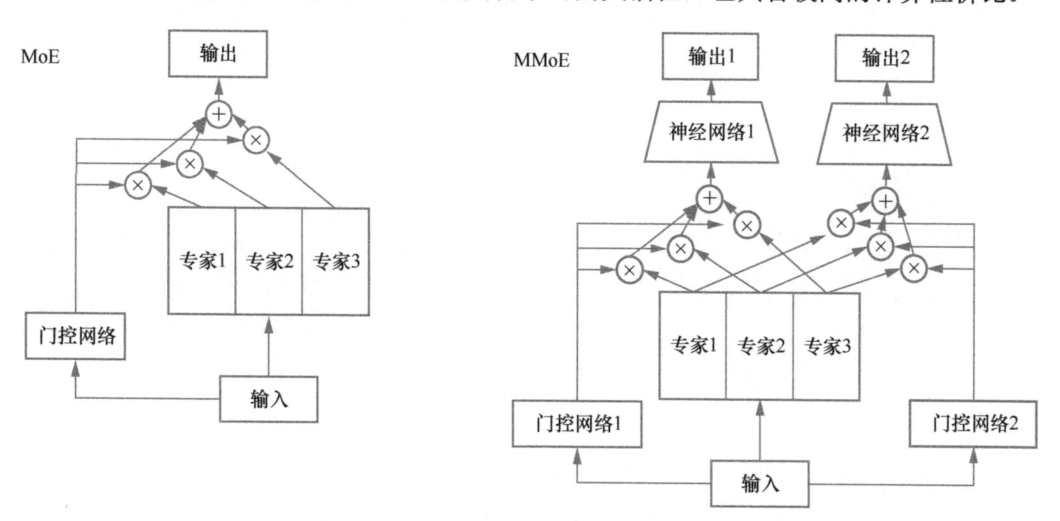

图 14-9　MMoE 结构示意

（3）MMoE 的变体。MMoE 结构具有较高的性价比和易于实现的特性，对微视频这类动辄数十个目标的推荐场景而言，大幅降低了各个模型独立训练的维护成本。因此经 YouTube 发布后，很快成了业界中 MTL 模型的主流。此后，虽然在 MMoE 基础之上做改进的变体层出不穷，但总体来说，可将其归纳为如下两大类。

- 更灵活的专家建模。考虑到 MMoE 的专家是被所有任务共享的，对某些负相关的任务来说带来的可能反而是噪声，于是腾讯在 2020 年“Progressive Layered Extraction (PLE): A Novel Multi-Task Learning (MTL) Model for Personalized Recommendations”论文中提出了由多层 CGC（customized gate control）结构组成的 PLE（progressive layered extraction）模型。简单来说，就是将 MMoE 的专家进行了细分，分为各任务共享与各任务独有的两类专家，从而缓解了各任务间的跷跷板现象。
- 各任务间的动态平衡。在实际应用中，随任务的量纲和难易程度不同，经常会出现有的任务已经过拟合但有的任务依然欠拟合的现象。针对这类问题，一种解决思路就是通过任务的收敛程度来调整样本的权重，具备代表性的工作有“GradNorm: Gradient Normalization for Adaptive Loss Balancing in Deep Multitask Networks”论文提出的 GradNorm 方法，以及“End-to-End Multi-Task Learning with Attention”论文提出的 DWA 方法等。

第五部分

电商推荐

正如1.1节介绍的，重大的产品变革常常会从更为本质的媒介创新环节发起，视频领域如是，社区领域如是，电商领域亦如是。在即将介绍的电商推荐产品中，将以阿里推荐和几个与其竞争的新兴产品为例，来探讨电商推荐产品的特性。

（1）电商的产品创新（第15章）。过去的很长一段时间里，内容产品和电商产品一直井水不犯河水，然而看似泾渭分明实则是彼此相互防御的结果。如今，随着各种新媒介的涌现，在货架电商产品不断优化交易效率的同时，从战场的斜刺里杀出了几类人们未曾预料到的新产品。

（2）电商产品中的推荐算法（第16章）。自电商鼻祖亚马逊开创了ItemCF算法之后，阿里针对货架电商的强时序性和交易的稀疏性，又进一步创新出了多种序列建模模型和转化率预估模型。同时，随着各种新电商产品的涌现，前面章节介绍的各种算法也在与电商场景碰撞后激发出了新的火花。

第 15 章

历久弥新的电商推荐产品

尽管在国外亚马逊是无可争议的电商巨头，但在中国这个竞争激烈的市场中，电商产品的发展历程更为曲折和引人入胜。本章就以阿里逆袭易趣的初露锋芒时期、高筑护城河的行业霸主时期和面临众多新电商挑战的激烈竞争期为例，介绍在电商推荐这一典型的双边市场中，产品要想赢得消费者的信任并实现创新，有哪些常见的路径。

15.1 从阿里看货架电商的演进

在电商尚未问世的时代，在商场里逛街是人们主要的购物方式，虽然它有方便查看商品细节并与商家直接交流的优点，但也面临路途遥远、购物效率较低等种种问题。于是，随着人们将购物从线下搬到线上，亚马逊和阿里这样的货架电商产品应运而生。本节将以阿里为例介绍货架电商产品的特点，并在第 16 章中讨论服务于产品的具体推荐策略。

15.1.1 逆袭易趣的关键胜负手

2003 年，全球电商市场的主导者 eBay 通过收购易趣，成功拿下了中国 72.4% 的市场份额，考虑到当时淘宝的市场份额仅为 7.8%，按照电商双边网络效应的逻辑，易趣在流量端的巨大先发优势下，可以在吸引到更多卖家入驻后进一步稳固住市场。出人意料的是，淘宝在 2005 年底便成功将市场份额逆转至近 60%，一举成为国内电商市场的新霸主。本节将尝试总结阿里能迅速取得成功的关键原因。

1. 对商家免费的供给侧突破

在 1995 年的美国，许多人乐于将二手商品（如十年前的芭比娃娃等）拿来转卖，eBay 正是通过提供拍卖二手商品的 C2C 平台起家并发展起来。进而，eBay 在商业模式上也采用了跳蚤市场的逻辑，通过向商家收取搭建摊位的费用来盈利，在当时这听起来也是合理的选择。

然而，阿里为了吸引商家入驻淘宝，一方面喊出了“天下没有难做的生意”的口号，另一方面在实际行动上采取了对商家完全免费的政策。那么，对从事小商品批发的商家来说，一边是即使上架一件货品也要交佣金的易趣，另一边是上架多少商品都免费的淘宝，谁更具有吸引力就可想而知了。因此，免佣金的战略成功使大量小商家开始迁移到淘宝。

2．促成信任的交易模式创新

为了确保交易佣金不会流失，就要避免买家和商家私下交易，因此易趣一直在极力阻止商家和买家间交流。然而，购物是一种较重的决策行为，在商品质量还不够有保证的担忧下，如果不让买卖双方建立联系，用户不太敢放心交易。淘宝反其道行之，先上线了鼓励买家和商家沟通的阿里旺旺，又推出了担保交易的支付宝，通过先让买家把钱款转给支付宝，再由支付宝在交易完成后转给卖家，巧妙打消了买家在交易时的顾虑。

3．转向中小渠道的获客手段

当意识到淘宝的威胁后，易趣在市场推广方面对其施以封杀式的遏制，不仅以高代价签下了如搜狐、百度等优质广告资源，更以排他性条款要求封杀淘宝，让淘宝无广告可打。彼时的阿里在门户网站投放受阻时展现了坚韧的战斗力，不仅将易趣对它的打击包装成一场跨国公司打击本土企业的悲情剧，更是转向各种站长联盟等中小渠道做了大量高性价比的投放，从而实现了高效的获客增长。

综上可以看出，由于电商产品的双边网络效应，需要B端商家和C端买家双边的强协同才能形成稳固的护城河，因此阿里在察觉到易趣过度关注盈利的弱点后，先通过对B端免费的战略来赢得商家的青睐，再通过担保交易、即时通信（IM）工具等手段来逐步赢得买家的信任。当买家纷纷转向淘宝，易趣的网络效应优势开始消失，胜负的天平自然就向淘宝倾斜了。

15.1.2　高筑C端流量的护城河

了解了阿里在初期取胜的关键就不难理解，虽然以B端业务起家的阿里具有强大的商家基础，但对没有快速变现价值的C端用户产品并没有足够的经验。因此，在C端业务羸弱的情况下，阿里面临如下两个问题。

- 流量安全。无论在PC时代还是移动互联网时代，阿里都处于流量中游的位置，试想如果有某个在流量上远超阿里的产品试图进入电商领域，例如移动互联网时代的抖音，只要商品价格更低，就永远有冲击阿里的可能。因此，当这种不在掌控的流量多了之后，阿里就不安全了，因为这些流量迟早是要通过电商来变现的。
- 流量溢价能力。阿里并不是对商家完全免费，因为如果商家想获得更多的流量，就需要打广告。因此，阿里流量变现的关键就在于需要将流量掌握在自己手中，才能保证以直通车为代表的流量溢价能力。于是，虽然很多产品看似不是阿里的直接竞争对手，但只要能让商家便宜地在其上做推广，就会影响阿里的流量溢价能力。

考虑到上述问题，再加上15.2节将介绍的各类新电商产品的崛起，阿里近年来的日子不算太好过。接下来简要回顾阿里在强敌环伺的电商场景中，在端外端内的各流量环节进行了哪些布局和反制。

1. 阿里对外部流量的防御

考虑到流量安全和流量溢价能力，阿里对如何更好地控制C端流量一直深感焦虑。为了将流量尽可能地控制在淘宝系内，阿里对外部流量进行了多次防御，例如，2008年阿里通过封杀百度的爬虫，将用户的购物搜索习惯成功迁移到了淘宝，进而增强了搜索广告的溢价能力。而到了2013年，阿里试图将微信中的淘宝店铺链接重定向至淘宝App的下载页，却遭到微信的反制，导致淘宝链接在微信中被屏蔽。

从今天来看，阿里之所以能成功防御早期的内容产品，不仅是因为这些产品以文字为主的媒介形式很难与电商内容融合，更因为这些产品未能意识到构建商家闭环的重要性，所以在仅有C端流量的情况下，无法对淘宝的双边网络效应构成实质性的威胁。不过，随着如今用商内容在媒介形式上的殊途同归，再加上自建B端商家生态的手段日趋成熟，阿里的防御能力越来越弱，因此出现了15.2.1节各类新内容型产品竞相与阿里交锋的局面。

2. 阿里对端外淘系的补强

除了封杀外部非安全流量，阿里也在淘宝端内流量很难快速上涨的情况下，通过积极补强淘系流量生态来应对流量获取和流量溢价的问题。接下来，就对阿里的淘系生态做一个简要回顾。

- 天猫。为了满足消费者追求更优质购物体验的需求，也为了更好地制衡京东，2012年阿里推出了天猫平台，不仅吸引了大量国内品牌商的加入，也通过天猫国际帮助很多海外品牌建立了品牌知名度与销售渠道。
- 长尾商业流量。在核心电商平台之外，阿里也通过满足低频需求来进一步锁定长尾商业流量，例如二手交易平台闲鱼、票务网站大麦网和旅游网站飞猪等都是淘系成功产品的代表。
- 线下渠道。随着线上渠道的逐渐完善，阿里开始着手布局线下渠道，希望通过打通线下线上来降低获取线上流量的成本。这方面的尝试包括外卖餐饮饿了么、线下商场银泰集团和新零售盒马鲜生等。
- 内容导流。为人熟知的阿里大文娱基本是PC时代的产物，例如UC浏览器和优酷视频等。在移动互联网时代，阿里大文娱很少创新出足够知名的用户产品。

3．端内流量的内容化战略

尽管端外淘系生态在一定程度上筑高了阿里流量的护城河，但面对诸多内容产品的虎视眈眈，阿里更需要提升主端产品的流量黏性，因此，强化内容推荐就成了淘宝主端的重要战略。从淘宝2021年换的品牌口号“太好逛了吧”就可以看出，淘宝正在向商品内容化的方向发展，以抵御内容产品的进攻。下面以图15-1中首页推荐、逛逛推荐、商品详情页推荐和购物清单推荐4个模块为例进行说明。

- 首页推荐。首页推荐采用了高屏效比的双列信息流样式，以我个人使用体验来说，除了传统更偏历史行为相关的推荐；也有些推荐的商品开始呈现内容化的趋势，即并不完全是基于转化目标来设计的，而是兼顾了用户黏性和浏览时长，所以用户在闲逛时会有更好的感受。
- 逛逛推荐。逛逛推荐比首页推荐更为内容化。首先在“发现”选项卡中，它隐去了商品关键的价格特征，营造了一种类似使用小红书的“种草”感受。其次在“推荐”选项卡中，它更是完全变成了抖音，这也反映出淘宝希望对抖音进行反制的产品动作。
- 商品详情页推荐。在进入详情页之后，淘宝为了鼓励用户多浏览，在交互上借鉴了类抖音的全屏沉浸式交互，同时在推荐策略上也从仅看重转化调整为逐步发散推荐的策略，更强调激发用户的购物意图。
- 购物清单推荐。借鉴Spotify歌单和拼多多拼单的思想，淘宝将协同推荐进行了显性的产品化。当点击购物清单推荐模块后，用户不仅可以浏览其他用户分享的购物清单，也可以分享自己的购物清单，加速优质商品在人群中的传播。

图15-1　淘宝App推荐场景示例

从以上 4 个模块的介绍中可以看出，不同于以往注重转化效率，如今的淘宝无论从算法还是产品设计上，都更像一个集各家之长、无处不贯彻用商一体理念的新产品，相信这会使它在和抖音等内容产品的对抗中，依然能够保持自己在电商领域的优势。

15.2 从媒介侧发起变革的新电商

如 1.1 节所述，传播学权威 Marshall McLuhan 曾经指出“媒介即讯息”，信息的传递方式在很大程度上取决于媒介，而非媒介承载的内容。因此，每次新媒介的出现都会激发人们对内容的重新创作，并为用户带来全新的体验。例如，新闻推荐历经了图文、短视频、微视频和直播等多种媒介的变迁，也因此带来了用户体验的巨大变化。

回到电商领域中，由于货架电商需要用户主动参与，在用户比较价格、阅读评论的过程中，内容不是以情感化的方式来呈现的，因此按照 Marshall McLuhan 的理论，货架电商被视为一种“冷媒介”。如今，随着内容电商、直播电商和社交电商等更热门媒介的兴起，用户在购买商品的方式上发生了较大变化。本节就以媒介角度为主，讨论几类新电商的产品特点。

15.2.1 用商一体的内容型电商

过去很多年里，用户想看内容就去内容产品，想买东西就去电商产品，这种泾渭分明的局面看似是用户的选择，实则是这两类产品相互博弈的结果。近年来，随着抖音等强势内容型产品的崛起，这一边界正在被打破，本节就以抖音和小红书为例，介绍内容型电商产品的差异化优势。

1. 抖音：海量流量下的电商解法

虽说阿里前几次防御都取得了阶段性胜利，但当抖音摸索出一条内容电商化的新路径后，如今的形势正变得和以往有所不同。仅以商品交易总额（gross merchandise volume，GMV）数据来看，抖音电商自 2020 年开始发力后，2022 年就已经拿下了与拼多多和京东水平相当的 GMV 份额。总结起来，抖音电商之所以会有这么快的增长，主要归结于以下 4 点。

- 高容错性的微视频推荐流。抖音的内容是以全屏滑动这种交互形态来统一呈现的，对不相关的商业内容有较高的容错性，再加上抖音有海量的流量，所以不管是探索用户的电商兴趣，还是探索商品的质量，都为电商推荐提供了足够多的试错机会。
- 成熟的自建电商的能力。经过市场多年的培育后，线下自建仓储和供应链等 B 端能力已经较为成熟，而线上搭建货架电商对抖音来说更是轻而易举，这就使得抖音可以轻松自建完整的电商闭环，而无须像上一代用户产品那样担心被淘宝卡住商品的供给。

- 基于达人的电商内容传播。淘宝的普通商家并不清楚如何创作出更能触动用户的优质视频，而抖音有很多擅长视频创作且有影响力的达人创作者，因此抖音只需搭建匹配达人和商品的选品平台，就能借助达人的力量来高效传播电商内容。
- 高交易效率的直播电商。由于用户对抖音的认知更偏娱乐消遣，因此在从展示到交易的流量漏斗中，它的效率和淘宝有明显的差距。不过，随着直播这种高交易效率媒介的兴起，抖音可以借助直播媒介来激发用户进行购买。关于直播电商，15.2.2 节将进一步介绍更具体的内容。

综上 4 点优势，对于已经长成为参天大树的抖音，阿里并没有办法对它进行足够的遏制；反倒是拥有成熟广告变现模式的抖音，可以在没有太大获客压力的情况下，慢慢蚕食掉阿里的电商市场份额。这也是为何我们会在 15.1.2 节中看到，淘宝哪怕降低一些交易效率，也要在很多产品形态上对齐抖音以尽快对抖音形成反制。

2．小红书：离电商更近的内容赛道

用过小红书的读者可能没有注意到其中有商业内容，这并不仅仅是因为小红书的商业内容和自然内容在样式上保持一致，更重要的是小红书上的自然内容本身就具有很强的晒物属性（俗称“种草”）。接下来，我们就来探讨小红书这种内容形式在做电商时的优势。

- 降低对用户的打扰。商业内容的原生一般分为两个层面：浅的一层称为表现原生，即让商业内容的样式与内容样式一致；深的一层称为意图原生，即让商业内容和自然内容的投放逻辑尽量一致。显然，小红书的种草属性使表现原生和意图原生都更容易实现，从而在用户几乎无察觉的情况下，就发生了购买行为。如图 15-2 所示，尽管这条内容在落地页上挂了购物车，但它其实是一条自然内容，并非推广类型的商业内容。
- 激励长尾创作者创作。由于小红书上的种草内容本身离商业非常近，因此即便是关注者较少的创作者，也能通过私域流量找到变现的机会，例如售卖课程和工艺品等。同时，小红书中的强种草氛围有时还会激发用户搜索，从而给内容创作者传递一个信号，即内容可以通过搜索和推荐两个渠道获取流量。于是，就在一定程度上改善了中长尾创作者的生存环境。
- 广告主的投放效率高。类似抖音，小红书上也有大量擅长创作种草内容的达人创作者，再加上有精准私域流量的加持，就使广告主通过投放广告能达到较好的效果。而且，小红书的推荐流量的分配相对平权化，使广告主拥有了更多的议价权，例如同时邀请多位创作者来推广，以同时保证流量的质和量。

列表页

落地页

图 15-2 小红书上看似商品的自然内容

15.2.2 构建信任的直播热媒介

虽然直播从产品形态上看有点类似视频，但由于它能够快速拉近创作者与用户之间的距离，并建立信任，因此实际上是一种特殊的内容媒介。本节分别以抖音和淘宝的直播特点为例，讨论直播这种看似信息密度不高的媒介能成为主流电商媒介的原因。

1. 高交易效率的热媒介

由于直播具有高度的实时性和互动性，可以使用户强烈感受到主播所传达的情感信息，因此当用户沉浸在其中后，往往会一改之前谨慎的消费模式，变得不再克制。更具体地，直播电商交易效率高的原因主要在于以下 3 点。

- 真实性。传统货架电商中商品信息在经过处理后，虽然会更突出商品的亮点，但也容易导致消费者在购买后产生与预期较大的落差，这就是所谓的买家秀和卖家秀。与之相比，直播可以更真实地让用户了解商品，从而打消用户对商品真实性的疑虑。
- 热媒介。直播作为一种同时包括音视频、文字等感官刺激的热媒介，使主播在推广商品时带来的冲击力很容易让人头脑一热，并因此缩短消费时的决策路径。此外，由于主播还可以随时解答消费者的问题，这种实时互动也能进一步提高消费者的购买意愿。
- 从众效应。直播间可以视为一个小社区，其中不仅有主播，还有众多观众。当商品快速上架并烘托出浓厚的抢购氛围时，用户很容易受他人抢购行为的影响，进而产生非理性的跟风购买行为。

综上，虽然也有其他信息密度更高的媒介，但对于不用太思考的快消类商品如时尚和美妆等，直播可能是迄今为止交易效率最高的媒介之一。同时，直播又是一种很常见的创作自然内容的媒介，抖音等擅长直播的用户产品也纷纷下场，开始与淘宝激烈竞争起来。

2．高交易效率的淘宝直播

淘宝更多是将直播作为一种高交易效率的媒介，下面从淘宝的视角出发，探讨直播的供给侧容易呈现马太效应的原因。

- 顶级推销员的能力被放大。直播高效地创造了一个让主播同时和多位用户互动的场景，虽然是“一对多”的沟通，但能让消费者产生“一对一”服务的错觉。因此，我们可以认为直播是一种可以将顶级推销员能力放大到极致的媒介。
- 推销能力的高门槛。广告史上著名的文案人员Claude Hopkins曾说过：“成功的推销员很少是能言善辩的，他们几乎没有演说的魅力可言，有的只是对消费者和产品的了解，以及朴实无华的品性和一颗真诚的心。”是的，并非所有人都适合推销商品，这不仅要求他们具备优秀的口才和控场力，更要求他们和产品气质相符，才能保证带货有足够的转化率。
- 放大马太效应的供给侧议价。当转化率高的头部主播足够强势，他们在供应商处就能得到更高的议价权。进而，在头部主播通过压低货品价格来提升商品的转化率之后，他们就进一步拉开了与其他主播的差距，形成强者愈强的马太效应。

综上可以看出，在追求GMV优化的目标时，直播这种媒介的特性确实容易引发马太效应，并因此对实体经济产生较大的影响。虽然如今直播电商看似火爆，但是淘宝也在调整运营策略来鼓励腰部主播的成长，一方面避免因马太效应失去对直播生态的掌控力，另一方面降低直播电商对实体经济的影响。

3．强流量优势下的抖音直播

同样是公域流量，传统电商平台和内容电商平台的优势不同，淘宝是电商加直播，通过引入直播来将顶级推销员的能力放大到极致，而抖音则是直播加电商，通过引入电商变现的形式来帮视频创作者变现。因此，抖音直播的优势更多的是在内容侧。

- 更吸引用户注意力的内容形式。虽然抖音交易的转化率可能没那么高，但抖音的大多数主播是成熟的内容创作者，用户也对他们具有足够认知，因而抖音直播的内容通常更能吸引用户的注意力。
- 更扎实的创作者生态。虽然淘宝可以将商家看成新主播的来源，但很多中小型商家的能力有限，更多的只是把商家直播当作简单的售前答疑。抖音则因为能将大量视频创作者源源不断地转变成主播，所以在创作者生态的潜力上会扎实得多。

当然，抖音电商并非没有短板，一方面抖音商品侧的SKU还在逐渐丰富的阶段，另一方面并非所有用户都已养成在抖音上消费的习惯，所以如何激发更多用户购买并控制好对用户体验的伤害，依然是一项不小的挑战。此外正如15.1.2节讨论的，由于淘宝也开始向用商一体的方向转变，因此当淘宝真正重视起来后，抖音电商能否发展起来还有待进一步观察。

15.2.3 撬动传播的轻品类电商

如果对比回顾15.1.1节淘宝对抗易趣的战略，就会发现历史总有相似之处，拼多多似乎就是用了淘宝当年的方法，逐渐打造出了一个新的电商平台。只不过与当年不同的是，当低价商品和微信的传播关系结合起来后，这一增长更为迅猛。本节将讨论对淘宝形成巨大威胁的拼多多是如何在短短数年内成长起来的。

1．下沉市场的产品定位

成立于2015年9月的拼多多的前身是一款名为“拼好货”的产品，在起初从水果品类切入时，由于常遇到仓储和物流的问题（如水果爆仓和腐烂等），未能获得预期的成功。不过，当看到淘宝在采用消费升级的战略来对抗京东后，拼多多灵活调整了思路，开始采用下沉市场的打法。从今天看，这个和淘宝反着打的战略显然是成功的，而它能奏效的关键原因在于以下两点。

- 阿里的消费升级战略。当阿里开始考虑如何能有更多盈利的问题时，未从长远角度考虑，低端市场的重要性，典型的例子是淘宝在2016年底砍掉了聚划算，不仅将小商家更将广大的中低端消费者市场送给了对手。殊不知从长期来看，低端市场也是具备很大成长潜力的。
- 拼多多对淘宝的反制。拼多多从被阿里放弃的“白牌”商家侧看到了商机，于是反其道行之，先将原先的水果品类改成被阿里洗出来的“白牌”商家，再通过极低的价格和拼团模式，避开阿里和京东正在酣战的中高端市场，顺利到达被淘宝逐渐忽视的下沉市场。

2．重在传播的产品策略

拼多多在成立后仅用了6年时间，就将日活用户数从零追到了接近阿里的水平，这么快的增长速度不禁让人们好奇，它究竟做对了什么呢？下面将具体介绍拼多多是如何善用和微信的协同关系来实现产品加速增长的。

（1）*决策成本较低的易传播商品*。虽然阿里在2013年短期内遏制了微商的快速崛起，但当腾讯完善支付和电商等基础设施后，腾讯肯定不会放弃电商这块领域。果不其然，在2014年3月腾讯入股京东后，京东开始摸索在微信中做电商的思路，只不过由于当时京东更多将微信定位为流量入口来使用，因此未能协同好微信。

其实，若想真正和微信协同好，就必须要重视传播学中的两个关键特点。其一，历史上大多数创新事物能流行起来的关键是基于关系的传播，所以微信对一个创新产品来说，其核心价值并不是它的流量入口，而是用于传播的关系链。其二，在传播学中经常会提到，容易被传播的并不是贵重的商品而是低价商品，因为越低价决策成本和传播门槛就会越低。

因此，虽然京东等电商产品也曾想借助微信的力量，但只有拼多多选对了品类，正是那些被阿里所低估的“白牌”商品才是更容易在微信流量中获得快速传播的品类。因此，将这些商品在微信中传播起来后，拼多多能在早期获得飞速增长就不足为奇了。

（2）*将社交推荐产品化的拼单机制*。无论是早期亚马逊的ItemCF算法，还是如今被阿里发扬光大的行为序列建模，其效果都更近似于对搜索需求的精准利用，只是换成了推荐的方式来呈现。因此，虽然这类方法在A/B测试中会有较好的表现，但从长时间尺度来看就不具有长期价值。与这类思路不同，拼多多更多从供给侧视角出发，采用类协同过滤的传播范式甄选优质商品来提升推荐的探索感。更具体的，可以看图15-3中的3个模块。

- 拼小圈。在拼多多首页正上方，有一个类似朋友圈的“拼小圈”模块，用户在点击进入后就可以看到朋友买了什么。不难理解，这个模块对很多好奇朋友动态的用户可以起到提升产品黏性的作用。
- 首页推荐。以我个人体验来说，淘宝推荐更偏历史行为的相关性，而拼多多则更侧重商品的流行性，所以营造了一种更为热闹且探索性强的购物氛围。
- 商品详情页。商品详情页中除了更便宜的“发起拼单”按钮，还有一个价格较贵的“单独购买”按钮，从心理学的角度看，这本身就是加速交易的一种有趣设计。另外在发起拼单后，还会弹出图15-3右侧分享页中的拼单提醒，用于激励用户分享给朋友，进一步加速商品的传播。

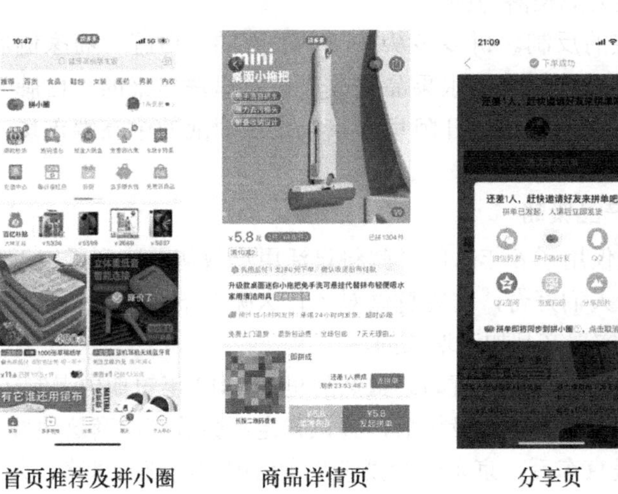

图15-3　拼多多App产品示例

综上，拼单虽然看起来简单，但不仅激发了用户自己的购物需求，还基于社交关系促进了用户需求的传播，同时也能让商家在知晓哪些商品更可能热销后更精准地以销定产。因此，拼单对供需双方都是一种非常有益的机制。事实上除拼多多之外，历史上许多产品也成功实践过类似的机制，例如 Spotify 也是基于 Facebook 的社交关系来对歌单进行传播，才顺利打开市场并逐步发展起来。

第 16 章

真金白银的电商推荐技术

正如亚马逊的贝佐斯所言："我们希望亚马逊成为你个人的最佳商店，如果我们拥有450万顾客，我们就会有450万家商店。"的确，在没有线下导购员的情况下，谁的推荐系统更懂用户，谁就能获得更高的产品黏性和交易效率。事实上，无论是亚马逊、阿里还是其他电商巨头，他们之所以有信心能做得比竞品好，关键就在于拥有更先进的推荐技术。本章将详细介绍电商推荐所涉及的关键算法。

16.1 量化即时回报的优化思路

在内容型产品和电商产品井水不犯河水的年代，用户更多会以主动搜索的方式来使用电商产品，因此，尽管电商推荐在本质上属于用户产品，但它与电商产品中的广告有相通之处，即如何在流量有限的情况下精准量化每一次展示的即时回报。鉴于早年推荐系统中的模型精度有提升空间，在将广告场景中的预估模型引入电商推荐后确实取得了显著效果。本节将介绍在流量独立的简化假设下，一系列用于量化单次展示下即时回报的模型方法。

16.1.1 起源于广告的点击率预估

在搜索广告场景，由于广告展示位置有限，且用户每次的搜索需求大多相互独立，因此在假设流量独立的前提下，如何精准优化每一次展示的广告价值就成了计算广告领域的一个经典问题。考虑到大多数广告按点击售卖，而提升点击率预估模型的精度就能提高平台的收入，这就使许多模型的创新先从高收益的点击率预估任务发起，再推广到包括推荐在内的其他领域。

不过，虽然点击率预估问题孵化出了很多基础模型技术，并在各类推荐产品中有广泛应用，但由于大多数推荐产品需要更重视长期回报，因此本书将点击率和转化率预估这两个单点预估技术放到相对更看重即时回报的货架电商场景中来讲，希望读者能适应这种看似混乱的编排。接下来介绍当前主流的几类点击率预估算法。

1．基于 DNN 的主流模型简述

Logistic 回归（LR）等经典点击率预估模型在当今业界已经不常用，因此本书从深度学习时代经典的 Wide & Deep 模型开始阐述，进而在点击率预估模型演进方向上介绍目前更具代表性的一些主流模型。

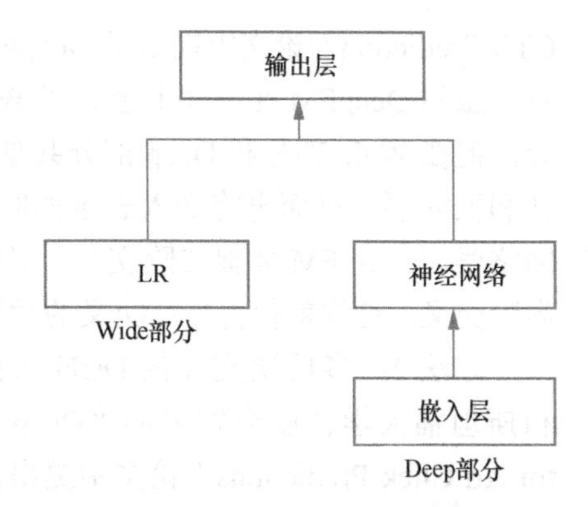

图 16-1 Wide & Deep 模型结构

（1）Wide & Deep。2015 年 11 月谷歌开放了深度学习框架 TensorFlow，2016 年 6 月就基于 TensorFlow 发表了“Wide & Deep Learning for Recommender Systems”这一深度学习时代主流的模型设计。如图 16-1 所示，Wide & Deep 模型可以分为 Wide 与 Deep 两大部分。

- 左侧的 Wide 部分。Wide 部分可以看作传统的 LR，可以容纳大规模稀疏特征，并对一些特定信号具备较强的记忆能力。为了避免模型在 Wide 部分过拟合，文中采用了基于 FTRL 的在线优化方法，以产出更稀疏的解。
- 右侧的 Deep 部分。Deep 部分将离散特征嵌入化后，输入一个神经网络，以自动学习特征间的交互关系，具备更强的泛化能力。和 Wide 部分不同，Deep 部分无须考虑解的稀疏性，因此采用了基于 AdaGrad 的优化方法。

将 Wide 部分和 Deep 部分的输出叠加后，经过 sigmoid 的变换就得到了最终的预估值，具体公式如公式（16.1）所示，其中 $\sigma(\cdot)$ 是 sigmoid，$\phi(\boldsymbol{x})$ 是原始特征的交叉，$\boldsymbol{a}^{(l_f)}$ 是 Deep 部分最后一层神经元的激活值。

$$P(Y=1\mid \boldsymbol{x})=\sigma\left(\boldsymbol{w}_{\text{wide}}^{\top}\left[\boldsymbol{x},\phi(\boldsymbol{x})\right]+\boldsymbol{w}_{\text{deep}}^{\top}\boldsymbol{a}^{(l_f)}+b\right) \tag{16.1}$$

回头看谷歌的 Wide & Deep 模型并不复杂，但从这一篇标志性的论文开始，LR 时代彻底翻篇了。接下来回顾一下在 Wide & Deep 模型提出之后，点击率模型的主要进展。

（2）**更复杂的特征交叉方式**。Wide & Deep 模型提出之后，一个仍需要花费较多精力的环节在于，Wide 部分即 LR 模块虽然具有处理大规模稀疏特征的优点，但仍需要大量的人工特征工程才能间接提升线性模型的非线性能力。如何更自动、更好地学习特征交叉呢？

方法 1：从因子分解机（factorization machine，FM）到 DeepFM。针对 LR 模块的缺陷，一种直接的想法是为每种二阶特征组合赋予一个参数，但这样对 n 个特征来说，就需要有 $n\times n$ 规模的参数空间。FM 模型如公式（16.2）所示，通过两个 k 维向量 $\boldsymbol{v}_i$、$\boldsymbol{v}_j$ 的内积来表示二阶项参数 $\boldsymbol{v}_{ij}$，这样对 n 个特征仅需要 $n\times k$ 的存储空间。

$$\hat{y}=w_0+\sum_{i=1}^{n}w_i x_i+\sum_{i=1}^{n-1}\sum_{j=i+1}^{n}\langle\boldsymbol{v}_i,\boldsymbol{v}_j\rangle x_i x_j \tag{16.2}$$

考虑到 FM 的优点，华为在“DeepFM: A Factorization-Machine based Neural Network for

CTR Prediction”论文中提出了DeepFM。如图16-2所示，虽然DeepFM在整体上也分成Wide和Deep两部分，但在Wide部分和Deep部分共享了基础的特征设计和嵌入层，进而再将嵌入表示同时送给FM和神经网络学习，让FM捕捉二阶交叉，让神经网络捕捉更高阶交叉，这样就使得特征交叉的学习更为轻松。

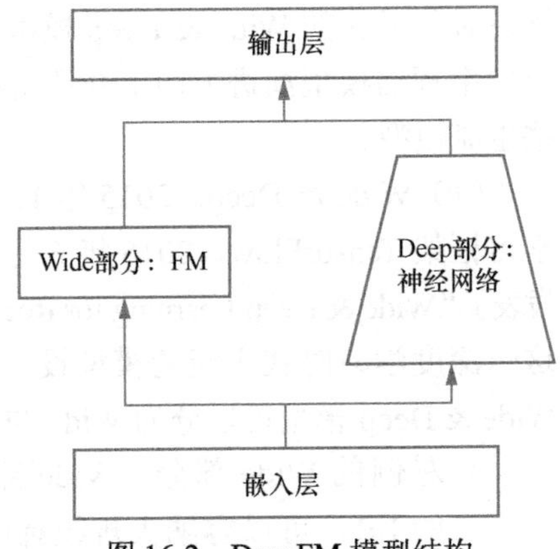

图16-2　DeepFM模型结构

方法2：多层次交叉的DCN系列。2017年谷歌和斯坦福大学在联合发表的“Deep & Cross Network for Ad Click Predictions”论文中提出了DCN，通过使用交叉网络来实现特征的自动组合。如图16-3所示，DCN希望在Wide & Deep的基础上，通过对Wide部分显式进行多层次的特征交叉，来进一步提升Wide部分学习高阶特征组合的能力。

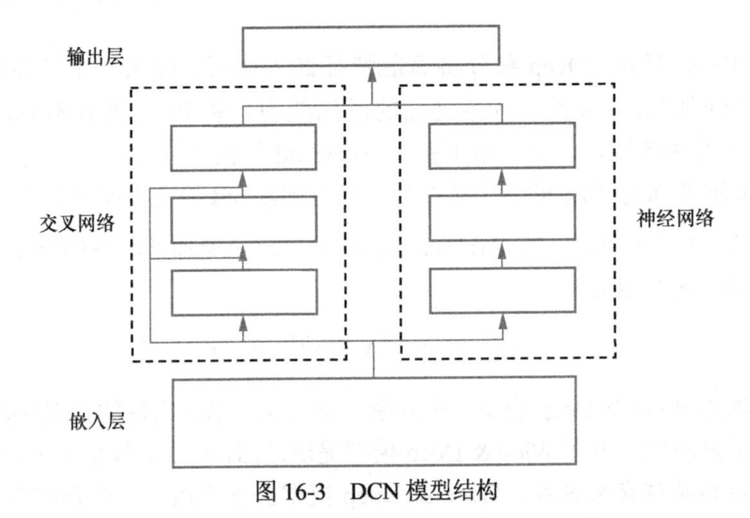

图16-3　DCN模型结构

具体来说，FM在特征之间只进行了一次组合，但在DCN中交叉网络是多层的，所以每一层都会进行一次特征组合，例如，第$l+1$层会拿初始的嵌入$\boldsymbol{x}_0$与前一层$\boldsymbol{x}_l$做交叉，再根据类似ResNet的思想加上前一层的$\boldsymbol{x}_l$，具体如公式（16.3）所示。

$$\boldsymbol{x}_{l+1}=\boldsymbol{x}_0\boldsymbol{x}_l^{\top}\boldsymbol{w}_l+\boldsymbol{b}_l+\boldsymbol{x}_l \tag{16.3}$$

在2021年的“DCN V2: Improved Deep & Cross Network and Practical Lessons for Web-scale Learning to Rank Systems”论文中，DCN的改进版DCN-V2模型被提出，它将原来第l层的权重从向量$\boldsymbol{w}_l$变成了矩阵$\boldsymbol{W}_l$，且$\boldsymbol{x}_0$后的矩阵乘法也改成了按位相乘，进一步提升了模型的交叉能力，具体如公式（16.4）所示。

$$x_{l+1} = x_0 \odot (W_l x_l + b_l) + x_l \tag{16.4}$$

为了便于理解，图 16-4 中给出 DCN-V2 的矩阵乘法示意。可以看出，由于引入的权重 W_l 增加了不少参数量，因此 DCN-V2 为了降低模型过拟合的风险，给出了将 W_l 拆分成两个低秩矩阵乘积的矩阵分解思路。从中可以看出，随着特征交叉能力的提升，模型的复杂性也随之增加，在实践此类模型时需要格外注意过拟合的风险。

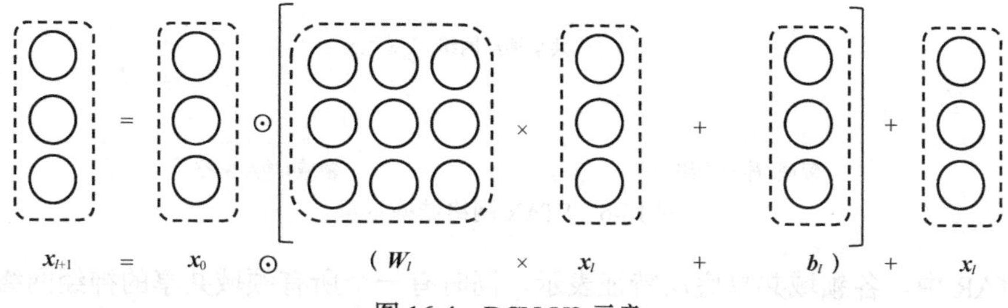

图 16-4　DCN-V2 示意

（3）自适应的多领域学习。除了在单一预估任务中不断升级模型结构，14.2.2 节介绍的 MTL 也是一种常见的提升模型效果的手段。另外，在推荐入口越发繁多的当下，多领域学习（multi-domain learning，MDL）正在受到关注。与 MTL 跨任务共享信息的原理相似，如图 16-5 所示，多领域学习希望通过跨领域共享信息来提升模型的性能。例如，通过在产品首页和关注频道中联合建模点击率预估任务，来提升这两个场景中推荐的精准度和联动性。

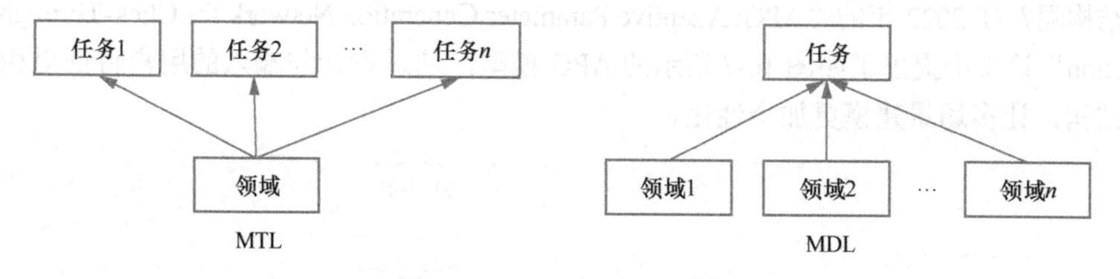

图 16-5　MTL 与 MDL 示意

下面以星形拓扑自适应推荐（star topology adaptive recommender，STAR）模型和自适应参数生成（adaptive parameter generation，APG）模型为例来介绍多领域学习模型的设计思想。

为每个领域单独训练一个模型对于大场景可行，但对于小场景则很容易因数据不足而训练不充分，因此一个很自然的想法是参考 14.2.2 节介绍的 CGC 结构，不仅有各领域共享的网络来捕捉共性，也有各领域独有的网络来保留差异。2021 年的“One Model to Serve All: Star Topology Adaptive Recommender for Multi-Domain CTR Prediction”论文中就基于这个思想，提出了如图 16-6 所示的 STAR 模型。

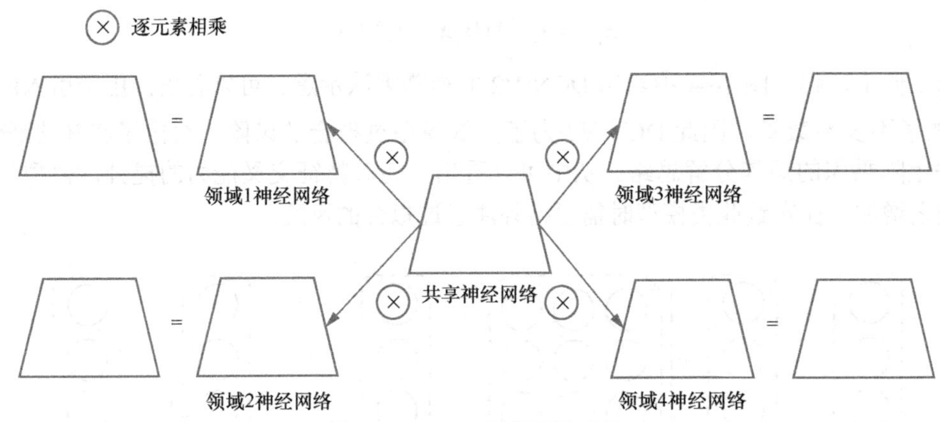

图 16-6　STAR 网络结构示意

在 STAR 中，各领域共享底层特征表示，同时有一个所有领域共享的神经网络。此外，每个领域都有一个独有的神经网络。接下来，由于共享神经网络和独有神经网络具有相同的结构，因此将这两个神经网络对应的权重逐元素相乘就可以得到新的神经网络权重，以用于最终的预测。虽然这里的逐元素相乘并不一定是最优的融合方式，但这篇论文确实为多领域建模提供了一个通用的思路，即先将模型拆分为共享神经网络与独有神经网络两部分，再尝试将二者进行融合，以实现快速的自适应。

STAR 为每个场景设计了独有神经网络，那么是否可以更进一步地设计有更精细区分度的结构呢？在 2022 年的"APG: Adaptive Parameter Generation Network for Click-Through Rate Prediction"论文中提出了如图 16-7 所示的 APG 模型，通过设计与输入的用户特征更相关的网络结构，让多场景建模更加个性化。

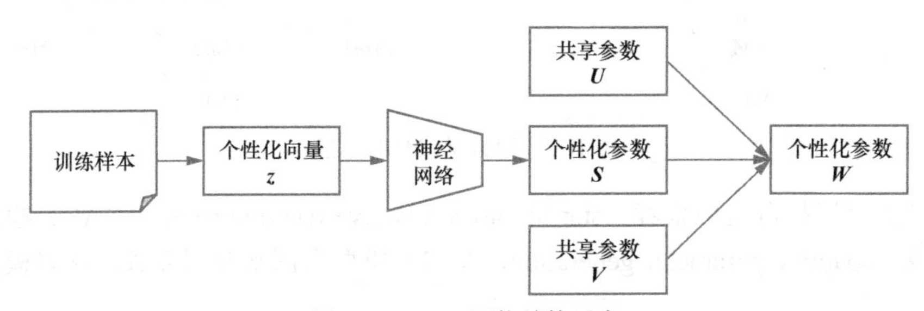

图 16-7　APG 网络结构示意

总体来说，APG 整体结构与 STAR 类似，仍然是先拆分为共享神经网络与独有神经网络两部分再融合，主要区别在于 STAR 的独有神经网络与场景相关，而 APG 则需要将其与用户特征关联起来。因此，文中先通过一定的先验规则或嵌入表示聚合的方式来生成一个高度个性化的状态向量 z，再通过 z 来生成个性化参数 $\boldsymbol{W} = \text{reshape}(MLP(z))$。此外，也可以基于低秩的参数化分解方式对 $\boldsymbol{W}$ 进行近似，即 $(\boldsymbol{U},\boldsymbol{S},\boldsymbol{V}) = \text{reshape}(MLP(\boldsymbol{z}))$，这样就大幅降低了学习的复杂度。

2. 如何评价模型的好坏

在建模转化率、点击率等二分类任务时，一般会从排序指标和回归指标两方面来评估模型，以确保模型上线前可以先通过模型的离线指标判断潜在的体验风险和收益。下面介绍几种常用的模型评价指标，以解读优化模型时的 3 类常见误区。

（1）ROC 曲线。第二次世界大战期间，由于雷达的精度尚不高，因此雷达兵需要通过观测显示屏来判断是敌机来袭还是飞鸟经过。因为判断标准因人而异，时常会有误报和漏报的情况，所以为了优化决策，雷达兵信号的接收者便将每个雷达兵的汇报特点汇总在一张二维坐标图中，其中横纵坐标轴的含义如下。

- 横坐标为假阳性率（false positive rate，FPR），也称为 1– 特异性（specificity），是汇报错的正样本数与全部真实负样本数的比值，表示雷达兵误报风险的比例。
- 纵坐标为真阳性率（true positive rate，TPR），也称为敏感性（sensitivity），是汇报对的正样本数与全部真实正样本数的比值，表示雷达兵正确识别敌机的能力。

当将每个雷达兵的表现汇总在图上后，令人惊奇的是，这些点形成了一条曲线。这表明，决定雷达兵漏报和误报差异的，并不是他们在感知和认知能力上的差异，而是性格差异。因此，在抹去阈值差异带来的准召差别后，这条接收者操作特征曲线（receiver operating characteristic curve，ROC）便被人们用来评判二分类模型的真正性能，而 ROC 下的面积就是常说的 AUC（area under curve）。

在理解了 ROC 的物理含义后，我们便可以理解，即使两个模型的 AUC 相同，它们的效果也不一定相同。例如虽图 16-8 中两个模型的 AUC 相同，但在高误报水平的场景模型 A 的敏感性更高，而在低误报水平的场景模型 B 的敏感性更高。所以对推荐场景来说，通常在容错性较高的偏探索场景应该选择模型 A，而在容错性较低的场景应该选择模型 B。

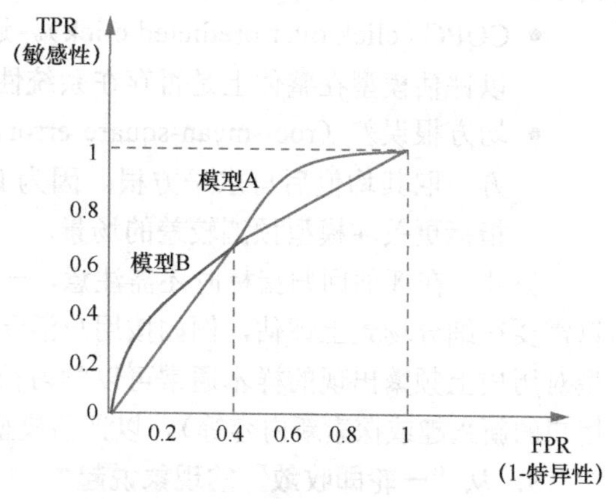

图 16-8 两个模型的 AUC 对比

（2）AUC 值。尽管 ROC 携带了更丰富的信息，但因为 AUC 值清晰表达了模型在随机选取一对正样本和负样本时的排序能力，所以更广泛地应用于比较和选择模型。这里有一个错觉在于，AUC 值的高低在很大程度上来自对业务无用的噪声，而非影响排序的信号，例如，假设用户 A 的点击率是 10%，用户 B 的点击率是 1%，那么如果仅基于用户偏差来预估点击率，模型能有很高的 AUC，但实际上这个模型没有任何排序能力。因此在业界实际评估中，为了真正理解模型的排序能力，常常会采用以下两类方法。

- 完整模型相对于噪声模型的增益。用完整特征训练的模型的AUC减去仅用位置偏差和用户偏差等噪声特征训练的模型的AUC，这部分增益才是对业务提升的真实反映。如果某个模型的AUC值很高，但这部分增益并不大，那么这个模型的效果不会太理想。
- 分群AUC（group AUC，GAUC）。对位置偏差不严重的场景来说，更主要的噪声是用户偏差，所以可以先对每个用户分别计算AUC来近似消偏，再按展示量impression加权平均计算系统整体的GAUC，如公式（16.5）所示。当然，产品也可以结合自身需求灵活调整计算方式，例如将GAUC中按展示量的加权去掉，就会更看重模型在低活用户上的表现。

$$\text{GAUC}=\frac{\sum_{i=1}^{n}\#\text{impression}_i\times\text{AUC}_i}{\sum_{i=1}^{n}\#\text{impression}_i} \tag{16.5}$$

（3）回归性能指标。通常产品并不会仅考虑一个预估因子来排序，而是会同时考虑多个预估因子，例如将点击率、转化率和客单价启发式地相乘。这时仅评估AUC是不全面的，例如模型将商品A的点击率高估为0.8，将商品B的点击率低估为0.08，那么虽然在AUC上没问题，但本应通过转化率和客单价优势胜出的商品B就很难被推荐出来。因此除排序性能相关的指标外，还需要评估模型的回归指标，这里给出两个常见指标的例子。

- COPC（click over predicted click）。通过计算实际点击率和模型预测点击率的比值，以评估模型在整体上是否存在系统性偏差。
- 均方根误差（root-mean-square error，RMSE）。通过计算预测值与实际值之差的平方，取其均值后再求平方根。因为RMSE对大的误差会给予更大的惩罚，所以该指标更关注模型预测较差的场景。

另外，在评估回归指标时还需注意，一方面，因为模型不容易出现大的全局偏差，所以需要在细分场景上评估，例如按用户活跃度或按内容展示数来分桶；另一方面，因为模型对历史上频繁出现的样本通常可以学习得很好，所以还需要设计一些探索机制（如探索用户的新兴趣或探索新内容等），以评估模型在相对少见的样本上的泛化能力。

3．从“一轮即收敛”的现象说起

在许多特征高度稀疏的场景中，采用APG模型容易出现“一轮即收敛”的现象，例如在2022年的“Towards Understanding the Overfitting Phenomenon of Deep Click-Through Rate Models”论文中，就发现在某生产环境中的点击率模型上训练3个轮次时，测试集上呈现出GAUC大幅下降的过拟合趋势。考虑到这一现象的普遍性，在介绍了模型结构的常见设计后，我们来讨论出现这种现象的原因，以及模型设计时的相关注意事项。

（1）一轮即收敛现象的原因。一轮即收敛并非完全是坏事。事实上，在面临海量的训练样本时，这种高效的学习能力正是人们梦寐以求的，毕竟出现过拟合说明 DNN 模型是一种具备强大拟合能力的模型。因此，在探讨如何解决过拟合问题前，先讨论如今预估模型的范式能做到高效收敛的两个关键因素。

关键因素 1：异步随机梯度下滑（stochastic gradient descent，SGD）的强收敛能力。传统同步并行方法需要通过同步操作来汇总结果，但由于慢节点的存在，这种方式的效率并不高，因此，人们逐步探索出了异步并行方法，这里以谷歌的 Jeff Dean 等人在 2012 年“Large Scale Distributed Deep Networks”论文中提出的 Downpour SGD 为例来介绍。如图 16-9 所示，在 Downpour SGD 中，每个工作节点会从参数服务器中独立，再从对应的数据分片中获一小批数据，在得到梯度后异步推送给参数服务器并开始下一批数据的处理。同时，参数服务器在收到梯度信息后不会等待其他节点的梯度信息，而是直接开始模型参数的异步更新。

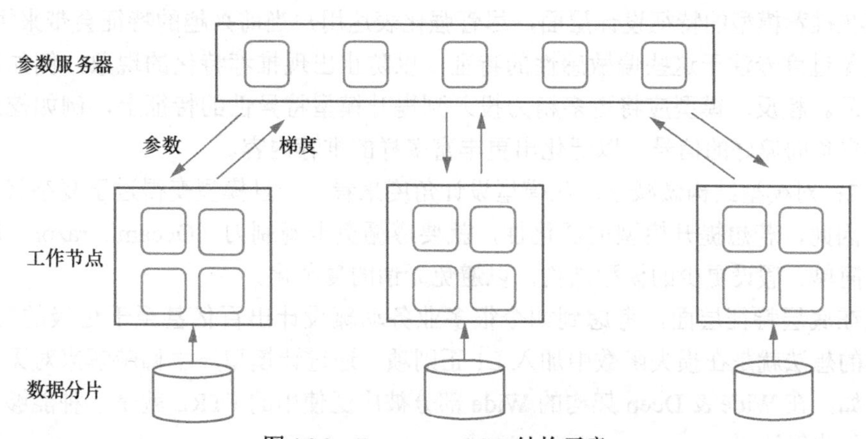

图 16-9 Downpour SGD 结构示意

直观上判断，异步 SGD 似乎是一种在算法有效性和计算可扩展性之间寻求平衡的方法。然而令人惊讶的是，异步引入的随机性才是加快模型收敛的关键原因。打个比方，在面对深度学习这种非凸问题时，同步 SGD 就好比独自一人在爬山，虽然寻优能力很强，但容易陷入局部最优解，而异步 SGD 则好比有很多队友在同时爬山，且彼此会通过参数的异步更新来同步，因此，这种类似于多路径搜索的方式更有助于模型跳出局部最优解。

关键因素 2：更注重记忆的特征和优化算法。回到搜索广告这个点击率预估算法的主要起源，就可以更好地理解为何从广告侧率先突破的模型在强化模型的记忆能力。原因很简单，搜索流量中不仅高频检索词的需求相对稳定，且从信号匹配的角度看，搜索意图与候选文档间的匹配关系通常也比较稳定。因此，只要预测模型具备强大的拟合能力，就可以通过记忆来解决大部分高频问题。

此外，优化算法也在朝提升稀疏特征的记忆能力的方向演进。在传统优化算法中，可能会忽略这些长尾特征的梯度或缩放不足，从而使它们的影响较小，但在AdaGrad等现代优化方法中，会为每个参数维度维护梯度平方和的累积值，从而使出现少的特征可以获得更大的学习率，并因此增强模型对它们的快速响应能力。

（2）如何缓解过拟合的问题。模型拟合能力强是双刃剑，从好处说，模型可以更快适应推荐系统中新内容或新用户的数据分布变化，即使推荐错误通常也能通过快速地校正来止损；从坏处说，因为更容易对观测样本中的噪声过度敏感，所以加剧了模型过拟合的风险。接下来给出几类在推荐场景中防止模型过拟合的思路供参考。

思路1：对记忆类特征做减法。相比于搜索广告，推荐产品一方面没有太高活的用户，毕竟再活跃的用户在时长上也不会比普通用户高几个数量级，另一方面用户和物品间也没有稳定的匹配关系，例如用户买过一个物品后可能不会复购，因此不同于传统广告，推荐系统需要更重视对低活用户和低频匹配关系的泛化。

体现在推荐模型的特征设计层面，尽管强化表达用户当前兴趣的特征会带来短期回报，但仍应避免过度专注于这些偏敏感性的特征，以防止出现推荐特化的现象，例如反复推荐买过的商品。相反，模型应将更多精力投入到提升模型特异性的特征上，例如挖掘能够明确表示用户负向偏好的信号，以泛化出更丰富多样的推荐内容。

思路2：对模型结构做减法。从模型设计角度来看，一旦模型变得过于复杂就非常容易过拟合，因此，若想提升模型的泛化性，就要遵循奥卡姆剃刀（Occam's razor）原则，优先采用更简单、假设更少的模型结构，以避免无谓的复杂化。

首先在底层特征层面，考虑到如今很多业务动辄设计出百亿甚至千亿级的离散特征，一个自然的想法就是在损失函数中加入L1正则项，通过让模型产生稀疏解来对无用特征做减法。例如，在Wide & Deep架构的Wide部分被广泛使用的FTRL就是一种能够产生稀疏解的在线优化算法。

其次在网络结构层面，除了常见的防止过拟合的方法，例如调整优化算法参数、基于验证集的早期停止，以及引入Dropout来随机丢弃神经元等，更有效的方法是结合产品的特性对模型做减法。例如，如果用户与内容的交互存在低秩特性，就可以基于低秩矩阵分解简化网络参数，如果推荐任务之间具有相似性，可以基于多任务学习复用网络参数。

16.1.2 正例稀疏的转化率预估

对于电商场景而言，仅通过精美的封面图吸引用户点击是不够的，还需要对用户的购买意愿进行建模，而这就是转化率预估的问题。本节将从转化率预估和点击率预估的几个差异入手，介绍业界在转化率预估模型上常见的一些实践。

1. 转化率预估的难点

在电商推荐领域，用户的点击行为并不一定会转化为购买行为，且越是贵重的商品，用户的购买行为会越稀疏、会延迟越久，因此，预估转化率就会比预估点击率更具挑战性。虽然和点击率预估类似，转化率预估起源于按 CPA 方式来售卖广告的场景，但由于在线咨询、到店消费等深层转化行为并未形成足够的闭环，因此这一问题真正被研究透彻还是在被落地到电商推荐领域之后。接下来先介绍转化率预估问题的几个显著特点，再介绍针对这几个特点的具体方法。

（1）*数据稀疏*。大多数场景转化行为的形成路径类似，可以被分解为“展示→点击→转化”这样一个逐级递减的漏斗模型。对一般电商场景来说，假如漏斗中从展示到点击的比例约为 10%，那么从点击到转化的比例通常会降到 1% 以下。此外，转化行为也常常具有多样性，例如可进一步细分为在线咨询、电话咨询、收藏、加入购物车、购买或者售后等行为。于是，由于正样本和负样本比例已经较小，再加上转化行为较为分散的特性，因此转化率预估的正样本非常稀疏，很容易发生过拟合的现象。

（2）*选择性偏差*。由于转化行为发生在点击行为之后，因此很多转化率预估模型是基于点击样本来训练的。而在实际应用中，往往会将转化率预估前置到召回阶段，这就导致转化率模型在预测时需要面对大量未点击甚至是未展示的样本，从而带来训练和预测样本分布差异很大的选择性偏差问题。

除了样本分布的差异，从特征的角度看，对转化率预估更有价值的优势特征（privileged feature），如用户在点击后的观看时长、是否对商家进行关注等，往往发生在用户点击行为后，也就是说，在线上召回排序阶段是无法获取的。因此，如果转化率模型未经处理就引入了这些特征，会导致更大的偏差问题。

（3）*延迟反馈*。与点击行为相比，转化行为还有非常棘手的延迟反馈现象。以电商场景为例，用户在点击一个商品后，可能会先在落地页浏览产品介绍和用户评价等信息，再去商家主页和其他商家浏览更多相似商品信息，所以，即使用户有购买意愿，从点击到发生转化通常还需要经过很长一段时间（数小时甚至数天）。另外，在广告场景，由于不少广告的有效转化是到店消费，因此从点击到转化的时间可能会更久，达到数天甚至是数周。

不难想象，在这种高度延迟反馈的场景下，正样本的质量将变得难以保证，如果简单地处理延迟反馈，例如设置一个固定的时间窗口来判定正样本，那么如果时间窗口设置得太小，就会将正样本错误标记为负样本，反之，如果时间窗口设置得太大，模型的时效性会大打折扣。

2. 针对预估难点的模型创新

综上讨论的转化率预估存在诸多难点，因此不能简单套用点击率预估模型来求解转化率，只有对于数据稀疏、选择性偏差及延迟反馈这几个特点做针对性的改进，才有可能得到更好的模型效果。接下来分别介绍转化率预估的一些具有代表性的工作。

（1）全空间建模的ESMM。传统的转化率预估模型把转化行为当作正样本，点击未转化行为当作负样本，这样就由于选择性偏差和数据稀疏等问题，导致模型出现严重的泛化。在2018年的论文“Entire Space Multi-Task Model: An Effective Approach for Estimating Post-Click Conversion Rate”中提出了ESMM，基于展示样本与点击样本来对转化率进行全空间建模。

ESMM的核心思想是，对没有被点击的那些样本，我们并不能假设其在被点击后不会发生转化，因此，先在展示空间上引入一个称为CTCVR（click-through & conversion rate）的任务，用来建模商品被展示后的转化率，然后通过将CTCVR的预估值除以点击率的预估值消除商品在点击率上的偏差，得到了商品在点击后相对无偏的转化率估计，如公式（16.6）所示。

$$\underbrace{p(\text{转化}=1|\text{点击}=1,x)}_{\text{CVR}}=\underbrace{p(\text{点击}=1,\text{转化}=1|x)}_{\text{CTCVR}}/\underbrace{p(\text{点击}=1|x)}_{\text{CTR}} \tag{16.6}$$

由于CTCVR和点击率任务都是在展示样本上建模，且点击率任务中的信号更稠密，因此ESMM对这两个任务进行联合学习，以缓解CTCVR任务中数据稀疏的问题。如图16-10所示，ESMM采用硬共享的方式来缓解过拟合，即底层的参数完全共享，上层两个塔分别负责学习转换率和点击率，这样将两个子网络的输出结果相乘，就可以用来学习CTCVR任务了。更具体地，ESMM的损失函数如公式（16.7）所示，其中，θ_{ctr}和θ_{cvr}分别是点击率网络和转换率网络的参数。

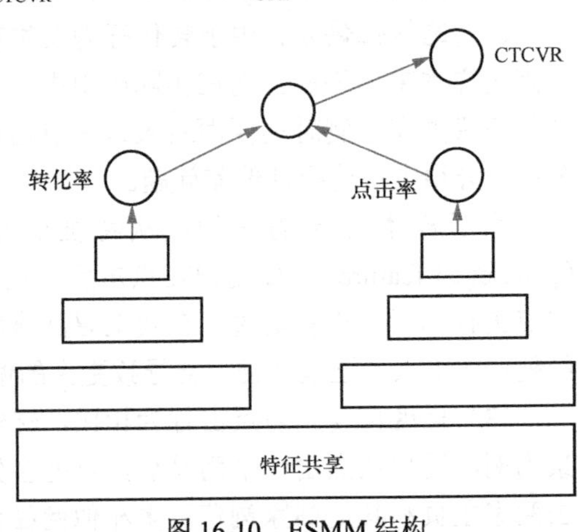

图16-10　ESMM结构

$$L(\theta_{\text{cvr}},\theta_{\text{ctr}})=\sum_{i=1}^{N}l\left(y_i,f\left(x_i;\theta_{\text{ctr}}\right)\right)+\sum_{i=1}^{N}l\left(y_i\,\&\,z_i,f\left(x_i;\theta_{\text{ctr}}\right)\times f\left(x_i;\theta_{\text{cvr}}\right)\right) \tag{16.7}$$

在ESMM提出了选择性偏差并巧妙地解决后，还出现了不少ESMM的改进版本，主要是以下两个方向。

- 引入更多辅助任务。在2020年的“Entire Space Multi-Task Modeling via Post-Click Behavior Decomposition for Conversion Rate Prediction”论文中提出了ESM²。不同于ESMM只考虑“展示→点击→购买”的漏斗模型，ESM²将用户在点击和购买间的其他行为考虑进来，也就是考虑类似“展示→点击→加入购物车→购买”的漏斗模型，然后在CTCVR之外引入如CTAVR等其他辅助任务来进行更充分的学习。

- 进一步消除偏差。在 2022 年的“ESCM²: Entire Space Counterfactual Multi-Task Model for Post-Click Conversion Rate Estimation”论文中提出了 ESMM 的一个缺陷，即它在预估转化率的网络中并没有限制只在点击样本上生效，但实际情况是只有点击才会发生转化，因此在展示未点击样本上学习也会影响转化率网络的效果。因此，文中提出基于因果推断的思想，来消除转化率预估中的偏差。

将 ESMM 与 14.2.2 节介绍的 MMoE 做对比，虽然 MMoE 对多任务学习的适应性更强，但由于 ESMM 更好地利用了电商中各目标之间的相互依赖关系，构建了和业务更契合的一些假设，因此在合适的场景下具备较高的学习效率。不过，并非所有业务中都具有足够强的假设条件，具体选择哪种模型还要看业务的需求和实验情况。

（2）蒸馏优势特征的 PFD。对于优势特征，虽然在训练阶段对转化率预估更友好，但在预测阶段存在无法获取的问题，通常的做法是对这些特征舍弃不用，以避免出现大的偏差，但在 2020 年的“Privileged Features Distillation at Taobao Recommendations”论文中，阿里提出了对优势特征进行知识蒸馏的 PFD 模型，隐式利用了优势特征。

如图 16-11 所示，左侧是传统的模型蒸馏（model distillation，MD），右侧是文中提出的优势特征蒸馏（privileged features distillation，PFD）。在 MD 模型中，教师模型的优势主要来源于比学生模型更复杂的网络结构，在 PFD 模型中，教师模型和学生模型则保持相同的网络结构，仅通过优势特征来获得优势。不难想象，通过这种蒸馏优势特征的方法，PFD 模型不仅使学生模型在离线训练和在线预测阶段保持了一致性，还因隐式利用了优势特征而使模型精度有了显著提升。

（3）优化延迟反馈的方法。在 2014 年的论文“Modeling Delayed Feedback in Display Advertising”中，Criteo 提出了解决延迟反馈的经典解法 DFM（delay feedback model），假

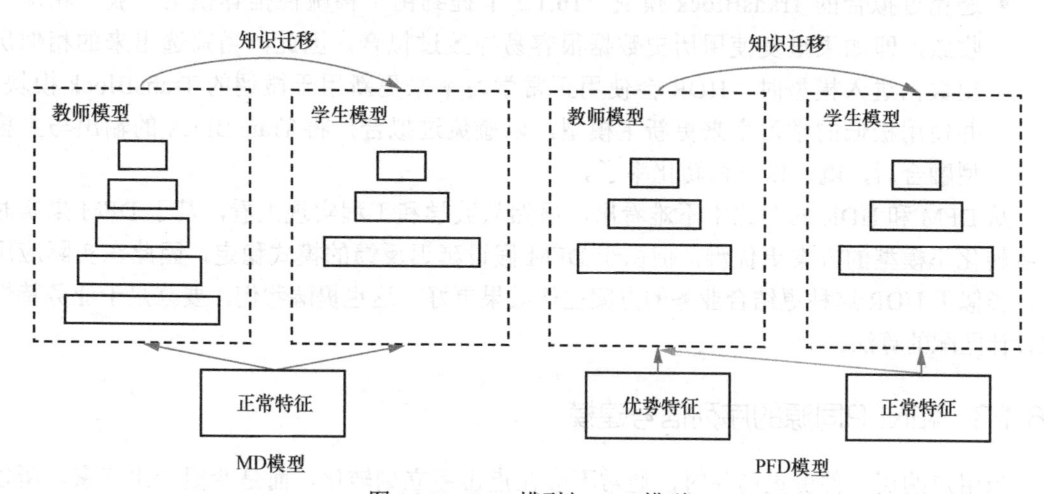

图 16-11　MD 模型与 PFD 模型

设 X 为输入特征，$C=1$ 表示转化，D 表示转化时间与点击时间的时间差，那么在给定 $X=x$ 的条件下，$C=1$ 且 $D=d$ 的概率可表示为公式（16.8），其中等式右边包括了两个需要建模的模型。

$$\underbrace{p(C=1,D=d\mid X=x)}_{\text{转化且延迟为}d\text{的概率}}=\underbrace{p(D=d\mid C=1,X=x)}_{\text{已知转化时延迟为}d\text{的概率}}\underbrace{p(C=1\mid X=x)}_{\text{转化的概率}} \tag{16.8}$$

- 延迟反馈模型。建模 $p(D=d\mid C=1,X=x)$，即用户在发生转化（$C=1$）后，转化延迟 $D=d$ 的概率。经过一系列的推导，可以将这个概率表示成一个包括延迟时长 d 的表达式，其中 d 越长，概率衰减得越明显。这样就可以更柔性地判断一个样本是否应被视为转化的负样本了。
- 转化率模型。建模 $p(C=1\mid X=x)$，依据已知特征直接预估转化的概率，文中采用了当时比较流行的 LR 模型进行预估，如今可以用前文提到的各种复杂模型。

DFM 假定延迟反馈服从指数分布，显然，这个假设并不一定适用于所有业务场景，例如，用户在类似“双十一”的大促活动前通常会只看不买，但“双十一”活动时，转化率开始大涨，同时转化的延迟也会大幅缩减。于是，阿里在 2023 年的“Capturing Conversion Rate Fluctuation during Sales Promotions: A Novel Historical Data Reuse Approach”论文中，提出了复用历史数据（historical data reuse，HDR）的方法，具体来说，主要包括以下两方面的工作。

- 筛选相似历史样本。每一天的促销模式可以粗粒度地表示为两种数值特征，一种是从当天起后 n 天的后验转化率，另一种是当天各类目的商品展示占比。在将历史大促日志按天构建出对应的特征向量后，通过余弦相似度就可以从历史样本中筛选出与当天促销样本相似的若干天样本了。
- 避免过拟合的 TransBlock 模块。16.1.1 节提到由于稀疏性推荐模型一般一轮即可收敛，即如果重复使用历史数据很容易导致过拟合，因此，当筛选出来的相似历史数据进入模型时，HDR 会使用正常学习率来更新用于微调的 TransBlock 模块，并使用极低的学习率来更新主模型，以避免过拟合，将 TransBlock 的输出与主模型融合后，就可以预估转化率了。

从 DFM 和 HDR 的对比中不难看出，虽然从数学和工程实现上看，基于 DFM 来实时训练转化率模型的方案更优雅，但由于 DFM 假设延迟反馈的模式稳定，因此在实际应用中，类似于 HDR 这种更结合业务的方案往往效果更好。这也提醒我们，要立足于业务特性来设计匹配的算法。

16.1.3 和NLP同源的序列信号建模

当用户购买一件贵重商品时，通常不会在点击后立刻转化，而是希望货比三家，所以能否辨别出用户当下的购买意图并推荐给他最有可能购买的商品，就成了货架电商场景提高交易效率的关键。虽然如今最容易想到的方式是直接用 Transformer 建模用户行为序列，但考虑到性价比和灵活度的问题，对序列中每个商品逐词做翻译的 ItemCF 依然在流行。本节先介绍更偏启发式的 ItemCF 算法，再介绍更为模型化的序列建模方法。

1. 逐词翻译行为序列的 ItemCF

在机器翻译领域，逐词翻译是早期方法之一，它不考虑句子的语法和上下文，直接将源语言中的词逐词翻译到目标语言中，例如“I eat an apple”会被翻译成“我吃一个苹果”。虽然从机器翻译的角度看，逐词翻译存在无法处理词序等种种问题，但将其应用在对词序要求不高的推荐系统后，就形成了一种简单有效的 ItemCF 算法，如图 16-12 所示，它通过逐词“翻译”用户的历史行为来生成新的推荐候选。

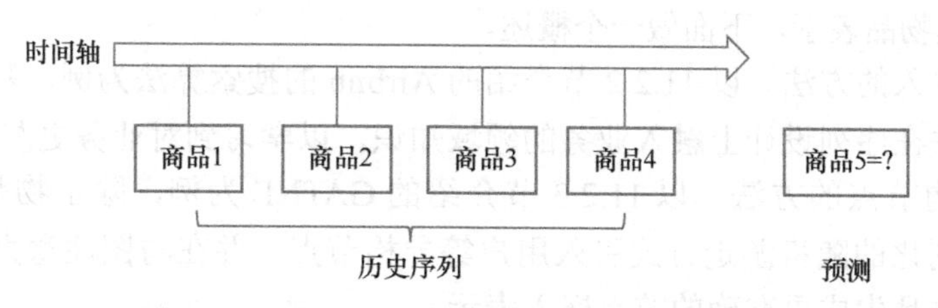

图 16-12 基于历史行为预测下一商品的 ItemCF

不难想象，正如机器翻译领域中早期采用统计方法一样，起初亚马逊开发的 ItemCF 也是基于统计共现来实现的。考虑到这一方法较为古老，且 11.2 节介绍 UserCF 算法时介绍了不少学习表示的图模型方法，本节在介绍 ItemCF 为何会起源于电商推荐领域后，仅简要给出两类比较主流的 ItemCF 算法的实现思路。

（1）*ItemCF 起源于电商场景的原因*。在 ItemCF 诞生之前，协同过滤通常指的是 UserCF，不过由于早期 UserCF 技术尚不成熟，且亚马逊并没有主打低价商品的传播，因此在应用 UserCF 的效果不太理想后，亚马逊创新出了与 UserCF 对偶的 ItemCF。而从今天来看，ItemCF 之所以会从电商场景中发展起来，其实有用户需求差异所带来的必然性。

- 货比三家再购买的用户需求。虽然 UserCF 传播低价商品的效果很好，但如果推广到高单价商品上，由于传播的门槛变高，UserCF 在不够准确时往往就没那么奏效。此时，由于用户在购买商品前通常会货比三家，因此 ItemCF 在基于用户历史行为加速了这一比较过程后，通常可以更高效地帮用户完成购买决策。
- 复购和搭配购买的用户需求。除了货比三家，电商场景中还有重复购买、搭配购买等用户需求模式，而 ItemCF 在挖掘用户的购买序列后能轻松识别并激发这类需求，从而提升平台的变现效率。虽然在新闻推荐等其他场景中也存在类似的需求，但由于电商场景商品侧更加稳定，因此对此类需求的共现挖掘会更容易。
- 早期的算法架构局限。在协同过滤早期，UserCF 的用户相似矩阵和 ItemCF 的物品相似矩阵都是离线构建，而不是在线推断的，这就使当时的UserCF很难对新用户奏效，而ItemCF则不会遇到这个问题，因为它仅需新用户有一些行为，就可以快速做出相对精准的反应。

回到电商之外的场景，一方面因为用户更多的是泛泛浏览，历史行为中的序列性质并没有那么干净，所以想基于统计共现学好相似性会困难一些；另一方面因为用户并没有类似货比三家的需求，所以在产品反复推荐相似的内容时容易让用户反感。因此，虽然ItemCF成为亚马逊领先于同时代电商的撒手锏，但在其他场景中采用类似的推荐方式往往并不理想，这也是序列建模方法更多是由阿里等电商产品所提出的原因。

（2）**学习物品表示**。word2vec问世后，把用户看作文档、把用户点击的商品看作词的类word2vec方法很快就流行了起来，例如11.2节介绍了很多学习用户表示的方法，它们大多也适用于建模物品表示，下面做一个概述。

- 基于图嵌入的方法。以11.2.2节介绍的Airbnb的搜索算法为例，基于word2vec的经典做法在序列设计上融入业务的领域知识，以学习到对业务更友好的物品表示。
- 引入异构节点的方法。以11.2.3节介绍的GATNE为例，除了物品节点，还可以通过定制化的随机游走方式引入用户等异构节点，并在与图注意力机制相结合后，为低频物品生成更准确的节点嵌入表示。
- 引入图模型的做法。在GraphSAGE等具备更广阔视野的图模型出现后，以Pinsage为代表的图模型方法正日益流行。相较于图嵌入方法，这类新方法不仅增强了对低频物品和用户的表示能力，同时因采用了基于传播思想的邻居汇聚范式而让ItemCF的推荐更具有泛化性。

（3）**触发商品选取**。在ItemCF常见的在线检索过程中，一般会先通过人工规则从用户的行为历史中选取待检索的触发商品（也称为trigger item），然后采用各种表示学习方法检索和触发与商品相似的候选商品。为了提升选取触发商品这一环节的效率，阿里在2021年的“Path-based Deep Network for Candidate Item Matching in Recommenders”论文中提出了PDN（path-based deep network）结构，将选取触发商品的过程也纳入模型。

如图16-13所示，在传统的双塔网络（direct net）与用于消偏的偏置网络（bias net）的基础上，PDN的核心结构主要新增了触发网络（trigger net）与相似网络（similarity net）两部分。

- 触发网络。输入用户u的各种行为特征与用户行为历史中的触发商品j，通过MLP来学习用户u在当下对商品j的兴趣度，在线检索时用触发网络对用户的历史行为打分，以选取出得分最高的m个商品。
- 相似网络。输入候选商品i与触发商品j的各种相似信号，再通过MLP来学习二者的相似度。在离线阶段，基于相似网络的输出来为每个商品建立相似商品索引，在在线阶段，会从索引中为每个触发商品检索出相似度最高的k个商品。

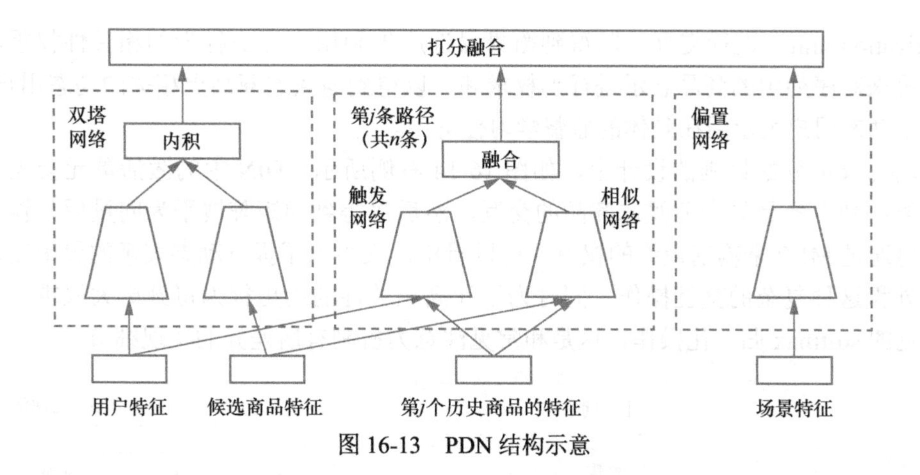

图 16-13 PDN 结构示意

将用户 u 通过触发商品 j 去检索候选商品 i 的过程称为一条路径，那么将触发网络和相似网络的输出进行融合后，就得到了这条路径 PATH_{uji} 的得分，进而，假设用户的行为历史中有 n 个商品可能触发商品 i，那么将这 n 条路径的得分与双塔网络和偏置网络的得分融合后，就得到了最终模型的预估值 $\hat{y}_{u,i}$，几个组成部分的融合如公式（16.9）所示：

$$\hat{y}_{u,i} = \text{softplus}(d_{u,i}) + \sum_{j=1}^{n} \text{PATH}_{uji} + \text{softplus}(y_{\text{bias}}) \tag{16.9}$$

当然，虽然端到端的模型更为优雅，但很多时候启发式的触发方式更为灵活可控，不管实现方式如何，大体上可以判断效果好坏的依据是，能否加速用户在货比三家时的筛选效率，同时在用户购买完不会再复购的商品后不会反复触发类似的商品。

2．建模行为序列的 session 推荐

ItemCF 将用户的每一次行为都视为相互独立，这样就忽视了用户行为的序列性质及用户本身作为全局上下文所携带的信息。于是，受启发于机器翻译中序列建模技术，对用户的行为序列进行编码就是很自然的想法了。不过，由于推荐领域并没有输出序列的真实值，因此与机器翻译中直接采用序列到序列（Seq2Seq）的模式不同，推荐系统更多是在用户的行为序列和候选商品之间进行交互，然后输出一个表达相关性的值。接下来从交互方式的设计和如何处理长序列这两个问题出发来介绍相关的推荐技术。

（1）动态调整用户表示的 DIN。在很多序列模型中，用户的行为会被编码为固定向量，这在一定程度上忽视了用户行为的丰富性，例如，用户购买了上衣、泳镜、洗衣机、空调和零食，当前正在浏览电风扇，那么模型就应该更加关注用户对空调的兴趣，而不是对零食的兴趣。于是 2018 年的“Deep Interest Network for Click-Through Rate Prediction”论文中提出了 DIN 模型，通过类似注意力机制的激活单元结构来动态调整用户兴趣的表示。

如图 16-14 左侧所示，DIN 将候选广告与用户行为序列中的每个商品间先通过激活单元（activation unit）进行交互，以得到衡量候选广告和用户历史行为的相关性权重，然后按照权重来对序列中的商品表示进行加权求和，以得到与候选商品更相关的动态用户表示，再将这个动态用户表示用在具体的监督学习任务中。

在动态权重分配机制的设计上，如图16-14右侧所示，DIN中的激活单元会先使用外积来计算序列中商品与当前候选商品的交互，然后将得到的矩阵展平为向量后与输入向量拼接，再通过MLP来输出最终的权重。可以看出，文中为了提升动态表示的灵敏度，不仅采用了外积这种复杂的交互操作，同时为了让高相关性的历史行为得到更大权重，也没有进行常见的softmax归一化操作，这是和常见注意力机制有所差异的实现细节。

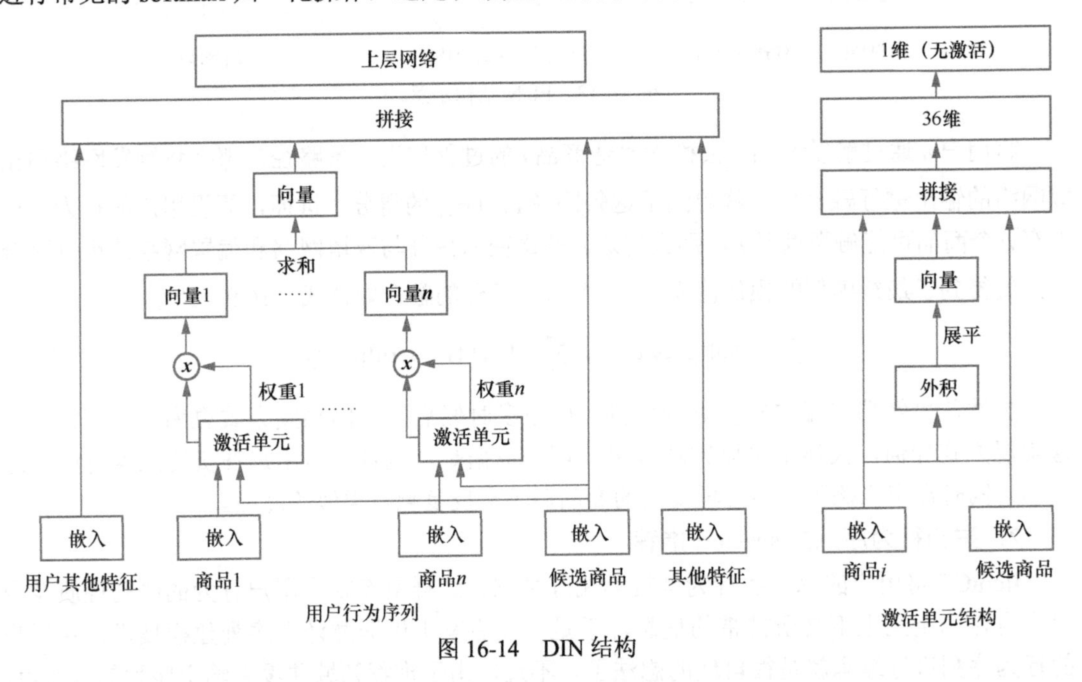

图16-14　DIN结构

（2）分治行为序列的DSIN。长行为序列通常有较严重的性能问题，所以2019年阿里在“Deep Session Interest Network for Click-Through Rate Prediction”论文中提出了基于分治思想的DSIN模型，它先按session（会话）把长序列切分成若干短序列，再在分别处理后融合成新的序列，具体如图16-15所示，DSIN对session的建模主要包括以下3部分。

- session划分层。DSIN假设用户在以30分钟间隔划分的session内意图相对明确，例如上个session浏览衣服，下个session浏览手机，所以将用户行为按30分钟的时间间隔划分成session序列，然后通过截断或者补0的方式来保证各session长度一致。
- 单session兴趣提取层。通过自注意力机制来提取单个session的兴趣表示，并且结合业务特点对偏置编码进行一定的优化，例如融入session偏置等信息。相对于 DIN 中更偏局部感知的方式，DSIN 中的自注意力机制可以捕捉更广泛的上下文信息。

- 多 session 兴趣交互层。考虑到用户在先前 session 中的兴趣可能影响他们在后续 session 中的行为，DSIN 通过双向 LSTM 将多个 session 的兴趣表示进行融合。

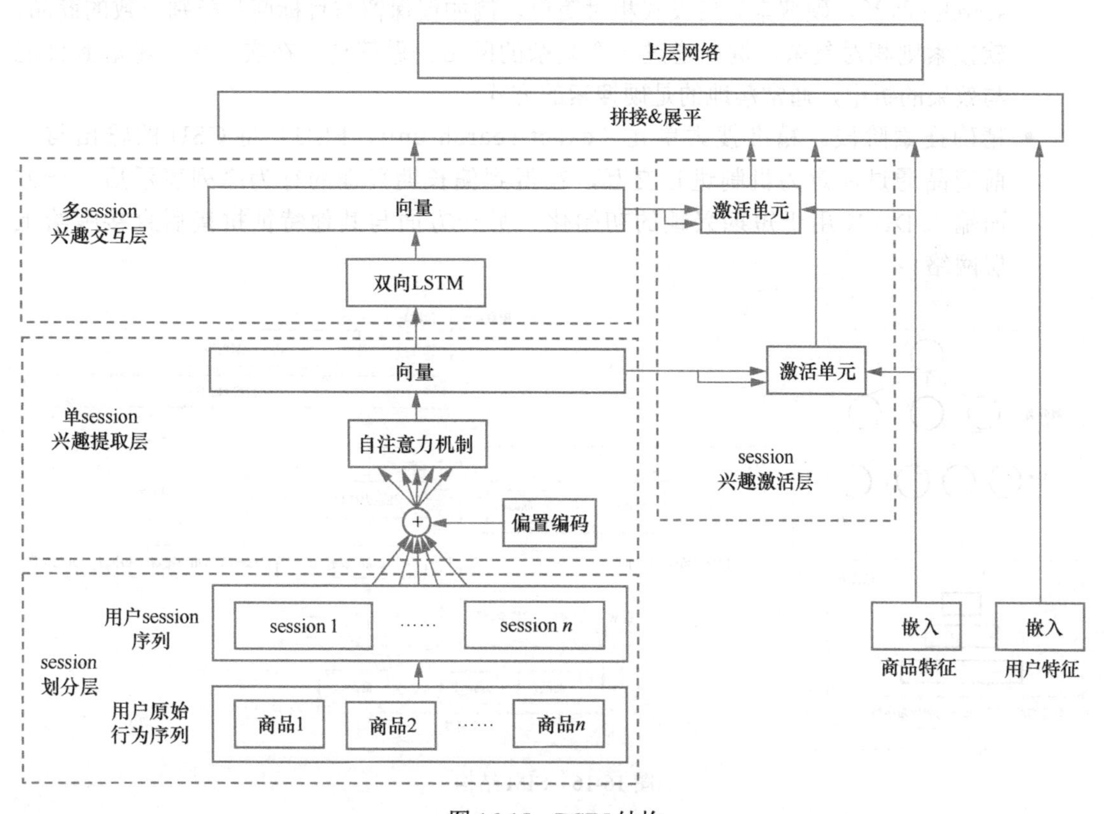

图 16-15 DSIN 结构

在得到用户跨 session 的兴趣后，DSIN 采用与 DIN 中激活单元类似的方式计算用户的动态兴趣表示，然后将其与其他特征进行拼接，用于具体的监督学习任务。相对上文介绍的 DIN，DSIN 更适合具有强 session 特性且多个 session 间存在时序依赖的场景，因此，如果找对场景 DSIN 会有更好的效果，反之，如果场景不合适复杂模型的表现往往不一定比简单模型更好。

（3）SIM。除了分治法，还有一种处理长序列的方法是，先通过某种筛选方式将用户的长期行为序列变成一个与目标商品相关的短序列，然后通过 DIN 等网络进行精细计算。2020 年 的“Search-based User Interest Modeling with Lifelong Sequential Behavior Data for Click-Through Rate Prediction”论文中提出的基于搜索的兴趣模型（search-based interest model，SIM）就是这种二阶段思路的体现，如图16-16所示，左半部分是把序列变短的第一阶段，右半部分是第二阶段。

- 通用搜索阶段。通用搜索单元（general search unit，GSU）从用户行为序列中找到k个与目标商品最相似的商品，可分为硬搜索（hard search）与软搜索（soft search）两类。硬搜索偏启发式相对简单，例如仅保留与目标商品类别一致的商品，软搜索则相对复杂，例如通过一个复杂的网络去做筛选。在实践中，考虑到性能与效果的折中，通常落地的是硬搜索的方式。
- 精确搜索阶段。精准搜索单元（exact search unit，ESU）将GSU的输出与当前商品通过注意力机制进行交互，在得到偏长期兴趣的行为序列表示后，一方面输入DIEN用于短期兴趣的初始化，另一方面与其他特征拼接后直接喂给上层网络。

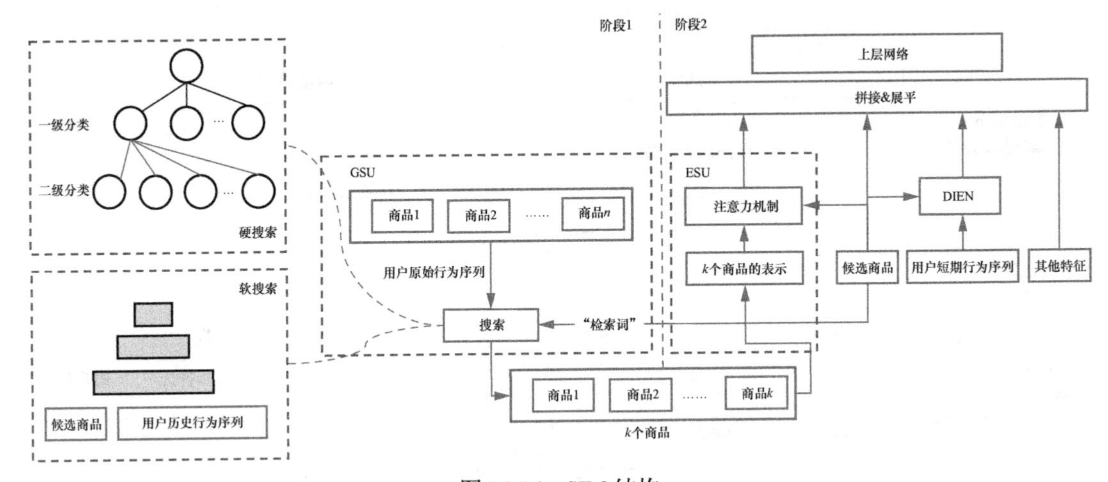

图16-16 SIM结构

对比DSIN，两阶段的SIM方法不仅实现起来比较简单，对业务的序列性质假设也相对较少，因此，在很多没有session假设的场景中应用得更为广泛。这也提醒我们，由于没有一个通用模型可以在所有任务上都表现出色，因此当模型的拟合能力达到一定程度后，模型并非越复杂越好，而是越符合业务场景中的需求假设越好。

16.2 看重长期回报的优化思路

在阿里将货架电商中转化率预估、行为序列建模等技术手段优化至极致的同时，很多新电商从长期回报的角度出发开始差异化创新，这也让人们逐渐意识到，最大化每一次展示的即时回报并不是优化商品交易总额（gross merchandise volume，GMV）的唯一有效路径。本节先拆解 GMV 的优化路径，再讨论几种新电商如何通过差异化创新来赢得产品的生存空间。

16.2.1 GMV的优化路径拆解

如何定义优化目标及如何对优化目标做合理的路径拆解，在很大程度上预示了产品未来的发展潜力和命门所在，16.1 节介绍了阿里在交易效率优化方面的不少技术创新，本节将对电商的优化目标 GMV 做一个相对完整的路径拆解，以探讨除点击率和转化率等重点优化的因子外，产品和算法的创新还存在哪些可能性。

1. 用户产品的优化路径示例

无论是内容产品还是电商产品，都会面临优化目标定义和优化路径拆解的问题，所以在介绍电商产品的优化思路之前，先回顾两个在前文讨论过的用户产品，以再次强调本书在第一部分中所阐述的，提高供需匹配效率固然重要，但重视供需两端留存和增长所带来的长期价值才是产品保持长久生命力的关键。

（1）YouTube。YouTube 期望能够抢占传统电视广告的份额，所以它将商业模式定义为基于观看时长来变现，即总时长乘以单位时长的广告价值决定了其收入。进一步地，总时长又可以被分解为活跃用户数、人均观看次数和平均观看时长的乘积，其整体收入就可以被简化为公式（16.10）：

$$\text{收入} = \text{平均观看时长} \times \text{人均观看次数} \times \text{活跃用户数} \times \text{广告变现效率} \tag{16.10}$$

乍一看，这种优化目标的设定没问题，但问题出在具体的优化路径上。在 A/B 测试主导的数据运营体系中，优化平均观看时长相对会更容易在短期评估中取得收益，因此，在优化这一因子能获得高收益的驱使下，一方面 YouTube 确实在这一环节创新出了很多单次观看时长的技术，另一方面也因平均观看时长的优化较为强势而使活跃用户数和人均观看次数的优化逐渐变得困难，这才给了反向优化人均观看次数的 TikTok 提供了产品增长的突破口。

（2）奈飞。不同于按 DVD 租赁次数来变现的百视达等竞争对手，奈飞为了确保自己的优化目标始终与用户的利益保持一致，以维持其长久的生命力，从一开始就将自己定位为一项运营用户的服务，并采用付费订阅的商业模式来盈利。于是，它的收入可以简单描述为公式（16.11）：

$$\text{收入} = \text{订阅用户数} \times \text{订阅费用} \tag{16.11}$$

不难看出，在这种优化目标下，除调高订阅费用这一容易优化的手段外，只能优化订阅用户数。因此，这也确保了包括推荐算法在内的所有优化思路都必须以提升用户体验为目标。虽然这种方式初看起来不够明确，但确实避免了过度依赖观看时长和迎合用户短期喜好等问题，所以是一种避免过度优化的大智若愚的做法。

除了上述两个示例，回顾整个推荐产品的发展历史，类似的示例还有很多，这里就不一一列举了。总体来说，用户产品优化的关键在于，应始终以用户的长期体验为核心，在能有办法去优化用户数和用户的长期体验时，就不要过度贪婪地去优化短期效率，否则，产品很难保持足够长久的生命力。

2．电商产品的 GMV 优化拆解

GMV 作为一个全面反映市场交易规模的指标，是衡量电商产品市场份额的重要体现，因此无论是阿里、京东、拼多多这样的纯电商产品，还是抖音、小红书这样的内容型电商产品，主要关心的指标都是 GMV。尽管每种产品对 GMV 的具体拆解路径有所不同，但大体上仍可以将其统一表示为公域 GMV、当日新增私域 GMV 和长期经营的私域 GMV 三部分之和。

（1）公域 GMV。公域流量指的是由电商平台主导并具有很强话语权的那部分流量，它通常呈现漏斗型的特点，即随着用户在“展示→点击→转化”的过程中对商品的逐级筛选，公域流量会逐级减少，并最终筛选出会发生转化行为的高价值流量。在流量独立性的假设下对收益进行拆解，公域 GMV 可以被简化为公式（16.12）：

$$\text{公域GMV} = \text{总用户数} \times \text{人均公域流量} \times \text{公域点击率} \times \text{公域转化率} \times \text{客单价} \tag{16.12}$$

通常来说，由于公域场景的推荐算法可以为用户匹配全库商品，因此在可以将更吸引用户注意力的商品推荐给用户的情况下，公域的点击率会高于私域。同时，因为用户和推荐的商家通常还没有建立信任关系，所以公域的转化率会低于私域。另外，从公式（16.12）中也可看出，除了点击率和转化率等因子，总用户数才是 GMV 增长的根基。因此不管是内容型电商产品还是货架电商产品，都需要时刻重视用户留存，在可以通过低价商品和优质内容来提升产品黏性的情况下，不要过于看重单次交易的即时回报。

（2）当日新增私域 GMV。公域流量虽然有可能在短时间内引入大量用户，但来得快也去得快很难让渴望打造品牌的商家重复利用，因此电商产品通常会设计关注机制，让用户可以与感兴趣的商家建立更稳定的联系，俗称私域流量。当日新增私域 GMV 可以简化为公式（16.13）：

$$\text{当日新增私域GMV} = \text{新增私域用户数} \times \text{人均购买频次} \times \text{客单价} \tag{16.13}$$

通常来说，如果平台推荐的商品能激发用户的复购意愿，那么用户除了当次购买，还可能成为商家新增的私域用户。不过考虑到激发复购的商品并不一定是在当下最吸引用户的商品，当平台将公域流量向新增私域转化倾斜时，会给公域 GMV 带来一定的损失。另外，因为激发复购的商品通常是一些快消类商品，客单价并不会太高，所以当日新增私域用户所带来的 GMV 在总 GMV 中的占比也不会太高。

（3）长期经营的私域 GMV。虽然当日的关注率看起来并不起眼，但长时间经营后，私域流量的影响会被逐渐放大，并发挥不弱于公域流量的价值。从简化的公式（16.14）中，可以清晰地看到这一点。

$$\text{长期经营的私域GMV=累积私域用户数} \times \text{人均私域流量} \times \text{私域点击率} \times \text{私域转化率} \times \text{客单价} \tag{16.14}$$

首先，虽然每日新增的私域用户数并不多，但经过平台长期的运营，累积的私域用户数是相当可观的。其次，私域流量的构成非常多元，例如，平台会扶持那些复购率高的商家，用户会主动联系他们信任的商家，而商家也会通过关注者群等渠道来积极运营。更重要的是，由于私域场景中用户和商家已经建立了一定的信任关系，因此私域的转化率和客单价往往远高于公域，这才是私域流量的核心优势。

综上，若想健康地提升整体 GMV，关键在于不要过于看重单次变现的价值，而要更重视用户留存和用户复购带来的长期价值。但问题的难点就在于，不同于内容产品用户很快就会回访，电商产品中复购通常需要较长的周期，短时间的 A/B 测试很难观测到长期价值的提升，这就使很多产品逐渐更重视即时回报，甚至在促成即时交易时使退货、差评等不重视用户体验的负向反馈行为增加，因此影响产品长期 GMV 的健康发展。

16.2.2 新兴电商的差异化策略

电商的有趣之处在于离变现很近，所以 16.2.1 节介绍的 GMV 拆解公式中，只要有一项因子仍存在优化空间，那么在巨头们想宽下心来的时候就有可能被斜刺里杀出的新产品冲垮防线。本节就以类抖音的内容型电商产品和类拼多多的货架电商产品为例，来了解在阿里逐渐封锁赛道时它们通过哪些不一样的优化思路来获得差异化的生存空间。

1. 内容型电商产品的优化思路

对淘宝这类货架电商产品来说，因为用户需求是购物，所以可以通过极致优化交易效率来提升 GMV，但对抖音这类内容型电商产品来说，因为用户需求是娱乐，所以商品推荐不仅存在交易效率上的短板，过度推荐也会影响用户的体验和留存。于是，类抖音的产品尝试从以下两个方向进行创新：一是在公域流量有限的情况下推荐和内容更相关的商品，并进行对用户体验影响更小的用商流量分配，以提升系统给电商分配的流量和流量效率；二是利用转化效率更高的直播媒介，来为电商变现打开新的突破口。这样，在用户数具备强优势的前提下，类抖音产品开始崭露头角。

（1）*用商一体的流量分配*。在内容型电商产品中，自然内容与电商内容在一定程度上都可以贡献用户价值和商业价值，例如，一些比较生动的商品讲解或者用户在等待优惠商品上架时在直播间内的停留，可以提升用户时长与互动等用户价值，而一些种草的自然内容同样也具有商业价值，可以在吸引用户注意之后激发用户的购物兴趣。因此，在内容型电商场景中，公域流量的分配可以被拆解为如下两个优化方向，以在降低对用户体验的伤害的同时提升电商的 GMV。

优化方向 1：用商信号的有效联动问题。虽然用户对自然内容和电商内容的兴趣看似差异很大，但只要隐式地进行联合学习，就会发现看似迥异的两种业务中信号的关联性，进而在为用户推荐这两类内容时，可以进行更无感的融合。具体到技术选型上，16.1.1 节介绍的 MDL 和 14.2.2 节介绍的 MTL 都是比较常见的方案。

优化方向 2：用商流量的柔性分配问题。考虑到在合适的场景下，用户有可能不会太反感多推荐电商内容，因此除了离线环节对用商信号的联合训练，如何在尽可能降低对用户留存影响的前提下，更合理地在自然内容和电商内容间分配流量，以柔性提高电商内容的占比，也是内容型电商产品中被研究较多的话题。我们以如下两类方法为例，来简要讨论如何进行用商一体的流量分配。

方法 1：定义统一价值。既然内容同时存在用户价值和商业价值，那么一个很直接的想法就是对用户价值和商业价值进行量化，并设计统一的融合公式作为评价标准，例如 13.3.2 节介绍的用于自然结果与广告混排的 DEAR 模型就采用该思想，将流量价值定义为广告收入 r_{ad} 与用户是否继续浏览自然结果的惩罚项 r_{ex} 的线性组合 $r = r_{ad} + \alpha r_{ex}$，以降低用户的流失风险。

在 DEAR 模型的基础上进一步细化具体的价值项，首先在用户价值项中不仅考虑单次观看时长等因子带来的短期价值，也考虑关注等互动因子带来的长期用户价值，其次在商业价值项中不仅考虑短期变现，也考虑复购等因子带来的长期商业价值，那么以 14.2.1 节的加法融合公式（14.2）为例，可以将流量的统一价值定义为公式（16.15）：

$$\begin{gathered}\text{用户价值} = a_1 \times \text{时长预估值} + a_2 \times \text{关注预估值} + \cdots \\ \text{商业价值} = b_1 \times \text{单次 GMV 预估值} + b_2 \times \text{复购 GMV 预估值} + \cdots \\ \text{统一价值} = c_1 \times \text{用户价值} + c_2 \times \text{商业价值}\end{gathered} \tag{16.15}$$

当然，只要能够准确定义并量化出公式（16.15）中的各个因子，那么除加法融合公式外，还可以尝试 14.2.1 节中提到的其他方法，例如更符合用户心理感受的乘法融合、自动搜参的模型融合等。此外，考虑到不同人群对电商内容的接受程度不同，还可以通过细分人群来设计统一价值，例如对电商活跃用户偏向商业价值，对反感电商的用户削弱商业价值。

方法 2：带约束求解。如果很难在实际场景中定义一个完美的统一价值，或者难以在融合公式中找到合适的超参以同时实现用户价值与商业价值的双赢，那么可以采用带约束求解的方式来近似。一般来说，提升留存是一个用户产品的终极目标，而通过电商等方法来增加收入更多是一个辅助目标，因此可以将留存非负作为约束条件，通过更合理地在自然内容和电商内容间进行流量比例的分配，来实现商业价值的最大化，如公式（16.16）所示：

$$\max \text{商业价值}, s.t. \text{留存损失} \leqslant C \tag{16.16}$$

这里的超参 C 是一个依据业务判断设定的心理预期值，例如将 C 设置为 0.5%，那么当有一个比较激进的实验能够上涨 10% 的商业价值但留存负向 1% 时，不可以推全。在实践中，考虑到在请求粒度较难对留存损失进行量化，通常会改用单次请求下的观看时长损失来近似，假设 x_{ij} 表示第 i 次请求下第 j 种电商内容与自然内容的流量配比方式，V_{ij} 表示该配比方式下预估的商业价值，q_{ij} 表示该配比方式下预估的时长损失值，那么公式（16.16）可以重写为公式（16.17）：

$$\max(\sum_{ij} x_{ij}V_{ij}), s.t. \sum_{ij} x_{ij}q_{ij} \leqslant C, \sum_{j} x_{ij} \leqslant 1, x_{ij} \in \{0,1\} \tag{16.17}$$

将公式（16.17）转化为带拉格朗日乘子 λ 的形式，再经过一系列的数学推导，就可以计算出每次请求下最优的配比方式是一个与 λ 有关的表达式。我们可以先开启 A/B 测试，每天例行收集用户在不同配比方式下的真实时长损失与商业价值，再计算出最优的拉格朗日乘子 λ^* 并存储起来，这样对第二天的新请求就可以基于 λ^* 得到最优配比方式了。相比定义统一价值的方法而言，带约束求解的优势在于，可以基于历史数据例行“自动”地求出最优解，而不需要反复实验或者人工设置统一价值公式的各个超参。

（2）**提升交易效率的直播电商**。虽然是阿里将直播这种热媒介引入了电商领域，但抖音和快手等内容产品由于主播生态更成熟，因此更擅长有效利用直播媒介用商一体的特点。不过，考虑到直播电商领域目前并没有太多公开论文供参考，下面基于我的理解简要介绍直播电商中几个关键的优化差异。

- 直播间实时信号的利用。既然是直播，那么能否刻画出内容在当前时刻的吸引力就很重要，毕竟在动辄数小时的直播时长里，不可能每一秒都像短视频那样精彩纷呈，因此能否利用好主播正在售卖的当前商品等实时特征显得至关重要。可以想象，7.2 节介绍新闻实时推荐时处理非稳态信号的技术对直播场景会有一定的借鉴意义，同时随着多模态内容理解技术的发展，也出现了类似“ContentCTR: Frame-level Live Streaming Click-Through Rate Prediction with Multimodal Transformer”论文中提出的实时理解内容特征的复杂模型。
- 主播信号的利用。不同于电商推荐中只有用户与商品两个参与方，直播中还有主播这个类似推销员的重要参与方，因此，如何有效建模并利用主播的信号显得尤为重要，诸如主播的历史后验表现、用户与主播的匹配度及主播与售卖商品的匹配度等特征，都是常见的和主播相关的重要特征。
- 内容先行，先用再商。除了依靠公域流量进行分发，具有强互动属性的直播还有相当一部分流量来自私域，因此，先吸引用户关注主播和商家显得尤为重要。具体到技术实现手段上，可以先通过推荐种草类的自然内容来建立用户对商家和主播的认知，再设法激励用户关注主播并将其引流到直播间，以期在直播间中培养用户购物消费的习惯。

2. 货架电商产品的优化思路

15.2.3 节提到同为货架电商的拼多多，为了避开与阿里在消费升级理念下的同质竞争，采用下沉市场的策略，以低价商品的分发和传播，在用户黏性和用户数上建立起优势。虽然人们好奇拼多多的推荐策略，但它没有公开的论文供参考，所以下面仅基于我个人理解来介绍货架电商产品通过提升用户黏性来优化 GMV 的思路。

（1）基于复购优化长期 GMV。让用户购买 10 件 100 元的商品所产生的价值高，还是购买 1 件 1000 元的商品的价值高呢？通常来说答案是前者，因为在 GMV 相同的情况下，高交易频次意味着用户在整体上对产品有更高的忠诚度。因此，除了优化单次展示的价值，优化用户的复购行为就成了另一条优化 GMV 的关键路径。在介绍优化复购的具体方法前，先来理解复购所涉及的主要维度。

- 复购粒度。在电商场景中，相较于复购同一商品，更常见的是在同主播、同商家的粒度上进行复购，而这就对应了常说的私域流量的概念。因此，从产品上来说，优化复购也是一种帮助商家打造品牌的策略。
- 复购频次和复购金额的权衡。复购常见的优化目标有复购频次和复购金额两种，强调复购频次会倾向于优化交易数和用户黏性，强调复购金额会倾向于优化 GMV。通常来说，对中低购买力的用户来说，着重优化复购频次是更好的选择，而对高购买力的用户来说，兼顾复购金额和复购频次的优化则和产品优化 GMV 的目标更契合。
- 复购周期。不同的复购周期定义通常有不同的语义（如一周、一月、一年等），为了综合捕捉到这些语义，一般会统计多个不同时间窗口下的数据，以全面理解用户的消费习惯。另外，考虑到短时间的 A/B 测试通常难以观测到较长复购周期下的行为，在实际落地时一般不会将复购周期设置得过长。

传统的复购建模方法主要集中在预测用户何时会再次购买，例如亚马逊在2018年“Buy It Again: Modeling Repeat Purchase Recommendations”论文中提出的（modified poisson-gamma，MPG）模型就是基于这种思路。如今对复购的优化方式更为多元，这里以将复购分别作为新优化目标和引入现有目标这两类方法为例，给出一些常见的优化思路。

方法 1：将复购作为新优化目标。如果将 GMV 视为内容产品中的时长，那么建模用户的复购行为和 13.3 节建模内容带来的长期时长有一定相通之处，因此可以先将复购粒度、复购周期、复购频次和复购金额等因素综合成一个回报函数，再训练一个复购价值模型来显式表达复购的价值。以 7 日和 14 日复购为例，回报可以表示成公式（16.18）所示的形式：

$$\begin{aligned}&7\text{日同商家复购价值}=7\text{日同商家复购频次}^{\alpha_1}\times 7\text{日同商家复购金额}^{\beta_1}\\&14\text{日同商家复购价值}=14\text{日同商家复购频次}^{\alpha_2}\times 14\text{日同商家复购金额}^{\beta_2}\\&7\text{日同主播复购价值}=7\text{日同主播复购频次}^{\alpha_3}\times 7\text{日同主播复购金额}^{\beta_3}\end{aligned}\tag{16.18}$$

$$14\text{日同主播复购价值}=14\text{日同主播复购频次}^{\alpha_4}\times 14\text{日同主播复购金额}^{\beta_4}$$

$$\text{回报}=\alpha_1\times 7\text{日同商家复购价值}+\alpha_2\times 14\text{日同商家复购价值}+\alpha_3\times 7\text{日同主播复购价值}+\alpha_4\times 14\text{日同主播复购价值}$$

在定义了复购价值后，便可以参考 13.3.3 节 YouTube 的 URL 模型，通过用户与候选之间的内积交互，在召回阶段检索就可以激发用户复购的商品了。同时参考 13.3.2 节介绍的 DRN 方法来学习表达复购价值的 Q 值并将其应用于多目标融合环节，就可以在排序阶段增加有复购潜力的商品的展示机会了。

方法 2：将复购信号引入现有目标。除了将复购作为优化目标，还有将复购信号作为模型的子结构或特征引入现有目标的一些思路。如图 16-17 所示，2019 年的 RepeatNet 先建模用户在当下是希望复购还是探索，然后在用户选择探索模式时，采用传统基于注意力的编码器和在全库候选中解码的解码器，在选择复购模式时，采用类似于 CopyNet 的从历史购买记录中解码的解码器，从而在现有优化目标中显式地建模复购。

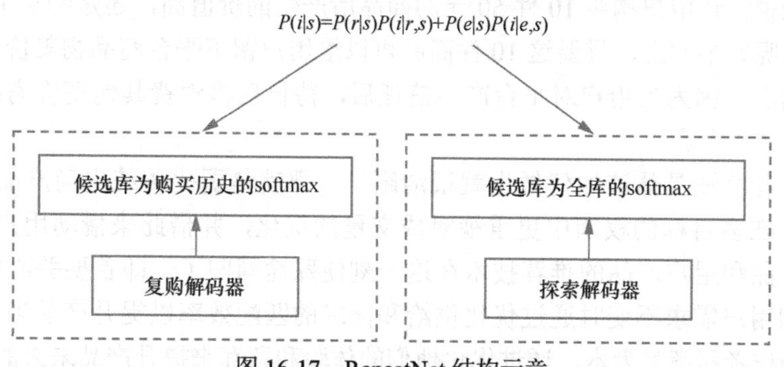

图 16-17　RepeatNet 结构示意

2021 年的 LiveRec 模型采用了一种更简单的建模方式。如图 16-18 所示，它额外引入了一个表达商品购物时间差信息的嵌入矩阵 $\boldsymbol{T}$，假设当前时间为 t，候选 i 在用户历史行为序列中出现的时间是 t_i，那么对时间差 $t-t_i$ 进行离散化后查表就得到了表征复购信息的时间差嵌入。接下来，与在 Transformer 中使用位置嵌入的方法类似，将时间差嵌入和原有候选嵌入叠加后，就可以在嵌入层对重复购买的候选和新候选进行区分了。

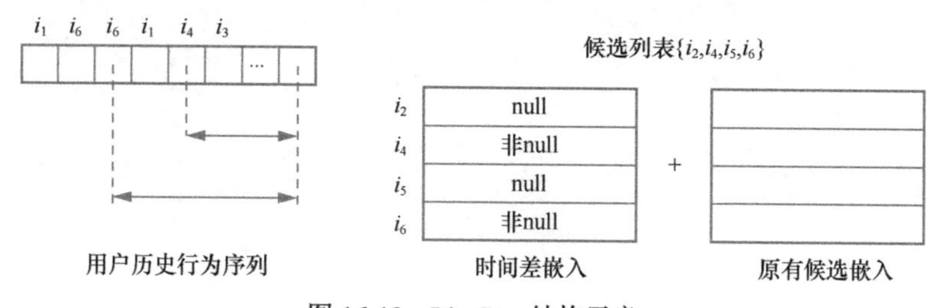

图 16-18　LiveRec 结构示意

（2）基于低价商品提升用户黏性。优化复购更多是通过打造商家或主播的品牌来提升用户黏性，而拼多多的主要人群更关注价格是否优惠，对诸如日用百货、小家电等品类并没有太多的品牌诉求，因此优化复购看似精巧但大概率不是强调爆款传播的拼多多的主要发力手段。

抛开15.2.3节讨论的助力轻品类商品通过社交关系来传播的产品手段，拼多多的推荐算法无疑也对高效分发轻品类商品起到了很大作用，但考虑到各家技术水平差异不大，这里的关键并不在于推荐算法的模型有多复杂，而在于底层逻辑上拼多多通过低价战略来经营供给侧商家生态的理念。事实上，我们在第1章中就曾讨论过，推荐产品的大变革总是会从供给侧发起，拼多多通过低价战略来打击代发模式下没有自建供应链的套利商家，并倒逼出生态中具备强供应链的优质商家，其思路与内容产品打压搬运创作者，并保护原创优质创作者的思路是一致的，核心就是要通过更激励相容的收益分配机制来经营商家生态。

在这一生态理念下，GMV已经不再是电商产品最关键的优化目标，而成交量往往会更关键。举例来说，让用户购买10件50元的商品所产生的价值高，还是购买1件1000元的商品的价值高呢？事实上，只要这10件商品可以给用户留下平台商品物美价廉的印象，那么答案就是前者。因为当用户对平台产生信任后，待日后再消费其他高价商品时，就有可能倾向于选择该平台。

因此，推荐算法具体该如何做也就很清晰了，那就是弱化传统电商产品对短期GMV优化的依赖，在多目标的权衡中更重视对成交量的优化，并借此来撬动用户留存的提升。于是，商业产品和用户产品的推荐技术在这一刻便殊途同归了，即首要关心的目标并不是在内容供给和用户需求不变时通过优化供给和需求的匹配效率以提升产品当下的规模，而是以用户、创作者和商家为本，通过优化他们的体验和留存来提升产品未来的潜力。